U0732721

认知协作通信能效优化

陈宏滨　赵　峰　黄世伟　著

科学出版社

北　京

内 容 简 介

本书系统诠释了认知协作通信的概念、关键技术及能效优化。全书共14章，内容包括：认知无线电、协作通信和绿色通信的概念、关键技术和应用；单无线电单中继协作感知的能效优化；单无线电多中继协作感知的能效优化；单无线电中继协作感知与传输的联合优化；双无线电中继协作感知的性能优化；群频谱共享的频谱感知节能调度；认知传感器网络中的频谱感知节能；认知中继网络中协作传输的中断性能；放大转发协作通信的频谱效率和能效平衡；能量获取无线通信发射机的切换调度；能量获取中继协作通信的最优功率分配；区域覆盖的能量获取传感器网络休眠调度；目标跟踪的能量获取传感器网络休眠调度；无线信息和能量传输的最优时间分配。

本书可供从事认知无线电、协作通信、绿色通信研究和开发的科研人员参考，也可供高等院校通信、信息工程及相关专业的教师、研究生和高年级本科生使用。

图书在版编目(CIP)数据

认知协作通信能效优化 / 陈宏滨，赵峰，黄世伟著. -- 北京：科学出版社，2015.12

ISBN 978-7-03-046769-0

Ⅰ.①认… Ⅱ.①陈… ②赵… ③黄… Ⅲ.①通信工程－研究生－教材 Ⅳ.①TN91

中国版本图书馆 CIP 数据核字(2015)第 307240 号

责任编辑：潘斯斯 李 清 / 责任校对：郭瑞芝
责任印制：徐晓晨 / 封面设计：迷底书装

科 学 出 版 社 出版
北京东黄城根北街 16 号
邮政编码：100717
http://www.sciencep.com

北京科印技术咨询服务公司 印刷

科学出版社发行 各地新华书店经销

*

2015 年 12 月第 一 版 开本：787×1092 1/16
2017 年 1 月第二次印刷 印张：17 1/2
字数：415 000

定价：**88.00** 元

(如有印装质量问题，我社负责调换)

前　言

随着无线通信技术的快速发展,各种新的多媒体应用不断涌现,其高速率的通信需要很宽的频带支持。但是,过去政府对频谱资源采用固定的授权分配方式,剩下的空闲频带不多,而已经分配的频带又没有得到高效利用。为此,迫切需要一种技术来提高频带利用率或者寻找新的空闲频带,以解决频谱匮乏的难题。认知无线电技术有望实现这个愿景。它允许未授权用户机会式接入空闲的授权用户频带或者共享授权用户的频带,以利用时间或者空间上短暂的频谱空隙,提高频谱利用率。认知无线电是第 5 代移动通信(5G)的支撑技术,预期可实现多种网络技术的融合,突破现有频谱资源的制约,实现全频谱通信。2013 年 5 月,韩国三星电子有限公司宣布成功开发 5G 的核心技术,预计将于 2020 年开始推向商业化。该技术可在 28GHz 超高频段以 1Gbit/s 以上的传输速率传送数据,且最长传送距离可达 2 公里。2013 年 11 月,华为宣布将在 2018 年前对 5G 技术进行研发与创新,并预言在 2020 年用户会享受到 20Gbit/s 的商用 5G 移动网络。

认知无线电的关键技术包括频谱感知、频谱共享和频谱移动。频谱感知是认知无线电系统实现的前提,但是单用户频谱感知因受噪声不确定性、信道阴影和衰落等因素影响,其性能难以达到要求。协作频谱感知利用多个感知用户的空间分集,能够很大程度上提高感知性能。然而,协作频谱感知以消耗更多资源为代价,甚至可能抵消性能增益。在终端日益小型化和电池有限供电的背景下,有必要研究协作频谱感知的性能和能耗平衡问题。频谱共享主要有覆盖式和衬垫式两种。覆盖式频谱共享是指当授权用户不活跃时非授权用户占用授权用户的频带。衬垫式频谱共享是指非授权用户共享授权用户的频带同时约束自身的发射功率以不对授权用户造成有害干扰。在衬垫式频谱共享系统中,未授权用户在发送自身数据的同时,可以协助授权用户发送数据,从而提高整体吞吐量。另外,还可以引入中继协助授权用户或者(和)未授权用户发送数据,从而提高吞吐量,平衡授权用户和未授权用户的性能。但是,协作频谱共享显然会增加资源消耗,其性能和能耗平衡问题需要深入探讨。

协作通信通常指只有单根天线的节点按照一定方式共享彼此的天线从而形成虚拟多输入多输出(MIMO)系统,获得发射分集增益。从更广的范围来看,协作通信还包括协作媒质接入控制、协作路由、网络协议跨层协作、网络协作、能量协作等。各种拥有相似资源和意愿的节点都可以发起和参与协作。协作通信不仅应用于协作频谱感知和协作频谱共享,在其他领域也有广泛的应用,例如协作多点传输(CoMP)、蜂窝中继等。这些协作通信方式同样存在保持性能的同时尽量降低能耗的问题。未来 5G 移动网络需要破解大规模、多维度节点以及网络协作的难题,从而以有限的资源换取尽可能高的分集增益,最大限度提高系统容量和吞吐量。

绿色通信是在节能减排、可持续发展大环境下产生的新通信理念,其目的是在提供用户满意性能的同时尽量降低能耗和碳排放。绿色通信用到的主要技术包括低功耗电子技术、站点休眠调度、发射功率控制、新能源利用等。近年来,绿色通信在传感器网络、能量获取无线通信、智能电网、蜂窝网等领域得到充分体现，是 5G 移动网络的发展趋向。2011 年，国家 973 项目"能效与资源优化的超蜂窝移动通信系统基础研究"提出若干绿色移动通信的发展思路，包括控制与业务分离、蜂窝变焦、按需适度服务等。在认知无线通信系统中，通过资源认知和单元协作，就有可能实现绿色通信的目标。

著者根据目前认知无线电、协作通信和绿色通信的技术发展以及近年来所取得的一些研究成果，编写了这本专门介绍认知协作通信能效优化技术的书籍。

本书研究内容得到国家自然科学基金项目(编号 61162008、61172055、61471135)和广西自然科学基金杰出青年基金项目(编号 2013GXNSFGA019004)的资助，在此特别表示感谢。在本书的编写过程中，著者参阅了大量中英文参考文献，在此对原作者表示感谢。

由于认知无线电技术、协作通信技术和绿色通信技术正在不断发展，再加上著者学识有限，书中错误在所难免，敬请广大读者批评指正。欢迎读者来信讨论其中的技术问题，联系方式：chbscut@guet.edu.cn。

著者　陈宏滨

2015 年 7 月

于桂林电子科技大学

目　　录

第1章 认知无线电、协作通信和绿色通信

1.1 引　言

随着人们对无线应用需求的增长，促使无线通信技术快速发展，频谱资源变得越来越稀缺。人们总是希望能够随时随地从因特网中获取信息，包括数据、语音和多媒体信息，希望能够在任何时间、任何地点与任何人进行通信，这种需求使得无线宽带业务、高速连接业务急剧增长，促使无线通信技术朝着移动、宽带、高速方向发展，需要大量的频谱资源来支撑。目前，电视广播网、第三代宽带移动通信网、无线城域网、无线局域网和无线个域网的共存，占用了相当多的频谱资源。然而，频谱资源是十分有限的，这导致频谱资源越发短缺。

频谱资源的短缺，一是由于无线通信业务的爆炸式增长，二是由于无线通信技术和管理本身的限制。无线通信技术和管理的限制主要表现在两个方面。一方面，由于天线和射频技术的制约，频谱资源的高频部分很少得到开发利用，目前无线通信系统主要集中在低频段。另一方面，在已开发利用的频谱资源低频段，由于无线通信管理的制约，大部分可用频段没有得到充分利用，而少部分可用频段却十分拥挤。目前，全世界各国主要采用固定的频谱分配制度，将频谱划分为两个部分：授权频段和非授权频段。大部分可利用的频谱资源被用于授权频段，如电视广播网频段、移动通信网频段。只有少部分可利用频谱资源被用作非授权频段，如工业、科学和医用开放频段(ISM，Industrial、Scientific、Medical 频段)。根据美国联邦通信委员会(Federal Communications Commission，FCC)的报告，授权频段的利用率只有15%～85%[1]。具有大量无线通信业务的无线城域网、无线局域网和无线个域网都主要使用非授权频段，使得这些频段异常拥挤，已趋于饱和。

根据传统的频谱分配方式，在某一地区内，某一频段只授权给单个无线通信网络使用。不管这个通信网络是否正在使用该频段，都不允许其他通信网络接入使用，这无疑降低了该频段的使用效率。为此，人们进行了大量努力，主要是通过频谱共享来提高频谱利用率。目前的频谱共享方式主要有：工业、科学、医用频段(ISM 频段)的开放接入，超宽带网络(Ultra-Wide Band，UWB)与传统窄带网络的共存技术。国际电信联盟指定ISM 频段是免许可证的开放接入频段，允许多个网络同时接入共享。微波炉、蓝牙、ZigBee和无线局域网(IEEE 802.11)均使用 ISM 频段。工作于 ISM 频段的无线网络，主要通过"载波侦听"技术来避免干扰，即在开始通信前先确定试图接入的频段是否被其他网络占用，如果未被占用则接入该频段，如果被占用则寻找另外的频段接入或者等候一段时间再接入。超宽带无线通信网络的工作频率从 3GHz 到 10GHz，与现有无线通信网络的工作频率是有部分重叠的。超宽带无线通信系统主要通过发送信号的低功率谱特性实现与现有无线通信网络的共存。超宽带信号是一种发射功率极低、频率覆盖范围极宽的无线

通信信号，一般采用纳秒级的窄脉冲信号。对于现有的无线通信网络，这种发射功率极低的信号相当于干扰噪声信号，如果其功率足够低则不会影响现有无线网络的正常通信。

目前，这些频谱共享技术虽然能够在一定程度上提高频谱利用率，但是小范围的改善提高还远远无法满足无线通信业务的巨大需求。ISM 开放频段带宽非常有限，无线城域网、无线局域网和无线个域网都在使用，使得 ISM 频段已趋于饱和状态。另外，尽管 UWB 信号的发射功率低，但是由于其频谱覆盖范围非常宽，与现有无线通信网络的工作频率发生重叠是不可避免的，甚至与多个网络的工作频率发生重叠。如何避免对多个网络造成干扰是一件非常困难的事情，UWB 系统与现有系统的共存与兼容是一个难题，需要新的解决方案。

在这样的背景下，为解决频谱短缺问题，认知无线电技术[2]随之被提出。认知无线电技术着眼于占用了大量可用频谱资源的授权频段，使得非授权无线通信网络能够与授权无线通信网络兼容共存。在不干扰授权无线网络正常通信的前提下，非授权无线网络可以接入使用授权无线网络的频段，从而能够极大地提高授权频段的利用率，有效解决频谱资源紧张问题。认知无线电技术打破了旧的固定频谱分配方式，允许新的网络接入授权频段，而不是一个频段只允许一个网络使用。与此同时，认知无线电技术并不是要改造现有的无线通信网络，而是探索新的网络与之兼容，这无疑降低了改造成本，增加了可行性。这种新的非授权网络被称为次用户网络(或认知无线电网络)，旧的授权网络被称为主用户网络。

认知无线电技术主要目的是实现两种频谱共享方式[3]：衬底式共享方式(Underlay)和覆盖式共享方式(Overlay)。衬底式共享方式是指认知无线电网络通过控制自身的发射功率，使其对主用户网络的干扰处于允许范围之内，而不影响主用户网络的正常通信。UWB 信号具有低功率谱特性，是实现衬底式共享方式的有力手段。认知无线电技术采用 UWB 信号实现衬底式共享方式的关键是解决 UWB 信号与主用户网络的兼容性，使其不妨碍主用户网络的正常通信。当然，认知无线电也可以采用其他信号实现衬底式共享方式，如一般的扩频信号。覆盖式共享方式是指认知无线电网络首先探测在某一地区某一时间段内未被主用户网络使用的频段，然后机会式地利用这些未被使用的频段传输自身的数据，使得主用户网络的授权频段得到充分利用。认知无线电技术实现覆盖式共享方式的关键是准确可靠地检测未被主用户网络使用的频段。事实上，从频谱的使用方式上说，认知无线电覆盖式共享方式类似于 ISM 频段的开放接入方式，但与之不同的是，认知无线电覆盖式共享方式需要解决自身与主用户网络的兼容性问题，主用户网络具有高优先级，认知无线电网络处于低优先级；当主用户网络重新使用其授权频段时，认知无线电网络需要及时退出该频段而切换到其他频段；而在 ISM 频段开放接入方式中，几个网络是对等的，处于同样的优先级，通过竞争方式使用该频段，任意一个网络都不需要为其他网络让步。另外一个不同点是，ISM 开放频段非常窄，可开发利用的频谱资源非常少，而认知无线电试图接入的主用户网络授权频段比较宽，可开发利用的频谱资源比较大，因此，认知无线电技术具有更大的潜力去提高频谱利用率、缓解频谱资源紧张问题。

除了提高频谱利用率，提高信息速率也可以提高通信系统的容量。提高信息速率的技术有很多，如多输入多输出(MIMO)、协作通信等。中继协作通信利用中继节点转发信息，能够提高接收端的信干噪比，获得协作分集增益。在认知无线电频谱感知时运用协作通信技术，可以提高检测概率、降低虚警概率。在认知无线电频谱共享时运用协作通信技术，可以提高非授权用户的信息速率、减小对授权用户的干扰。因此，协作通信技术及其与认知无线电技术的结合，都具有较大的性能优势，可以部分解决目前无线通信系统难以满足用户高速率通信需求的难题。

但是，认知无线电技术和协作通信技术也会产生更大的信令开销和能耗。随着可持续发展理念的提出和全球非可再生能源的日益枯竭，各行各业都高度关注能耗，节能减排成为必须实现的目标。信息通信业相比其他行业能耗问题并不突出，但是它的能耗也不容忽视，而且对其他行业节能减排具有促进作用。认知无线电技术和协作通信技术在现有和未来的无线通信系统中得到了广泛的应用，已经成为蜂窝网、物联网的支撑技术。为此，认知无线电系统和协作通信系统的能效问题值得重点关注。我们需要通过架构设计和资源分配去降低认知无线电系统和协作通信系统的能耗，构建能效优化的认知协作通信系统。

1.2　认知无线电

认知无线电概念由 Mitola 博士在 1999 年最先提出，通过"无线电知识表示语言"使无线终端具有无线电环境意识能力，从而提高无线业务的灵活性，软件无线电是实现认知无线电的理想平台[2]。2000 年，他在博士论文[4]中进一步阐述了这个理论。Mitola 博士强调，通过软件无线电平台实现模拟数字硬件的软件化，提高无线通信技术的灵活性，通过基于模式的推理方式和网络进行交流，提高无线通信技术的智能性，可以说认知无线电是一种智能的软件无线电。总之，他认为认知无线电通过不断监测无线电环境的变化，并加以分析、学习和推理，进而调整自身的通信机制以适应环境的变化，实现灵活的、智能的无线通信。

FCC 从频谱利用率低下的角度出发，对认知无线电技术提出了新的注解[1,5]。FCC认为，认知无线电是实现动态频谱接入、提高频谱利用率的关键技术，提出采用认知无线电技术来实现频谱开放管理、实现频谱共享，一个新网络在不干扰已有授权网络正常通信的前提下可以接入授权用户的频段，以此来达到频谱的二次开发和重复利用。目前，对认知无线电的研究多数是基于 FCC 的观点。随后，Haykin 从信号处理角度全面描述了认知无线电的基本任务以及体系架构[6]。他认为，认知无线电需要解决几个主要问题："无线电场景分析、信道状态估计和预测建模、功率控制和动态频谱管理"。

根据 FCC 的观点和 Haykin 的分析，认知无线电网络需要具备两个主要的功能：认知能力和重构能力[6]。

认知能力：认知能力是指认知无线电网络捕捉和感知无线环境变化的能力。这种能力不是通过简单的探测某些感兴趣频带的功率而得到频谱状态信息，而是通过一种更复杂、更高级的技术来感知无线环境的时间和空间变化，从而避免对其他用户产生干扰。通过这种能力，认知无线电网络就能够探测出在特定时间和空间上未被占用的频段，并选择最适合的频段和传输参数来调整自身的通信机制。认知无线电网络的认知能力，使其能够实时地感知无线环境并动态地适应无线环境，这需要一种自适应机制，被称为认知循环[6]。认知循环主要包括三个阶段：频谱感知、频谱分析和频谱决策。在频谱感知阶段，认知无线电网络探测可利用的空闲频带，并获取所需要的其他相关信息，主要目的是探测、发现空闲频谱。在频谱分析阶段，认知无线电网络根据探测到的空闲频谱，通过一定的算法估计分析这些空闲频谱的特征，包括空闲频谱的带宽、干扰噪声基底等。在频谱决策阶段，认知无线电网络探测到空闲频谱并分析其特征之后，根据认知用户的需求以及这些空闲频谱的特征，确定认知用户的传输带宽、传输模式和传输速率，并选择适合其通信的空闲频带来完成认知用户的数据传输。另外，无线电环境是随时间和空间不断变化的，认知无线电必须不断跟踪并调整参数适应这种变化。主用户的重新出现、主用户的位置变化、认知用户的移动都会引起认知无线电网络周围环境的变化。如果认知用户正在使用的某个频段突然变得不可利用了，则认知无线电网络需要通过频谱移动性管理快速切换到其他可利用频段上进行通信，以实现无缝传输。认知用户需求的变化，也需要认知无线电网络做出相应调整，以达到最佳网络传输状态。

重构能力：重构能力是指认知无线电网络在不改变任何硬件的条件下调整传输参数以适应环境变化的能力。认知无线电网络主要通过软件编程的方式实现宽频带传输，并支持多种通信体制，类似于软件无线电技术。重构参数主要包括：工作频带，认知用户可以根据周围的无线电环境及自身的需求，选择适合的工作频带进行传输，当正在使用的工作频带不可用时，可以改变切换到其他的频带；调制方式，认知用户能够根据自身需求和信道条件调整通信调制方式，对于时延敏感业务，传输速率比差错率更重要，则需要选择频谱效率较高的调制方式，而对于丢包敏感业务，差错率比传输速率更重要，则需要选择误码率较低的调制方式；传输功率，认知用户的传输功率可以在功率限制范围内重新配置，当不需要较高的功率进行传输时，可以降低传输功率，以减少干扰，使得更多的用户可以共享频谱。除此之外，认知无线电能够让不同的通信系统实现互联。重构这些参数，不仅可以在通信连接之前进行，也可以在通信过程中进行。根据频谱特性，认知无线电通过重构能力，可以切换到不同的频带上传输数据，并能够调整相应的发射机、接收机工作参数以及通信协议参数、调制参数，以适应无线电环境的多变性和可用频谱的时变性。

下面简要介绍实现认知无线电功能的关键技术：频谱感知、频谱分析和决策、频谱移动。

频谱感知：频谱感知的主要目的是探测授权频段中未被授权用户使用的频段，即探测空闲频段。通过改造已有的授权用户系统来实现多个用户系统共享频谱，其成本相当高。因此，认知无线电网络需要在感兴趣频带内监测主用户的活动状态，当主用户不使用某个频带时，认知用户才能够接入该频带，以实现与已有网络的兼容与共存，而不影响已有网络的正常通信。另外，当授权用户在某个使用频段内重新出现时，认知用户需要及时退出该频段，切换到其他频段，防止对授权用户造成干扰，这要求认知无线电网络实时连续地侦听频谱。频谱感知技术主要有匹配滤波器检测、能量检测和特征值检测等[7,8]。匹配滤波器检测方法需要事先知道主用户的信号波形(完整信息)，是最优的检测方法。但在实际应用中，主用户信号波形通常难以获得，所以业界并不是非常推荐这种方法。能量检测方法不需要事先知道主用户的信号特征，属于一种盲检测方法。它只需要收集被检测频带内的信号能量而不需要复杂的信号处理，所以受到了广泛关注。特征值检测方法需要事先知道主用户的部分信号特征，能够从噪声信号中区分出主用户信号，具有抗噪声性能，但其复杂度比能量检测方法要大，尽管有缺陷，但这种方法凭借较好的检测性能也受到了一定关注。根据用户之间是否共享频谱感知结果，频谱感知技术可以大致分为：非协作频谱感知(单节点频谱感知)和协作频谱感知[9-11]。在远距离和低信噪比条件下，非协作频谱感知通常难以获得准确可靠的频谱感知结果，而协作频谱感知通过利用空间分集增益，能够极大地提高频谱感知结果的准确性、改善频谱感知性能，因而成为一个研究热点。

频谱分析和决策：在认知网络中，通过频谱感知获得的空闲频段包括授权频段和非授权频段。在授权频段内，认知用户需要确保授权用户不受到有害干扰；在非授权频段内，认知用户与其他用户处于同样的优先级，不需要保证其他用户的正常通信，它们之间是一种竞争关系。因此，认知用户需要采用不同的方式去使用授权频段和非授权频段。另外，空闲频谱分布在很宽的范围内，随着时间和空间表现出不同的特性。频谱分析的目的就是要确定特定频段的频谱特性，可以通过信道容量、信道误码率、路径损失、信道占用时间、信道延时等参数来衡量[12]。认知无线电网络根据频谱感知结果进行学习和推理分析，建立无线频谱环境知识库，并由此可获得频谱特性。频谱决策是指，根据空闲频段的频谱特性和认知用户的服务质量要求，认知无线电网络为用户选择合适的工作频段，并确定合适的传输速率、调制方式和带宽等参数。频谱决策需要综合考虑用户之间的公平性、信道质量和用户服务质量需求，以及主用户的活动特性。主用户的活动特性也会影响认知网络的决策行为，例如，主用户占用某个频段的时间长短，以及使用某个频段的频繁程度决定了空闲频谱的持续时间(认知用户可以利用的时间长短)和认知用户切换频谱的次数[13]。

频谱移动：频谱移动是指当认知用户正在使用的频段被授权用户重新占用、或者由于用户的位置变化和信道的时变特性等因素使该频段变得不适合传输时，认知用户需要及时退出该频段，并寻找另外一个合适的频段进行传输，也被称为频谱切换[14]。在授权频段内，认知用户处于低优先级，授权用户处于高优先级，所以当授权用户出现时，认知用户必须及时退出，或者调整传输功率和调制方式，使得授权用户不受到有害干扰。认知用户退出某个频段后，还需要根据自身的需求和其他频段的频谱特性，从中选择合适的工作频段继续进行传输，并重新调整传输参数以适应新的工作频段。研究快速的无缝频谱切换方法对于认知无线电网络避免干扰主用户，并保证自身传输质量具有重要意义。

认知无线电是实现动态频谱接入和频谱共享的重要手段，影响着未来无线通信技术的发展，引起了广泛关注。频谱管理部门、标准化组织、研究机构和大学以及一些通信公司开展了大量研究。

2003 年，FCC 提出了干扰温度概念，用以量化和管理干扰，认知用户对主用户的干扰不能超过干扰温度容限。2004 年，FCC 提议认知无线电可以工作在电视广播频段。FCC认为，电视广播频段最适合于认知无线电技术，因为电视广播频段的频谱利用率很低，而且适合于无线通信传输。

2004 年，美国电气电子工程师协会(Institute of Electrical and Electronics Engineers,IEEE)成立了 802.22 工作组[15]，该工作组制定了基于认知无线电的空中接口标准，主要利用电视广播频段的空闲频谱，实现无线区域网络(Wireless Regional Area Networks,WRAN)与电视广播网络的共存。2005 年，IEEE 成立了 IEEE 1900 工作组，主要研究高级频谱管理技术，并探讨认知无线电网络和其他无线通信网络的共存问题。另外，IEEE 802.16h、IEEE 802.11h 和 IEEE 202.11y 工作组也关注于认知无线电技术，通过利用认知无线电技术寻找新的可利用频谱，提高网络容量。除此之外，为推动认知无线电技术的研究，IEEE 还组织了两个关于认知无线电的国际会议，即 DySPAN 和 CROWNCOM。

各国政府也高度重视认知无线电技术的发展，组织了许多大型项目来开展研究。2003年，美国国防部高级研究计划机构（Defense Advanced Research Project Agency, DARPA）建立了下一代通信计划（neXt Generation program, XG），致力于开发认知无线电网络。欧盟成立了端到端的可重配置项目（End to End Reconfigurability, E2R）。2005 年，我国也开始在国家 863 计划中进行认知无线电的研究。在国家大型项目的支持和推动下，一些研究机构和大学也针对认知无线电技术进行了大量研究。美国加州大学的伯克利分校构建了 CORVUS 系统[16]和仿真平台（Berkeley Emulation Engine, BEE2），可以对各种频谱侦听算法进行仿真和分析。德国 Karlsruhe 大学提出频谱池系统[17,18]。维吉尼亚工学院 CWT（Center for Wireless Telecommunications）关注于遗传算法认知模型的研究以及认知节点引擎实验床的开发。

在国内，随着认知无线电技术的快速发展，认知无线电技术也引起了国内学术界的关注。国内高校也发表了一些专著[19,20]和科研论文[21,22]，对认知无线电技术的发展做出了贡献。从 2005 年起，西安交通大学、西安电子科技大学和成都电子科技大学在国家863 计划项目的资助下开始研究认知无线电。2008 年，国家 973 项目也开始资助认知无线电领域的研究。2008 年，国家自然科学基金在认知无线电领域设立了重点项目群，在认知无线电中继协作通信以及无线频谱资源动态管理方面开展研究。此外，一些通信公司（如中国移动、华为等）也参与其中，在频谱管理、频谱分配和认知网络体系结构方面开展研究。

从技术层面上看，认知无线电研究已经取得了很多成果。在频谱感知领域，针对主用户信号的先验知识以及统计特征，提出了匹配滤波器检测、能量检测、循环谱特征检测[7,8]等多种频谱感知技术。文献[8]比较分析了各种频谱感知技术的复杂度和精确性。针对频谱感知和数据传输的调度问题，即什么时候进行频谱感知、什么时候进行数据传输，提出了很多优化算法。文献[23]提出了短时间粗略感知和长时间精确感知的联合方案，以满足检测时间和检测性能的双重要求。文献[24]研究了最优的感知时间问题，使得在确保主用户受到一定程度保护的前提下，次用户的吞吐量达到最大。为了克服无线信道的噪声不确定性、多径衰落和阴影衰落的不利影响，人们提出协作频谱感知技术，通过利用空间分集增益来提高频谱感知性能[9,10]。然而，协作频谱感知带来协作增益的同时，也引入了许多协作开销问题，文献[10]全面总结了协作增益和开销问题。虽然频谱感知技术研究已经取得了许多研究成果，但是依然面临很多挑战。目前，射频前端的处理速度是十分有限的，这使得同时感知整个频带（宽带感知）变得非常困难。一些文献将整个频带划分为多个窄频带进行处理[25,26]，但是这样会增加射频器件和感知时间，使得宽带感知依然难以应用在实际系统中。另外，在协作频谱感知中，如何建立感知节点和融合中心之间的控制信道依然是一个开放性的研究话题。目前的大部分工作假定认知网络中具有专用的公共控制信道，这无疑会增加额外的频谱资源消耗。文献[27]研究了一种自组织网络中的公共控制信道建立算法，这种算法基于分组和组间配合方式，组内邻居节点通过可用的信道列表建立公共控制信道，组间通过边际节点作为网关，从而建立网关之间的公共控制信道。文献[28]给出了另外一种自组织网络中的公共控制信道建立算法，这种算法基于博弈理论而不需要中心控制器。研究如何建立具有可靠连接的公共控制信道，对于实现协作频谱感知和认知网络中的功率控制、信道分配均具有重要意义，未来还需要进行大量研究。

在频谱共享领域，针对认知用户如何接入授权频谱问题，人们设计开发了各种介质访问控制（Medium Access Control, MAC）协议。与传统网络相比，认知无线电网络具有新的特征：一是认知用户需要避免对主用户产生干扰；二是认知用户可利用的频谱是动态变化的。因而，认知无线电网络需要新的 MAC 协议。文献[29]设计了一种基于感知结果和预测结果的认知 MAC 协议，用以增强认知网络和无线局域网的共存。文献[30]将认知用户和主用户之间的相互作用建模为连续时间马尔可夫链，并提出了一种主用户优先的动态频谱接入马尔可夫方法。针对主用户的重新出现以及信道质量变差问题，人们研究了频谱切换（频谱移动）方法。主用户拥有频谱的使用权，具有高优先级。因此，当主用户重新索要次用户正在使用的某个频段时，次用户必须及时退出该频段，避免对主用户造成干扰，同时要切换到另一个频段进行传输，以维持自身的通信连接。文献[31]提出了一种多跳网络中的联合频谱切换和路由协议，能够最小化总的频谱切换时延。文献[32,33]认为，次用户应当从多个授权频带中选择信道进行传输，并维持多个可利用的授权频带，以减少主用户重新出现的影响。针对如何降低认知用户之间的干扰以及认知用户对主用户的干扰问题，许多学者探讨了认知网络中的功率控制问题。文献[34]探讨了一种基于效用最大化的最优功率分配和速率分配方案。文献[35]给出了一种基于微分博弈的分布式功率控制算法，能够有效地提高认知用户系统吞吐量。文献[36]提出了一种机会式功率控制策略，使得在不增大主用户中断概率的前提下，最大化认知用户的传输速率。文献[37,38]将认知用户从源端到目的端的数据包传输比喻为穿越多车道高速公路，当主用户不活跃时，认知用户能够使用较高的传输功率在一跳内完成源端到目的端的直接传输；否则，当主用户活跃时，次用户只能使用较低的传输功率，借助中间用户通过多跳完成源端到目的端的传输。在动态频谱共享中，认知用户可以通过竞争方式使用有限的频谱资源，以最大化用户自身的利益。博弈论能够很好地阐述认知用户竞争使用频谱资源的行为。文献[39]阐述了一个博弈论模型，用来分析认知用户在分布式信道分配中的行为。文献[40]提出了一种重复博弈频谱分配方法，通过利用动态博弈纳什均衡来增强频谱共享策略。文献[41]全面概括了动态频谱共享中的博弈论，感兴趣的读者可以查阅。虽然人们已经提出了很多频谱共享模型，以优化频谱分配和接入策略，但是针对频谱共享问题的研究还远远不够，依然面临许多挑战。目前的工作还很少考虑频谱感知技术和频谱接入的联合设计问题。文献[42]研究了联合感知时间和功率分配方案，使得在主用户平均干扰功率约束和次用户传输功率约束的条件下，最大化次用户系统的遍历吞吐量。不同的主用户系统需要不同等级的保护，不同的次用户系统需要不同的服务质量，因而，需要更多的工作来研究频谱感知和频谱接入的联合设计问题，以满足不同主用户系统和次用户系统的要求。另外，如何估计主用户和次用户之间的信道条件也是一个开放性的研究话题，这对于次用户系统的功率控制具有重要意义，特别是在衬垫式（Underlay）频谱共享方式中尤为如此。

文献[43,44]比较全面地概括了认知无线电技术近十年来的发展状况，包括频谱感知技术和频谱共享技术（频谱分配、接入和移动），感兴趣的读者可以查阅。

1.3　协　作　通　信

协作通信技术是最近十多年来国内外通信学界的研究热点，已经应用在第 4 代移动通信、传感器网络、体域网、车联网、智能电网等各个领域。它指的是多个节点充分利用频谱、时间、空间等资源，协作完成通信任务，通过获得协作分集增益来提高性能。协作通信包括物理层多节点协作、多天线协作、多资源域协作和跨层协作（MAC 协议、路由协议）等。Cover 和 Gamal 最早分析了三节点中继信道的信道容量，奠定了协作通信研究的理论基础。Laneman 等分别提出了物理层多节点协作的系统模型和空时编码方法，分析了中断概率性能。随后大量研究人员开展协作通信研究，提出各种各样的协作通信模型，分析了信道容量、中断概率、分集增益、误码率等性能，并提出中继选择方案和中继协作激励方案等。最近人们又探索了全双工协作通信、能量获取节点协作通信等新问题。可以预见，协作通信未来还是通信学界的关注焦点，还有很多潜在的协作通信手段有待开发。

单向中继是最简单的协作通信模型，指的是从源节点经过中继节点到目的节点的信号传递是单向的，有半双工和全双工两种模式。半双工指的是信号分多个时隙或者使用多个频带传输，而全双工指的是信号传输使用同一时隙或者同一频带，中继节点接收到信号后立即转发出去。转发方式包括放大转发、解码转发、压缩转发、量化转发、计算转发等不同形式。

1.4　绿　色　通　信

绿色通信的目标是最大化无线通信系统的能效或者最大化无线网络的生命周期。以往无线通信领域的研究侧重频谱效率的提升，忽视了能量效率。近年来能量效率越来越受重视，特别是能量效率和频谱效率的平衡成为新的焦点。无线通信系统的能效有很多衡量尺度，最普遍的是将它定义为每比特能耗对应的信息传输量，单位为 bit/Joule。比较不同的无线通信系统的能效，要用相同的能效尺度，但是目前还没有统一的能效尺度。对于无线网络，人们不仅关心其能效，也关心其生命周期，即它们能够工作多长一段时间。生命周期反映网络中节点能耗的均衡程度，有很多不同的定义。有些学者将网络生命周期定义为从网络开始工作的时刻到网络中第一个节点能量耗尽的时刻，有些定义为从网络开始工作的时刻到网络中有一半节点能量耗尽的时刻，有些定义为从网络开始工作的时刻到网络中所有节点能量耗尽的时刻，还有些定义为从网络开始工作的时刻到网络中节点不能完成指定任务的时刻。

绿色通信研究起源于传感器网络。传感器网络的节点用很小的电池供电，它们携带的能量有限，通常不能更换和充电，而传感器网络部署后人们希望它工作尽可能长一段时间，因此节能和延长生命周期成为传感器网络研究的首要目标。过去十年研究人员提出了很多传感器网络节能技术，典型的有分簇、节点休眠调度、节能的介质接入控制协议和路由协议等。能量获取传感器网络是近年来传感器网络领域新的研究热点。它的节点可以从外界获取能量并转化为电能储存起来。可获取的能量包括太阳能、风能、无线射频能等。能量获取一定程度上缓解了节点的能量限制，理论上使得网络生命周期达到无穷大。但是实际上传感器节点可获取的能量仍然是有限的，外界可获取能量不稳定，而且随时间变化。因此优化利用可获取能量来最大化性能是能量获取传感器网络的首要目标。国内外学者针对能量获取传感器网络的能量优化利用已经开展大量卓有成效的研究，提出了很多传输调度方案。

蜂窝网作为移动通信的基础设施，消耗的能量不容忽视，特别是基站的能耗占蜂窝网能耗的绝大部分。因此近年来蜂窝网能效成为国内外通信学界的研究热点，旨在为运营商提供一种代价更低的解决方案。蜂窝网的业务流量分布是不均匀的，呈现时空变化特征。另外，蜂窝网的用户也在不断移动。以前蜂窝网基站按照峰值业务流量一直处于工作状态，极大浪费了能量。为此，可以采用基站休眠调度技术降低能耗。它指的是根据业务流量的实时变化，让冗余的基站进入休眠状态。蜂窝变焦是一种新的蜂窝网基站休眠调度技术，当某个基站的相邻基站进入休眠状态时，将该基站的覆盖范围调大，为相邻小区的用户提供服务。节能的功率分配也是一种有效的降低蜂窝网能耗的方法，在满足蜂窝网的吞吐量或者延时等性能要求的同时最小化总能耗。

随着电池技术的发展，无线通信发射机可以从外界获取能量，比如太阳能、风能。这样它们的能量限制得到一定程度的缓解。但是外界可获取的能量是不确定的，其到达时刻和持续时间都是未知的。无线通信接收机也可以获取射频能量，从而在接收到信号后既可以进行信息解码，也可以进行能量获取。但是受实际接收机电路限制，信息解码和能量获取不能同时进行。有两种主要的系统结构同时无线输送信息和能量：时间切换和功率分裂。

能量获取无线通信可以摆脱电源线的束缚，便于部署在野外的无线通信系统自主进行能量管理，使得无线通信系统的应用更加普及。

1.5　本　章　小　结

本章简要介绍了认知无线电、协作通信和绿色通信的概念、关键技术和应用。认知无线电技术可以提高频谱利用率，但是复杂电磁环境下的频谱感知的准确度还有待提高，频谱共享的干扰还需要有效抑制。协作通信技术可以提高信息速率、延伸覆盖范围、提高通信可靠性，但是协作通信系统的实现、信令开销控制和能效优化还有很多工作要做。绿色通信覆盖通信各个领域，是各种无线通信系统的优化目标。我们不仅要降低能耗，还要探索新能源利用。总而言之，认知无线电、协作通信和绿色通信的结合必将大幅提升无线通信的频谱效率和能量效率。

参　考　文　献

[1]　FCC. Notice of proposed rule making and order[R]. ET Docket No. 03-222, 2003.

[2]　Mitola J, Maguire G Q. Cognitive radio: making software radios more personal[J]. IEEE Personal Communications, 1999, 6(4): 13-18.

[3] Zhao Q, Sadler B M. A survey of dynamic spectrum access[J]. IEEE Signal Processing Magazine, 2007, 24 (3) : 79-89.

[4] Mitola J. Cognitive radio: an integrated agent architecture for software defined radio[D]. Royal Institute of Technology (KTH), 2000.

[5] FCC. Facilitating opportunities for flexible, efficient, and reliable spectrum use employing cognitive radio technologies[R]. NPRM & Order, ET Docket No. 03-108, 2003.

[6] Haykin S. Cognitive radio: brain-empowered wireless communications[J]. IEEE Journal on Selected Areas in Communications, 2005, 23 (2) : 201-220.

[7] Cabric D, Mishra S M, Brodersen R W. Implementation issues in spectrum sensing for cognitive radios[A]. Proceedings of the 38th Asilomar Conference on Signals, Systems and Computers[C], 2004: 772-776.

[8] Yucek T, Arslan H. A survey of spectrum sensing algorithms for cognitive radio applications[J]. IEEE Communications Survey & Tutorials, 2009, 11 (1) : 116-130.

[9] Ghasemi A, Sousa E S. Collaborative spectrum sensing for opportunistic access in fading environments[A]. Proceedings of the 1st IEEE International Symposium on New Frontiers in Dynamic Spectrum Access Networks[C], 2005: 131-136.

[10] Akyildiz I F, Lo B F, Balakrishnan R. Cooperative spectrum sensing in cognitive radio networks: a survey[J]. Physical Communication, 2011, 4 (1) : 40-62.

[11] Letaief K B, Zhang W. Cooperative communications for cognitive radio networks[J]. Proceedings of the IEEE, 2009, 97 (5) : 878-893.

[12] Akyildiz I F, Lee W Y, Vuran M C, et al. Next generation / dynamic spectrum access / cognitive radio wireless networks: a survey[J]. Computer Networks, 2006, 50 (13) : 2127-2159.

[13] Krishnamurthy S, Thoppian M, Venkatesan S, et al. Control channel based MAC-layer configuration, routing and situation awareness for cognitive radio networks[A]. Proceedings of the IEEE Military Communications Conference [C], 2005: 455-460.

[14] Zhang Y. Spectrum handoff in cognitive radio networks: opportunistic and negotiated situations[A]. Proceedings of the IEEE International Conference on Communications[C], 2009: 1-6.

[15] IEEE 802.22 working group on wireless regional area works, http://www. ieee802. org/22/[S].

[16] Brodersen R W, Wolisz A, Cabric D, et al. Corvus: a cognitive radio approach for usage of virtual unlicensed spectrum[R]. Berkeley Wireless Research Center White paper, 2004.

[17] Weiss T, Hillenbrand J, Krohn A. Mutual interference in OFDM based spectrum pooling systems[A]. Proceedings of the IEEE Vehicular Technology Conference[C], 2004: 1873-1877.

[18] Weiss T, Jondral F K. Spectrum pooling: an innovative strategy for the enhancement of spectrum efficiency[J]. IEEE communications Magazine, 2004, 42 (3) : 8-14.

[19] 周小飞, 张宏纲. 认知无线电原理及应用[M]. 北京: 北京邮电大学出版社, 2007.

[20] 周贤伟, 王建萍, 王春江. 认知无线电[M]. 北京: 国防工业出版社, 2008.

[21] 滑楠, 曹志刚. 认知无线电网络路由研究综述[J]. 电子学报, 2010, 38 (4) : 910-918.

[22] 张龙, 周贤伟, 王建萍. 认知无线电网络路由协议综述[J]. 小型微型计算机系统, 2010, 31 (7) : 1254-1260.

[23] Cordeiro C, Ghosh M, Cavalcanti D, et al. Spectrum sensing for dynamic spectrum access of TV bands[A]. Proceedings of the 2nd International Conference on Cognitive Radio Oriented Wireless Networks and Communications[C], 2007: 225-233.

[24] Liang Y C, Zeng Y, Peh E C, et al. Sensing-throughput tradeoff for cognitive radio networks[J]. IEEE Transactions on Wireless Communications, 2008, 7(4): 1326-1337.

[25] Hoseini P P, Beaulieu N C. An optimal algorithm for wideband spectrum sensing in cognitive radio systems[A]. Proceedings of the IEEE International Conference on Communications[C], 2010: 1-6.

[26] Hoseini P P, Beaulieu N C. Optimal wideband spectrum sensing framework for cognitive radio systems[J]. IEEE Transactions on Signal Processing, 2011, 59(3): 1170-1182.

[27] Zhao J, Zheng H, Yang G. Distributed coordination in dynamic spectrum allocation networks[A]. Proceedings of the 1st IEEE International Symposium on New Frontiers in Dynamic Spectrum Access Networks[C], 2005: 259-268.

[28] 韩小博, 罗涛. Ad Hoc 认知无线电网络中基于博弈论的公共信道建立算法[J]. 电子学报, 2010, 38(7): 1699-1704.

[29] Geirhofer S, Tong L, Sadler B. Cognitive medium access: constraining interference based on experimental models[J]. IEEE Journal on Selected Areas in Communications, 2008, 26(1): 95-105.

[30] Wang B, Ji Z, Liu K J R, et al. Primary-prioritized Markov approach for dynamic spectrum allocation[J]. IEEE Transactions on Wireless Communications, 2009, 8(4): 1854-1865.

[31] Feng W, Cao J, Zhang C, et al. Joint optimization of spectrum handoff scheduling and routing in multi-hop multi-radio cognitive networks[A]. Proceeding of the 29th IEEE International Conference on Distributed Computing Systems[C], 2009: 85-92.

[32] Zhu X, Shen L, Yum T. Analysis of cognitive radio spectrum access with optimal channel reservation[J]. IEEE Communications Letters, 2007: 11(4): 304-306.

[33] Kushwaha H, Xing Y, Chandramouli R, et al. Reliable multimedia transmission over cognitive radio networks using fountain codes[J]. Proceedings of the IEEE, 2008: 96(1): 155-165.

[34] 胡浩, 宋俊德, 慈松, 等. CR-MIMO-OFDMA/TDM 系统中基于效用的无线资源分配与调度[J]. 通信学报, 2010, 31(7): 1-8.

[35] 张龙, 周贤伟, 王建萍, 等. CR 系统中基于微分博弈论的功率控制算法[J]. 电子与信息学报, 2010, 32(1): 141-145.

[36] Chen Y, Yu G, Zhang Z, et al. On cognitive radio networks with opportunistic power control strategies in fading channels[J]. IEEE Transactions on Wireless Communications, 2008, 7(7): 2752-2761.

[37] Ren W, Zhao Q, Swami A. Power control in spectrum overlay networks: how to cross a multi-lane highway[A]. Proceedings of the IEEE International Conference on Acoustics, Speech and Signal Processing[C], 2008: 2773-2776.

[38] Ren W, Zhao Q, Swami A. Power control in cognitive radio networks: how to cross a multi-lane highway[J]. IEEE Journal on Selected Areas in Communications, 2009, 27(7): 1283-1296.

[39] Nie N, Comaniciu C. Adaptive channel allocation spectrum etiquette for cognitive radio networks[J]. Mobile Networks and Applications, 2006, 11(6): 779-797.

[40] Etkin R, Parekh A, Tse D. Spectrum sharing for unlicensed bands[J]. IEEE Journal on Selected Areas in Communications, 2007, 25(3): 517-528.

[41] Ji Z, Liu K. Dynamic spectrum sharing: a game theoretical overview[J]. IEEE Communications Magazine, 2007, 45(5): 88-94.

[42] Stotas S, Nallanathan A. Optimal sensing time and power allocation in multiband cognitive radio networks[J]. IEEE Transactions on Communications, 2011, 59(1): 226-235.

[43] Lu L, Zhou X, Onunkwo U, et al. Ten years of research in spectrum sensing and sharing in cognitive radio[J]. EURASIP Journal on Wireless Communications and Networking, 2012.

[44] Wang B, Liu K J R. Advances in cognitive radio networks: a survey[J]. IEEE Journal of Selected Topics in Signal Processing, 2011, 5(1): 5-23.

[45] Cover T, Gamal A E. Capacity theorems for the relay channel[J]. IEEE Transactions on Information Theory, 1979, 25(5): 572-584.

[46] Laneman J N, Wornell G W. Distributed space-time-coded protocols for exploiting cooperative diversity in wireless networks[J]. IEEE Transactions on Information Theory, 2003, 49(10): 2415-2425.

[47] Laneman J N, Tse D N C, Wornell G W. Cooperative diversity in wireless networks: efficient protocols and outage behavior[J]. IEEE Transactions on Information Theory, 2004, 50(12): 3062-3080.

[48] Sendonaris A, Erkip E, Aazhang B. User cooperation diversity-Part I: system description[J]. IEEE Transactions on Communications, 2003, 51(11): 1927-1938.

[49] Sendonaris A, Erkip E, Aazhang B. User cooperation diversity-Part II: implementation aspects and performance analysis[J]. IEEE Transactions on Communications, 2003, 51(11): 1939-1948.

[50] Niu Z, Wu Y, Gong J, et al. Cell zooming for cost-efficient green cellular networks[J]. IEEE Communications Magazine, 2010, 48(11): 74-79.

[51] Ozel O, Tutuncuoglu K, Yang J, et al. Transmission with energy harvesting nodes in fading wireless channels: optimal policies[J]. IEEE Journal on Selected Areas in Communications, 2011, 29(8): 1732-1743.

[52] Yang J. Ulukus S. Optimal packet scheduling in an energy harvesting communication system[J]. IEEE Transactions on Communications, 2012, 60(1): 220-230.

[53] Yang J, Ozel O, Ulukus S. Broadcasting with an energy harvesting rechargeable transmitter[J]. IEEE Transactions on Wireless Communications, 2012, 11(2): 571-583.

[54] Ozel O, Yang J, Ulukus S. Optimal broadcast scheduling for an energy harvesting rechargeable transmitter with a finite capacity battery[J]. IEEE Transactions on Wireless Communications, 2012, 11(6): 2193-2203.

[55] Ozel O, Ulukus S. Achieving AWGN capacity under stochastic energy harvesting[J]. IEEE Transactions on Information Theory, 2012, 58(10): 6471-6483.

第2章 单无线电单中继协作感知的能效优化

2.1 引 言

认知无线电技术能有效解决频谱资源短缺问题，而频谱感知是认知无线电技术实现的前提。频谱感知性能的好坏直接影响到认知无线电网络的性能。中继协作频谱感知通过利用空间分集增益，能够有效克服无线信道的阴影和多径衰落问题，从而改善频谱感知的性能[1-4]。然而，协作频谱感知在提高频谱感知性能的同时，也增加了感知开销[4]。协作频谱感知的开销已经有学者研究。例如，文献[5]描述了感知测量和报告测量值过程中的开销，并提出了一种低开销的协作频谱感知方案。文献[6]分析了感知开销对次用户传输中断概率的影响。文献[7]提出了三种融合策略，能够利用最小的开销获得较好的感知性能。但是，文献[5-7]主要关注感知时间开销和控制信道的带宽开销，没有考虑感知能耗。

无线终端通常采用电池供电。受电池容量限制，其能量和传输功率总是有限的[8]。近年来的研究和调查发现，无线通信消耗的能量占通信行业总能量消耗的大部分[9]，不容忽视。能量消耗会引起资源浪费和环境污染问题，所以人们提出了绿色通信的概念[9,10]，旨在减少通信过程消耗的能量，提高通信行业的能量利用率和功率利用率。已经有一些学者研究了频谱感知的能效。例如，文献[11]利用主用户的活跃信息，自适应地调整频谱感知的时间段，降低了感知能耗。文献[12]将次用户分成多个簇，每个簇选择一个簇头收集感知结果并将处理后的感知结果发送到融合中心，簇头轮流担任融合中心作出最终判决，提高了感知结果的可靠性和能效。文献[13]提出一种基于休眠和审查的具有能量效率的频谱感知方案，通过确定最优的休眠率和审查阈值，使得在检测性能的约束下最小化能耗。文献[14]同时考虑频谱感知和数据传输，确定了最优的感知时间、传输时间和检测器的判决阈值，目的是在检测概率和能量限制的约束下最大化能量效率(单位能量消耗带来的传输速率)。文献[15]设计了一个在能量约束下的分布式频谱感知和接入策略。文献[16]联合设计了感知接入策略和感知多个信道的顺序，使得能量效率达到最大化。文献[17]提出一种最优的频谱感知和接入机制，最小化次用户的平均能耗(包括频谱感知、信道切换和数据传输的能耗)，同时满足多个约束条件(感知结果可靠性、吞吐量和次用户传输时延)。文献[18]用离散时间马尔可夫决策过程对数据传输能耗和频谱感知能耗开销平衡问题进行建模，目标是最小化平均代价(包括能耗和延迟代价)。文献[19]主用户的干扰约束下对感知时间和传输时间联合设计，以最大化认知无线电系统的能效。文献[20]提出一种新的频谱感知能效尺度，并且相应找到了最优的协作感知终端数。文献[21]用马尔可夫过程对主用户的活动状态进行建模，并且将最优频谱感知和传输策略建模为部分可观测马尔可夫决策过程，目标是最大化能效。这些研究从不同的角度探讨了具有能量效率的频谱感知和传输策略，但是还远远不够。它们没有考虑基于放大转发协议的中继协作频谱感知方案的能量效率问题。为此，本章将弥补这一研究空白，探讨基于放大转发的中继协作频谱感知的能量开销和感知性能折中问题。

在本章，我们考虑单无线电单中继协作感知情形。单无线电单中继是指系统模型中只有一个中继协助次用户进行频谱感知，并且中继只配置一个无线电接口(发射接收模块)。中继采用放大转发协议来协助次用户进行频谱感知。首先分析频谱感知性能(用检测概率和虚警概率衡量)和频谱感知过程的能耗，然后详细分析感知性能和感知能耗的折中关系，并将这种折中关系阐述为一个数学优化问题来求解。具体而言，我们的目的是寻找最优的感知参数(采样数和中继放大器增益)，使得在感知性能的约束下感知能耗最小。最后还将深入探讨次用户的最小吞吐量要求对这个折中关系的影响。

2.2 协作感知模型

我们考虑的协作感知模型如图 2-1 所示。系统由一个主用户(Primary User, PU)、一个次用户(Secondary User, SU)和一个中继(设为 k-th Relay, R_k)组成，中继实际上也是一个次用户。次用户想要检测主用户是否正在某个频段 B 内发送信号，即检测这个频段是否被主用户占用(频谱感知)。为了提高频谱感知的性能，中继协助次用户进行频谱感知。

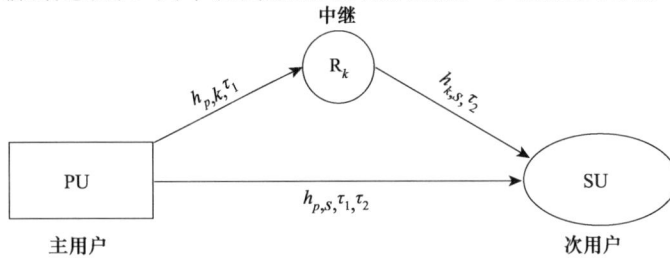

图 2-1 单无线电单中继协作感知模型

图 2-2 显示了中继协作感知的帧结构。每一帧由两个阶段组成：频谱感知阶段 τ 和数据传输阶段 $T-\tau$，其中 T 表示帧周期。次用户在每一帧的起始阶段 τ 周期性地执行频谱感知。频谱感知阶段被进一步划分为两个时隙：τ_1 和 τ_2。在时隙 τ_1，当主用户发送信号时，次用户和中继在频段 B 内接收来自主用户的信号以及干扰信号、噪声；当主用户不发送信号时，次用户和中继在频段 B 内将只接收到干扰信号、噪声。在时隙 τ_2，中继首先放大在时隙 τ_1 接收到的信号，然后直接转发放大后的信号给次用户，次用户同时接收来自中继和主用户的信号。假设主用户在整个频谱感知阶段要么发送信号、要么不发送信号，不考虑主用户活动状态在频谱感知阶段的随机变化。通常次用户的频谱感知时间要远小于主用户的帧周期，这种假设是合理的。

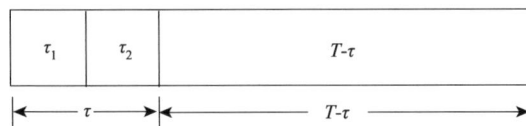

图 2-2 中继协作感知的帧结构

在时隙 τ_1，当主用户发送信号时，次用户接收到的信号可以表示为

$$\mathcal{H}_1: y_s(n) = h_{p,s}x_p(n) + u_s(n), \quad n = 1,\cdots,N/2 \tag{2-1}$$

其中 $\mathcal{H}_1$ 表示主用户发送信号的假设；$h_{p,s}$ 表示从主用户到次用户的信道系数；$x_p(n)$ 表示主用户发送的信号；$u_s(n)$ 表示次用户接收端的加性白高斯噪声；N 表示采样数。当主用户不发送信号时，次用户接收到的信号表示为

$$\mathcal{H}_0: y_s(n) = u_s(n), \quad n = 1,\cdots,N/2 \tag{2-2}$$

其中 $\mathcal{H}_0$ 表示主用户不发送信号的假设。

类似地，当主用户发送信号和不发送信号时，中继用户接收到的信号分别表示为

$$\mathcal{H}_1: y_k(n) = h_{p,k}x_p(n) + u_k(n), \quad n = 1,\cdots,N/2 \tag{2-3}$$

$$\mathcal{H}_0: y_k(n) = u_k(n), \quad n = 1,\cdots,N/2 \tag{2-4}$$

其中 $h_{p,k}$ 表示从主用户到中继 R_k 的信道系数；$u_k(n)$ 表示中继接收端的加性白高斯噪声。

在时隙 τ_2，中继首先放大接收到的信号，然后直接转发放大后的信号给次用户。次用户同时接收来自中继和主用户的信号。那么，当主用户发送信号和不发送信号时，次用户接收到的信号可以分别表示为

$$\mathcal{H}_1: y_s(n) = h_{p,s}x_p(n) + \beta_k h_{k,s}y_k(n-N/2) + u_s(n), \quad n = N/2+1,\cdots,N \tag{2-5}$$

$$\mathcal{H}_0: y_s(n) = \beta_k h_{k,s}y_k(n-N/2) + u_s(n), \quad n = N/2+1,\cdots,N \tag{2-6}$$

其中 $h_{k,s}$ 表示从中继 R_k 到次用户的信道系数；β_k 表示中继的放大器增益。

2.2.1 感知性能分析

频谱感知的性能指标主要有两个：检测概率和虚警概率。检测概率是指在主用户发送信号的情况下 ($\mathcal{H}_1$)，次用户正确检测到主用户信号的概率。虚警概率是指在主用户不发送信号的情况下 ($\mathcal{H}_0$)，次用户错误检测到主用户信号的概率。

为分析方便，我们做出如下假设：

(1) 信道是一个块衰落信道，在感知时间段 τ 内，信道系数 $h_{p,s}$、$h_{k,s}$、$h_{p,k}$ 是常数。通常情况下，要求感知时间比较短，这种假设是合理的。

(2) 噪声 $u_s(n)$、$u_k(n)$ 分别是均值为 0，方差为 σ_s^2、σ_k^2 的独立同分布循环对称复高斯随机序列。

(3) 主用户信号 $x_p(n)$ 是一个均值为 0，方差为 σ_p^2 的独立同分布循环对称复高斯随机序列。

(4) $u_s(n)$、$u_k(n)$ 和 $x_p(n)$ 相互之间是统计独立的。

次用户根据在时隙 τ_1 和 τ_2 内接收到的信号，采用能量检测器进行频谱感知，则检测统计量可以表示为

$$\Gamma = \sum_{n=1}^{N}|y_s(n)|^2 = \sum_{n=1}^{N/2}|y_s(n)|^2 + \sum_{n=N/2+1}^{N}|y_s(n)|^2 \tag{2-7}$$

为了表示方便，我们定义

$$\Gamma_1 = \sum_{n=1}^{N/2}|y_s(n)|^2 \tag{2-8}$$

$$\Gamma_2 = \sum_{n=N/2+1}^{N} |y_s(n)|^2 \tag{2-9}$$

事实上 Γ_1、Γ_2 分别表示时隙 τ_1、τ_2 对应的检测统计量。因而，检测统计量的均值和方差可以分别表示为

$$\mu(\Gamma) = \mu(\Gamma_1) + \mu(\Gamma_2) \tag{2-10}$$

$$\mathrm{Var}(\Gamma) = \mathrm{Var}(\Gamma_1) + \mathrm{Var}(\Gamma_2) + 2\mathrm{Cov}(\Gamma_1, \Gamma_2) \tag{2-11}$$

其中 $\mu(\Gamma_1)$、$\mu(\Gamma_2)$ 分别表示检测统计量 Γ_1、Γ_2 的均值；$\mathrm{Var}(\Gamma_1)$、$\mathrm{Var}(\Gamma_2)$ 分别表示 Γ_1、Γ_2 的方差；$\mathrm{Cov}(\Gamma_1, \Gamma_2)$ 表示 Γ_1 和 Γ_2 的协方差。

在假设 $\mathcal{H}_1$ 情况下，Γ_1、Γ_2 的均值、方差和协方差计算如下：

$$\mu(\Gamma_1) = N(|h_{p,s}|^2 \sigma_p^2 + \sigma_s^2)/2 \tag{2-12}$$

$$\mu(\Gamma_2) = N(|h_{p,s}|^2 \sigma_p^2 + \beta_k^2 |h_{k,s}|^2 |h_{p,k}|^2 \sigma_p^2 + \beta_k^2 |h_{k,s}|^2 \sigma_k^2 + \sigma_s^2)/2 \tag{2-13}$$

$$\mathrm{Var}(\Gamma_1) = N(|h_{p,s}|^4 \mu(|x_p(n)|^4) + \mu(|u_s(n)|^4) - (|h_{p,s}|^2 \sigma_p^2 - \sigma_s^2)^2)/2 \tag{2-14}$$

$$\begin{aligned}\mathrm{Var}(\Gamma_2) = N((&|h_{p,s}|^4 + \beta_k^4 |h_{k,s}|^4 |h_{p,k}|^4)\mu(|x_p(n)|^4) \\ &+ \beta_k^4 |h_{k,s}|^4 \mu(|u_k(n)|^4) + \mu(|u_s(n)|^4) \\ &+ 4(ab+ac+ad+bc+bd+cd) - (a+b+c+d)^2)/2\end{aligned} \tag{2-15}$$

$$\mathrm{Cov}(\Gamma_1, \Gamma_2) = N|h_{p,s}|^2 \beta_k^2 |h_{k,s}|^2 |h_{p,k}|^2 [\mu(|x_p(n)|^4) - \sigma_p^4]/2 \tag{2-16}$$

其中 $a = |h_{p,s}|^2 \sigma_p^2$，$b = \beta_k^2 |h_{k,s}|^2 |h_{p,k}|^2 \sigma_p^2$，$c = \beta_k^2 |h_{k,s}|^2 \sigma_k^2$，$d = \sigma_s^2$，$\mu(|u_s(n)|^4) = 2\sigma_s^4$，$\mu(|u_k(n)|^4) = 2\sigma_k^4$，$\mu(|x_p(n)|^4) = 2\sigma_p^4$。

在假设 $\mathcal{H}_0$ 情况下，Γ_1、Γ_2 的均值、方差和协方差计算如下：

$$\mu(\Gamma_1) = N\sigma_s^2/2 \tag{2-17}$$

$$\mu(\Gamma_2) = N(\beta_k^2 |h_{k,s}|^2 \sigma_k^2 + \sigma_s^2)/2 \tag{2-18}$$

$$\mathrm{Var}(\Gamma_1) = N(\mu(|u_s(n)|^4) - \sigma_s^4)/2 \tag{2-19}$$

$$\mathrm{Var}(\Gamma_2) = \frac{N}{2}[\beta_k^4 |h_{k,s}|^4 \mu(|u_k(n)|^4) + \mu(|u_s(n)|^4) - (\beta_k^2 |h_{k,s}|^2 \sigma_k^2 - \sigma_s^2)^2] \tag{2-20}$$

$$\mathrm{Cov}(\Gamma_1, \Gamma_2) = 0 \tag{2-21}$$

由中心极限定理可知，当采样数 N 足够大时，在假设 $\mathcal{H}_1$ 和 $\mathcal{H}_0$ 情况下，检测统计量 Γ 均近似服从高斯分布。因此，检测概率和虚警概率可以分别表示为

$$p_d = \mathcal{Q}\left(\frac{\lambda - \mu(\Gamma|\mathcal{H}_1)}{\sqrt{\mathrm{Var}(\Gamma|\mathcal{H}_1)}}\right) \tag{2-22}$$

$$p_f = \mathcal{Q}\left(\frac{\lambda - \mu(\Gamma|\mathcal{H}_0)}{\sqrt{\mathrm{Var}(\Gamma|\mathcal{H}_0)}}\right) \tag{2-23}$$

其中 λ 表示判决阈值，当 $\Gamma > \lambda$ 时，认为主用户在发送信号，否则认为主用户不发送信号；$\mu(\Gamma|\mathcal{H}_1)$、$\mathrm{Var}(\Gamma|\mathcal{H}_1)$ 分别表示检测统计量在假设 $\mathcal{H}_1$ 下的均值和方差；$\mu(\Gamma|\mathcal{H}_0)$、$\mathrm{Var}(\Gamma|\mathcal{H}_0)$ 分别表示检测统计量在假设 $\mathcal{H}_0$ 下的均值和方差。$\mathcal{Q}(x)$ 表示标准高斯随机变量 x 的互补累积分布函数，表示如下：

$$Q(x) = \frac{1}{\sqrt{2\pi}} \int_x^\infty \exp\left(-\frac{t^2}{2}\right) dt \tag{2-24}$$

2.2.2 感知能耗分析

频谱感知过程中消耗的总能量包括主用户、次用户和中继消耗的能量。由于次用户是被动的，无法控制主用户的传输参数，所以在接下来的能耗分析中，不考虑主用户消耗的能量。而且，当中继到次用户的传输距离较远时，中继射频功率放大器消耗的能量要远大于中继和次用户（只接收信号）收发机中其他电路消耗的能量。因而，为简化计算，只考虑中继射频功率放大器消耗的能量。

射频功率放大器消耗的能量可以表示为 $E_{PA} = E/\xi$，其中 ξ 表示射频功率放大器的转换效率；E 表示射频功率放大器辐射出去的能量。由于 ξ 只是一个常数，并不影响能耗的分析，因而，只考虑射频功率放大器辐射出去的能量 E，即令 $\xi=1$。

因此，中继消耗的平均功率可以表示为

$$\bar{E} = \bar{P}\tau_2 \tag{2-25}$$

其中 $\bar{P}$ 表示中继消耗的平均功率，计算如下

$$\bar{P} = \beta_k^2 \mu(|y_k(n-N/2)|^2) = \beta_k^2(|h_{p,k}|^2 \sigma_p^2 + \sigma_k^2) \tag{2-26}$$

令 $\tau_2 = (N/2)T_s$，其中 T_s 表示采样间隔。则中继消耗的平均能量表示为

$$\bar{E} = \beta_k^2(|h_{p,k}|^2 \sigma_p^2 + \sigma_k^2)NT_s/2 \tag{2-27}$$

2.3 感知性能和能耗的折中

在前一节，我们推导了频谱感知性能的两个主要参数：检测概率和虚警概率，同时分析了频谱感知过程中消耗的主要能量。在本节，将深入分析感知性能和感知能耗的折中关系。

2.3.1 优化问题

一方面，由式(2-22)可知，对于给定的目标检测概率 $\bar{p}_d$，判决阈值由下式确定：

$$\lambda_d = Q^{-1}(\bar{p}_d)\sqrt{\text{Var}(\Gamma|\mathcal{H}_1)} + \mu(\Gamma|\mathcal{H}_1) \tag{2-28}$$

由式(2-23)，相应的虚警概率可以表示为

$$p_f = Q\left(\frac{\lambda_d - \mu(\Gamma|\mathcal{H}_0)}{\sqrt{\text{Var}(\Gamma|\mathcal{H}_0)}}\right) \tag{2-29}$$

另一方面，由式(2-23)可知，对于给定的目标虚警概率 $\bar{p}_f$，判决阈值由下式确定：

$$\lambda_f = Q^{-1}(\bar{p}_f)\sqrt{\text{Var}(\Gamma|\mathcal{H}_0)} + \mu(\Gamma|\mathcal{H}_0) \tag{2-30}$$

由式(2-22)，相应的检测概率可以表示为

$$p_d = Q\left(\frac{\lambda_f - \mu(\Gamma \mid \mathcal{H}_1)}{\sqrt{\mathrm{Var}(\Gamma \mid \mathcal{H}_1)}}\right) \tag{2-31}$$

注意到 $Q(x)$ 是 x 的单调递减函数，并且 $\mu(\Gamma)$ 和 $\mathrm{Var}(\Gamma)$ 均有一个常数项 $N/2$，由式 (2-28) 和式 (2-29)，很容易推出以下命题：

命题 2-1：对于固定的中继放大器增益 β_k 和目标检测概率 $\bar{p}_d$，虚警概率 p_f 随着采样数 N 的增加而减少。

类似地，由式 (2-30) 和式 (2-31)，容易获得以下命题：

命题 2-2：对于固定的中继放大器增益 β_k 和目标虚警概率 $\bar{p}_f$，检测概率 p_d 随着采样数 N 的增加而增加。

根据上述两个命题，可以推出一个重要命题，表述如下：

命题 2-3：对于固定的中继放大器增益 β_k，存在一个最小的采样数 $N_{\min}$ 使得检测概率和虚警概率分别达到目标检测概率和目标虚警概率。

对于固定的中继放大器增益 β_k，由式 (2-28) 和式 (2-30)，令 $\lambda_d = \lambda_f$，可以获得最小的采样数为

$$N_{\min}(\beta_k) = 2\left(\frac{A-B}{C-D}\right)^2 \tag{2-32}$$

其中 $A = Q^{-1}(\bar{p}_f)\sqrt{2\mathrm{Var}(\Gamma \mid \mathcal{H}_0)/N}$，$B = Q^{-1}(\bar{p}_d)\sqrt{2\mathrm{Var}(\Gamma \mid \mathcal{H}_1)/N}$，$C = 2\mu(\Gamma \mid \mathcal{H}_1)/N$，$D = 2\mu(\Gamma \mid \mathcal{H}_0)/N$。值得注意的是，$\mathrm{Var}(\Gamma \mid \mathcal{H}_0)$、$\mathrm{Var}(\Gamma \mid \mathcal{H}_1)$、$\mu(\Gamma \mid \mathcal{H}_1)$ 和 $\mu(\Gamma \mid \mathcal{H}_0)$ 均包含一个常数项 $(N/2)$。所以 A、B、C、D 和 N 无关。

根据命题 2-1 和 2-2 可知，对于固定的中继放大器增益 β_k，频谱感知性能随着采样数的增加而逐渐改善。然而，另一方面，由式 (2-27) 可知，频谱感知能耗也随着采样数的增加而增大。因此，感知性能和能耗之间存在一种折中关系。由式 (2-22) 和式 (2-23) 可知，p_d、p_f 是 N 的非线性函数（因为 $Q(x)$ 是非线性的），当检测概率接近 1、虚警概率接近 0 时，感知性能随着 N 的增加而改善的程度很小。然而，由式 (2-27) 可知，感知能耗随着采样数 N 增加而线性增加。因而，我们希望在保证一定感知性能的前提下，通过寻找最优的中继放大器增益和采样数，使得感知能耗最小，这个问题用数学语言表述为（问题 2-1）

$$\min_{\beta_k, N} \bar{E}(\beta_k, N) = \beta_k^2 (\mid h_{p,k} \mid^2 \sigma_p^2 + \sigma_k^2)\frac{NT_s}{2} \tag{2-33}$$

$$\text{s.t.} \quad p_d(\beta_k, N) \geqslant \bar{p}_d \tag{2-34}$$

$$p_f(\beta_k, N) \leqslant \bar{p}_f \tag{2-35}$$

一方面，由式 (2-29) 容易验证，对于目标检测概率 $\bar{p}_d$，虚警概率 p_f 随着 β_k、N 的增加而减少。另一方面，由式 (2-27) 可知，能耗 $\bar{E}$ 随着 β_k、N 的增加而增加。因此，在上述优化问题中，当虚警概率不等式约束式 (2-35) 取等号时，能耗 $\bar{E}$ 取得最小值。类似地，由式 (2-31) 和式 (2-27) 可知，当检测概率不等式约束式 (2-34) 取等号时，能耗 $\bar{E}$ 取得最小值。则有，当式 (2-34) 和式 (2-35) 均取等号时，问题 2-1 取得最优解。

此外，在式(2-33)中，$(|h_{p,k}|^2 \sigma_p^2 + \sigma_k^2)(T_s / 2)$ 是一个常数项。为简化符号表示，定义 $\bar{E}' = \beta_k^2 N$。则上述优化问题可以化简为(问题 2-2)

$$\min_{\beta_k, N} \bar{E}'(\beta_k, N) = \beta_k^2 N \tag{2-36}$$

$$\text{s.t.} \quad p_d(\beta_k, N) = \bar{p}_d \tag{2-37}$$

$$p_f(\beta_k, N) = \bar{p}_f \tag{2-38}$$

根据命题 2-3，对于每一个固定的中继放大器增益 β_k，存在一个最小的采样数 $N_{\min}$，使得在式(2-37)和式(2-38)同时成立的条件下能耗最小。将式(2-32)代入式(2-36)中，得到 β_k 对应的最小能耗为

$$\bar{E}'_{\min}(\beta_k) = 2\beta_k^2 \left(\frac{A-B}{C-D}\right)^2 \tag{2-39}$$

理论上，可以通过求解方程 $[\bar{E}'(\beta_k)]'_{\beta_k} = 0$ 来获得最优解。然而，由于导数 $[\bar{E}'(\beta_k)]'_{\beta_k}$ 是一个非线性函数，而且非常复杂，因此很难获得最优解的闭合表达式。幸运的是，式(2-39)中只含有一个变量，很容易通过一维穷举搜索获得数值最优解。当然，也可以通过迭代法(如最速下降法、牛顿法等)获得局部最优解。

2.3.2 次用户最小吞吐量要求的影响

感知时间越长，感知性能通常越好，但是传输时间缩短，使得次用户吞吐量减少。因此在讨论频谱感知问题时，我们还要考虑次用户的最小吞吐量要求。下面首先分析放大增益 β_k 和采样数 N 的取值范围，然后分析次用户最小吞吐量要求对上述优化问题的影响。

放大增益 β_k 受中继的最大平均传输功率 $\bar{P}_{\max}$ 约束，由式(2-26)可知，β_k 允许取的最大值为

$$\beta_{k,\max} = \sqrt{\frac{\bar{P}_{\max}}{(|h_{p,k}|^2 \sigma_p^2 + \sigma_k^2)}} \tag{2-40}$$

采样数 N 受限于次用户的最小吞吐量要求($R_{\min}$)，次用户的吞吐量 $R(\beta_k, N)$ 由下式给出[22]：

$$R(\beta_k, N) = \frac{L-N}{L}\left\{C_0\left[1 - p_f(\beta_k, N)\right]p(\mathcal{H}_0) + C_1\left[1 - p_d(\beta_k, N)\right]p(\mathcal{H}_1)\right\} \tag{2-41}$$

其中 $L = T/T_s$，$N = \tau/T_s$；C_0、C_1 分别表示在主用户不发送信号和发送信号时，次用户的吞吐量；$p(\mathcal{H}_0)$、$p(\mathcal{H}_1)$ 分别表示主用户不发送信号和发送信号的概率，即 $p(\mathcal{H}_0) + p(\mathcal{H}_1) = 1$。将约束条件式(2-37)和式(2-38)代入式(2-40)，可得到次用户允许取的最大采样数：

$$N_{\max} = L\left(1 - \frac{R_{\min}}{R_0 + R_1}\right) \tag{2-42}$$

其中，$R_0 = C_0(1 - \bar{p}_f)p(\mathcal{H}_0)$，$R_1 = C_1(1 - \bar{p}_d)p(\mathcal{H}_1)$。

因此，当进一步考虑中继最大平均功率约束和次用户最小吞吐量要求时，上述优化问题(问题 2-2)阐述为(问题 2-3)

$$\beta_k^* = \arg\min \bar{E}_{\min}'(\beta_k) \quad \text{s.t.} \quad 0 \leqslant N_{\min}(\beta_k) \leqslant N_{\max}, \ 0 \leqslant \beta_k \leqslant \beta_{k,\max} \qquad (2\text{-}43)$$

其中 $N_{\min}(\beta_k)$ 和 $\bar{E}_{\min}'(\beta_k)$ 分别由式(2-32)和式(2-39)给出。问题 2-3 很容易通过一维搜索获得数值最优解。

2.4 仿 真 结 果

我们仿真单无线电单中继协作感知系统中的感知性能和感知能耗之间的折中关系。仿真参数设置如下：噪声及信号的方差 $\sigma_s^2 = \sigma_k^2 = \sigma_p^2 = 1$，目标检测概率 $\bar{p}_d = 0.95$，目标虚警概率 $\bar{p}_f = 0.05$，信道系数 $h_{p,k} = h_{k,s} = 0.5 + 0.5j$（一个感知时间段）。

首先仿真在放大器增益 β_k 固定的时候，感知性能与采样数以及感知性能与感知能耗之间的关系。为了更清楚地显示检测概率或虚警概率与能耗之间的关系，对能耗进行归一化处理，即 $\bar{E}'' = \bar{E}' / \max(\bar{E}')$，使得 $\bar{E}'' \in [0,1]$。图 2-3 显示了在目标虚警概率 $\bar{p}_f$ 条件下，归一化能耗 $\bar{E}''$、检测概率 p_d 与采样数 N 之间的关系。图 2-4 显示了在目标检测概率 $\bar{p}_d$ 条件下，归一化能耗 $\bar{E}''$、虚警概率 p_f 与采样数 N 之间的关系。从这两幅图中可以看出，在目标虚警概率条件下，检测概率随着采样数的增加而增加；在目标检测概率条件下，虚警概率随着采样数的增加而减少。这表明，感知性能随着采样数的增加而逐渐改善，验证了命题 2-3 的正确性。同时可以看出，检测概率和虚警概率的理论值和仿真值非常接近，验证了理论结果的正确性。从两图还不难看出，一方面，当检测概率高于目标检测概率(即 $p_d > \bar{p}_d$)时，随着采样数的增加，检测概率增长非常缓慢；当虚警概率低于目标虚警概率(即 $p_f < \bar{p}_f$)时，随着采样数的增加，虚警概率下降也十分缓慢。然而，另一方面，归一化能耗随着采样数的增加而线性增长。

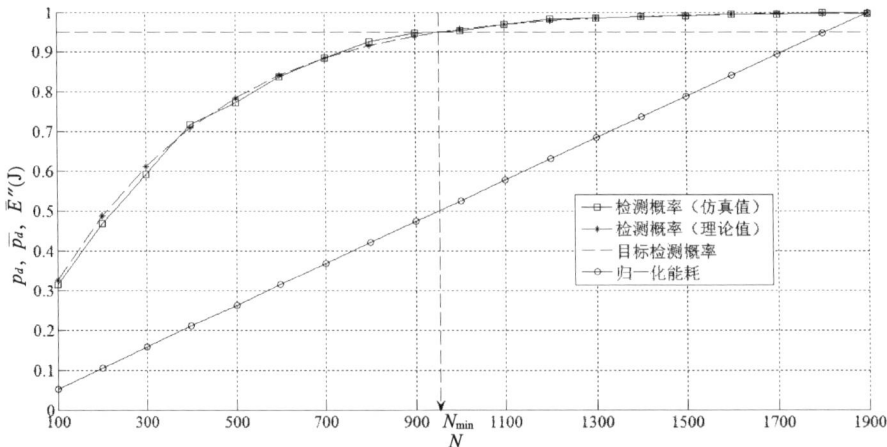

图 2-3　检测概率 p_d 的仿真值和理论值、目标检测概率 $\bar{p}_d$、归一化能耗 $\bar{E}''$
与采样数 N 之间的关系（$h_{p,s} = 0.1 + 0.1j$，$\beta_k = 1$，$\bar{p}_f = 0.05$）

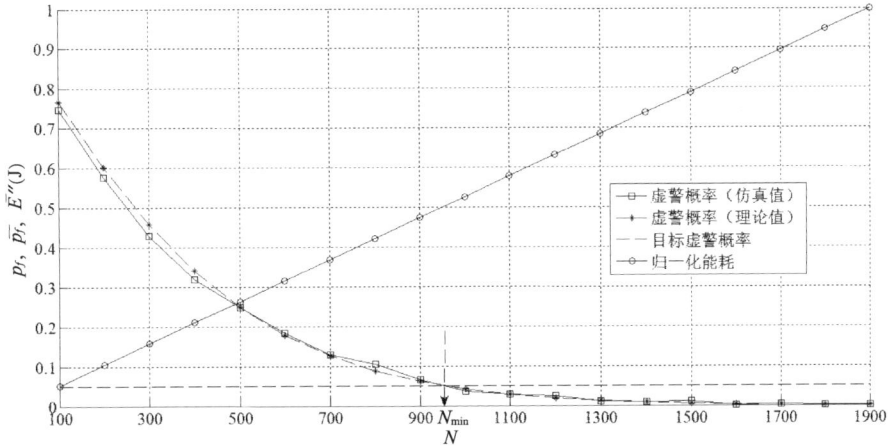

图 2-4　虚警概率 p_f 的仿真值和理论值、目标虚警概率 $\bar{p}_f$、归一化能耗 $\bar{E}''$
与采样数 N 之间的关系（$h_{p,s}=0.1+0.1j$，$\beta_k=1$，$\bar{p}_d=0.95$）

由此可见，在保证一定感知性能的前提下，尽可能地减少感知能耗具有十分重要的意义。

接下来将仿真存在一对最优的中继放大器增益和采样数，使得在保证一定感知性能的前提下感知能耗最小。在此之前，首先需要分别确定仿真参数 β_k 和 N 的上界 $\beta_{k,\max}$ 和 $N_{\max}$。令中继的最大平均传输功率为 $\bar{P}_{\max}=100\,\mathrm{W}$，由式（2-40），可求得允许的最大中继放大器增益为 $\beta_{k,\max}-8.1650$。令 $R_{\min}=1\,\mathrm{bit/s}$，$C_0=2\,\mathrm{bit/s}$，$C_1=1.5\,\mathrm{bit/s}$，$p(\mathcal{H}_0)=0.7$，$p(\mathcal{H}_1)=0.3$，$T=20\,\mathrm{ms}$，$T_s=1\,\mu s$，由式（2-42），可求得允许的最大采样数为 $N_{\max}\approx5212$。

图 2-5 给出了在检测概率和虚警概率的联合约束下，理论的最小采样数 $N_{\min}$ 与中继放大器增益 β_k 之间的关系（见式（2-32））。由图可见，当 $\beta_k=1$ 时，理论的最小采样数为 $N_{\min}\approx953$。另外，从图 2-3 和图 2-4 中可以看出，当 $\beta_k=1$ 时，仿真得到的最小采样数为 $N_{\min}\approx950$。由此可见，最小采样数的理论值和仿真值非常接近。因而在后面的仿真中，为了降低计算量，我们仅给出理论值。图 2-5 中，$\hat{\beta}_k$ 表示 β_k 的一个临界值。当 $\beta_k>\hat{\beta}_k$ 时，$N_{\min}<N_{\max}$（即次用户的吞吐量要求得到满足）。最小采样数 $N_{\min}$ 总是随着中继放大器增益 β_k 的增加而减少。而且值得注意的是，当 β_k 较小时，$N_{\min}$ 下降很快；当 β_k 较大时，$N_{\min}$ 下降十分缓慢。

图 2-6 给出了在检测概率和虚警概率的联合约束下，最小能耗 $\bar{E}'_{\min}$ 与中继放大器增益 β_k 之间的关系（见式（2-39））。由图可见，最小能耗并不是中继放大器增益的单调递增函数，而是随着中继放大器增益的变化而上下波动。最小能耗分别在 $\beta_k=0.4$ 和 $\beta_k=1.4$ 时取得极大值和极小值。

为了图解方便，对最小采样数、允许的最大采样数和最小能耗归一化，即 $N''_{\min}=N_{\min}/\max(N_{\min})$、$N''_{\max}=N_{\max}/\max(N_{\min})$、$\bar{E}''_{\min}=\bar{E}'_{\min}/\max(\bar{E}'_{\min})$。图 2-7 给出了在检测概率和虚警概率的联合约束下，当 $h_{p,s}=0.1+0.1j$ 时，归一化最小采样数 $N''_{\min}$、归一化允许的最大采样数 $N''_{\max}$、归一化最小能耗 $\bar{E}''_{\min}$ 与中继放大器增益 β_k 之间的关系。由图可见，当 $\beta_k<1.4$ 时，最小采样数随着中继放大器增益的增加而快速下降，而最小能耗随着中继放大器增益的增加而上下波动；当 $\beta_k>1.4$ 时，最小采样数随着中继放大器增益的增加而缓慢下降，而最小能耗随着中继放大器增益的增加而快速增长。β_k 的临界值为 $\hat{\beta}_k \approx 0.5$。$\beta_k = 1.4$ 是一个极小值点，并且 $\beta_k = 1.4 > \hat{\beta}_k$，对应的 $N''_{\min} < N''_{\max}$，能够满足次用户的最小吞吐量要求。因而，在这个例子中，最优的中继放大器增益值为 $\beta_k^* = 1.4$。图 2-8 给出了另外一个非常相似的例子，即 $h_{p,s} = 0.05 + 0.05j$ 时的情况。

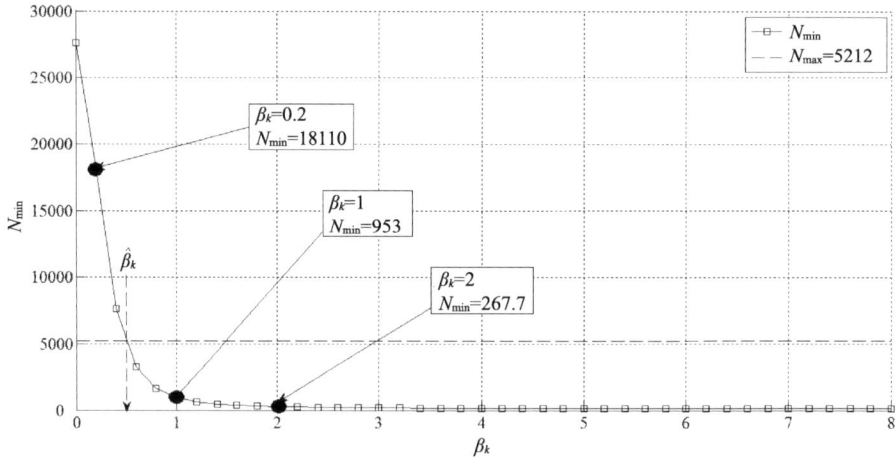

图 2-5　最小采样数 $N_{\min}$ 与中继放大器增益 β_k 之间的关系
（$h_{p,s} = 0.1 + 0.1j$，$\overline{p}_d = 0.95$，$\overline{p}_f = 0.05$）

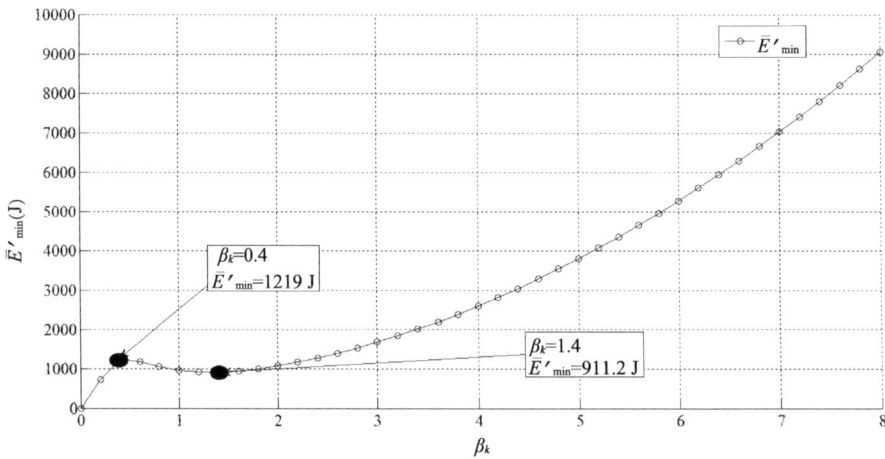

图 2-6　最小能耗 $\overline{E}'_{\min}$ 与中继放大器增益 β_k 之间的关系
（$h_{p,s} = 0.1 + 0.1j$，$\overline{p}_d = 0.95$，$\overline{p}_f = 0.05$）

当信道系数为 $h_{p,s} = 0.2 + 0.2j$ 时，$N''_{\min}$、$N''_{\max}$ 和 $\overline{E}''_{\min}$ 与中继放大器增益 β_k 之间的关系如图 2-9 所示。尽管所有的 β_k 值均能够满足次用户的吞吐量要求，即 $\beta_k > \hat{\beta}_k$，$N''_{\min} < N''_{\max}$，然而，依然有必要去选择最佳的 β_k 值来平衡感知性能和能耗。当 $\beta_k < 2$ 时，$N''_{\min}$ 随着 β_k 的增加而快速下降；当 $\beta_k > 2$ 时，$N''_{\min}$ 随着 β_k 的增加而缓慢下降。$\overline{E}''_{\min}$ 总是随着 β_k 的增加而快速增长。因而，一个最优 β_k 值为 $\beta_k^* = 2$。

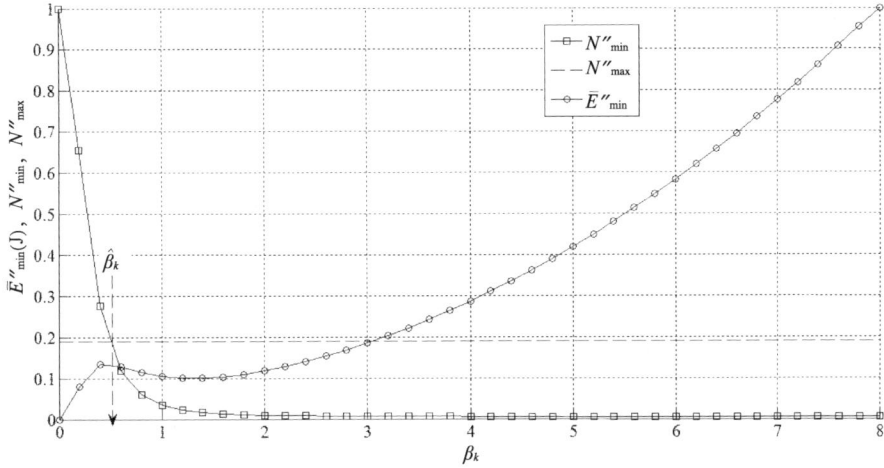

图 2-7　归一化最小采样数 $N''_{\min}$、归一化允许的最大采样数 $N''_{\max}$、
归一化最小能耗 $\bar{E}''_{\min}$ 与中继放大器增益 β_k 之间的关系
（ $h_{p,s}=0.1+0.1j$ ， $\bar{p}_d=0.95$ ， $\bar{p}_f=0.05$ ）

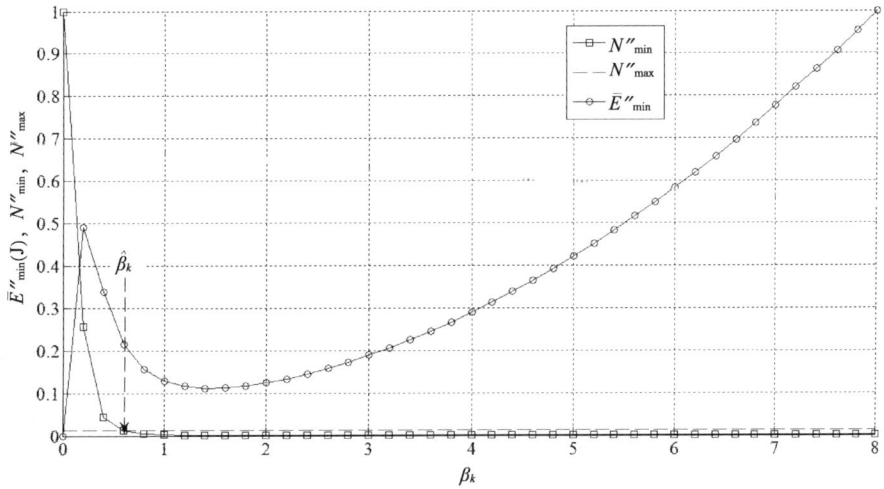

图 2-8　归一化最小采样数 $N''_{\min}$、归一化允许的最大采样数 $N''_{\max}$、
归一化最小能耗 $\bar{E}''_{\min}$ 与中继放大器增益 β_k 之间的关系
（ $h_{p,s}=0.05+0.05j$ ， $\bar{p}_d=0.95$ ， $\bar{p}_f=0.05$ ）

图 2-10 显示了在多种信道衰落情况下， $N''_{\min}$、 $\bar{E}''_{\min}$ 与中继放大器增益 β_k 之间的关系。由图可见，当信道系数 $h_{p,s}$ 大于某个数值时，归一化最小采样数 $N''_{\min}$ 并不总是随着 β_k 的增加而减少。例如：当 $h_{p,s}=0.5+0.5j$ 时， $N''_{\min}$ 随着 β_k 的增加反而增加。这是由于直传信道（ $h_{p,s}$）条件优于中继信道（ $h_{p,k}$，$h_{k,s}$）条件，使得中继协助次用户感知的作用不大。对于这样的情况，次用户应当放弃协作感知（即单用户感知， $\beta_k^*=0$）或者选择另外一个中继来协助感知。

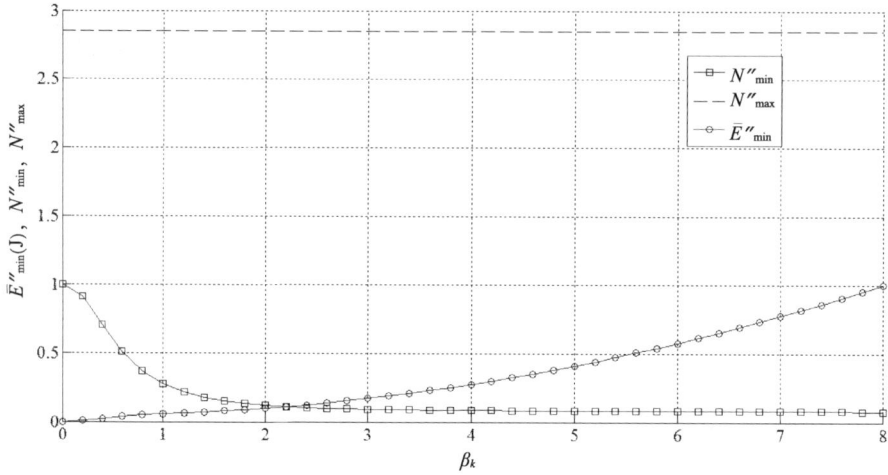

图 2-9 归一化最小采样数 $N''_{\min}$、归一化允许的最大采样数 $N''_{\max}$、
归一化最小能耗 $\bar{E}''_{\min}$ 与中继放大器增益 β_k 之间的关系
（$h_{p,s} = 0.2 + 0.2j$，$\bar{p}_d = 0.95$，$\bar{p}_f = 0.05$）

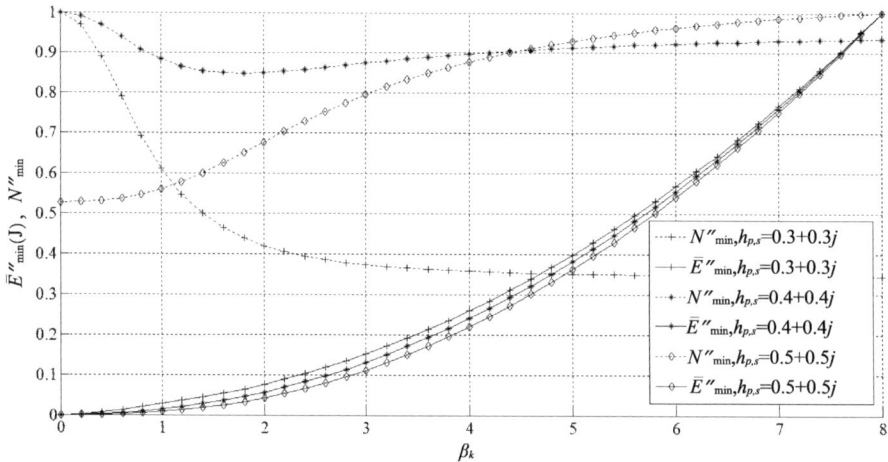

图 2-10 在多种信道条件下，归一化最小采样数 $N''_{\min}$、
归一化最小能耗 $\bar{E}''_{\min}$ 与中继放大器增益 β_k 之间的关系（$\bar{p}_d = 0.95$，$\bar{p}_f = 0.05$）

获得了最优的中继放大器增益 β_k^* 后，由式(2-32)，就可以计算出对应的最优采样数 $N_{\min}^*$。

2.5 本 章 小 结

本章详细分析了单无线电单中继协作感知系统中的频谱感知性能与能耗之间的折中关系，并将这种折中关系阐述为一个数学优化问题(问题 2-1)。首先分析推导了在固定放大器增益情况下的最小采样数。据此，将二元优化问题化简为一元优化问题，通过一维搜索求得数值最优解，大大降低了复杂度。

另外，还分析了次用户最小吞吐量要求对感知性能与能耗折中关系的影响，并将其阐述为另一个数学优化问题（问题 2-3），通过一维搜索求得数值最优解。仿真结果验证了存在一对最优的感知参数（采样数和中继放大器增益），使得在感知性能的约束下感知能耗达到最小，并且满足次用户最小吞吐量要求。

参 考 文 献

[1] Yucek T, Arslan H. A survey of spectrum sensing algorithms for cognitive radio applications[J]. IEEE Communications Surveys & Tutorials, 2009, 11(1): 116-130.

[2] Ghasemi A, Sousa E S. Collaborative spectrum sensing for opportunistic access in fading environments[A]. in Proceedings of IEEE International Symposium on New Frontiers in Dynamic Spectrum Access Networks[C], 2005: 131-136.

[3] Akyildiz I F, Lo B F, Balakrishnan R. Cooperative spectrum sensing in cognitive radio networks: a survey[J]. Physical Communication, 2011, 4(1): 40-62.

[4] Letaief K B, Zhang W. Cooperative communications for cognitive radio networks[J]. Proceedings of the IEEE, 2009, 97(5): 878-893.

[5] Zhang S, Wu T, Lau V K N. A low-overhead energy detection based cooperative sensing protocol for cognitive radio systems[J]. IEEE Transactions on Wireless Communications, 2009, 8(11): 5575-5581.

[6] Zhou Y, Yao Y, Zheng B. Outage probability analysis of cognitive transmissions: impact of spectrum sensing overhead[J]. IEEE Transactions on Wireless Communications, 2010, 9(8): 2676-2688.

[7] Han W, Li J, Tian Z, et al. Efficient cooperative spectrum sensing with minimum head in cognitive radio[J]. IEEE Transactions on Wireless Communications, 2010, 9(10): 3006-3011.

[8] Miao G, Himayat N, Li Y, et al. Cross-layer optimization for energy-efficient wireless communications: a survey[J]. Wireless Communications and Mobile computing, 2009, 9(4): 529-542.

[9] Xiong C, Li Y, Zhang S, et al. Energy-and spectral-efficiency trade off in downlink OFDMA networks[J]. IEEE Transactions on Wireless Communications, 2011, 10(11): 3874-3886.

[10] Chen Y, Zhang S, Xu S, et al. Fundamental trade-offs on green wireless networks[J]. IEEE Communications Magazine, 2011, 49(6): 30-37.

[11] Su H, Zhang X. Energy-efficient spectrum sensing for cognitive radio networks[A]. in Proceedings of IEEE International Conference on Communications[C], 2010: 1-5.

[12] Wei J, Zhang X. Energy-efficient distributed spectrum sensing for wireless cognitive radio networks[A]. in Proceedings of IEEE Conference on Computer Communications Workshops[C], 2010: 1-6.

[13] Maleki S, Pandharipande A, Leus G. Energy-efficient distributed spectrum sensing for cognitive sensor networks[J]. IEEE Sensors Journal, 2011, 11(3): 565-573.

[14] Wu Y, Tsang D H K. Energy-efficient spectrum sensing and transmission for cognitive radio systems[J]. IEEE Communications Letters, 2011, 15(5): 545-547.

[15] Chen Y, Zhao Q, Swami A. Distributed spectrum sensing and access in cognitive radio networks with energy constraint[J]. IEEE Transactions on Signal Processing, 2009, 57(2): 783-797.

[16] Pei Y, Liang Y, Teh K C, et al. Energy-efficient design of sequential channel sensing in cognitive radio networks: optimal sensing strategy, power allocation, and sensing order[J]. IEEE Journal of Selected Areas in Communications, 2011, 29(8): 1648-1659.

[17] Wang S, Wang Y, Coon J P, et al. Energy-efficient spectrum sensing and access for cognitive radio networks[J]. IEEE Transactions on Vehicular Technology, 2012, 61(2): 906-912.

[18] Wu Y, Lau V K N, Tsang D H K, et al. Energy-efficient delay-constrained transmission and sensing for cognitive radio systems[J]. IEEE Transactions on Vehicular Technology, 2012, 61(7): 3100-3113.

[19] Shi Z, Teh K C, Li K H. Energy-efficient joint design of sensing and transmission durations for protection of primary user in cognitive radio systems[J]. IEEE Communications Letters, 2013, 17(3): 565-568.

[20] Huang D, Kang G, Wang B, et al. Energy-efficient spectrum sensing strategy in cognitive radio networks[J]. IEEE Communications Letters, 2013, 17(5): 928-931.

[21] Li H, Feng X, Gan X, et al. Joint spectrum sensing and transmission strategy for energy-efficient cognitive radio networks[A]. in Proceedings of International Conference on Cognitive Radio Oriented Wireless Networks[C], 2013: 99-104.

[22] Liang Y, Zeng Y, Peh E C, et al. Sensing-throughput tradeoff for cognitive radio networks[J]. IEEE Transactions on Wireless Communications, 2008, 7(4): 1326-1337.

第3章 单无线电多中继协作感知的能效优化

3.1 引 言

上一章探讨了单无线电单中继协作感知的能效优化,本章进一步探讨更一般的情况,即单无线电多中继协作感知的能效优化。单无线电多中继是指协作感知系统中有多个中继,每个中继只配置一个无线电接口(发送接收模块)。多个中继同时协助融合中心(某个次用户或次用户基站)进行频谱感知。中继均采用放大转发协议,融合中心采用能量检测器进行检测判决。多中继协作感知相比单中继协作感知的性能更优,但是能耗也更大。和上一章类似,首先分析多中继协作频谱感知的性能(用检测概率和虚警概率衡量)和频谱感知过程中消耗的主要能量,然后详细讨论频谱感知性能与能耗的折中关系,并运用最优化理论来阐述这种折中关系。具体而言,我们的目标是寻找最优的感知参数(包括采样数、中继数和中继放大器增益),使得在感知性能的约束下感知能耗最小。

协作频谱感知的能效方面已经产生大量研究成果。例如,文献[1]中根据感知可靠性和能耗将次用户组成簇,显著提高了感知可靠性和认知网络的生命周期。文献[2]中首先推导了传感器辅助的协作感知系统中同时满足检测概率和虚警概率要求的传感器数,然后寻找最优的感知间隔和传感器数以最小化能耗。义献[3]中考虑感知信道和报告信道的信噪比、协作次用户间传输的误码率,提出了一种鲁棒的协作感知方案并分析其能效。文献[4]中用效用函数表征协作感知的能耗,并且在对主用户足够保护的约束下寻找最优的感知时间。文献[5]中将多个次用户感知多个主用户信道的协作感知调度问题建模为组合优化问题,目标是提高能效。文献[6]中调度多个次用户感知多个主用户信道,以最大化能效相关的效用,并且用部分可观测马尔可夫过程建模寻找最优的感知时间。文献[7]中用联盟博弈论对多信道协作感知和接入进行建模,考虑了感知准确度和能效。文献[8]中联合优化协作感知的融合阈值、次用户检测阈值、感知时间和协作用户数以最大化能效。文献[9,10]中将进行协作感知的传感器分成互不相交的子集,每段时间激活一个子集,满足检测概率和虚警概率的要求同时延长网络生命周期。文献[11]中提出一种节能的两阶段协作频谱感知方案,如果信噪比高或者没有主用户存在,只进行粗糙的协作感知;否则继续进行更细的协作感知以提高感知准确度。文献[12]中将协作感知调度问题建模为非线性整数规划问题,探讨了能效、感知性能和频谱机会之间的折中。文献[13]中提出一种协作感知系统中减少感知用户数的简单方法,满足检测概率和虚警概率要求的同时降低了能耗。文献[14]中考虑主用户和次用户的差异,对次用户进行调度以平衡协作感知的性能和能耗。文献[15]中讨论认知传感器网络中协作感知的传感器选择问题,以最小化能耗同时提高感知性能。文献[16,17]中利用协作感知系统中次用户接收到的主用户信号的信噪比的差异,寻找最优的感知时间以最小化能耗。文献[18]中讨论多频带认知无线电系统中的协作感知调度问题,同时考虑了感知性能和能耗。文献[19]中通过优化感知时间最大化协作感知的能效。这些研究都没有同时对采样数、中继数和中继放大器增益进行优化。

3.2 协作感知模型

我们考虑的协作感知模型由一个主用户(Primary User，PU)、一个融合中心(Fusion Center，FC)和 M 个中继(Relay，R)组成，如图 3-1 所示。融合中心可以是某个次用户或者次用户基站，中继用户实际上也是次用户，为了表述方便对其冠以不同的名称。中继采用放大转发协议、时分双工方式来协助融合中心进行频谱感知。频谱感知在两个相等的时间段 T_1 和 T_2 内完成，即 $T_1 = T_2 = NT_s$，其中 N 表示每个阶段的采样数；T_s 表示采样间隔。

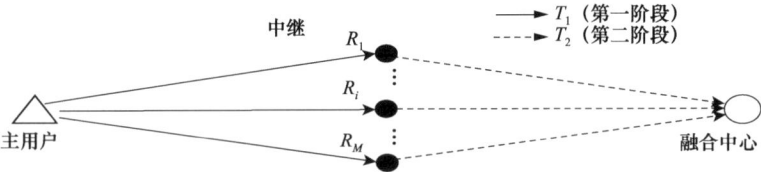

图 3-1　单无线电多中继协作感知模型

在第一阶段 T_1 内，所有中继都监视主用户的活动状态，接收主用户频段内的信号。则第 i 个中继 R_i 接收到的信号可以表示为

$$y_n(n) = \theta\sqrt{P_p}h_{pn}x_p(n) + u_n(n), \quad n = 1, \cdots, N \tag{3-1}$$

其中 θ 是主用户活动状态指示符：$\theta = 1$ 表示主用户是活跃的，正在发送信号；$\theta = 0$ 表示主用户是不活跃的，不发送信号。P_p 表示主用户的发射功率；$x_p(n)$ 表示主用户发送的信号(均值为 0，方差为 1，即 $E[|x_p(n)|^2] = 1$)；$u_n(n)$ 表示第 i 个中继接收端的加性白高斯噪声，被建模为一个均值为 0，方差为 P_u 的独立同分布循环对称复高斯随机序列。h_{pn} 表示由主用户到第 i 个中继 R_i 的信道系数。把 h_{pn} 建模为一个均值为 0，方差为 $d^{-\alpha}$ 的循环对称复高斯分布随机变量[20,21]，表示为 $h_{pri} \sim \mathcal{CN}(0, d_{pri}^{-\alpha})$，其中 d_{pri} 表示主用户与第 i 个中继之间的距离；α 表示路径损失指数。将信道系数的方差建模为 $d_{pn}^{-\alpha}$ 的特殊形式，而不是 σ_{pn}^2 的一般形式，其主要原因是在次用户网络中相对距离是一个很重要的参数。我们正是想从相对距离方面来考虑问题，探讨相对距离对协作感知优化问题的影响。当然，也可以用信道系数方差的一般形式来阐述协作感知优化问题，这并不影响优化问题的求解。

在第二阶段 T_2 内，中继不进行复杂的信号处理，而是首先将接收到的信号进行放大，然后将放大后的信号转发给融合中心。假定融合中心和主用户的距离较远，它们之间的信道衰落较严重。融合中心不接收来自主用户的信号，只接收来自所有中继的信号。则它接收到的信号可以表示为

$$y_c(n) = \sum_{i=1}^{M}\sqrt{\beta_i}h_{nc}y_n(n-N) + u_c(n), \quad n = N+1, \cdots, 2N \tag{3-2}$$

其中 β_i 是第 i 个中继的放大器增益；h_{nc} 是从第 i 个中继到融合中心的信道系数。h_{nc} 被建

模为一个均值为 0，方差为 $d_{nc}^{-\alpha}$ 的循环对称复高斯随机变量，表示为 $h_{nc} \sim \mathcal{CN}(0, d_{nc}^{-\alpha})$，其中 d_{nc} 表示第 i 个中继和融合中心之间的距离。$u_c(n)$ 是融合中心接收端的加性白高斯噪声。$u_c(n)$ 被建模为一个独立同分布的循环对称复高斯随机序列，其均值为 0，方差为 P_u。

3.2.1 感知性能分析

根据接收到的信号 $y_c(n)$，融合中心采用能量检测器进行频谱感知，则检测统计量可以表示为

$$Y = \sum_{n=N+1}^{2N} |y_c(n)|^2 \tag{3-3}$$

根据中心极限定理，当采样数 N 较大时，在假设 $\mathcal{H}_1$（即 $\theta = 1$）和假设 $\mathcal{H}_0$（即 $\theta = 0$）情况下，检测统计量 Y 均近似服从高斯分布。

为分析简便，假设主用户信号 $x_p(n)$ 是一个独立同分布、循环对称复高斯随机序列，并假设 h_{pn}、h_{nc}、$x_p(n)$、$u_n(n)$ 和 $u_c(n)$ 之间是相互统计独立的。同时，假定主用户到每个中继的距离相等，每个中继到融合中心的距离相等，每个中继的放大器增益相等，即 $d_{pn} = d_{pr}$，$d_{nc} = d_{rc}$，$\beta_i = \beta$，$i = 1, \cdots, M$。当主用户到每个中继以及每个中继到融合中心的距离远远大于中继之间的距离时，这种假设是合理的[22]。对于放大器增益不相等的情况，需要通过一些搜索算法来联合确定多个最优的放大器增益 $\{\beta_i : i = 1, \cdots, M\}$，从而找到感知优化问题的数值解。在放大器增益不相等的情况下，通常难以获得协作感知优化问题的闭式解，而且计算量会随着中继数目的增加而急剧增大。本章主要关注远距离、放大器增益相等的情况。对于放大器增益相等的情况，能够获得协作感知优化问题的闭式解，从而大大降低计算量，有利于算法的实际应用，这将在后面的分析中体现。

根据以上的假设，在假设 $\mathcal{H}_1$ 和假设 $\mathcal{H}_0$ 情况下，检测统计量 Y 的均值分别为

$$E(Y_1) = N\mu_1 = N(M\beta r_1 + P_u) \tag{3-4}$$

$$E(Y_0) = N\mu_0 = N(M\beta r_0 + P_u) \tag{3-5}$$

其中 $\mu_1 = M\beta r_1 + P_u$，$\mu_0 = M\beta r_0 + P_u$，$r_1 = d_{rc}^{-\alpha} d_{pr}^{-\alpha} P_p + d_{rc}^{-\alpha} P_u$，$r_0 = d_{rc}^{-\alpha} P_u$。在假设 $\mathcal{H}_1$ 和假设 $\mathcal{H}_0$ 情况下，检测统计量 Y 的方差分别为

$$D(Y_1) = N(\mu_1^2 + a_1 + a_0) \tag{3-6}$$

$$D(Y_0) = N(\mu_0^2 + a_0) \tag{3-7}$$

其中

$$\mu_1^2 = (M\beta d_{rc}^{-\alpha} d_{pr}^{-\alpha} P_p)^2 + 2(M\beta d_{rc}^{-\alpha})^2 d_{pr}^{-\alpha} P_p P_u + (M\beta d_{rc}^{-\alpha} P_u)^2 \\ + 2M\beta d_{rc}^{-\alpha} d_{pr}^{-\alpha} P_p P_u + 2M\beta d_{rc}^{-\alpha} P_u^2 + P_u^2 \tag{3-8}$$

$$\mu_0^2 = (M\beta d_{rc}^{-\alpha} P_u)^2 + 2M\beta d_{rc}^{-\alpha} P_u^2 + P_u^2 \tag{3-9}$$

$$a_1 = 6M\beta^2 d_{rc}^{-2\alpha} d_{pr}^{-2\alpha} P_p^2 \tag{3-10}$$

$$a_0 = 2M\beta^2 d_{rc}^{-2\alpha} P_u^2 \tag{3-11}$$

由以上等式可知，a_1 与 μ_1^2 中第一项的比值为 $6/M$；a_1 与 μ_1^2 中第二项的比值为 $3\gamma/M$，其中 $\gamma = d_{pr}^{-\alpha} P_p / P_u$ 表示中继接收到的主用户信号的信噪比；a_0 与 μ_1^2 中第三项的比值为 $2/M$；a_0 与 μ_0^2 中第一项的比值为 $2/M$。注意 μ_1^2 与 μ_0^2 中的所有项都是正的。因

此，当中继的数目 M 较大 (>6)，信噪比 γ 较低 $(<0\,\text{dB})$ 时，容易得知 $\mu_1^2 \gg a_1 + a_0$，$\mu_0^2 \gg a_0$。在高信噪比条件下，单用户感知或者单中继协作感知已经能够获得很好的感知性能，不需要多中继协作感知。所以在本章，对于多中继协作感知，主要关注远距离、低信噪比的情况。根据以上讨论，检测统计量的方差可以近似为

$$D(Y_1) \approx N\mu_1^2 \tag{3-12}$$

$$D(Y_0) \approx N\mu_0^2 \tag{3-13}$$

令 λ 表示融合中心能量检测器的判决阈值，则检测概率和虚警概率可以分别通过以下两式计算：

$$p_d = Q\left(\frac{\lambda - E(Y_1)}{\sqrt{D(Y_1)}}\right) \approx Q\left(\frac{\lambda - N\mu_1}{\sqrt{N}\,\mu_1}\right) \tag{3-14}$$

$$p_f = Q\left(\frac{\lambda - E(Y_0)}{\sqrt{D(Y_0)}}\right) \approx Q\left(\frac{\lambda - N\mu_0}{\sqrt{N}\,\mu_0}\right), \tag{3-15}$$

其中 $Q(\cdot)$ 表示标准高斯随机变量的互补累积分布函数。

接下来通过仿真来验证检测统计量 Y 的方差的近似值是正确的。用式(3-6)和式(3-7)得到的方差值来计算检测概率和虚警概率，所得结果称为理论值。用式(3-12)和式(3-13)得到的方差值来计算检测概率和虚警概率，所得结果称为近似值。通过 20000 次蒙特卡洛 (Monte Carlo) 仿真方法得到的检测概率和虚警概率，称之为仿真值。仿真参数设置为：$M=10$，$\beta=4$，$N=100$，$P_u=1\,\text{W}$。采用相对于 d_{pr} 的归一化距离，即有 $d_{pr}=1\,\text{m}$。中继到融合中心的距离也设置为 1 米，即 $d_{rc}=1\,\text{m}$。路径损失指数设置为：$\alpha=4$。

图 3-2 显示了接收机的特性曲线，即检测概率 p_d 与虚警概率 p_f 之间的关系。从该图中可以看出，检测概率和虚警概率的近似值与理论值、仿真值非常接近，这验证了检测统计量方差近似值(见式(3-12)和式(3-13))的正确性。

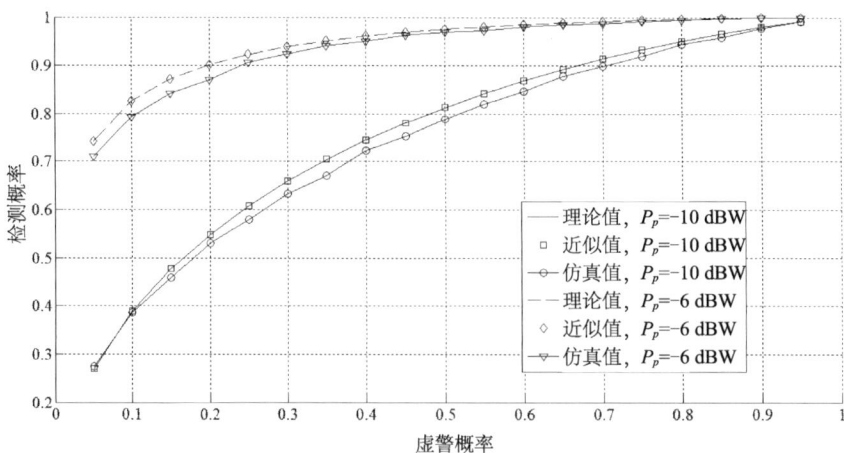

图 3-2 主用户发射功率 P_p 分别为 $P_p = -10\,\text{dBW}$ 和 $P_p = -6\,\text{dBW}$ 时，检测概率 p_d 与虚警概率 p_f 之间的关系

3.2.2 感知能耗分析

类似于第 2 章对能耗的分析，由于主用户不属于次用户系统，次用户系统往往是被动的，无法控制调节主用户的发射参数，并且主用户发射信号不是为了次用户的频谱感知，而是为了主用户自身的数据传输，所以不考虑主用户消耗的能量。当中继到融合中心的距离较远时，中继功率放大器消耗的能量占据了总消耗能量的绝大部分[23]。与中继功率放大器的能耗相比，中继和融合中心收发机其他电路消耗的能量非常少，可以忽略。并且，功率放大器的能量转换效率 ξ 可以看作一个常数，所以令 $\xi=1$，以简化后面的符号表示。这等效于只考虑中继辐射出去的能量（传输能量）。

由式 (3-1) 可知，第 i 个中继的平均传输功率可以表示为

$$
\begin{aligned}
\bar{P}_{ri} &= p(\mathcal{H}_1)\beta_i(d_{pn}^{-\alpha}P_p + P_u) + (1-p(\mathcal{H}_1))\beta_i P_u \\
&= \beta_i(p(\mathcal{H}_1)d_{pn}^{-\alpha}P_p + P_u)
\end{aligned}
\tag{3-16}
$$

其中 $p(\mathcal{H}_1)$ 表示主用户发射信号的概率，即 $p(\mathcal{H}_1) = p(\theta=1)$。则在一个感知时间段内，所有中继的总平均传输能量可以表示为

$$
\bar{E}_r = \sum_{i=1}^{M} \bar{P}_{ri} N T_s
\tag{3-17}
$$

根据上文的讨论，当 $d_{pn} = d_{pr}$，$\beta_i = \beta$ $(i=1,\cdots,M)$ 时，所有中继的总平均传输能量可以表示为

$$
\bar{E}_r = M\bar{P}_{ri}NT_s = M\beta NS
\tag{3-18}
$$

其中 $S = (p(\mathcal{H}_1)d_{pr}^{-\alpha}P_p + P_u)T_s$。在下文中，为表述方便，把 $\bar{E}_r$ 当作是感知过程中消耗的总能量，简称为感知能耗。

3.3 感知性能和能耗的折中

上一节分析了多中继协作感知的性能，包括检测概率和虚警概率，同时探讨了协作感知过程中消耗的主要能量。本节将进一步讨论多中继协作感知的性能和能耗的折中关系，并将其阐述为一个数学优化问题来求解。类似于上一章的单中继协作感知优化，我们的目的是在感知性能的约束下最小化能耗。

在阐述协作感知优化问题前，首先给出以下命题。

命题 3-1：对于固定的目标虚警概率 $\bar{p}_f$，检测概率 p_d 随着中继数 M、中继放大器增益 β 和采样数 N 的增加而增加。

证明：对于固定的目标虚警概率 $\bar{p}_f$，由式 (3-15) 可知，能量检测器的判决阈值可由下式确定：

$$
\lambda = Q^{-1}(\bar{p}_f)\sqrt{N}\mu_0 + N\mu_0
\tag{3-19}
$$

将式 (3-19) 代入检测概率 p_d 的表达式 (3-14) 中，可得

$$p_d = Q\left(\frac{Q^{-1}(\overline{p}_f)\sqrt{N}\mu_0 + N\mu_0 - N\mu_1}{\sqrt{N}\mu_1}\right) = Q\left(Q^{-1}(\overline{p}_f)\frac{\mu_0}{\mu_1} + \sqrt{N}\left(\frac{\mu_0}{\mu_1} - 1\right)\right) \tag{3-20}$$

由于 $\mu_0/\mu_1 < 1$，$Q(\cdot)$ 是一个递减函数，则从上式容易验证，检测概率 p_d 随着采样数 N 的增加而增加。

为了获得检测概率 p_d 和中继放大器增益 β 的关系，首先求出 p_d 相对于 β 的导数，表示如下：

$$\begin{aligned}\frac{\mathrm{d}p_d}{\mathrm{d}\beta} &= -\frac{1}{\sqrt{2\pi}}\exp\left\{-\frac{1}{2}\left[Q^{-1}(\overline{p}_f)\frac{\mu_0}{\mu_1} + \sqrt{N}\left(\frac{\mu_0}{\mu_1} - 1\right)\right]^2\right\} \\ &\quad \times \frac{M(r_0 - r_1)P_u(Q^{-1}(\overline{p}_f) + \sqrt{N})}{(M\beta r_1 + P_u)^2}\end{aligned} \tag{3-21}$$

几乎在所有情况下，$\overline{p}_f < 0.99$，$Q^{-1}(\overline{p}_f) > -4$，$\sqrt{N} > 4$，则 $Q^{-1}(\overline{p}_f) + \sqrt{N} > 0$。另外，$r_0 - r_1 < 0$。因此，可以推导出

$$\frac{\mathrm{d}p_d}{\mathrm{d}\beta} > 0 \tag{3-22}$$

由此可证，检测概率 p_d 随着中继放大器增益 β 的增加而增加。

由于中继数 M 和放大器增益 β 在检测概率 p_d 的式(3-14)中处于相同的位置，所以对于检测概率 p_d 和中继数 M 的关系，这里不再给出详细的推导过程。类似地，我们可以推导验证检测概率 p_d 随着中继数 M 的增加而增加。因此，命题3-1成立。

命题 3-2：对于固定的目标检测概率 $\overline{p}_d$，虚警概率 p_f 随着中继数 M、中继放大器增益 β 和采样数 N 的增加而减少。

证明：对于固定的目标检测概率 $\overline{p}_d$，由式(3-14)，能量检测统计量的判决阈值可由下式确定：

$$\lambda = Q^{-1}(\overline{p}_d)\sqrt{N}\mu_1 + N\mu_1 \tag{3-23}$$

将式(3-23)代入虚警概率的式(3-15)中，可得

$$p_f = Q\left(\frac{Q^{-1}(\overline{p}_d)\sqrt{N}\mu_1 + N\mu_1 - N\mu_0}{\sqrt{N}\mu_0}\right) = Q\left(Q^{-1}(\overline{p}_d)\frac{\mu_1}{\mu_0} + \sqrt{N}\left(\frac{\mu_1}{\mu_0} - 1\right)\right) \tag{3-24}$$

由于 $\mu_1/\mu_0 > 0$，$Q(\cdot)$ 是一个递减函数，则从上式容易验证，虚警概率 p_f 随着采样数 N 的增加而减少。

为了得到虚警概率 p_f 和中继放大器增益 β 的关系，求出 p_f 相对于 β 的导数，表示如下：

$$\begin{aligned}\frac{\mathrm{d}p_f}{\mathrm{d}\beta} &= -\frac{1}{\sqrt{2\pi}}\exp\left\{-\frac{1}{2}\left[Q^{-1}(\overline{p}_d)\frac{\mu_1}{\mu_0} + \sqrt{N}\left(\frac{\mu_1}{\mu_0} - 1\right)\right]^2\right\} \\ &\quad \times \frac{M(r_1 - r_0)P_u(Q^{-1}(\overline{p}_d) + \sqrt{N})}{(M\beta r_0 + P_u)^2}\end{aligned} \tag{3-25}$$

几乎在所有情况下，$\bar{p}_d < 0.99$，$Q^{-1}(\bar{p}_d) > -4$，$\sqrt{N} > 4$，则 $Q^{-1}(\bar{p}_d) + \sqrt{N} > 0$。另外，$r_1 - r_0 > 0$。因此，可以推导出

$$\frac{\mathrm{d}p_f}{\mathrm{d}\beta} < 0 \tag{3-26}$$

由此可证，虚警概率 p_f 随着中继放大器增益 β 的增加而减少。

由于中继数 M 和放大器增益 β 在虚警概率 p_f 的式(3-15)中处于相同的位置，所以对于虚警概率 p_f 和中继数 M 的关系，这里不再给出详细的推导过程。类似地我们可以推导验证，虚警概率 p_f 随着中继数 M 的增加而减少。因此，命题 3-2 成立。

由以上两个命题，容易得到如下命题：

命题 3-3：在多中继协作感知系统中，频谱感知性能(包括检测概率和虚警概率)随着中继数 M、中继放大器增益 β 和采样数 N 的增加而逐渐改善。

一方面，当中继数 M、中继放大器增益 β 和采样数 N 增加时，由命题 3-3 可知，感知性能会随之逐渐改善。而另一方面，当中继数 M、中继放大器增益 β 和采样数 N 增加时，由式(3-18)可知，感知能耗也会随之线性增加。因此，感知性能和能耗之间存在一种折中关系，应当合理地选择感知参数 M、β、N 来平衡二者。在本节，我们运用最优化理论来确定最优的感知参数，使得在感知性能的约束下最小化感知能耗，这个问题可以阐述为(**问题 3-1**)

$$\min_{M,\beta,N} \bar{E}_r \quad \text{s.t.} \ p_d \geqslant \bar{p}_d, p_f \leqslant \bar{p}_f \tag{3-27}$$

根据命题 3-1 和式(3-18)容易得知，对于固定的虚警概率，检测概率随着 M、β、N 的增加而增加，感知能耗也随着 M、β、N 的增加而增大。也就是说，感知能耗会随着检测概率的增加而增大。因此，当检测概率约束取等号(即 $p_d = \bar{p}_d$)时，问题 3-1 取得最优解。类似地，根据命题 3-2 和式(3-18)容易得知，对于固定的检测概率，虚警概率随着 M、β、N 的增加而减少，感知能耗反而随着 M、β、N 的增加而增大。也就是说，感知能耗会随着虚警概率的增加而减少。因此，当虚警概率约束取等号(即 $p_f = \bar{p}_f$)时，问题 3-1 取得最优解。

根据以上讨论，问题 3-1 可以化简为(**问题 3-2**)

$$\min_{M,\beta,N} \bar{E}_r \quad \text{s.t.} \ p_d = \bar{p}_d, p_f = \bar{p}_f \tag{3-28}$$

将 $p_d = \bar{p}_d$、$p_f = \bar{p}_f$ 分别代入式(3-14)和式(3-15)中，可以分别推导出式(3-23)和式(3-19)。消去式(3-23)和式(3-19)中的检测阈值 λ 并化简后，可以得到

$$\mu_0(Q^{-1}(\bar{p}_f) + \sqrt{N}) - \mu_1(Q^{-1}(\bar{p}_d) + \sqrt{N}) = 0 \tag{3-29}$$

因此，问题 3-2 可以进一步化简为(**问题 3-3**)

$$\min_{M,\beta,N} \bar{E}_r \quad \text{s.t.} \ \mu_0(Q^{-1}(\bar{p}_f) + \sqrt{N}) - \mu_1(Q^{-1}(\bar{p}_d) + \sqrt{N}) = 0 \tag{3-30}$$

容易得知，以上优化问题是一个凸优化问题，可以通过拉格朗日乘数法来求解[24]。拉格朗日函数写为

$$L(M,\beta,N) = M\beta NS + \varepsilon[\mu_0(Q^{-1}(\bar{p}_f) + \sqrt{N}) - \mu_1(Q^{-1}(\bar{p}_d) + \sqrt{N})] \tag{3-31}$$

其中 ε 是拉格朗日乘子。拉格朗日函数 L 相对于 M、β、N 和 ε 的偏导数分别计算如下：

$$L'_M = \varepsilon\beta[r_0(Q^{-1}(\overline{p}_f)+\sqrt{N})-r_1(Q^{-1}(\overline{p}_d)+\sqrt{N})]+\beta NS \tag{3-32}$$

$$L'_\beta = \varepsilon M[r_0(Q^{-1}(\overline{p}_f)+\sqrt{N})-r_1(Q^{-1}(\overline{p}_d)+\sqrt{N})]+MNS \tag{3-33}$$

$$L'_N = \varepsilon M\beta(r_0-r_1)/(2\sqrt{N})+M\beta S \tag{3-34}$$

$$L'_\varepsilon = \mu_0(Q^{-1}(\overline{p}_f)+\sqrt{N})-\mu_1(Q^{-1}(\overline{p}_d)+\sqrt{N}) \tag{3-35}$$

应用 Karush-Kuhn-Tucker 条件，即 $L'_M=0$，$L'_\beta=0$，$L'_N=0$ 和 $L'_\varepsilon=0$，可以推导出优化问题 3-3 的闭合解，表示如下：

$$N^* = \left(\frac{2(r_0 Q^{-1}(\overline{p}_f)-r_1 Q^{-1}(\overline{p}_d))}{r_1-r_0}\right)^2 \tag{3-36}$$

$$(M\beta)^* = \frac{[Q^{-1}(\overline{p}_f)-Q^{-1}(\overline{p}_d)]P_u}{r_1\left[Q^{-1}(\overline{p}_d)+\sqrt{N^*}\right]-r_0\left[Q^{-1}(\overline{p}_f)+\sqrt{N^*}\right]} \tag{3-37}$$

其中 $[x]$ 表示将 x 四舍五入到最接近的整数。注意问题 3-3 的闭合解与采样数 N 以及中继数 M 和放大器增益 β 的乘积有关，这是由于 M、β 在感知能耗 $\overline{E}_r$、检测概率 p_d 和虚警概率 p_f 的表达式中处于相同的位置。当中继数 M 固定时，由式(3-37)可求得最优的放大器增益 β^*。反之，当放大器增益 β 固定时，由式(3-37)可求得最优的中继数 M^*。

3.4 仿 真 结 果

在图 3-2 中，我们已经验证了检测概率、虚警概率的理论值、近似值和仿真值的一致性，因而本节不再赘述。在上一节，感知性能与能耗的折中关系被阐述为一个数学优化问题，并求得了优化问题的闭合解（见式(3-36)和式(3-37)）。在本节，通过仿真验证理论推导所得闭合解的正确性。具体地说，我们验证穷举搜索结果和理论推导结果的一致性。首先通过式(3-29)获得满足目标检测概率 $\overline{p}_d$ 和目标虚警概率 $\overline{p}_f$ 要求的一系列点值 $(N, M\beta)$，然后通过式(3-18)计算相应的一系列感知能耗值 $\overline{E}_r$，最后通过比较这一系列感知能耗值 $\overline{E}_r$ 来挑选出最小的感知能耗值以及对应的最优点值 $(N, M\beta)$，即可获得穷举搜索结果。

仿真参数设置如下：目标检测概率值 $\overline{p}_d=0.95$，目标虚警概率值 $\overline{p}_f=0.05$，采样间隔 $T_s=1\,\text{ms}$，主用户发送信号（处于活跃状态）的概率 $p(\mathcal{H}_1)=0.3$，噪声功率 $P_u=1\,\text{W}$。采用相对于 d_{pr} 的归一化距离，即有 $d_{pr}=1\,\text{m}$。中继到融合中心的距离设置为 2 米，即 $d_{rc}=2\,\text{m}$。路径损失指数设置为：$\alpha=4$。

图 3-3 给出了在目标检测概率 $\overline{p}_d$ 和目标虚警概率 $\overline{p}_f$ 得到满足的条件下（见式(3-29)），总平均能耗 $\overline{E}_r$ 与采样数 N 之间的关系。图 3-4 给出了在目标检测概率 $\overline{p}_d$ 和目标虚警概率 $\overline{p}_f$ 得到满足的条件下，总平均能耗 $\overline{E}_r$ 与中继数和中继放大器增益乘积 $M\beta$ 之间的关系。从这两幅图中可以看到，确实存在一对最优的参数值 $(N^*, (M\beta)^*)$，使得在目标检测概率 $\overline{p}_d$ 和目标虚警概率 $\overline{p}_f$ 得到满足的条件下感知过程中的总能耗 $\overline{E}_r$ 最小。利

用式(3-36)和式(3-37)，可以得到 $N^* = 97$ ，$(M\beta)^* = 10.7$ ，分别与图 3-3 和图 3-4 中总能耗最小时对应的 N 、 $M\beta$ 值一致。

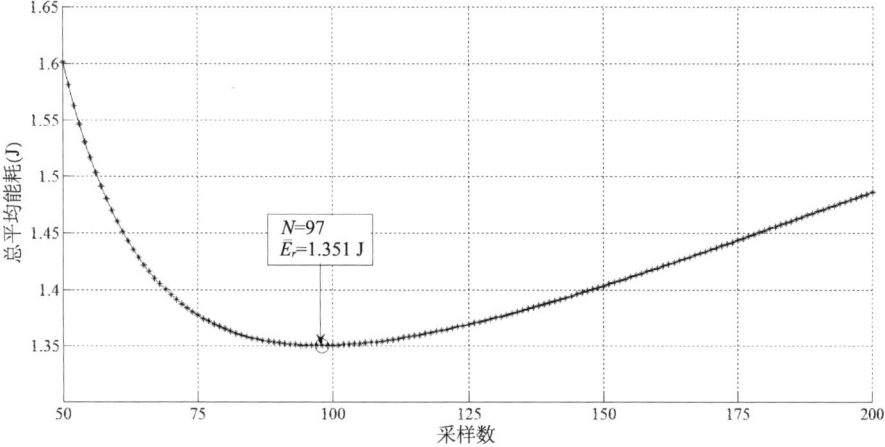

图 3-3　总平均能耗 $\bar{E}_r$ 与采样数 N 之间的关系

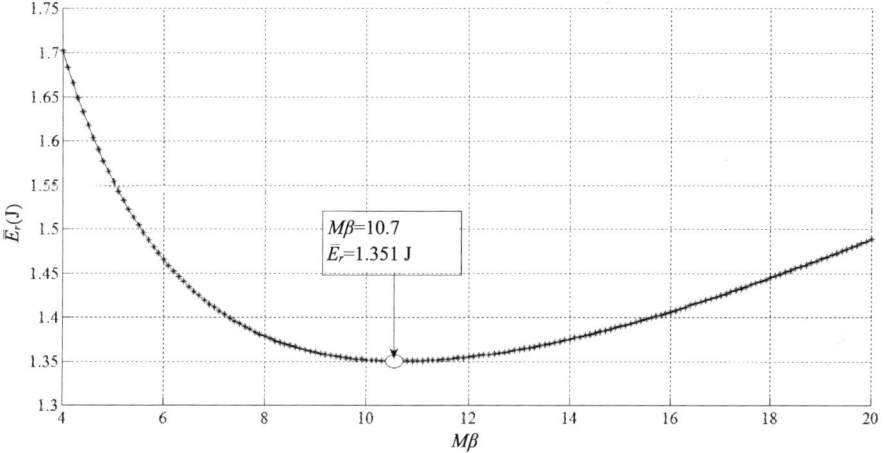

图 3-4　总平均能耗 $\bar{E}_r$ 与中继数和放大器增益的乘积 $M\beta$ 之间的关系

图 3-5 给出了最优的采样数 N 与主用户发射功率 P_p 之间的关系。图 3-6 给出了最优的中继数和中继放大器增益乘积 $M\beta$ 与主用户发射功率 P_p 之间的关系。从这两幅图中可以观察到，理论推导的闭合解和穷举搜索的结果十分接近，这验证了闭合解式(3-36)和式(3-37)的正确性。从图中还可以看到，最优的 N 、 $M\beta$ 值总是随着主用户发射功率 P_p 的增加而减少。这表明当主用户发射功率 P_p 变大时，所需要的采样数和中继数(或中继放大器增益)可以相应地减少。

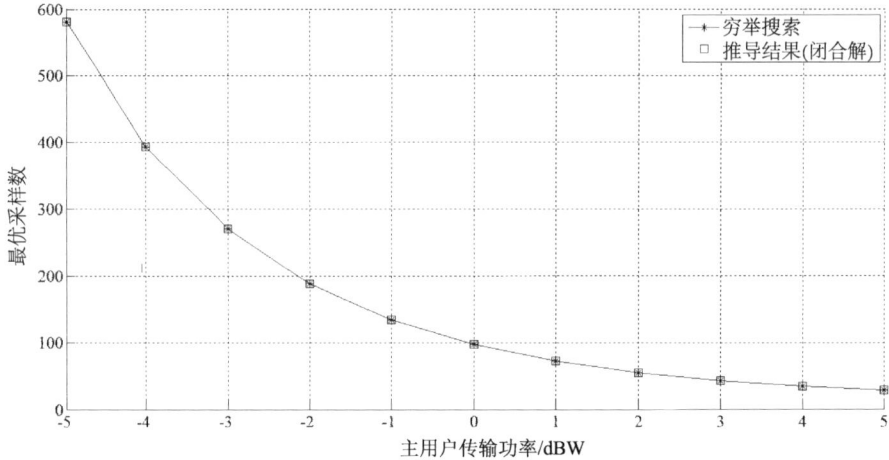

图 3-5 最优的采样数 N 与主用户传输功率 P_p 之间的关系

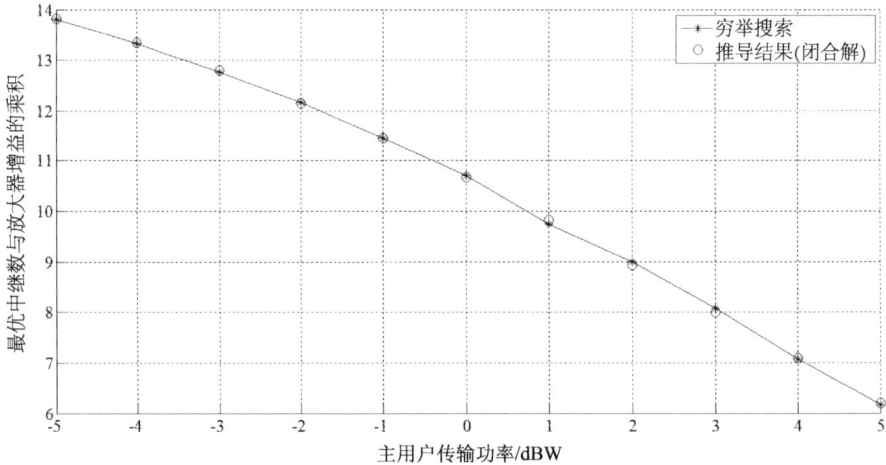

图 3-6 最优的乘积 $M\beta$ 与主用户传输功率 P_p 之间的关系

3.5 本 章 小 结

本章首先分析了单无线电多中继协作频谱感知的性能和频谱感知过程中消耗的主要能量,然后深入讨论了感知性能和能耗的折中关系,并将这种折中关系阐述为一个数学优化问题。我们的目的是寻找最优的中继数、中继放大器增益和采样数,使得在保证一定感知性能的前提下最小化感知能耗。假设中继采用相同的放大器增益,并且对检测统计量的方差进行了合理近似,最终推导出一个闭合解。这个闭合解和采样数以及中继数和中继放大器增益的乘积有关。尽管所考虑的等放大器增益情形缺乏普适性,但是它能够应用于一些特定的场合(主用户到每个中继以及每个中继到融合中心的距离都远远大于中继之间的距离),并能够为一般的情形提供参考。更重要的是,等放大器增益情形下我们能够推导出闭合解，这大大降低了计算复杂度，并且计算复杂度不会随着中继数的增加而增大。

参 考 文 献

[1] De Nardis L, Domenicali D, Di Benedetto M. Clustered hybrid energy-aware cooperative spectrum sensing（CHESS）[A]. in Proceedings of International Conference on Cognitive Radio Oriented Wireless Networks and Communications, 2009: 1-6.

[2] Pham H N, Zhang Y, Engelstad P E, et al. Energy minimization approach for optimal cooperative spectrum sensing in sensor-aided cognitive radio networks[A]. in Proceedings of Annual ICST Wireless Internet Conference[C], 2010: 1-9.

[3] Xu X, Huang A, Bao J. Energy efficiency analysis of cooperative sensing and sharing in cognitive radio networks[A]. in Proceedings of International Symposium on Communications and Information Technologies[C], 2011: 422-427.

[4] Feng X, Gan X, Wang X. Energy-constrained cooperative spectrum sensing in cognitive radio networks[A]. in Proceedings of IEEE Global Telecommunications Conference[C], 2011: 1-5.

[5] Zhang T, Tsang D H K. Cooperative sensing scheduling for energy-aware cognitive radio networks[A]. in Proceedings of IEEE International Conference on Communications[C], 2011: 1-6.

[6] Zhang T, Tsang D H K. Optimal cooperative sensing scheduling for energy-efficient cognitive radio networks[A]. in Proceedings of IEEE INFOCOM[C], 2011: 2723-2731.

[7] Hao X, Cheung M H, Wong V W S, et al. A coalition formation game for energy-efficient cooperative spectrum sensing in cognitive radio networks with multiple channels[A]. in Proceedings of IEEE Global Telecommunications Conference[C], 2011: 1-6.

[8] Peh E C Y, Liang Y, Guan Y. Energy-efficient cooperative spectrum sensing in cognitive radio networks[A]. in Proceedings of IEEE Global Telecommunications Conference[C], 2011: 1-5.

[9] Deng R, Chen J, Yuen C, et al. Energy-efficient cooperative spectrum sensing by optimal scheduling in sensor-aided cognitive radio networks[J]. IEEE Transactions on Vehicular Technology, 2012, 61（2）: 716-725.

[10] Cheng P, Deng R, Chen J. Energy-efficient cooperative spectrum sensing in sensor-aided cognitive radio networks[J]. IEEE Wireless Communications, 2012, 19（6）: 100-105.

[11] Zhao N, Yu F R, Sun H, et al. An energy-efficient cooperative spectrum sensing scheme for cognitive radio networks[A]. in Proceedings of IEEE Global Telecommunications Conference[C], 2012, pp. 3600-3604.

[12] Sun X, Chen L, Tsang D H K. Energy-efficient cooperative sensing scheduling for heterogeneous channel access in cognitive radio[A]. in Proceedings of IEEE Conference on Computer Communications Workshops[C], 2012, pp. 145-150.

[13] Althunibat S, Palacios R, Granelli F. Energy-efficient spectrum sensing in cognitive radio networks by coordinated reduction of the sensing users[A]. in Proceedings of IEEE International Conference on Communications[C], 2012, pp. 1399-1404.

[14] Huang X, Feng X, Qiu H, et al. Energy-efficient cooperative sensing schedule for heterogeneous users in cognitive radio networks[A]. in Proceedings of IEEE International Conference on Communications in China[C], 2012: 1-6.

[15] Najimi M, Ebrahimzadeh A, Andargoli S M H, et al. A novel sensing nodes and decision node selection method for energy efficiency of cooperative spectrum sensing in cognitive sensor networks[J]. IEEE Sensors Journal, 2013, 13(5): 1610-1621.

[16] Eryigit S, Bayhan S, Tugcu T. Energy-efficient multichannel cooperative sensing scheduling with heterogeneous channel conditions for cognitive radio networks[J]. IEEE Transactions on Vehicular Technology, 2013, 62(6): 2690-2699.

[17] Eryigit S, Bayhan S, Tugcu T. Channel switching cost aware and energy-efficient cooperative sensing scheduling for cognitive radio networks[A]. in Proceedings of IEEE International Conference on Communications[C], 2013: 2633-2638.

[18] Sun X, Tsang D H K. Energy-efficient cooperative sensing scheduling for multi-band cognitive radio networks[J]. IEEE Transactions on Wireless Communications, 2013, 12(10): 4943-4955.

[19] Li X, Cao J, Ji Q, et al. Energy efficient techniques with sensing time optimization in cognitive radio networks[A]. in Proceedings of IEEE Wireless Communications and Networking Conference[C], 2013: 25-28.

[20] Han Y, Pandharipande A, Ting S H. Cooperative decode-and-forward relaying for secondary spectrum access[J]. IEEE Transactions on Wireless Communications, 2009, 8(10): 4945-4950.

[21] Sagong S, Lee J, Hong D. Capacity of reactive DF scheme in cognitive relay networks[J]. IEEE Transactions on Wireless Communications, 2011, 10(10): 3133-3138.

[22] Zhang W, Mallik R K, Letaief K B. Optimization of cooperative spectrum sensing with energy detection in cognitive radio networks[J]. IEEE Transactions on Wireless Communications, 2009, 8(12): 5761-5766.

[23] Cui S, Goldsmith A J, Bahai A. Energy-constrained modulation optimization[J]. IEEE Transactions on Wireless Communications, 2005, 4(5): 2349-2360.

[24] Boyd S, Vandenberghe L. Convex optimization[M]. Cambridge, UK: Cambridge University Press, 2004.

第4章 单无线电中继协作感知与传输的联合优化

4.1 引　　言

前面两章探讨了单无线电中继协作感知的能效优化，但是没有考虑数据传输。在周期性频谱感知的认知无线电系统帧结构[1]中，次用户先进行频谱感知再进行数据传输。因此有必要联合考虑协作感知和数据传输进行联合优化。另外，在放大转发协议[2]中，中继不需要知道发送端的任何信息(如调制方式、编码方式等)，只对接收到的信号进行放大处理，然后转发给目的接收端。这个特点使得放大转发协议不仅可以应用在协作数据传输中[2]，而且可以应用在协作频谱感知中[3,4]，因为协作感知时中继也不需要知道主用户的任何信息。文献[3]中提出了一种基于放大转发协议的中继协作频谱感知方案。在这个方案中，次用户可以同时进行频谱感知和数据传输，但是作者只关注频谱感知性能，没有分析数据传输性能。本章将提出一种中继协作感知与传输的新方案，并且对频谱感知性能和数据传输性能进行联合优化。一些现有的文献也探讨了频谱感知和数据传输的联合优化问题[5-12]。但是在这些方案中，频谱感知和数据传输是交替进行的，而不是同时进行的。

在本章，针对频谱感知和数据传输同时进行的方案，通过优化次用户和中继的功率分配，来平衡频谱感知性能和数据传输性能。为简单起见，仅考虑单无线电单中继的情况，即系统中只有一个中继，并且中继只配置一个无线电接口。我们将详细分析频谱感知性能(用检测概率和虚警概率衡量)和次用户的数据传输性能(用吞吐量衡量)，并分析感知性能和次用户吞吐量的折中关系。考虑次用户和中继的总平均传输功率限制[13]，那么分配给频谱感知用的功率越大，则频谱感知性能越好，而分配给数据传输用的功率就越少，次用户吞吐量就越小。感知性能和次用户吞吐量之间往往是矛盾的。

实际上，次用户吞吐量与感知性能，特别是与虚警概率有着密切的关系[1]。虚警概率越小，次用户接入主用户频谱的机会就越多，次用户的吞吐量也就越大，次用户获得的利益就越大。然而，降低虚警概率和提高检测概率之间往往是矛盾的。虚警概率越小，检测概率往往也越小，主用户受到的保护就越少，主用户的利益损失就越大。所以，讨论主用户利益和次用户利益之间的平衡具有重要意义。

本章通过优化次用户和中继的功率分配，来平衡感知性能和次用户吞吐量以及主用户利益和次用户利益。具体来讲，通过寻找最优的功率分配，使得在次用户和中继的总平均传输功率约束和检测概率约束下，次用户吞吐量达到最大。

4.2 协作感知与传输模型

我们设计的协作感知与传输模型如图 4-1 所示，系统由一个主用户（Primary User，PU）和一个认知中继网络（Cognitive Relay Network，CRN）组成。认知中继网络中有一个认知用户源端（Cognitive Source，CS）、一个认知中继（Cognitive Relay，CR）和一个认知用户目的端（Cognitive Destination，CD）。认知用户也可以称为次用户。认知中继网络采用放大转发协议、逐帧方式进行协作感知和传输，如图 4-2 所示。根据放大转发协议，每一帧被等分为相同的两个时间段 T_1 和 T_2 [1]。在每一帧中，认知中继网络都持续监视主用户的活动状态。如果认知中继网络在前一帧中没有检测到主用户信号，则在当前帧中传送自身的数据，同时监视主用户的活动状态，我们把这种情况称为**情形一**。否则，如果认知中继网络在前一帧中检测到主用户信号，则在当前帧中不传送自身数据，但监视主用户的活动状态，我们把这种情况称为**情形二**。应当注意的是，在第一帧中，由于认知中继网络还没有获得主用户的活动状态信息，所以认知中继网络不传送数据，而只监视主用户的活动状态。

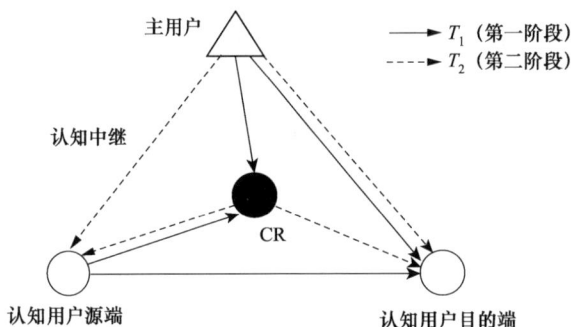

图 4-1 中继协作频谱感知与数据传输模型

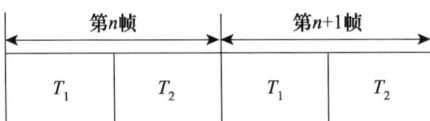

图 4-2 中继协作感知与传输的帧结构

主用户到认知用户源端（PU→CS）、主用户到认知中继（PU→CR）、主用户到认知用户目的端（PU→CD）、认知用户源端到认知中继（CS↔CR）、认知中继到认知用户目的端（CR→CD），以及认知用户源端到认知用户目的端（CS→CD）的信道系数分别表示为 h_{ps}、h_{pr}、h_{pd}、h_{sr}、h_{rd}、h_{sd}。利用信道的互易性，即认知用户源端到认知中继（CS→CR）的信道和认知中继到认知用户源端（CR→CS）的信道系数是相同的。将这些信道系数建模为循环对称的复高斯随机变量，即有 $h_{ps} \sim \mathcal{CN}(0, d_{ps}^{-\nu})$，$h_{pr} \sim \mathcal{CN}(0, d_{pr}^{-\nu})$，$h_{pd} \sim \mathcal{CN}(0, d_{pd}^{-\nu})$，$h_{sr} \sim \mathcal{CN}(0, d_{sr}^{-\nu})$，$h_{rd} \sim \mathcal{CN}(0, d_{rd}^{-\nu})$，$h_{sd} \sim \mathcal{CN}(0, d_{sd}^{-\nu})$，其中 d_{ps}、d_{pr}、d_{pd}、d_{sr}、d_{rd}、d_{sd} 分别表示主用户和认知用户源端、主用户和认知中继、主用户和认知用户目的端、认知用户源端和认知中继、认知中继和认知用户目的端，以及认知用户源端和认知用户目的端之间的距离；α 是路径损失系数。假设这些信道系数在一个帧周期内是

常数，即信道为块衰落信道，并假定认知用户源端和认知中继已知这些信道系数[14]。令 $G_{ps} = |h_{ps}|^2$，$G_{pr} = |h_{pr}|^2$，$G_{pd} = |h_{pd}|^2$，$G_{sr} = |h_{sr}|^2$，$G_{rd} = |h_{rd}|^2$，$G_{sd} = |h_{sd}|^2$ 表示相应的信道增益。令 $x_p(n)$ 和 $x_c(n)$ 分别表示主用户发送的信号和认知用户源端发送的信号，均值为 0，方差为 1，即 $E[|x_p(n)|^2] = 1$，$E[|x_c(n)|^2] = 1$。令 P_p 和 P_s 分别表示主用户和次用户源端的传输功率。

由于情形二只是情形一的特殊情况，所以在下文中仅描述情形一，对于情形二不再赘述。在第一时间段 T_1，认知中继和认知目的端侦听主用户的信号，同时接收认知用户源端的信号。则在第一时间段 T_1 内，认知中继和认知用户目的端接收到的信号可以分别表示为

$$y_{r1}(n) = \sqrt{P_s} h_{sr} x_{c1}(n) + \theta \sqrt{P_p} h_{pr} x_{p1}(n) + u_{r1}(n) \tag{4-1}$$

$$y_{d1}(n) = \sqrt{P_s} h_{sd} x_{c1}(n) + \theta \sqrt{P_p} h_{pd} x_{p1}(n) + u_{d1}(n) \tag{4-2}$$

其中 $n = 1, \cdots, N$，$N = T_1 f_s$；f_s 表示采样频率；N 表示在 T_1 内的采样数。θ 是主用户活动状态指示符：$\theta = 1$ 表示主用户在发送信号，$\theta = 0$ 表示主用户不发送信号。$x_{c1}(n)$ 和 $x_{p1}(n)$ 分别表示在第一时间段 T_1 内次用户源端和主用户发送的信号，它们的均值为 0，方差为 1，即 $E[|x_{c1}(n)|^2] = 1$，$E[|x_{p1}(n)|^2] = 1$。$u_{r1}(n)$ 和 $u_{d1}(n)$ 分别表示在第一时间段 T_1 内认知中继和认知用户目的端接收的加性白高斯噪声，它们被建模为均值为 0，方差为 P_u 的独立同分布循环对称复高斯随机序列，即 $E[|u_{r1}(n)|^2] = P_u$，$E[|u_{d1}(n)|^2] = P_u$。

在第二时间段 T_2 内，认知中继首先放大在 T_1 内接收到的信号 $y_{r1}(n)$，然后转发放大后的信号给认知用户源端和认知用户目的端。与此同时，认知用户源端和认知用户目的端侦听来自主用户的信号。因此，认知用户源端和认知用户目的端在第二时间段 T_2 内接收到的信号可以分别表示为

$$\begin{aligned}
y_{s2}(n) &= \sqrt{\beta} h_{sr} y_{r1}(n) + \theta \sqrt{P_p} h_{ps} x_{p2}(n) + u_{s2}(n) \\
&= \sqrt{\beta} \sqrt{P_s} h_{sr} h_{sr} x_{c1}(n) + \theta \sqrt{P_p} \left(\sqrt{\beta} h_{sr} h_{pr} x_{p1}(n) + h_{ps} x_{p2}(n) \right) \\
&\quad + \sqrt{\beta} h_{sr} u_{r1}(n) + u_{s2}(n)
\end{aligned} \tag{4-3}$$

$$\begin{aligned}
y_{d2}(n) &= \sqrt{\beta} h_{rd} y_{r1}(n) + \theta \sqrt{P_p} h_{pd} x_{p2}(n) + u_{d2}(n) \\
&= \sqrt{\beta} \sqrt{P_s} h_{rd} h_{sr} x_{c1}(n) + \theta \sqrt{P_p} \left(\sqrt{\beta} h_{rd} h_{pr} x_{p1}(n) + h_{pd} x_{p2}(n) \right) \\
&\quad + \sqrt{\beta} h_{rd} u_{r1}(n) + u_{d2}(n)
\end{aligned} \tag{4-4}$$

其中 $n = N+1, \cdots, 2N$；$x_{p2}(n)$ 表示在 T_2 内主用户发送的信号，其均值为 0，方差为 1，即 $E[|x_{p2}(n)|^2] = 1$。$u_{s2}(n)$ 和 $u_{d2}(n)$ 分别表示在 T_2 内认知用户源端和认知用户目的端接收的加性白高斯噪声，它们也被建模为均值为 0，方差为 P_u 的独立同分布循环对称复高斯随机序列，即 $E[|u_{s2}(n)|^2] = P_u$，$E[|u_{d2}(n)|^2] = P_u$。

我们注意到式(4-3)中的第一项 $x_{c1}(n)$ 来源于认知用户源端，是认知用户源端的自身干扰[3]。通过使用自身干扰消除技术（即消去式(4-3)中的第一项），余下的信号可以表示为

$$\tilde{y}_{s2}(n) = \theta \sqrt{P_p} \left(\sqrt{\beta} h_{sr} h_{pr} x_{p1}(n) + h_{ps} x_{p2}(n) \right) + \sqrt{\beta} h_{sr} u_{r1}(n) + u_{s2}(n) \tag{4-5}$$

4.2.1 感知性能分析

利用自身干扰消除后的信号 $\tilde{y}_{s2}(n)$，认知用户源端采用能量检测器进行频谱感知，则检测统计量可以表示为

$$Y = \sum_{n=N+1}^{2N} |\tilde{y}_{s2}(n)|^2 \tag{4-6}$$

根据中心极限定理，当采样数 N 足够大时，在假设 $\mathcal{H}_1$（即 $\theta=1$）和假设 $\mathcal{H}_0$（即 $\theta=0$）情况下，检测统计量 Y 均近似服从高斯分布。为分析方便，假设 $x_{p1}(n)$ 和 $x_{p2}(n)$ 是独立同分布的循环对称复高斯随机序列，并且假设 $x_{p1}(n)$、$x_{p2}(n)$、$u_{r1}(n)$ 和 $u_{s2}(n)$ 是相互统计独立的。则在假设 $\mathcal{H}_1$ 情况下，检测统计量 Y 的均值和方差分别表示为

$$E(Y_1) = N\mu_1 \tag{4-7}$$

$$D(Y_1) = N\mu_1^2 \tag{4-8}$$

其中 $\mu_1 = G_{ps}P_p + \beta G_{sr}(G_{pr}P_p + P_u) + P_u$。在假设 $\mathcal{H}_0$ 情况下，检测统计量 Y 的均值和方差分别表示为

$$E(Y_0) = N\mu_0 \tag{4-9}$$

$$D(Y_0) = N\mu_0^2 \tag{4-10}$$

其中 $\mu_0 = \beta G_{sr}P_u + P_u$。

令 λ 表示能量检测器的判决阈值，则检测概率和虚警概率可以分别表示为

$$p_d = Q\left(\frac{\lambda - E(Y_1)}{\sqrt{D(Y_1)}}\right) = Q\left(\frac{\lambda - N\mu_1}{\sqrt{N}\mu_1}\right) \tag{4-11}$$

$$p_f = Q\left(\frac{\lambda - E(Y_0)}{\sqrt{D(Y_0)}}\right) = Q\left(\frac{\lambda - N\mu_0}{\sqrt{N}\mu_0}\right) \tag{4-12}$$

其中 $Q(\cdot)$ 表示标准高斯随机变量的互补累积分布函数。

对于给定的目标检测概率 p_d，由式 (4-11) 可得到判决阈值

$$\lambda = Q^{-1}(p_d)\sqrt{N}\mu_1 + N\mu_1 \tag{4-13}$$

将式 (4-13) 代入式 (4-12) 中，则虚警概率可以表示为

$$p_f = Q\left(\frac{Q^{-1}(p_d)\mu_1 + \sqrt{N}(\mu_1 - \mu_0)}{\mu_0}\right) = Q\left((Q^{-1}(p_d) + \sqrt{N})\gamma_p + Q^{-1}(p_d)\right) \tag{4-14}$$

其中

$$\gamma_p = \frac{\mu_1 - \mu_0}{\mu_0} = \frac{G_{ps}P_p + \beta G_{sr}G_{pr}P_p}{P_u + \beta G_{sr}P_u} = \frac{\gamma_{ps} + \beta G_{sr}\gamma_{pr}}{1 + \beta G_{sr}} \tag{4-15}$$

$$\gamma_{ps} = \frac{G_{ps}P_p}{P_u} \tag{4-16}$$

$$\gamma_{pr} = \frac{G_{pr}P_p}{P_u} \tag{4-17}$$

实际上 γ_{ps} 表示在 PU→CS 链路上认知用户源端接收主用户信号的信噪比，γ_{pr} 表示在 PU→CR 链路上认知中继接收主用户信号的信噪比。

4.2.2 认知用户吞吐量分析

如果认知用户的传输与主用户的传输发生冲突（即 $\theta=1$），我们认为认知用户接收信号的信噪比很低，认知用户的数据包会丢失。另外，当发生虚警（主用户不活跃而认知用户误判其活跃）时，认知用户不传送数据。因此，认知用户的吞吐量可以由下式计算：

$$R = 0.5(1-\alpha)(1-p_f)\log_2(1+\gamma_0) \tag{4-18}$$

其中 0.5 是因为信号传输划分为两个阶段；α 表示主用户活跃（发送信号）的概率，即 $\alpha = p(\theta=1) = p(\mathcal{H}_1)$；$\gamma_0$ 表示在主用户不活跃时认知用户目的端接收信号 $x_c(n)$ 的信噪比。认知用户目的端采用最大比合并技术，融合在第一时间段 T_1 内接收的来自认知用户源端的信号 $y_{d1}(n)$ 和在第二时间段 T_2 内接收的来自认知中继的信号 $y_{d2}(n)$。则利用式(4-2)和式(4-4)，γ_0 可以表示为

$$\gamma_0 = \frac{G_{sd}P_s}{P_u} + \frac{\beta\, G_{rd}G_{sr}P_s}{\beta\, G_{rd}P_u + P_u} \tag{4-19}$$

4.3 感知性能和次用户吞吐量的折中

因为中继协助认知用户进行频谱感知和数据传输，设认知用户和中继受到总平均传输功率约束 $P_{\max}$[13]，即认知用户源端和认知中继的平均传输功率之和不能超过 $P_{\max}$，表示为

$$P_s + \bar{P_r} \leqslant P_{\max} \tag{4-20}$$

其中 $\bar{P_r}$ 表示认知中继的平均传输功率。由式(4-3)，认知中继的传输功率可以表示为

$$P_r(\theta) = \beta(G_{sr}P_s + \theta G_{pr}P_p + P_u) \tag{4-21}$$

则认知中继的平均传输功率可以表示为

$$\begin{aligned}
\bar{P_r} &= p(\theta=1)P_r(\theta=1) + p(\theta=0)P_r(\theta=0) \\
&= \alpha\beta(G_{sr}P_s + G_{pr}P_p + P_u) + (1-\alpha)\beta(G_{sr}P_s + P_u) \\
&= \beta(G_{sr}P_s + \alpha\, G_{pr}P_p + P_u).
\end{aligned} \tag{4-22}$$

一方面，当中继的平均传输功率 $\bar{P_r}$ 越大时，中继的放大器增益 β 也越大，由式(4-11)容易得知，检测概率也越大，认知用户对主用户的保护越好，频谱感知性能越好。另一方面，当中继的平均传输功率 $\bar{P_r}$ 越大时，由于受总平均传输功率约束 $P_{\max}$，认知用户源端的传输功率 P_s 就越小。由式(4-18)和式(4-19)容易得知，认知用户的吞吐量就越小。因此，检测概率和认知用户的吞吐量不会同时增大，它们之间存在折中关系。换句话说，

认知用户对主用户的保护和认知用户自身的吞吐量之间存在固有的折中关系。我们需要合理地分配认知用户和中继的功率，来平衡感知性能和认知用户的吞吐量。运用最优化理论，上述问题可以阐述为：通过优化认知用户和中继的功率分配，使得在感知性能的约束下最大化认知用户的吞吐量，用公式表示为(**问题 4-1**)

$$\max_{P_s,\beta} R \quad \text{s.t.} \quad P_s + \overline{P}_r \leqslant P_{\max}, \; p_d \geqslant \overline{p}_d \tag{4-23}$$

其中 $\overline{p}_d$ 是目标检测概率。

由于 $Q(\cdot)$ 是一个单调递减函数，由式(4-14)和式(4-18)容易验证，认知用户的吞吐量 R 随着检测概率 p_d 的增加而减少。所以，当检测概率 p_d 取允许的最小值 $\overline{p}_d$ (即 $p_d = \overline{p}_d$)时，吞吐量 R 取得相应的最大值，问题 4-1 达到最优解。另外，由式(4-18)式(4-19)容易验证，吞吐量 R 随着认知用户源端传输功率 P_s 和认知中继放大器增益 β (β 正比于认知中继的传输功率 $\overline{P}_r$)的增加而增大。所以，当 $P_s + \overline{P}_r$ 取得允许的最大值 $P_{\max}$ (即 $P_s + \overline{P}_r = P_{\max}$)时，问题 4-1 达到最优解。根据以上讨论，问题 4-1 可以化简为(**问题 4-2**)

$$\max_{P_s,\beta} R \quad \text{s.t.} \quad P_s + \overline{P}_r = P_{\max}, \; p_d = \overline{p}_d \tag{4-24}$$

将检测概率约束等式 $p_d = \overline{p}_d$ 代入虚警概率的式(4-14)中，可以得到

$$p_f(\beta) = Q\Big((Q^{-1}(\overline{p}_d) + \sqrt{N})\gamma_p(\beta) + Q^{-1}(\overline{p}_d)\Big) \tag{4-25}$$

其中 $\gamma_p(\beta)$ 由式(4-15)给出。

由式(4-22)，功率约束等式可以重新写为

$$P_s + \overline{P}_r = P_s + \beta(G_{sr}P_s + \alpha G_{pr}P_p + P_u) = P_{\max} \tag{4-26}$$

则 P_s 可以表示为

$$P_s = \frac{P_{\max} - \beta(\alpha G_{pr}P_p + P_u)}{1 + \beta G_{sr}} \tag{4-27}$$

将式(4-27)代入式(4-19)，得到

$$\begin{aligned}
\gamma_0(\beta) &= \left(G_{sd} + \frac{\beta G_{rd}G_{sr}}{\beta G_{rd} + 1}\right) \times \frac{P_{\max} - \beta(\alpha G_{pr}P_p + P_u)}{(1 + \beta G_{sr})P_u} \\
&= \left(G_{sd} + \frac{\beta G_{rd}G_{sr}}{\beta G_{rd} + 1}\right) \times \frac{\gamma_{\max} - \beta(\alpha \gamma_{pr} + 1)}{1 + \beta G_{sr}}
\end{aligned} \tag{4-28}$$

其中 $\gamma_{\max} = P_{\max}/P_u$ 。

为此，等式约束优化问题 4-2 可以化简为一元无约束优化问题，表示如下(**问题 4-3**)：

$$\max_{\beta} \; R = 0.5(1-\alpha)(1 - p_f(\beta))\log_2(1 + \gamma_0(\beta)) \tag{4-29}$$

其中 $p_f(\beta)$ 和 $\gamma_0(\beta)$ 分别由式(4-25)和式(4-28)给出。理论上，首先可以求吞吐量 R 相对于中继放大器增益 β 的导数 $\mathrm{d}R/\mathrm{d}\beta$ ；然后令该导数等于 0 ，即 $\mathrm{d}R/\mathrm{d}\beta = 0$ ；最后求解导数等于 0 的方程，以求得问题 4-3 的最优解。然而，由于 R 相对于 β 的导数 $\mathrm{d}R/\mathrm{d}\beta$ 是一个非线性函数，因此很难求得问题 4-3 的闭合解。幸运的是，问题 4-3 是一元无约束优化问题，通过一维搜索很容易得到数值最优解。

下面进一步探讨最优解的存在性，给出问题 4-3 在 $\beta \in (0, \beta_{\max})$ 内取得最优解的充分条件，即不是在边界上取得最优解的充分条件，其中 $\beta_{\max}$ 表示允许的最大中继放大器增益，将在下文中给出。

根据式(4-29)，吞吐量 R 相对于中继放大器增益 β 的导数计算如下：

$$\frac{\mathrm{d}R}{\mathrm{d}\beta} = \frac{(1-\alpha)}{2}\left[\frac{\mathrm{d}(1-p_f(\beta))}{\mathrm{d}\beta}\log_2(1+\gamma_0(\beta)) + \frac{(1-p_f(\beta))}{(1+\gamma_0)\ln 2}\frac{\mathrm{d}\gamma_0(\beta)}{\mathrm{d}\beta}\right] \tag{4-30}$$

由式(4-25)得到

$$\frac{\mathrm{d}(1-p_f(\beta))}{\mathrm{d}\beta} = \frac{1}{\sqrt{2\pi}}\exp\left(-\frac{1}{2}x^2\right)\frac{\mathrm{d}x}{\mathrm{d}\beta} \tag{4-31}$$

其中

$$x = (Q^{-1}(\overline{p}_d) + \sqrt{N})\gamma_p(\beta) + Q^{-1}(\overline{p}_d) \tag{4-32}$$

$$\frac{\mathrm{d}x}{\mathrm{d}\beta} = (Q^{-1}(\overline{p}_d) + \sqrt{N})\frac{G_{sr}(\gamma_{pr} - \gamma_{ps})}{1+\beta G_{sr}} \tag{4-33}$$

由式(4-28)，得到

$$\frac{\mathrm{d}\gamma_0(\beta)}{\mathrm{d}\beta} = \frac{a\beta^2 + b\beta + c}{(1+\beta G_{rd})^2(1+\beta G_{sr})^2} \tag{4-34}$$

其中

$$a = -G_{rd}G_{sr}^2(\alpha\gamma_{pr}+1) - G_{rd}^2(G_{sr}+G_{sd})(\alpha\gamma_{pr}+1+G_{sr}\gamma_{\max}) \tag{4-35}$$

$$b = -2G_{rd}G_{sr}(\alpha\gamma_{pr}+1) - 2G_{rd}G_{sd}(\alpha\gamma_{pr}+1+G_{sr}\gamma_{\max}) \tag{4-36}$$

$$c = (G_{rd}-G_{sd})G_{sr}\gamma_{\max} - G_{sd}(\alpha\gamma_{pr}+1) \tag{4-37}$$

由式(4-26)，当 $P_s = 0$ 时，增益 β 取得最大值 $\beta_{\max}$，表示如下：

$$\beta_{\max} = \frac{P_{\max}}{\alpha G_{pr}P_p + P_u} = \frac{\gamma_{\max}}{\alpha\gamma_{pr}+1} \tag{4-38}$$

则有增益 β 的取值范围是 $0 \sim \beta_{\max}$，即 $\beta \in [0, \beta_{\max}]$。

根据式(4-30)容易得到

$$\lim_{\beta \to \beta_{\max}}\frac{\mathrm{d}R}{\mathrm{d}\beta} < 0 \tag{4-39}$$

并且当 $\gamma_{pr} > \gamma_{ps}$，$c > 0$ 时，可以进一步得到

$$\lim_{\beta \to 0}\frac{\mathrm{d}R}{\mathrm{d}\beta} > 0 \tag{4-40}$$

由式(4-16)和式(4-17)，条件 $\gamma_{pr} > \gamma_{ps}$ 意味着主用户到认知中继的信道增益大于主用户到认知用户源端的信道增益。由式(4-37)，条件 $c > 0$ 意味着允许的最大总平均传输功率 $P_{\max}$ 要大于某个阈值 $P_{\max}^*$，即 $P_{\max} > P_{\max}^*$，其中 $P_{\max}^*$ 由下式给出：

$$P_{\max}^* = \frac{G_{sd}(\alpha G_{pr}P_p + P_u)}{G_{sr}(G_{rd}-G_{sd})} \tag{4-41}$$

因此当 $\gamma_{pr} > \gamma_{ps}$，$P_{\max} > P_{\max}^*$ 时，在 $\beta \in (0, \beta_{\max})$ 内，吞吐量 R 相对于中继放大器增益 β 的曲线必定存在一个驻点，即有 $\mathrm{d}R/\mathrm{d}\beta = 0$。也就是说，当以上两个条件成立时，在 $\beta \in (0, \beta_{\max})$ 内，吞吐量 R 有最大值点，优化问题 4-3 有最优解，并在 $\mathrm{d}R/\mathrm{d}\beta = 0$ 处取得最优解。值得提醒的是，$\gamma_{pr} > \gamma_{ps}$ 和 $P_{\max} > P_{\max}^*$ 是在 $\beta \in (0, \beta_{\max})$ 内吞吐量 R 有最大值的充分非必要条件。

4.4　仿 真 结 果

我们仿真所提出的协作感知与传输方案的感知性能和认知用户吞吐量。相关参数设置为：采样数 $N = 100$，主用户活跃的概率 $\alpha = 0.3$（即主用户发送信号的时间占总时间的 30%），目标检测概率 $\overline{p}_d = 0.95$，噪声功率 $P_u = 0\,\mathrm{dBW}$，主用户传输功率 $P_p = 0\,\mathrm{dBW}$。首先执行 20000 次蒙特卡洛仿真来获得虚警概率的仿真值，然后由这个虚警概率仿真值和式（4-18）获得相应的吞吐量仿真值。另外，虚警概率的理论值由式（4-25）给出，吞吐量的理论值由式（4-29）给出。

首先考虑一种特殊的信道情形，即信道增益 $G_{sr} = G_{rd} = G_{pr} = -4\,\mathrm{dB}$，$G_{sd} = G_{ps} = -10\,\mathrm{dB}$。图 4-3 给出了虚警概率 p_f 与中继放大器增益 β 之间的关系。从图 4-3 中可以看出，虚警概率的理论值和仿真值非常接近，是一致的。同时可以观察到，当 $\gamma_{pr} > \gamma_{ps}$（$\gamma_{pr} = -4\,\mathrm{dB}$，$\gamma_{ps} = -10\,\mathrm{dB}$）时，虚警概率 p_f 随着中继放大器增益 β 的增加而减少，这验证了式（4-31）的正确性。图 4-4 和图 4-5 分别给出了当网络总传输功率约束为 $P_{\max} = 0\,\mathrm{dBW}$，$P_{\max} = 10\,\mathrm{dBW}$ 时认知用户吞吐量 R 与中继放大器增益 β 之间的关系。从这两幅图中可以看出，吞吐量 R 的理论值和仿真值也十分接近，是一致的。同时可以看出，当 $\gamma_{pr} > \gamma_{ps}$（$\gamma_{pr} = -4\,\mathrm{dB}$，$\gamma_{ps} = -10\,\mathrm{dB}$），$P_{\max} > P_{\max}^*$（$P_{\max}^* = -0.254\,\mathrm{dBW}$）时，在 $\beta \in (0, \beta_{\max})$ 内，存在一个极大值点，这验证了上一节的结论。

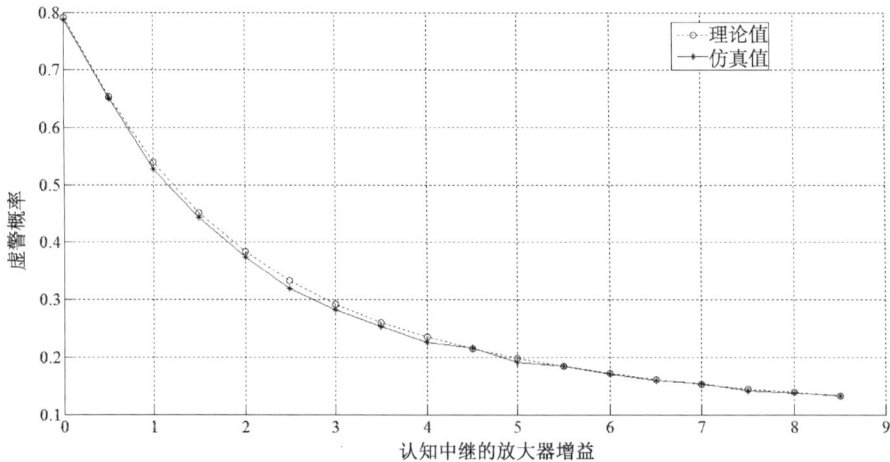

图 4-3　虚警概率 p_f 与中继放大器增益 β 之间的关系

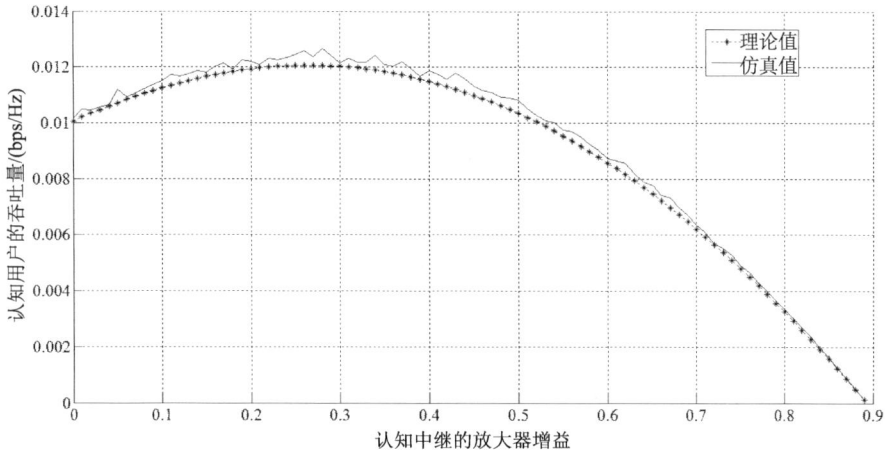

图 4-4   认知用户吞吐量 R 与中继放大器增益 β 之间的关系($P_{max} = 0\,\text{dBW}$)

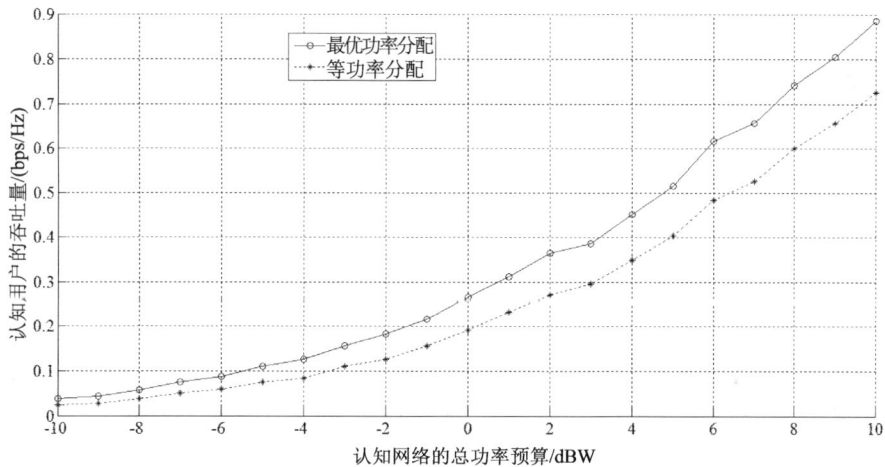

图 4-5   认知用户吞吐量 R 与中继放大器增益 β 之间的关系($P_{max} = 10\,\text{dBW}$)

　　然后考虑一般的网络拓扑结构。认知用户源端和认知用户目的端分别位于坐标平面的两个坐标点 $(-0.5, 0)$ 和 $(0.5, 0)$，即认知用户源端和认知用户目的端的距离被归一化为 1。认知中继和主用户随机分布在一个中心为 $(0, 0)$，半径为 2 的圆内。路径损失系数设置为 4，即 $\alpha = 4$。对于认知中继和主用户的位置，我们随机独立地选取 1000 个组合。在每一组选取的位置上，通过一维搜索求出相应的最大吞吐量。最后，在 1000 组位置上对最大吞吐量进行平均处理，获得相应的平均最大吞吐量 $\bar{R}$。图 4-6 给出了平均最大吞吐量 $\bar{R}$ 与认知用户和中继的传输功率约束 P_{max} 之间的关系。图中最优功率分配是指得出的功率分配，等功率分配是指认知用户源端和认知中继被平均分配总功率（即 $P_s = \bar{P}_r = 0.5 P_{max}$）的情况。从这幅图中可以看出，在两种功率分配下，平均最大吞吐量 $\bar{R}$ 总是随着认知用户和中继的传输功率约束 P_{max} 的增加而增大。最优功率分配总是优于等功率分配，并且两种方案的性能差距随着认知用户和中继的传输功率约束 P_{max} 的增加而增大。这表明,当认知用户和中继的总传输功率约束 P_{max} 较大时,必须采用最优功率分配方案,以获得更大的认知用户吞吐量。

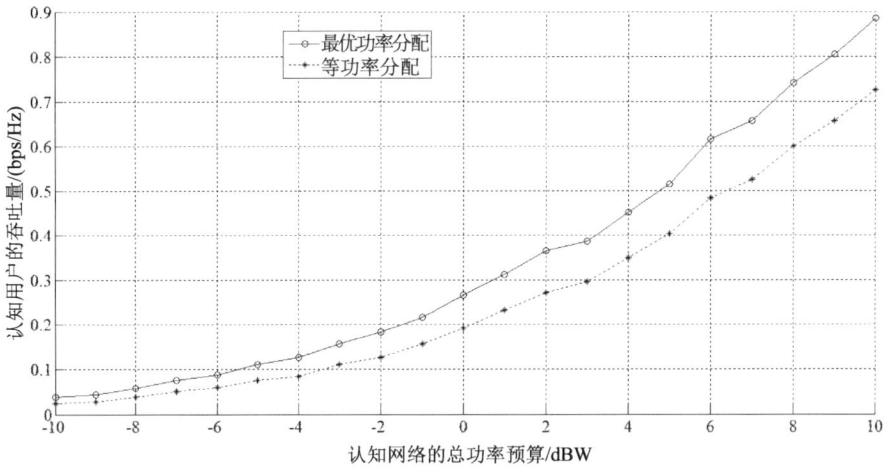

图 4-6　认知用户的平均吞吐量 $\bar{R}$ 与认知用户和中继的总功率约束 P_{max} 之间的关系

4.5　本　章　小　结

本章给出了一种单无线电中继协作感知与数据传输的新方案。在这个方案中,协作感知与数据传输是同时进行的。我们详细分析了频谱感知性能和认知用户的吞吐量,并且分析了感知性能和吞吐量之间的折中关系,将其阐述为一个约束优化问题,目的是优化认知用户和中继的功率分配,使得在检测概率约束下最大化认知用户吞吐量。通过分析,将二元约束优化问题化简为一元无约束优化问题,大大减少了计算量。这个优化问题可以通过一维搜索来求解。仿真结果表明,我们得出的最优功率分配总是优于等功率分配,并且两者的性能差距随着认知用户和中继的总传输功率约束的增加而增大。

参 考 文 献

[1] Liang Y, Zeng Y, Peh E C, et al. Sensing-throughput tradeoff for cognitive radio networks[J]. IEEE Transactions on Wireless Communications, 2008, 7(4): 1326-1337.

[2] Laneman J N, Tse D N C, Wornell G W. Cooperative diversity in wireless networks: efficient protocols and outage behavior[J]. IEEE Transactions on Information Theory, 2004, 50(12): 3062-3080.

[3] Ganesan G, Li Y. Cooperative spectrum sensing in cognitive radio, part I: two user networks[J]. IEEE Transactions on Wireless Communications, 2007, 6(6): 2204-2213.

[4] Atapattu S, Tellambura C, Jiang H. Energy detection based cooperative spectrum sensing in cognitive radio networks[J]. IEEE Transactions on Wireless Communications, 2011, 10(4): 1232-1241.

[5] Hoang A T, Liang Y, Zeng Y. Adaptive joint scheduling of spectrum sensing and data transmission in cognitive radio networks[J]. IEEE Transactions on Communications, 2010, 58(1): 235-246.

[6] Zhao C, Kwak K. Joint sensing time and power allocation in cooperatively cognitive networks[J]. IEEE Communications Letters, 2010, 14(2): 163-165.

[7] Zou Y, Yao Y, Zheng B. Outage probability analysis of cognitive transmissions: impact of spectrum sensing overhead[J]. IEEE Transactions on Wireless Communications, 2010, 9(8): 2676-2688.

[8] Zou Y, Yao Y, Zheng B. A cooperative sensing based cognitive relay transmission scheme without a dedicated sensing relay channel in cognitive radio networks[J]. IEEE Transactions on Signal Processing, 2011, 59(2): 854-858.

[9] Zou Y, Yao Y, Zheng B. Cooperative relay techniques for cognitive radio systems: spectrum sensing and secondary user transmissions[J]. IEEE Communications Magazine, 2012, 50(4): 98-103.

[10] Yin W, Ren P, Li F, et al. Joint sensing and transmission for AF relay assisted PU transmission in cognitive radio networks[J]. IEEE Journal on Selected Areas in Communications, 2013, 31(11): 2249-2261.

[11] Wu Y, Tsang D H K. Energy-efficient spectrum sensing and transmission for cognitive radio system[J]. IEEE Communications Letters, 2011, 15(5): 545-547.

[12] Shi Z, Teh K C, Li K H. Energy-efficient joint design of sensing and transmission durations for protection of primary user in cognitive radio systems[J]. IEEE Communications Letters, 2013, 17(3): 565-568.

[13] Talwar S, Jing Y, Shahbazpanahi S. Joint relay selection and power allocation for two-way relay networks[J]. IEEE Signal Processing Letters, 2011, 18(2): 91-94.

[14] Li L, Zhou X, Xu H, et al. Simplified relay selection and power allocation in cooperative cognitive radio systems[J]. IEEE Transactions on Wireless Communications, 2011, 10(1): 33-36.

第 5 章　双无线电中继协作感知的性能优化

5.1　引　　言

前面三章探讨了单无线电中继协作感知的能效优化以及协作感知与数据传输的联合优化，但是没有涉及多无线电中继协作的情形。现有的中继协作频谱感知方案也假设一个或者多个次用户协助另一个次用户执行频谱感知[6-8]。与此形成鲜明对照的是当前一些无线网络的节点配置多个无线电接口[8]，增加了信道容量和接入灵活性。最近，文献[1]中提出一种自适应的双无线电频谱感知方案，每个次用户配置双无线电接口，一个接口用于频谱感知，另一个接口用于数据传输。次用户发射机根据反馈的感知结果决定是否进行接口切换。该双无线电频谱感知方案在满足授权用户的干扰约束的同时提高了归一化信道效率。这里双无线电是指配置两个独立的无线电接口（发送接收模块），而单无线电是指只配置一个无线电接口。双无线电用户利用两个独立的无线电接口，能够同时进行频谱感知和数据传输，一个无线电接口用于频谱感知，另一个无线电接口用于数据传输，从而提高频谱感知性能和频谱利用率[8]。然而，文献[8]并没有考虑这样的情形：一个双无线电用户同时协助另外两个次用户进行频谱感知，一个无线电接口协助一个次用户，而另一个无线电接口协助另外一个次用户。双无线电用户配置两个无线电接口，需要对其有限的发射功率进行合理分配，以优化两个次用户的感知性能。为此，本章着重讨论双无线电用户协助两个次用户进行频谱感知的最优功率分配问题。在本章中，这个双无线电用户被称为双无线电中继，以区别于其他用户。

本章将先介绍双无线电中继协作感知新方案（中继同时协助两个次用户去检测两个主用户的活跃状态）并分析其频谱感知性能（检测概率和虚警概率），然后讨论性能优化的功率分配，最后简要描述能效优化的功率分配。一方面，中继受制于发射机电路的限制，总发射功率是有限的。为此考虑两种中继发射功率约束，即峰值功率约束和平均功率约束。另一方面，每个次用户的检测概率（单检测概率）都要大于等于目标检测概率，使得每个主用户都被足够保护而不受到次用户的有害干扰。检测概率越大，主用户受到的保护就越多，主用户的利益就越大。然而，检测概率越大，虚警概率也会随之增大，次用户接入主用户频谱的机会就越少，次用户获得的利益就越少。主用户的利益和次用户的利益往往是矛盾的。所以，通过优化中继在两个无线电接口上的功率分配，来平衡主用户和次用户的利益。该功率分配问题将被阐述为数学优化问题并求解，即通过寻找最优的中继功率分配，使得在中继发射功率的约束下以及在确保一定主用户利益的前提下（满足单检测概率约束），实现次用户利益的最大化（两个次用户的虚警概率之和最小）。虚警概率之和的意义是两个次用户一起获得的频谱接入机会。最优化可能导致一个次用户获得的频谱接入机会多，另一个次用户获得的频谱接入机会少，但是一起获得的频谱接入机会是最多的。频谱感知的检测概率和虚警概率平衡问题已经有一些学者研究[8-15]，但是他们都没有考虑双无线电协作感知。

5.2 协作感知模型及感知性能分析

在中继协作频谱感知系统中，当一个次用户离主用户很远并且接收到的主用户信号很弱时，另一个次用户作为该次用户的中继并且将接收到的主用户信号放大后转发给他。该次用户合并两路接收信号并根据合并后的信号执行频谱感知。文献[1]中的协作感知方案假设每个次用户都已知信道状态信息，需要信道估计。文献[2]中的协作感知方案不要求中继已知信道状态信息并采用固定增益中继方式。这些方案都不需要局部判决，仅仅转发放大后的信号。和文献[1,2]类似，我们同样不考虑局部判决。

我们研究的双无线电中继协作感知模型如图 5-1 所示，系统由一个中继节点(Relay Node: R)、两个源节点(Source Nodes: S1, S2)和两个目的节点(Destination Nodes: D1, D2)组成。实际上，源节点是主用户，目的节点和中继是次用户。中继配置两个独立的无线电接口(接收发送模块)，所以称之为双无线电中继。中继采用放大转发协议、时分双工方式同时协助两个目的节点进行频谱感知，来自两个源节点的信号互不干扰。根据基本的放大转发协议，协作频谱感知在两个相等的时间段(T_1 和 T_2)内完成，即 $T_1 = T_2 = NT_s$，其中 N 表示采样数；T_s 表示采样间隔。

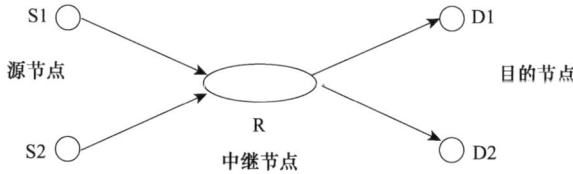

图 5-1　双无线电中继协作感知模型

在第一时间段 T_1 内，中继通过两个不同的无线电接口同时侦听两个源节点的信号，则中继两个无线电接口接收到的信号可以分别表示为

$$y_1(n) = \theta_1 \sqrt{P_{s1}} h_{s1,r} x_1(n) + u_1(n) \tag{5-1}$$

$$y_2(n) = \theta_2 \sqrt{P_{s2}} h_{s2,r} x_2(n) + u_2(n) \tag{5-2}$$

其中 $n = 1, \cdots, N$；P_{s1} 和 P_{s2} 分别是两个源节点 S1 和 S2 的发射功率；$h_{s1,r}$ 和 $h_{s2,r}$ 分别是两个源节点 S1 和 S2 到中继的信道系数；x_1 和 x_2 分别是两个源节点 S1 和 S2 传输的信号；u_1 和 u_2 分别是中继两个无线电接口接收到的加性白高斯噪声，其均值为 0，方差为 σ^2；θ_1 和 θ_2 分别是两个源节点 S1 和 S2 的状态指示符：$\theta_1 = 1$ 和 $\theta_2 = 1$ 分别表示两个源节点 S1 和 S2 正在传输信号(即分别表示存在信号 x_1 和 x_2)，$\theta_1 = 0$ 和 $\theta_2 = 0$ 分别表示两个源节点 S1 和 S2 不传输信号(即分别表示不存在信号 x_1 和 x_2)。

在第二时间段 T_2 内，中继首先放大在时间段 T_1 内接收到的信号 y_1 和 y_2，然后分别转发放大后的信号给目的节点 D1 和 D2，则目的节点 D1 和 D2 接收到的信号可以分别表示为

$$z_1(n) = \sqrt{\beta_1} h_{r,d1} y_1(n-N) + v_1(n) \tag{5-3}$$

$$z_2(n) = \sqrt{\beta_2}\, h_{r,d2}\, y_2(n-N) + v_2(n) \tag{5-4}$$

其中 $n = N+1, \cdots, 2N$；β_1 和 β_2 分别是中继两个无线电接口的放大器增益；$h_{r,d1}$ 和 $h_{r,d2}$ 分别是中继到两个目的节点 D1 和 D2 的信道系数；v_1 和 v_2 分别是两个目的节点 D1 和 D2 接收到的加性白高斯噪声，其均值为 0，方差为 σ^2。

目的节点 D1 和 D2 分别利用接收到的信号 z_1 和 z_2，采用能量检测器执行频谱感知，则检测统计量可以分别表示为

$$\Gamma_1 = \sum_{n=N+1}^{2N} |z_1(n)|^2 \tag{5-5}$$

$$\Gamma_2 = \sum_{n=N+1}^{2N} |z_2(n)|^2 \tag{5-6}$$

根据中心极限定理，当采样数 N 足够大时，检测统计量 Γ_1 和 Γ_2 近似服从高斯分布。为简单起见，做如下假设：信号 $x_1(n)$ 和 $x_2(n)$ 是独立同分布的循环对称复高斯随机序列；信号 x_1、u_1 和 v_1 之间是相互统计独立的；信号 x_2、u_2 和 v_2 之间也是相互统计独立的；信道系数 $h_{s1,r}$、$h_{s2,r}$、$h_{r,d1}$ 和 $h_{r,d2}$ 在每一个感知周期 $(T_1 + T_2)$ 内是一个常数，即信道是块衰落信道；中继已知所有的信道状态信息。容易推导出检测统计量 Γ_1 和 Γ_2 的均值和方差，表示如下：

$$\mathrm{E}(\Gamma_1 \,|\, \theta_1 = 1) = N\phi_1(\beta_1) \tag{5-7}$$

$$\mathrm{Var}(\Gamma_1 \,|\, \theta_1 = 1) = N[\phi_1(\beta_1)]^2 \tag{5-8}$$

$$\mathrm{E}(\Gamma_1 \,|\, \theta_1 = 0) = N\psi_1(\beta_1) \tag{5-9}$$

$$\mathrm{Var}(\Gamma_1 \,|\, \theta_1 = 0) = N[\psi_1(\beta_1)]^2 \tag{5-10}$$

$$\mathrm{E}(\Gamma_2 \,|\, \theta_2 = 1) = N\phi_2(\beta_2) \tag{5-11}$$

$$\mathrm{Var}(\Gamma_2 \,|\, \theta_2 = 1) = N[\phi_2(\beta_2)]^2 \tag{5-12}$$

$$\mathrm{E}(\Gamma_2 \,|\, \theta_2 = 0) = N\psi_2(\beta_2) \tag{5-13}$$

$$\mathrm{Var}(\Gamma_2 \,|\, \theta_2 = 0) = N[\psi_2(\beta_2)]^2 \tag{5-14}$$

其中

$$\phi_1(\beta_1) = \beta_1 \,|\, h_{r,d1}|^2 \,(P_{s1} \,|\, h_{s1,r}|^2 + \sigma^2) + \sigma^2 \tag{5-15}$$

$$\psi_1(\beta_1) = \beta_1 \,|\, h_{r,d1}|^2 \,\sigma^2 + \sigma^2 \tag{5-16}$$

$$\phi_2(\beta_2) = \beta_2 \,|\, h_{r,d2}|^2 \,(P_{s2} \,|\, h_{s2,r}|^2 + \sigma^2) + \sigma^2 \tag{5-17}$$

$$\psi_2(\beta_2) = \beta_2 \,|\, h_{r,d2}|^2 \,\sigma^2 + \sigma^2 \tag{5-18}$$

令 λ_1 和 λ_2 分别表示目的节点 D1 和 D2 的判决阈值，则目的节点 D1 的检测概率 p_{d1} 和虚警概率 p_{f1}，目的节点 D2 的检测概率 p_{d2} 和虚警概率 p_{f2}，分别计算如下：

$$p_{d1}(\beta_1) = Q\!\left(\frac{\lambda_1 - \mathrm{E}(\Gamma_1 \,|\, \theta_1 = 1)}{\sqrt{\mathrm{Var}(\Gamma_1 \,|\, \theta_1 = 1)}}\right) = Q\!\left(\frac{\lambda_1 - N\phi_1(\beta_1)}{\sqrt{N}\phi_1(\beta_1)}\right) \tag{5-19}$$

$$p_{f1}(\beta_1) = Q\!\left(\frac{\lambda_1 - \mathrm{E}(\Gamma_1 \,|\, \theta_1 = 0)}{\sqrt{\mathrm{Var}(\Gamma_1 \,|\, \theta_1 = 0)}}\right) = Q\!\left(\frac{\lambda_1 - N\psi_1(\beta_1)}{\sqrt{N}\psi_1(\beta_1)}\right) \tag{5-20}$$

$$p_{d2}(\beta_2) = Q\left(\frac{\lambda_2 - \mathrm{E}(\Gamma_2 \mid \theta_2 = 1)}{\sqrt{\mathrm{Var}(\Gamma_2 \mid \theta_2 = 1)}}\right) = Q\left(\frac{\lambda_2 - N\phi_2(\beta_2)}{\sqrt{N\phi_2(\beta_2)}}\right) \tag{5-21}$$

$$p_{f2}(\beta_2) = Q\left(\frac{\lambda_2 - \mathrm{E}(\Gamma_2 \mid \theta_2 = 0)}{\sqrt{\mathrm{Var}(\Gamma_2 \mid \theta_2 = 0)}}\right) = Q\left(\frac{\lambda_2 - N\psi_2(\beta_2)}{\sqrt{N\psi_2(\beta_2)}}\right) \tag{5-22}$$

如果源节点 S1 和目的节点 D1 之间以及源节点 S2 和目的节点 D2 之间的直传链路存在，通过等增益合并，式(5-15)和式(5-17)可以重新写为

$$\phi_1(\beta_1) = P_{s1}\left|\sqrt{\beta_1}h_{r,d1}h_{s1,r} + h_{s1,d1}\right|^2 + \beta_1\left|h_{r,d1}\right|^2\sigma^2 + \sigma^2 \tag{5-23}$$

$$\phi_2(\beta_2) = P_{s2}\left|\sqrt{\beta_2}h_{r,d2}h_{s2,r} + h_{s2,d2}\right|^2 + \beta_2\left|h_{r,d2}\right|^2\sigma^2 + \sigma^2 \tag{5-24}$$

其中 $h_{s1,d1}$ 和 $h_{s2,d2}$ 分别是 S1 到 D1、S2 到 D2 的信道系数。存在直传链路时的检测概率和虚警概率可以做类似分析。

5.3　中继功率分配

中继分配其发射功率以同时协助目的节点 D1 和 D2 进行频谱感知。通常中继的发射功率约束可以分为两类：短时间内的峰值功率约束和长时间内的平均功率约束。我们将针对不存在直传链路的情形，分别探讨这两种功率约束下的最优中继功率分配，目标是在中继发射功率约束和每个次用户的检测概率约束下最小化虚警概率之和 $p_{f1} + p_{f2}$。存在直传链路时的最优中继功率分配可以做类似分析。

5.3.1　峰值功率约束下的最优功率分配

由式(5-1)和式(5-2)可知，中继向目的节点 D1 和 D2 传输信号的功率分别表示为

$$P_{r1}(\beta_1, \theta_1) = \beta_1(\theta_1 P_{s1}\mid h_{s1,r}\mid^2 + \sigma^2) \tag{5-25}$$

$$P_{r2}(\beta_2, \theta_2) = \beta_2(\theta_2 P_{s2}\mid h_{s2,r}\mid^2 + \sigma^2) \tag{5-26}$$

注意到当 $\theta_1 = 1$ 和 $\theta_2 = 1$ 时，传输功率 P_{r1} 和 P_{r2} 分别取得最大值。也就是说，当两个源节点 S1 和 S2 同时传输信号时，中继的传输功率是最大的。因此，中继的峰值功率约束可以表示为

$$P_{r1}(\beta_1, \theta_1 = 1) + P_{r2}(\beta_2, \theta_2 = 1) \leqslant P_r \tag{5-27}$$

其中 P_r 表示中继允许使用的峰值功率。

一方面，应当保证每个主用户都受到足够的保护，即单个检测概率 p_{d1} 和 p_{d2} 应当高于检测概率阈值；另一方面，次用户应当获取尽可能多的频谱接入机会，即虚警概率之和 $p_{f1} + p_{f2}$ 应当尽可能小。为了达到该目标，我们寻找最优的中继功率分配，即寻找最优的中继放大器增益 β_1 和 β_2，使得在满足中继峰值功率约束和单个检测概率约束下最小化虚警概率之和。这可以阐述为一个数学优化问题（问题 5-1）：

$$\min_{\beta_1,\beta_2} p_f(\beta_1,\beta_2) = p_{f1}(\beta_1) + p_{f2}(\beta_2)$$

$$\text{s.t.} \quad p_{d1}(\beta_1) \geqslant \overline{p}_d$$

$$p_{d2}(\beta_2) \geqslant \overline{p}_d \tag{5-28}$$

$$P_{r1}(\beta_1,\theta_1=1) + P_{r2}(\beta_2,\theta_2=1) \leqslant P_r$$

其中 $\overline{p}_d$ 表示目标检测概率; p_f 表示虚警概率之和。

由式(5-19)和式(5-20),通过消去判决阈值 λ_1,则虚警概率 p_{f1} 可以写成检测概率 p_{d1} 的函数;类似地,由式(5-21)和式(5-22),通过消去判决阈值 λ_2,则虚警概率 p_{f2} 可以写成检测概率 p_{d2} 的函数;分别表示如下:

$$p_{f1} = Q\left(\frac{(Q^{-1}(p_{d1}) + \sqrt{N})\phi_1(\beta_1) - \sqrt{N}\psi_1(\beta_1)}{\psi_1(\beta_1)}\right) \tag{5-29}$$

$$p_{f2} = Q\left(\frac{(Q^{-1}(p_{d2}) + \sqrt{N})\phi_2(\beta_2) - \sqrt{N}\psi_2(\beta_2)}{\psi_2(\beta_2)}\right) \tag{5-30}$$

由于 $Q(\cdot)$ 和 $Q^{-1}(\cdot)$ 均是单调递减函数,根据以上两式容易验证虚警概率 p_{d1} 和 p_{d2} 分别是检测概率 p_{d1} 和 p_{d2} 的单调递减函数。因此,当检测概率 p_{d1} 和 p_{d2} 同时取得允许的最小值 $\overline{p}_d$(即 $p_{d1} = \overline{p}_d$, $p_{d2} = \overline{p}_d$)时,虚警概率之和取得允许的最小值,问题 5-1 达到最优解。

将 $p_{d1} = \overline{p}_d$ 和 $p_{d2} = \overline{p}_d$ 分别代入式(5-29)式(5-30),并分别求虚警概率 $p_{f1}(\beta_1)$ 和 $p_{f2}(\beta_2)$ 相对于 β_1 和 β_2 的导数,得到

$$\frac{\mathrm{d}p_{f1}(\beta_1)}{\mathrm{d}\beta_1} = -\frac{1}{\sqrt{2\pi}} \exp\left(-\frac{(w_1(\beta_1))^2}{2}\right)\frac{\mathrm{d}w_1(\beta_1)}{\mathrm{d}\beta_1} \tag{5-31}$$

$$\frac{\mathrm{d}p_{f2}(\beta_2)}{\mathrm{d}\beta_2} = -\frac{1}{\sqrt{2\pi}} \exp\left(-\frac{(w_2(\beta_2))^2}{2}\right)\frac{\mathrm{d}w_2(\beta_2)}{\mathrm{d}\beta_2} \tag{5-32}$$

其中

$$w_1(\beta_1) = \frac{(Q^{-1}(\overline{p}_d) + \sqrt{N})\phi_1(\beta_1) - \sqrt{N}\psi_1(\beta_1)}{\psi_1(\beta_1)} \tag{5-33}$$

$$\frac{\mathrm{d}w_1(\beta_1)}{\mathrm{d}\beta_1} = \frac{(Q^{-1}(\overline{p}_d) + \sqrt{N})P_{s1}\,|\,h_{s1,r}\,|^2\,|\,h_{r,d1}\,|^2\,\sigma^2}{(\psi_1(\beta_1))^2} \tag{5-34}$$

$$w_2(\beta_2) = \frac{(Q^{-1}(\overline{p}_d) + \sqrt{N})\phi_2(\beta_2) - \sqrt{N}\psi_2(\beta_2)}{\psi_2(\beta_2)} \tag{5-35}$$

$$\frac{\mathrm{d}w_2(\beta_2)}{\mathrm{d}\beta_2} = \frac{(Q^{-1}(\overline{p}_d) + \sqrt{N})P_{s2}\,|\,h_{s2,r}\,|^2\,|\,h_{r,d2}\,|^2\,\sigma^2}{(\psi_2(\beta_2))^2} \tag{5-36}$$

在几乎所有可能的情况下,不等式 $(Q^{-1}(\overline{p}_d) + \sqrt{N}) > 0$ 成立。理由如下:实际应用时目标检测概率 $\overline{p}_d$ 的值接近 1 但小于 1,因为不可能要求达到 100% 的检测概率,除非主用户信道不允许次用户接入[11]。例如,在 IEEE 802.22 无线区域网络标准中,目标检测概率只要求达到 90%。可以设置目标检测概率 $\overline{p}_d$ 的上界为 99.99%(足够接近 1),则有 $Q^{-1}(\overline{p}_d) \geqslant Q^{-1}(0.9999) = -3.72$。与此同时,由于能量检测通常需要较长的检测时间来达到用户要求的检测性能(特别是在低信噪比情况下)[16],所以采样数 N 通常较大,认为

$\sqrt{N} > 4$ 是合理的。因此，可以得到 $(Q^{-1}(\overline{p}_d) + \sqrt{N}) > 0$。在后文中，总是认为不等式 $(Q^{-1}(\overline{p}_d) + \sqrt{N}) > 0$ 恒成立。

根据式(5-31)–式(5-36)以及不等式 $(Q^{-1}(\overline{p}_d) + \sqrt{N}) > 0$，容易得知

$$\frac{\mathrm{d}p_{f1}(\beta_1)}{\mathrm{d}\beta_1} < 0 \tag{5-37}$$

$$\frac{\mathrm{d}p_{f2}(\beta_2)}{\mathrm{d}\beta_2} < 0 \tag{5-38}$$

因此，虚警概率 $p_{f1}(\beta_1)$ 和 $p_{f2}(\beta_2)$ 分别是 β_1 和 β_2 的单调递减函数。另外，由式(5-25)和式(5-26)可知，中继的传输功率 P_{r1} 和 P_{r2} 分别正比于 β_1 和 β_2。也就是说，虚警概率 P_{r1} 和 P_{r2} 分别是功率 P_{r1} 和 P_{r2} 的单调递减函数，即有虚警概率之和 $p_{f1} + p_{f2}$ 随着功率之和 $P_{r1} + P_{r2}$ 的增加而减少。所以，当峰值功率不等式约束取等号时（即 $P_{r1} + P_{r2} = P_r$），虚警概率之和最小，问题 5-1 达到最优解。

根据以上讨论，问题 5-1 可以化简为(**问题 5-2**)

$$\min_{\beta_1,\beta_2} p_f(\beta_1,\beta_2) = p_{f1}(\beta_1) + p_{f2}(\beta_2)$$
$$\text{s.t. } p_{d1}(\beta_1) = \overline{p}_d$$
$$p_{d2}(\beta_2) = \overline{p}_d \tag{5-39}$$
$$P_{r1}(\beta_1, \theta_1 = 1) + P_{r2}(\beta_2, \theta_2 = 1) = P_r$$

由式(5-25)和式(5-26)以及等式 $P_{r1}(\beta_1, \theta_1 = 1) + P_{r2}(\beta_2, \theta_2 = 1) = P_r$ 可得

$$\beta_2 = \frac{1}{C_2}(P_r \quad \beta_1 C_1) \tag{5-40}$$

其中 $C_1 = P_{s1} |h_{s1,r}|^2 + \sigma^2$，$C_2 = P_{s2} |h_{s2,r}|^2 + \sigma^2$。将式(5-40)代入式(5-17)和式(5-18)中，ϕ_2 和 ψ_2 表示放大器增益 β_1 的函数，如下：

$$\phi_2(\beta_1) = \frac{1}{C_2}(P_r - \beta_1 C_1) |h_{r,d2}|^2 (P_{s2} |h_{s2,r}|^2 + \sigma^2) + \sigma^2 \tag{5-41}$$

$$\psi_2(\beta_1) = \frac{1}{C_2}(P_r - \beta_1 C_1) |h_{r,d2}|^2 \sigma^2 + \sigma^2 \tag{5-42}$$

分别用 $\phi_2(\beta_1)$ 和 $\psi_2(\beta_1)$ 代替式(5-30)中的 $\phi_2(\beta_2)$ 和 $\psi_2(\beta_2)$，并将 $p_{d1} = \overline{p}_d$ 和 $p_{d2} = \overline{p}_d$ 分别代入式(5-29)和式(5-30)中，则虚警概率之和可以表示为单个变量 β_1 的函数，如下：

$$p_f(\beta_1) = p_{f1}(\beta_1) + p_{f2}(\beta_1)$$
$$= Q\left(\frac{(Q^{-1}(\overline{p}_d) + \sqrt{N})\phi_1(\beta_1) - \sqrt{N}\psi_1(\beta_1)}{\psi_1(\beta_1)}\right)$$
$$+ Q\left(\frac{(Q^{-1}(\overline{p}_d) + \sqrt{N})\phi_2(\beta_1) - \sqrt{N}\psi_2(\beta_1)}{\psi_2(\beta_1)}\right) \tag{5-43}$$

据此，问题 5-2 可以进一步化简为单变量无约束优化问题(**问题 5-3**)：

$$\min_{\beta_1} p_f(\beta_1) = p_{f1}(\beta_1) + p_{f2}(\beta_1) \tag{5-44}$$

虚警概率之和 $p_f(\beta_1)$ 不一定是放大器增益 β_1 的凸函数或准凸函数，这依赖于信道系数（即 $h_{s1,r}$、$h_{r,d1}$、$h_{s2,r}$、$h_{r,d2}$）和各个节点的传输功率（即 P_{s1}、P_{s2}、P_r）。而且，由于 $p_f(\beta_1)$ 相对于 β_1 的一阶和二阶导数是非线性的且非常复杂，也很难获得 $p_f(\beta_1)$ 的凸条件或准凸条件。在某些情况下，$p_f(\beta_1)$ 没有驻点，而在另一些情况下，$p_f(\beta_1)$ 有多个驻点。由于 $p_f(\beta_1)$ 的不确定性以及 $\mathrm{d}p_f(\beta_1)/\mathrm{d}\beta_1$ 的非线性特征，所以难以获得问题 5-3 的闭合解。并且，由于方程 $\mathrm{d}p_f(\beta_1)/\mathrm{d}\beta_1=0$ 的根的个数是不确定的（有 0 个、1 个或多个），所以很难通过二分法或其他迭代算法来求解 $p_f(\beta_1)$ 的所有驻点。因此，也很难通过二分法或其他迭代算法来求得问题 9-3 的全局数值最优解，但可以获得局部数值最优解。幸运的是，问题 5-3 只涉及单个变量 β_1，可以首先确定放大器增益 β_1 的取值范围，然后在 β_1 的取值范围内通过一维穷举搜索来获得问题 5-3 的最优解。由式(5-40)，当 $\beta_2=0$ 时，β_1 取得最大值，即 $\beta_{1,\max}=P_r/C_1$，则 β_1 的取值范围是 $\beta_1\in[0,P_r/C_1]$。

5.3.2　平均功率约束下的最优功率分配

在一个长时间周期内，源节点 S1 和 S2 有时候活跃（传输信号），有时候不活跃（不传输信号）。源节点 S1 和 S2 活跃的概率分别表示为 $p(\theta_1=1)$ 和 $p(\theta_2=1)$，源节点 S1 和 S2 不活跃的概率分别表示为 $p(\theta_1=0)$ 和 $p(\theta_2=0)$，其中 $p(\theta_1=1)+p(\theta_1=0)=1$，$p(\theta_2=1)+p(\theta_2=0)=1$。则中继的平均功率约束可以表示为

$$
\begin{aligned}
&p(\theta_1=1)P_{r1}(\beta_1,\theta_1=1)+p(\theta_1=0)P_{r1}(\beta_1,\theta_1=0)\\
&+p(\theta_2=1)P_{r2}(\beta_2,\theta_2=1)+p(\theta_2=0)P_{r2}(\beta_2,\theta_2=0)\leqslant \bar{P}_r
\end{aligned}
\tag{5-45}
$$

其中 $\bar{P}_r$ 表示中继的平均功率约束。

类似于上一小节，在中继平均功率约束下的最优中继功率分配问题可以阐述为（问题 5-4）

$$
\begin{aligned}
&\min_{\beta_1,\beta_2}\ p_{f1}(\beta_1)+p_{f2}(\beta_2)\\
&\text{s.t.}\ \ p_{d1}(\beta_1)\geqslant \bar{p}_d,\ p_{d2}(\beta_2)\geqslant \bar{p}_d\\
&\quad p(\theta_1=1)P_{r1}(\beta_1,\theta_1=1)+p(\theta_1=0)P_{r1}(\beta_1,\theta_1=0)\\
&\quad +p(\theta_2=1)P_{r2}(\beta_2,\theta_2=1)+p(\theta_2=0)P_{r2}(\beta_2,\theta_2=0)\leqslant \bar{P}_r
\end{aligned}
\tag{5-46}
$$

类似地，可以验证当中继平均功率约束不等式取等号时，虚警概率之和最小，问题 5-4 达到最优解。由于证明过程与上一小节十分相似，所以这里省略详细的推导过程。则问题 5-4 可以化简为（问题 5-5）

$$
\begin{aligned}
&\min_{\beta_1,\beta_2}\ p_{f1}(\beta_1)+p_{f2}(\beta_2)\\
&\text{s.t.}\ \ p_{d1}(\beta_1)=\bar{p}_d,\ p_{d2}(\beta_2)=\bar{p}_d\\
&\quad p(\theta_1=1)P_{r1}(\beta_1,\theta_1=1)+p(\theta_1=0)P_{r1}(\beta_1,\theta_1=0)\\
&\quad +p(\theta_2=1)P_{r2}(\beta_2,\theta_2=1)+p(\theta_2=0)P_{r2}(\beta_2,\theta_2=0)=\bar{P}_r
\end{aligned}
\tag{5-47}
$$

由式(5-25)和式(5-26)以及平均功率约束等式可得

$$
\beta_2=\frac{1}{\hat{C}_2}(\bar{P}_r-\beta_1\hat{C}_1)
\tag{5-48}
$$

其中 $\hat{C}_1 = p(\theta_1 = 1)P_{s1}|h_{s1,r}|^2 + \sigma^2$，$\hat{C}_2 = p(\theta_2 = 1)P_{s2}|h_{s2,r}|^2 + \sigma^2$。将式(5-48)代入式(5-17)和式(5-18)中，ϕ_2 和 ψ_2 可以表达为放大器增益 β_1 的函数，表示如下：

$$\hat{\phi}_2(\beta_1) = \frac{1}{\hat{C}_2}(\overline{P}_r - \beta_1\hat{C}_1)|h_{r,d2}|^2(P_{s2}|h_{s2,r}|^2 + \sigma^2) + \sigma^2 \tag{5-49}$$

$$\hat{\psi}_2(\beta_1) = \frac{1}{\hat{C}_2}(\overline{P}_r - \beta_1\hat{C}_1)|h_{r,d2}|^2\sigma^2 + \sigma^2 \tag{5-50}$$

分别用 $\hat{\phi}_2(\beta_1)$ 和 $\hat{\psi}_2(\beta_1)$ 代替式(5-30)中的 $\phi_2(\beta_2)$ 和 $\psi_2(\beta_2)$，并将 $p_{d1} = \overline{p}_d$ 和 $p_{d2} = \overline{p}_d$ 分别代入式(5-29)和式(5-30)，则虚警概率之和可以表示为单个变量 β_1 的函数，如下：

$$\begin{aligned}
p_f(\beta_1) &= p_{f1}(\beta_1) + p_{f2}(\beta_1) \\
&= Q\left(\frac{(Q^{-1}(\overline{p}_d) + \sqrt{N})\phi_1(\beta_1) - \sqrt{N}\psi_1(\beta_1)}{\psi_1(\beta_1)}\right) \\
&\quad + Q\left(\frac{(Q^{-1}(\overline{p}_d) + \sqrt{N})\hat{\phi}_2(\beta_1) - \sqrt{N}\hat{\psi}_2(\beta_1)}{\hat{\psi}_2(\beta_1)}\right)
\end{aligned} \tag{5-51}$$

据此，问题 5-5 可以进一步化简为单变量无约束优化问题(**问题 5-6**)：

$$\min_{\beta_1} p_f(\beta_1) = p_{f1}(\beta_1) + p_{f2}(\beta_1) \tag{5-52}$$

其中虚警概率之和 $p_f(\beta_1)$ 由(5-51)式给出。类似地，可以首先确定 β_1 的取值范围，然后在 β_1 的取值范围内通过一维穷举搜索找到问题 5-6 的最优解。由(5-48)式可知，当 $\beta_2 = 0$ 时，β_1 取得最大值，即 $\beta_{1,\max} = \overline{P}_r / \hat{C}_1$，则 β_1 的取值范围是 $\beta_1 \in [0, \overline{P}_r / \hat{C}_1]$。

5.4　仿　真　结　果

我们仿真不存在直传链路时双无线电协作感知的性能和最优功率分配。首先通过比较虚警概率的理论结果和仿真结果来验证理论分析的正确性。然后，仿真在多种信道(对称信道和非对称信道)条件下的最优中继功率分配。最后，仿真比较最优功率分配和等功率分配($P_{r1} = P_{r2} = 0.5P_r$)，以显示最优功率分配的优越性。仿真中的参数设置如下：采样数 $N = 100$，目标检测概率 $\overline{p}_d = 95\%$，噪声功率 $\sigma^2 = 1\,\text{W}$。

5.4.1　虚警概率的理论结果和仿真结果对比

考虑一种特殊情况，即信道增益分别设置为 $|h_{s1,r}|^2 = 1.2$，$|h_{r,d1}|^2 = 0.8$，$|h_{s2,r}|^2 = 1.5$，$|h_{r,d1}|^2 = 1$，传输功率设置为 $P_{s1} = P_{s2} = P_r = \overline{P}_r = 1\,\text{W}$。虚警概率的仿真值通过执行 10000 次蒙特卡洛仿真来获得。虚警概率在中继的峰值功率约束和平均功率约束下的理论值分别通过式(5-43)和式(5-51)给出。图 5-2 和图 5-3 分别比较了在中继的峰值功率约束和平均功率约束下虚警概率的理论值和仿真值。从这两幅图中可以看出，在两种功率约束下，虚警概率 p_{f1} 总是随着中继放大器增益 β_1 的增加而减少，而虚警概率 p_{f2} 总是随着中继放大器增益 β_1 的增加而增加。这与 p_{f2} 随着 β_2 的增加而减少是一致的，因为由式(5-40)和式(5-48)可知 β_2 与 β_1 成反比。然而，虚警概率之和 p_f 不一定是增益 β_1 的单调函数。在

$\beta_1 \in (0, \beta_{1,\max})$ 内，虚警概率之和 p_f 可能有一个最小值点，其中在峰值功率约束下 $\beta_{1,\max} = P_r / C_1$，在平均功率约束下 $\beta_{1,\max} = \bar{P}_r / \hat{C}_1$。同时从图中可以看出，虚警概率的理论值和仿真值非常接近，是一致的。由于这种一致性，在下面的仿真中，只给出虚警概率的理论值，以缓解蒙特卡洛仿真的负担。

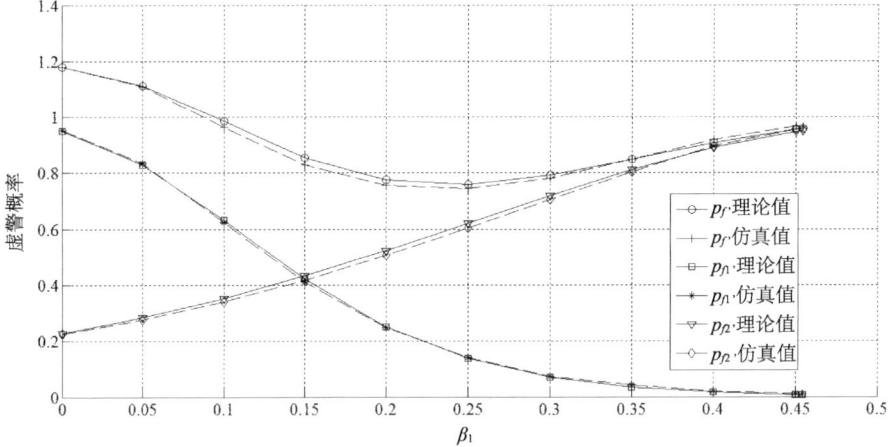

图 5-2　在中继峰值功率约束下，虚警概率与中继放大器增益 β_1 之间的关系

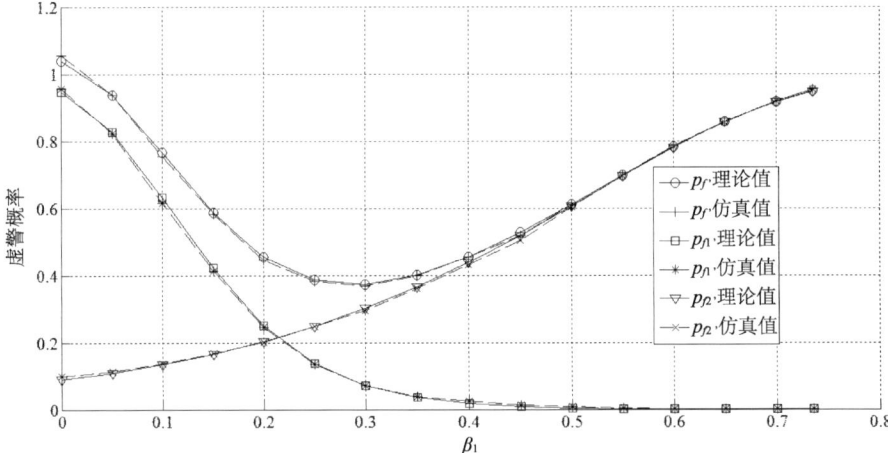

图 5-3　在中继平均功率约束下，虚警概率与中继放大器增益 β_1 之间的关系

5.4.2　多种信道条件对性能的影响

下面仿真在多种信道条件下的最优功率分配。相关参数设置如下：传输功率 $P_{s1} = P_{s2} = P_r = \bar{P}_r = 1\,\mathrm{W}$，信道增益 $|h_{s1,r}|^2 = |h_{s2,r}|^2 = 1$。如果信道增益 $|h_{s1,r}|^2 = |h_{s2,r}|^2$，$|h_{r,d1}|^2 = |h_{r,d2}|^2$，则两条传输路径 S1→R→D1 和 S2→R→D2 被认为是完全对称的。否则，这两条传输路径被认为是不完全对称的(非对称的)。

首先仿真在中继峰值功率约束下的最优功率分配。图 5-4 显示了在一些完全对称的信道条件下虚警概率之和 p_f 与放大器增益 β_1 之间的关系。从图 5-4 中可以看出，在完全对称的信道条件下，当 $\beta_1 = \beta_{1,\max}/2$（对应于 $P_{r1} = P_{r2} = 0.5$ W）时，虚警概率之和 p_f 不一定取得最小值，有可能取得最大值。也就是说，即使在完全对称的信道条件下，等功率分配也不一定能够获得最好的感知性能，甚至反而导致最差的感知性能。图 5-5 给出了在一些非对称的信道条件下虚警概率之和 p_f 与放大器增益 β_1 之间的关系。由图 5-5 可以看出，当 $\beta_1 = \beta_{1,\max}/2$（即 $P_{r1} = P_{r2}$）时，虚警概率之和 p_f 一般不会取得最小值，即等功率分配一般不会获得最好的感知性能。虚警概率之和 p_f 可能是 β_1 的单调函数，没有驻点（如图 5-5 顶部）；p_f 也可能随着 β_1 而上下波动，有多个驻点（如图 5-5 底部）。这表明，方程 $dp_f(\beta_1)/d\beta_1 = 0$ 可能无解或者多解，使得求问题 5-3 的全局最优解变得更加困难。

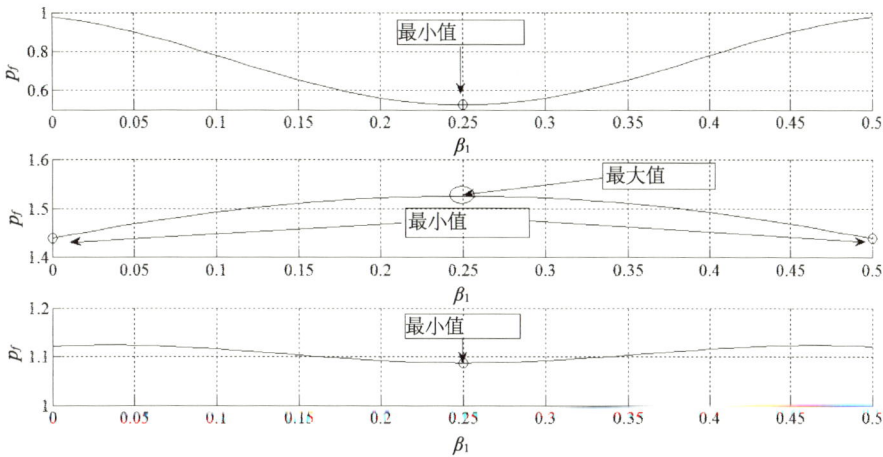

图 5-4　在中继峰值功率约束和多种完全对称的信道条件下，虚警概率之和 p_f
与放大器增益 β_1 之间的关系。顶图：$|h_{r,d1}|^2 = |h_{r,d2}|^2 = 1.5$；
中图：$|h_{r,d1}|^2 = |h_{r,d2}|^2 = 0.5$；底图：$|h_{r,d1}|^2 = |h_{r,d2}|^2 = 0.9$

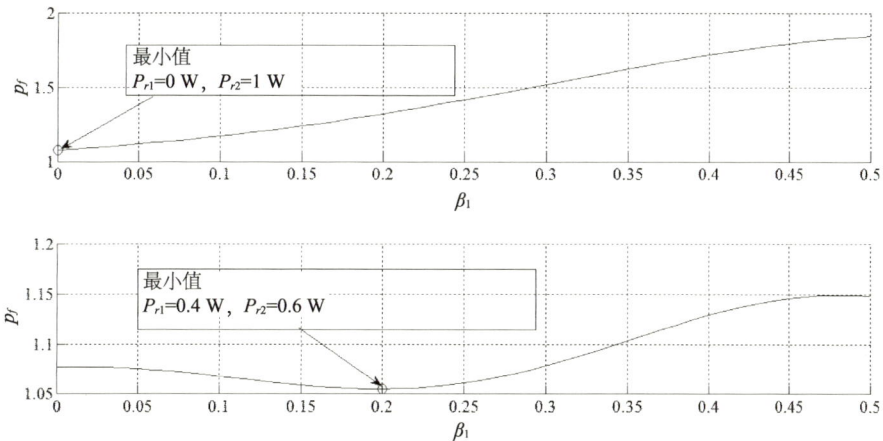

图 5-5　在中继峰值功率约束和多种非对称的信道条件下，虚警概率之和 p_f 与放大器增益 β_1
之间的关系。顶图：$|h_{r,d1}|^2 = 0.1$，$|h_{r,d2}|^2 = 1$；底图：$|h_{r,d1}|^2 = 0.85$，$|h_{r,d2}|^2 = 1$

然后，仿真在中继平均功率约束下的最优功率分配，主要寻找与峰值功率约束情形的不同点。图 5-6 给出了在一些完全对称的信道条件下虚警概率之和 p_f 与放大器增益 β_1 之间的关系。由图 5-6 可以看出，与峰值功率约束情形不同的是，在平均功率约束下，虚警概率之和 p_f 不仅仅依赖于信道条件，还依赖于源节点 S1 和 S2 的活跃概率 $p(\theta_1=1)$、$p(\theta_2=1)$。虚警概率之和 p_f 的最小值点随着 $p(\theta_1=1)$、$p(\theta_2=1)$ 的变化而变化。这表明，即使在相同的信道条件下，当源节点 S1 和 S2 的活跃概率 $p(\theta_1=1)$、$p(\theta_2=1)$ 改变时，虚警概率之和 p_f 的最小值点也不相同。

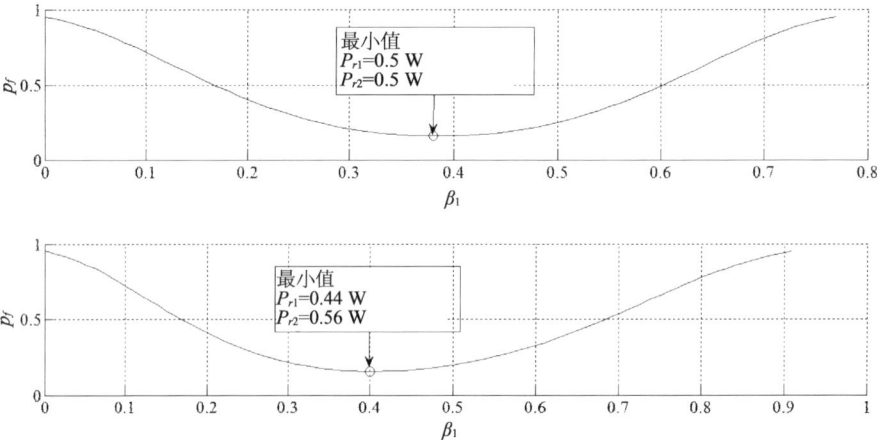

图 5-6　在中继平均功率约束和一个完全对称的信道条件下（$|h_{r,d1}|^2=|h_{r,d2}|^2=1.5$），虚警概率之和 p_f 与放大器增益 β_1 之间的关系。顶图：$p(\theta_1=1)=p(\theta_2=1)=0.3$；底图：$p(\theta_1=1)=0.1$，$p(\theta_2=1)=0.5$

5.4.3　最优功率分配和等功率分配对比

下面比较最优功率分配和等功率分配对应的性能结果。信道系数 $h_{s1,r}$、$h_{s2,r}$、$h_{r,d1}$ 和 $h_{r,d2}$ 被当作均值为 0，方差为 1 的循环对称复高斯随机变量来产生，即信道被建模为瑞利衰落信道。每产生一组信道系数，对应一次信道实现。平均虚警概率之和 $\bar{p}_f$ 通过在 20000 次信道实现上求虚警概率之和 p_f 的平均值来获得。图 5-7 给出了在三种不同的主用户传输功率条件下平均虚警概率之和 $\bar{p}_f$ 与峰值功率约束 P_r 之间的关系。图 5-8 给出了在两种不同的主用户活跃概率条件下平均虚警概率之和 $\bar{p}_f$ 与平均功率约束 $\bar{P}_r$ 之间的关系。从这两幅图中可以看出，当中继发射功率约束较大时，与等功率分配相比，最优功率分配使得平均虚警概率之和 $\bar{p}_f$ 减少大约 10%。同时还可以看出，平均虚警概率之和 $\bar{p}_f$ 总是随着中继发射功率约束（P_r 或 $\bar{P}_r$）的增加而减少。

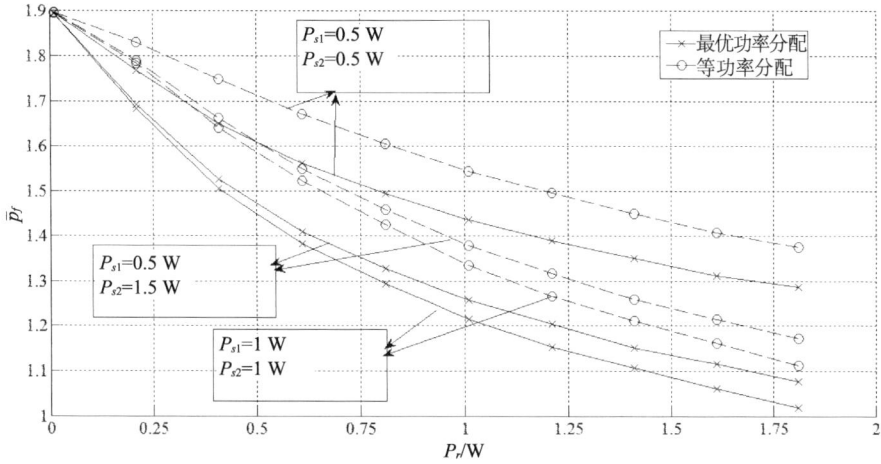

图 5-7　在三种不同的主用户传输功率条件下，
平均虚警概率之和 $\bar{p}_f$ 与中继峰值功率约束 P_r 之间的关系

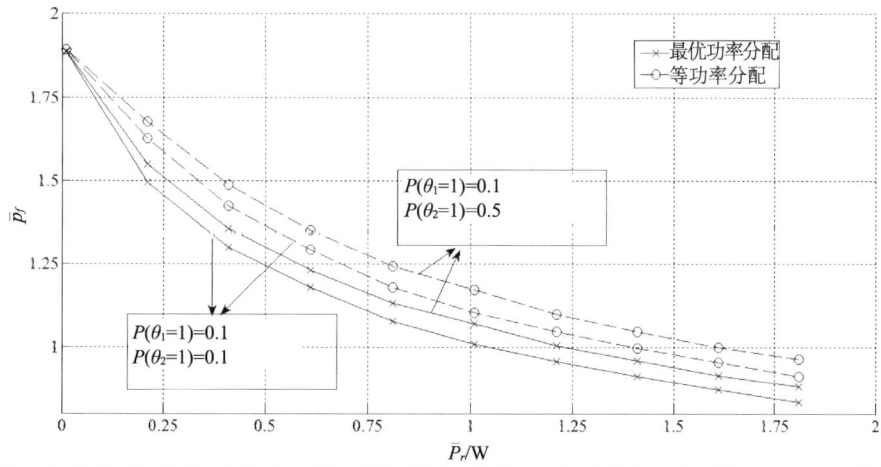

图 5-8　在两种不同的主用户活跃概率条件下，$P_{s1} = P_{s2} = 1\,\text{W}$，
平均虚警概率之和 $\bar{p}_f$ 与中继平均功率约束 $\bar{P}_r$ 之间的关系

5.5　本章小结

我们介绍了一种双无线电中继协作频谱感知的新方案，深入讨论了中继最优功率分配问题。最优功率分配使得在单个检测概率约束和中继发射功率约束下虚警概率之和达到最小。我们考虑了两种中继的发射功率约束，即峰值功率约束和平均功率约束。最优功率分配问题被阐述为带约束的二元数学优化问题。经过分析，二元约束优化问题可以化简为一元无约束优化问题。我们只需要通过一维穷举搜索找到最优的放大器增益，大大降低了计算复杂度。然而，功率分配问题的最优解依赖于多个系统参数，包括所有的

信道系数、源节点和中继的发射功率。并且，由于虚警概率之和相对于放大器增益的导数是一个非线性函数，而且其非常复杂，所以很难求得最优解的闭合表达式，也很难给出存在唯一最优解的条件。

我们通过仿真比较了在峰值功率约束和平均功率约束下的最优功率分配。结果表明，与峰值功率约束情形不同的是，在平均功率约束下，最优功率分配不仅仅依赖于信道系数，还依赖于主用户的活跃概率。另外，还通过仿真比较了最优功率分配和等功率分配。仿真结果表明，就虚警概率之和而言，即使在完全对称的信道条件下，等功率分配也不一定获得最好的感知性能，甚至反而导致最差的感知性能。当中继的功率预算较大时，与等功率分配相比，最优功率分配使得虚警概率之和下降大约10%。

双无线电中继协作感知方案对应的中继最优功率分配要求中继已知主用户发射功率和所有信道系数，这在实际的频谱感知系统中可能无法实现。尽管如此，得出的结果仍然可以作为实际应用的参照。双无线电中继协作的思想还可以用于频谱共享，一个双无线电中继同时协助两个次用户发送数据或者同时协助一个主用户和一个次用户发送数据。此时，同样需要对中继的发射功率进行最优分配，以在满足主用户和次用户的性能要求以及中继发射功率约束的同时最小化能耗。

参 考 文 献

[1] Ganesan G, Li Y. Cooperative spectrum sensing in cognitive radio, part I: two user networks[J]. IEEE Transactions on Wireless Communications, 2007, 6(6): 2204-2213.

[2] Atapattu S, Tellambura C, Jiang H. Energy detection based cooperative spectrum sensing in cognitive radio networks[J]. IEEE Transactions on Wireless Communications, 2011, 10(4): 1232-1241.

[3] Chen Q, Motani M, Wong W, et al. Cooperative spectrum sensing strategies for cognitive radio mesh networks[J]. IEEE Journal of Selected Topics in Signal Processing, 2011, 5(1): 56-67.

[4] Cui T, Gao F, Nallanathan A. Optimization of cooperative spectrum sensing in cognitive radio[J]. IEEE Transactions on Vehicular Technology, 2011, 60(4): 1578-1589.

[5] Zou Y, Yao Y, Zheng B. Cooperative relay techniques for cognitive radio systems: spectrum sensing and secondary user transmissions[J]. IEEE Communications Magazine, 2012, 50(4): 98-103.

[6] Zou Y, Yao Y, Zheng B. Diversity-multiplexing tradeoff in selective cooperation for cognitive radio[J]. IEEE Transactions on Communications, 2012, 60(9): 2467-2481.

[7] Skalli H, Ghosh S, Das S K, et al. Channel assignment strategies for multiradio wireless mesh networks: issues and solutions[J]. IEEE Communications Magazine, 2007, 45(11): 86-95.

[8] Wang W, Cai J, Alfa A S, et al. Adaptive dual-radio spectrum-sensing scheme in cognitive radio networks[J]. Wireless Communications and Mobile Computing, 2013, 13(14): 1247-1262.

[9] Yucek T, Arslan H. A survey of spectrum sensing algorithms for cognitive radio applications[J]. IEEE Communications Surveys & Tutorials, 2009, 11(1): 116-130.

[10] Kim I, Kim D. Optimal allocation of sensing time between two primary channels in cognitive radio networks[J]. IEEE Communications Letters, 2010, 14(4): 297-299.

[11] Liang Y, Zeng Y, Peh E C, et al. Sensing-throughput tradeoff for cognitive radio networks[J]. IEEE Transactions on Wireless Communications, 2008, 7(4): 1326-1337.

[12] Zhao C, Kwak K. Joint sensing time and power allocation in cooperatively cognitive networks[J]. IEEE Communications Letters, 2010, 14(2): 163-165.

[13] Chen Y, Yang K, Zhao B. Collaborative user number selection based on saturation throughput and sensing performance[J]. IEEE Transactions on Vehicular Technology, 2011, 60(8): 4019-4023.

[14] Asghari V, Aissa S. Impact of detection uncertainties on the performance of a spectrum-sharing cognitive radio with soft sensing[J]. IEEE Transactions on Vehicular Technology, 2012, 61(7): 3272-3276.

[15] He D. Chaotic stochastic resonance energy detection fusion used in cooperative spectrum sensing[J]. IEEE Transactions on Vehicular Technology, 2013, 62(2): 620-627.

[16] Cabric D, Tkachenko A, Brodersen R W. Spectrum sensing measurements of pilot, energy, and collaborative detection[A]. in Proceedings of IEEE Military Communications Conference [C], 2006: 1-7.

第6章 群频谱共享的频谱感知节能调度

6.1 引 言

传统频谱资源以固定方式分配给授权用户。尽管这种政策方便频谱管理，但是由于无线通信系统快速增长，频谱变得越来越拥挤。人们发现被分配的频谱在特定位置或者特定时间通常没有得到充分利用。因此，一种称为机会式频谱接入或者认知无线电的新的框架被提出来，以更有效地利用频谱[1, 2]。

文献[3-11]研究了各种各样的频谱共享问题。例如，博弈论模型被用来挖掘授权用户和多个非授权用户频谱共享的动态特性[3-5]。频谱感知信息被整合到频谱共享方案的设计中[6-11]。本章考虑有一个授权用户和一组非授权用户的认知无线电网络中的频谱共享问题。这个问题来源于如下事实：非授权用户可能位于一个由服务提供商控制的虚拟网络中。为了和授权用户共享频带，非授权用户需要先通过频谱感知检测授权用户的活动状况。非授权用户需要能量来执行频谱感知。为了节省能量，应该选择"最好"的非授权用户来执行频谱感知，而不是使所有非授权用户都执行频谱感知。我们考虑的认知无线电网络和很多前期文献中考虑的类似。例如，一种基于簇的协作频谱感知方法被提出来提高感知性能[12]。它将非授权用户分到一些簇中，每个簇中"最好"的非授权用户被选中向一个公共接收机报告结果。在网状网的频谱共享中，一种基于簇的框架被提出[13]。簇用共享本地控制信道的邻居节点构建。这些文献都没有考虑频谱感知调度问题，在本章我们探讨这个问题，目的是提高认知无线电网络中频谱共享的质量。

在无线网络中，调度是有效利用资源的一种方式。一个好的调度策略可以达到最大化系统吞吐量的目标，同时满足各自的服务质量要求[14]。在本章，将从网络中心的角度和用户中心的角度分别探讨认知无线电网络中群频谱共享的频谱感知调度问题。首先，讨论单节点频谱感知场景，一个非授权用户被选中执行频谱感知。频谱感知后，被选中的非授权用户广播感知结果给其他非授权用户[15]。从网络中心的角度，调度准则是在漏检概率之和约束下最小化虚警概率之和。从用户中心的角度，调度准则是最大化可以共享授权用户一个子频带的非授权用户数。

前面提到的频谱感知调度问题将被进一步延伸到多节点频谱感知场景。非授权用户被分到多个簇中。在每个簇中，一个非授权用户被选中执行频谱感知。然后，被选中的非授权用户广播感知结果给同一个簇中的其他非授权用户。我们提出启发式的调度方案，是针对网络中心角度的或者用户中心角度的应用。提出的方案被评估，并且和所有非授权用户同时执行频谱感知的情形进行对比。

6.2 单节点频谱感知调度

单节点频谱感知的认知无线电网络如图 6-1 所示，有一组 N 个非授权用户和一个授权用户。授权用户的频带被划分成多个互不重叠的子频带。非授权用户以如下方式共享子频带：每个非授权用户占用一个不重叠的子频带[16]。如果第 n 个非授权用户意识到授权用户不活跃，它将使用子频带。频谱共享机制可以构造成覆盖或者衬垫模式。覆盖模式的意思是非授权用户和授权用户共存，条件是对授权用户的干扰受到限制。衬垫模式的意思是只要授权用户不活跃，非授权用户可以占用频带。本章只考虑衬垫模式。

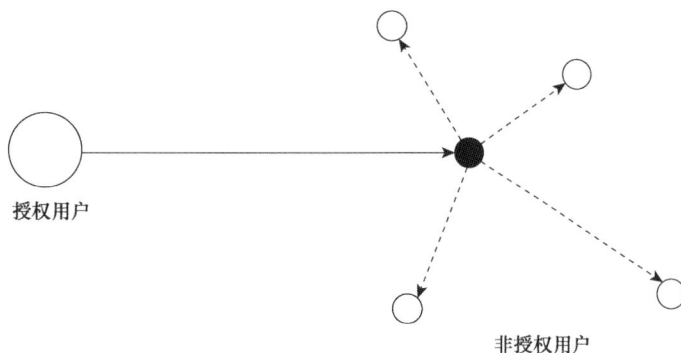

图 6-1 认知无线电网络中的单节点频谱感知

为了共享授权用户的频谱，非授权用户需要检测授权用户的活动状况。考虑一种极端情形：所有非授权用户都感知授权用户的频谱。第 n 个非授权用户的检测概率和虚警概率分别用 $P_{d,n}$ 和 $P_{f,n}$ 表示，$n=1,\cdots,N$。在这种情形中，当一个非授权用户意识到授权用户的频谱空闲时，它占用授权用户的一个子频带。假设非授权用户的频谱感知被调度，使得不同非授权用户不占用同一子频带。这种情形中的频谱感知调度方案是直接的，但是效率不高，因为它需要大量频谱感知操作。

为了减少频谱感知操作从而节省能量，我们提出一种频谱感知调度方案，描述如下：一个非授权用户被选中感知授权用户的频谱(用图 1 中黑色圆圈表示)。然后，它将感知结果广播给其他非授权用户。如果被选中的非授权用户检测到授权用户是活跃的，它发出符号"1"；否则发出符号"0"。这个符号可能被其他非授权用户错误接收。假设从被选中的非授权用户到其他非授权用户的传输信道为二进制对称信道。被选中的非授权用户和第 n 个非授权用户之间的信道的误比特率用 p_n 表示。这个信道模型简单，而且可以代表一些典型的无线信道。被选中的非授权用户的检测概率和虚警概率分别记为 $P_{d,N}$ 和 $P_{f,N}$。假设所有其他非授权用户都在被选中的非授权用户的通信范围内。

检测概率和虚警概率是设计频谱感知调度方案的最重要的参数。假设预先知道非授权用户的检测概率和虚警概率。因此，它们可以被用来设计频谱感知调度方案。当可以事先检测概率和虚警概率测量时，这个假设成立。不考虑频谱感知技术以及授权用户和非授权用户的传输参数。注意还有其他类型的调度参数(例如信道状态信息等),它们在各种通信系统中被广泛用到。然而,它们对认知无线电系统来说不是独特的。

6.3 感知性能分析

6.3.1 网络中心角度的分析

如果授权用户是活跃的(用 $\mathcal{H}_1$ 表示该事件),但是它的活动没有被一个非授权用户检测到,该非授权用户将占用一个授权用户的子频带,这会对授权用户造成干扰。在提出的方案中,第 n 个非授权用户的检测概率是 $P'_{d,n} = P_{d,n}(1-p_n) + (1-P_{d,N})p_n$。尽管由于错误接收没有检测到被选中的非授权用户,其他非授权用户可能检测到该授权用户的活动。漏检概率之和用下式计算:

$$\Lambda_1 = \sum_{n=1}^{N-1}(1-P'_{d,n}) + (1-P_{d,N}) \qquad (6-1)$$

在所有非授权用户执行频谱感知的极端情形中,漏检概率之和用下式计算:

$$\Lambda_2 = \sum_{n=1}^{N}(1-P_{d,n}) \qquad (6-2)$$

注意到对授权用户的干扰之和还取决于其他一些因素,例如发射功率。考虑这些因素,可以用加权合并。本章假设这些因素对所有非授权用户是一致的。

如果授权用户是不活跃的(用 $\mathcal{H}_0$ 表示该事件),但是一个非授权用户没有检测到它不活跃,该非授权用户将错过占用一个授权用户子频带的机会。在提出的方案中,第 n 个非授权用户的虚警概率是

$$P'_{f,n} = P_{f,n}(1-p_n) + (1-P_{f,N})p_n \qquad (6-3)$$

那么,第 n 个非授权用户或者被选中的非授权用户占用一个子频带的概率分别是 $1-P'_{f,n}$ 或者 $1-P_{f,N}$。虚警概率之和用下式计算:

$$\Gamma_1 = \sum_{n=1}^{N-1}P'_{f,n} + P_{f,N} \qquad (6-4)$$

在所有非授权用户执行频谱感知的极端情形中,虚警概率之和用下式计算:

$$\Gamma_2 = \sum_{n=1}^{N}P_{f,n} \qquad (6-5)$$

如果一种频谱感知调度方案得到的虚警概率之和更低,漏检概率之和也更低,则它更有效。接下来对提出的方案和极端情形进行对比。一方面,如果对所有 n,$P_{d,N}(1-p_n) + (1-P_{d,N}) > P_{d,n}$,有 $\Lambda_1 < \Lambda_2$;另一方面,如果对所有 n,$P_{f,N}(1-p_n) + (1-P_{f,N}) < P_{f,n}$,有 $\Gamma_1 < \Gamma_2$。如果这两个条件同时满足,提出的方案比极端情形更有效。可以从定义推导出更严格的条件,列举如下:

$$\sum_{n=1}^{N-1}[P_{d,N}(1-p_n)+(1-P_{d,N})p_n]>\sum_{n=1}^{N-1}P_{d,n}$$

$$\sum_{n=1}^{N-1}[P_{f,N}(1-p_n)+(1-P_{f,N})p_n]<\sum_{n=1}^{N-1}P_{f,n}$$

当无线电环境为非时变时，上述分析成立。当无线电环境随时间改变时，不同时刻选中的非授权用户可能不同。调度准则如下：

$$\begin{aligned}\min \quad &\Gamma_1\\ \text{s.t.} \quad &\Lambda_1\leqslant\Lambda_2\end{aligned}\tag{6-6}$$

有可能没有一个非授权用户满足这个准则，那么这个准则修改为

$$\begin{aligned}\min \quad &\Gamma_1\\ \text{s.t.} \quad &\Lambda_1\leqslant D\end{aligned}\tag{6-7}$$

其中 D 是漏检概率之和的上限。这样提出的方案比极端情形获得更低的虚警概率之和，但是以更高的漏检概率之和为代价。

6.3.2 用户中心角度的分析

从用户中心的角度，比较两种频谱感知调度方案对应的可以占用授权用户频带的非授权用户数。当一个非授权用户的检测概率高于一个给定阈值，而且它的虚警概率低于某个值时，该非授权用户被允许占用授权用户的一个子频带。这个准则可以进一步表达如下。

在极端情形中，如果有

$$P_{d,n}\geqslant\eta,\quad P_{f,n}\leqslant\gamma\tag{6-8}$$

第 n 个非授权用户占用授权用户的一个子频带。在提出的方案中，如果有

$$P'_{d,n}\geqslant\eta,\quad P'_{f,n}\leqslant\gamma\tag{6-9}$$

第 n 个非授权用户占用授权用户的一个子频带，其中 η 和 γ 分别是检测概率和虚警概率的阈值。分如下两个类别进行比较：

(1)在极端情形中所有非授权用户不满足准则(6-8)。有可能提出的方案中一些非授权用户满足准则(6-9)。如果 $P_{d,n}<\dfrac{1}{2}$，有 $P'_{d,n}>P_{d,n}$。而且如果 $p_n\to1$，$P_{d,n}\to0$，得到 $P'_{d,n}\to1$。如果 $P_{f,n}>\dfrac{1}{2}$，有 $P'_{f,n}<P_{f,n}$。而且如果 $p_n\to1$，$P_{f,n}\to1$，得到 $P'_{f,n}\to0$。在这些条件下，提出的方案比极端情形更有效。

(2)假设极端情形中有 J 个非授权用户满足准则(6-8)。非授权用户的状态示例如图6-2所示。当授权用户活跃时，符号"1"被发送，意思是一个非授权用户的检测概率满足(6-8)给出的约束；而符号"0"被发送，意思是一个非授权用户的检测概率不满足约束。当授权用户不活跃时，符号"1"和"0"有相同的含义。在提出的方案中，在广播状态后非授权用户的状态可能改变。

(a)如果第 j 个非授权用户被选中，$j \in \{1, \cdots, J\}$，那么 $P_{\mathrm{d},j} \geqslant \eta$，$P_{\mathrm{f},j} \leqslant \gamma$。如果存在多于 $J-1$ 个非授权用户满足 $P_{\mathrm{d},j}(1-p_n) + (1-P_{\mathrm{d},j})p_n \geqslant \eta$ 和 $P_{\mathrm{f},j}(1-p_n) + (1-P_{\mathrm{f},j})p_n \leqslant \gamma$，提出的方案比极端情形更有效。

(b)如果第 i 个非授权用户被选中，而且 $P_{\mathrm{d},i} \geqslant \eta$，$P_{\mathrm{f},i} > \gamma$，$i \in \{J+1, \cdots, N\}$，被选中的非授权用户对应符号"1"（活跃）和"0"（不活跃）。如果存在多于 J 个非授权用户满足 $P_{\mathrm{d},i}(1-p_n) + (1-P_{\mathrm{d},i})p_n \geqslant \eta$ 和 $P_{\mathrm{f},i}(1-p_n) + (1-P_{\mathrm{f},i})p_n \leqslant \gamma$，提出的方案比极端情形更有效。

(c)如果第 i 个非授权用户被选中，而且 $P_{\mathrm{d},i} < \eta$，$P_{\mathrm{f},i} \leqslant \gamma$，被选中的非授权用户对应符号"1"（活跃）和"0"（不活跃）。提出的方案更有效的条件和(b)中给出的条件相同。

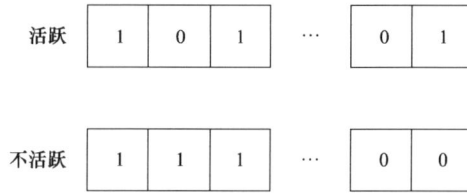

图 6-2　非授权用户的状态示例

(d)如果第 i 个非授权用户被选中，而且 $P_{\mathrm{d},i} < \eta$，$P_{\mathrm{f},i} > \gamma$，被选中的非授权用户对应符号"1"（活跃）和"0"（不活跃）。提出的方案更有效的条件和(b)中给出的条件相同。

调度准则就是要最大化可以占用给定的授权用户子频带的非授权用户数。

6.4　多种因素对频谱感知调度的影响

6.4.1　认知用户的流量类型

在认知无线电环境中，有可能在某些时刻一些非授权用户有数据发送而另一些非授权用户没有数据要发送。在时刻 t，第 n 个非授权用户的流量状态用 $I_n(t)$ 表示。如果第 n 个非授权用户在时刻 t 有数据要发送，有 $I_n(t) = 1$；否则 $I_n(t) = 0$。第 n 个非授权用户在时刻 t 的检测概率和虚警概率分别用 $P_{\mathrm{d},n}(t)$ 和 $P_{\mathrm{f},n}(t)$ 表示。在极端情形中，如果 $I_n(t) = 1$，$P_{\mathrm{d},n}(t) \geqslant \eta$，$P_{\mathrm{f},n}(t) \leqslant \gamma$，第 n 个非授权用户被允许在时刻 t 占用授权用户的一个子频带。假设 $M(t)$ 个非授权用户在时刻 t 满足这些条件。如果第 m 个非授权用户被选中，$m \in \{1, \cdots, M(t)\}$，那么 $P_{\mathrm{d},m}(t) \geqslant \eta$，$P_{\mathrm{f},m}(t) \leqslant \gamma$。如果存在多于 $M-1$ 个非授权用户满足

$$P_{\mathrm{d},m}(t)(1-p_n(t)) + (1-P_{\mathrm{d},m}(t))p_n(t) \geqslant \eta$$

$$P_{\mathrm{f},m}(t)(1-p_n(t)) + (1-P_{\mathrm{f},m}(t))p_n(t) \leqslant \gamma$$

其中 $p_n(t)$ 是第 n 个非授权用户和被选中的非授权用户之间的信道在时刻 t 的误比特率，则提出的方案比极端情形更有效。

6.4.2 感知信道质量

授权用户和被选中执行频谱感知的非授权用户之间的信道质量影响频谱感知调度。授权用户信号可能经过噪声信道、多径衰落信道等传输。而且，可以用多种频谱感知技术检测授权用户信号。简而言之，感知信道的质量最终影响非授权用户的检测概率和虚警概率。

6.4.3 感知结果广播

被选中的非授权用户也许不需要将其感知结果发送给所有其他非授权用户。假设被选中的非授权用户知道它和其他非授权用户之间信道的误比特率。在广播之前先计算检测概率和虚警概率。如果不能同时满足条件 $P_{d,n} \geqslant \eta$ 和 $P_{f,n} \leqslant \gamma$，被选中的非授权用户不将感知结果发送给第 n 个非授权用户。

6.5 多节点频谱感知调度

我们考虑多个非授权用户被选中执行频谱感知，这样每个被选中的非授权用户广播其感知结果给更少的非授权用户。和单节点频谱感知的场景相比，特别当网络规模很大时，多节点频谱感知场景方便网络管理。假设 K 个非授权用户被选中，在图 6-3 中用黑色圆圈标出。问题在于如何选择非授权用户执行频谱感知以及如何协调感知结果的广播操作。

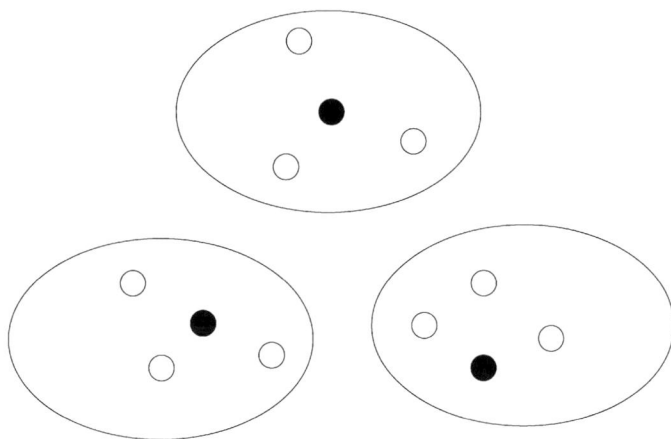

图 6-3　认知无线电网络中的多节点频谱感知

为了去除多余的广播操作，一组非授权用户被划分为多个簇。在每个簇中，一个非授权用户被选中执行频谱感知。然后，它将感知结果广播给簇里的其他非授权用户。虚警概率之和用下式计算：

$$\Gamma_1' \sum_{k=1}^{K} \left(P_f^{(k)} + \sum_{i=1}^{N_k-1} P_{f,k,i}' \right) \tag{6-10}$$

其中 $P_{\mathrm{f}}^{(k)}$ 是第 k 个簇被选中的非授权用户的虚警概率；N_k 是第 k 个簇的非授权用户数，而且

$$P'_{\mathrm{f},k,i} = P_{\mathrm{f}}^{(k)}\left(1 - p_{k,i}\right) + \left(1 - P_{\mathrm{f}}^{(k)}\right)p_{k,i} \tag{6-11}$$

其中 $p_{k,i}$ 是第 k 个簇第 i 个非授权用户和被选中的非授权用户之间信道的误比特率。类似地，漏检概率之和用下式计算：

$$\Lambda'_1 = \sum_{k=1}^{K}\left[\left(1 - P_{\mathrm{d}}^{(k)}\right) + \sum_{i=1}^{N_k-1}\left(1 - P'_{\mathrm{d},k,i}\right)\right] \tag{6-12}$$

调度准则构建为

$$\begin{aligned}\min \quad & \Gamma'_1 \\ \text{s.t.} \quad & \Lambda'_1 \leqslant D\end{aligned} \tag{6-13}$$

不能直接计算这个优化问题的解，因为目标函数不可求导。并且，寻找最优解需要逐个比较至少 $\binom{N}{K}$ 个数值。因此，我们提出一种启发式的次优解。首先比较对应每个非授权用户被选中的虚警概率之和；然后，依次选中对应虚警概率之和最低的非授权用户，其他对应 $P'_{\mathrm{d},k,i}$ 最高的非授权用户加入第 k 个簇。

从用户中心的角度，启发式的频谱感知调度方案设计如下。依次选中对应检测概率最高（满足虚警概率约束）的非授权用户。其他非授权用户在加入簇时比较它们的检测概率和虚警概率。如果对应的虚警概率之和检测概率满足准则 (6-9)，还没有加入任何簇的非授权用户必须加入一个簇。

当 K 增加时，一些簇中的非授权用户数必然减少。然而，没有保证 Γ'_1 和 Λ'_1 会下降。因此，对多节点频谱感知调度很难说多少个簇是最优的。

6.6　仿　真　结　果

我们评估提出的频谱感知调度方案并将它和极端情形进行比较。特别地，仿真虚警概率之和、漏检概率之和以及可以占用授权用户子频带的非授权用户数。

6.6.1　单节点频谱感知调度

先仿真只有一个非授权用户被选中执行频谱感知的情况。非授权用户的检测概率和虚警概率分别用 $P_{\mathrm{d},n} \sim 0.9 + 0.1\,\mathrm{rand}(\cdot)$ 和 $P_{\mathrm{f},n} \sim 0.1\,\mathrm{rand}(\cdot)$ 产生，其中 $\mathrm{rand}(\cdot)$ 代表均匀分布。误比特率从 $p_n \sim 0.1\,\mathrm{rand}(\cdot)$ 产生。这些值的一次实现（第一次运行）如表 6-1 所示。

表 6-1　第一次运行的检测概率、虚警概率之和误比特率

$P_{d,n}$	0.9958	0.9089	0.9335	0.9015	0.9986	0.9589	0.9744	0.9197	0.9011	0.9264	0.9981	0.9245
$P_{d,n}$	0.0087	0.0870	0.0385	0.0853	0.0778	0.0606	0.0798	0.0247	0.0720	0.0816	0.0467	0.0417
p_n	0.0311	0.0563	0.0040	0.0141	0.0507	0.0372	0.0932	0.0072	0.0891	0.0053	0.0944	0.0217

它们可能不是环境中采集的真实概率，但是可以被用来验证提出方案的性能。运行后 9 次的虚警概率之和、漏检概率之和分别如图 6-4 和图 6-5 所示。可以看到在第一次运行中，所提方案比极端情形达到更低的虚警概率之和、漏检概率之和。原因是在所提方案中，总是最好的非授权用户被选中执行频谱感知。如果非授权用户的检测概率和虚警概率满足第 6.3.1 节导出的条件，所提方案能达到更低的虚警概率之和、漏检概率之和。在其他运行中，非授权用户的检测概率和虚警概率不满足第 6.3.1 节导出的条件。每次运行都随机产生非授权用户的检测概率、虚警概率以及误比特率。因而虚警概率之和、漏检概率之和每轮都波动。

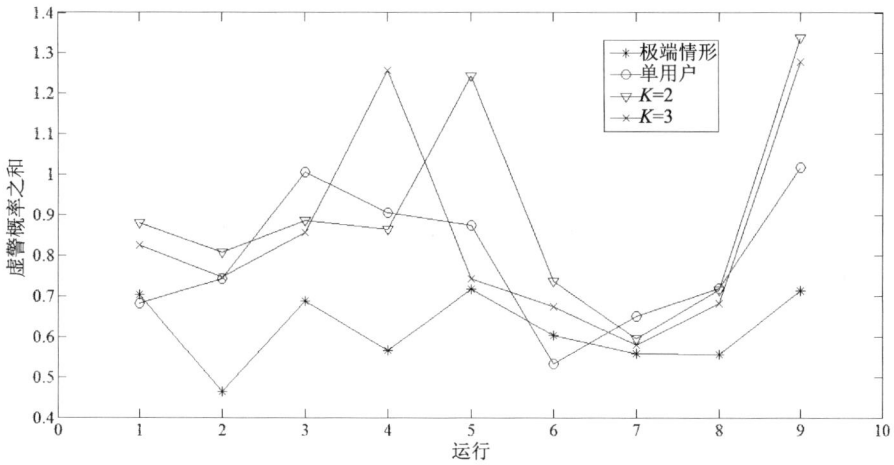

图 6-4　多次运行的虚警概率之和

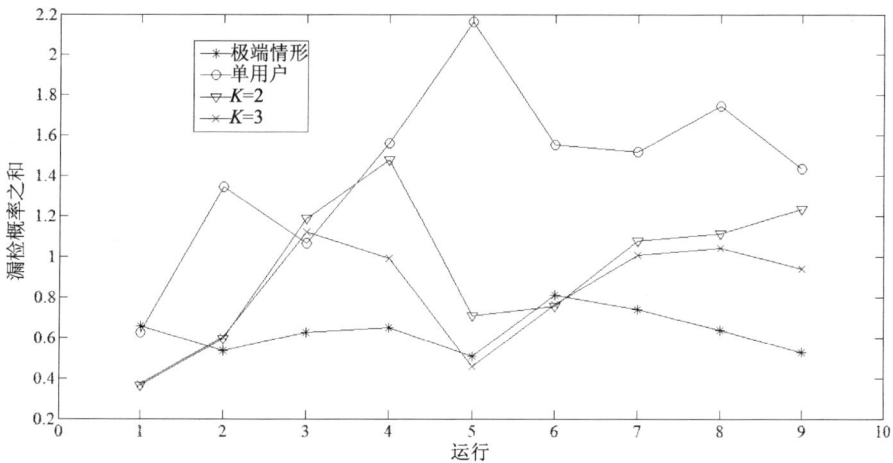

图 6-5　多次运行的漏检概率之和

独立运行 20000 次计算机仿真。平均虚警概率之和、漏检概率之和相对非授权用户数的变化情况如图 6-6(a) 和 (b) 所示。可以看到在平均虚警概率之和、漏检概率之和方面，极端情形比所提方案更优，而且差距随着非授权用户数增大。这个结果很显然因为感知结果广播可能降低没有被选中的非授权用户的检测概率，同时提高它们的虚警概率。平均虚警(漏检)概率之和的差距肯定会随着非授权用户数增加。尽管如此，极端情形的平均虚警(漏检)概率之和对所提方案的平均虚警(漏检)概率之和的比率远远小于 N。频谱感知和广播 1 比特消耗的能量分别记为 E 和 e (J)。那么，忽略其他部分的能量消耗，我们知道整个网络的总能耗在极端情形下和在所提方案下分别是

$$E_1 = NE \qquad\qquad (6\text{-}14)$$

和

$$E_2 = E + (N-1)e \qquad\qquad (6\text{-}15)$$

E 通常 e 比大得多，很容易验证在每焦耳的单位虚警(漏检)概率之和方面，所提方案比极端情形更优。

进一步仿真可以占用授权用户子频带的非授权用户数。非授权用户总数是 $N=12$。检测概率和虚警概率的阈值分别设成 $\eta=0.9$，$\gamma=0.12$。对提出的方案和极端情形，可以占用授权用户子频带的非授权用户数都是 12。当 $\gamma=0.12$ 时，可以占用授权用户子频带的非授权用户数相对 η 的变化情况如图 6-7 所示。可以看到在提出的方案中，可以占用授权用户子频带的非授权用户数比极端情形的更多。这个结果源于提出的方案试图最大化可以占用授权用户子频带的非授权用户数。如果第 6.3.2 节导出的条件得到满足，提出的方案比极端情形更有效。

6.6.2 多节点频谱感知调度

接着仿真多个非授权用户被选中执行频谱感知的情况。簇数设为 $K=2$ 或者 $K=3$。非授权用户的检测概率、虚警概率以及误比特率和第 6.6.1 节中的相同。而且，任何非授权用户和其他非授权用户之间的信道的误比特率相同。9 次运行后的虚警概率之和、漏检概率之和分别如图 6-4 和图 6-5 所示。可以看到在第一次运行中，提出的方案达到更低的漏检概率之和，但是虚警概率之和更高。尽管如此，因为频谱感知通常比广播感知结果消耗更多的能量，提出的方案比极端情形消耗更少的能量。提出的方案试图得到更低的漏检概率之和，但是不保证检测概率之和更低。

平均虚警概率之和、漏检概率之和相对非授权用户数的变化情况如图 6-6(c)～(f)所示。可以看到在平均虚警概率之和、漏检概率之和方面，极端情形仍然比提出的方案更优。差距同样随着非授权用户数增大，而随着簇数增加而缩小。另外，多节点频谱感知的平均虚警概率之和高于单节点频谱感知的，而平均漏检概率之和低于单节点频谱感知的。如其所愿，提出的方案能得到更低的漏检概率之和，但没有得到更低的虚警概率之和。随着簇数增加，一些簇中的非授权用户数减少。因此，广播对非授权用户的检测概率和虚警概率影响更少。

当 $N=12$，$\gamma=0.12$ 时，第一次运行中可以占用授权用户子频带的非授权用户数相对 η 的变化情况如图 6-8($K=2$)和图 6-9($K=3$)所示。可以看到当 η 增加时，提出的方案比极端情形允许更多的非授权用户占用授权用户的子频带。当 $\eta=0.9$ 时，极端情形中每个非授权用户都可以占用授权用户的子频带。在所提方案中，当 $\eta=0.9$ 时，一些非授权用户的虚警概率在广播后不满足式(6-9)的约束。

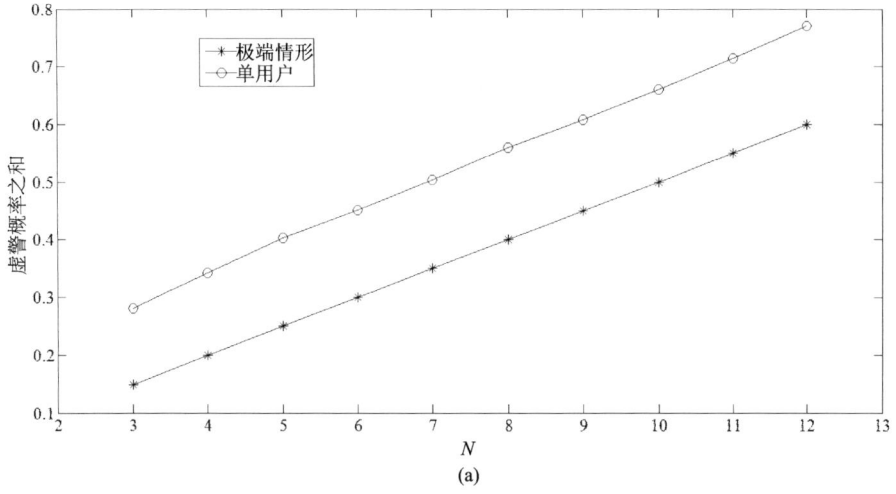

(a)

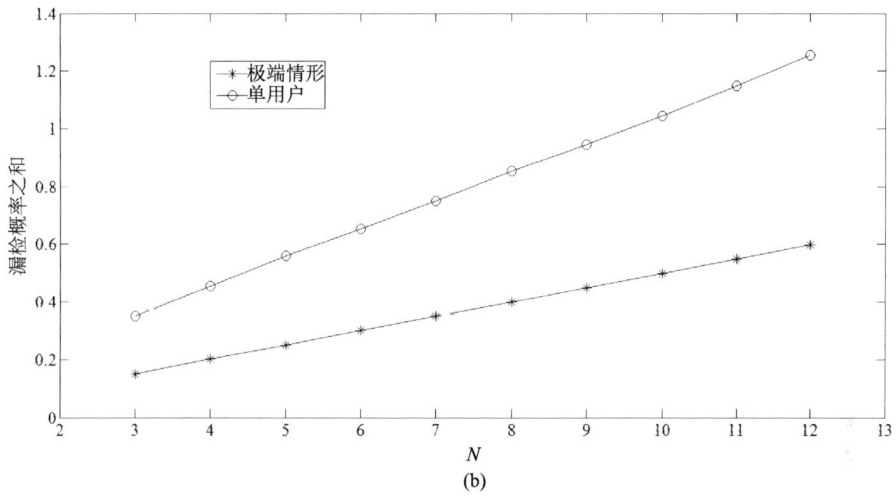

(b)

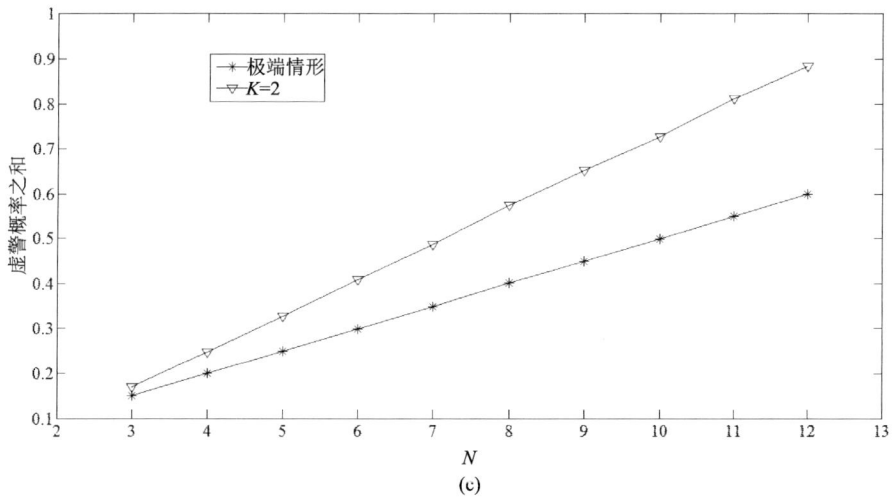

(c)

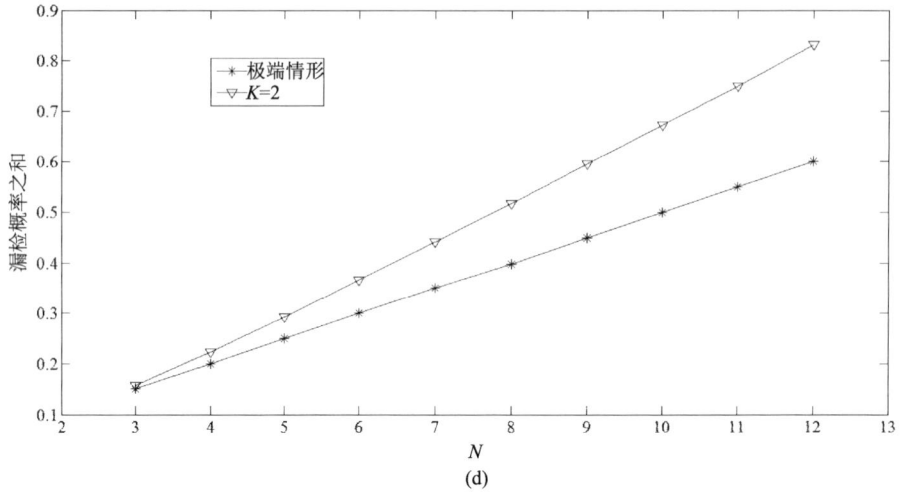

(d)

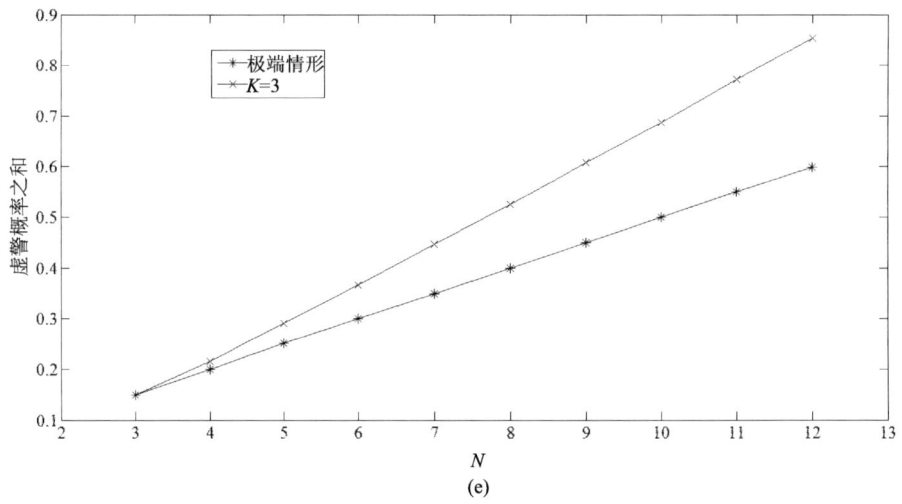

(e)

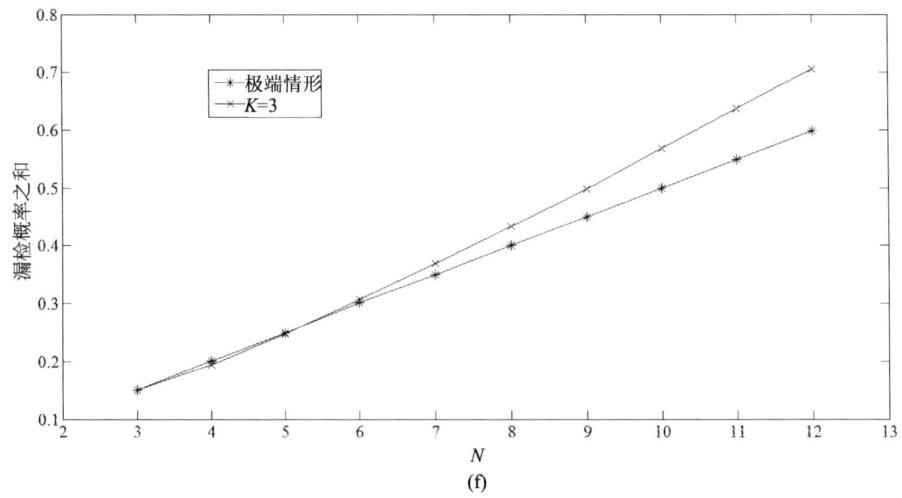

(f)

图 6-6　平均虚警概率之和、平均漏检概率之和相对非授权用户数

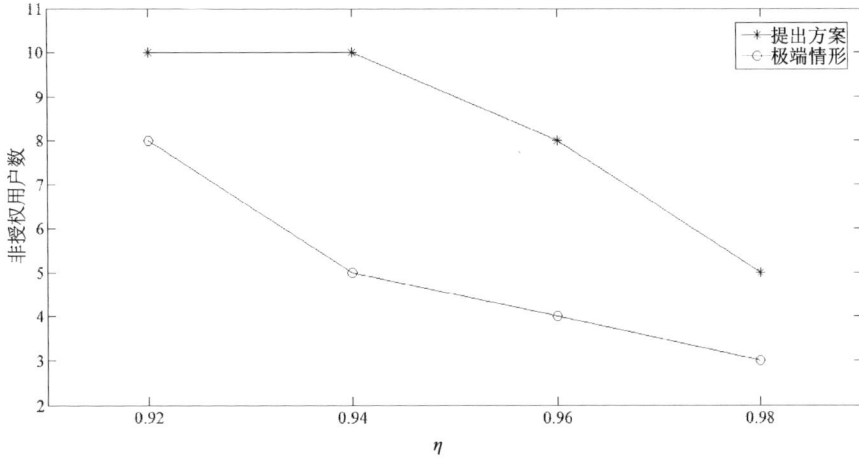

图 6-7　可以占用授权用户子频带的非授权用户数（单节点频谱感知）

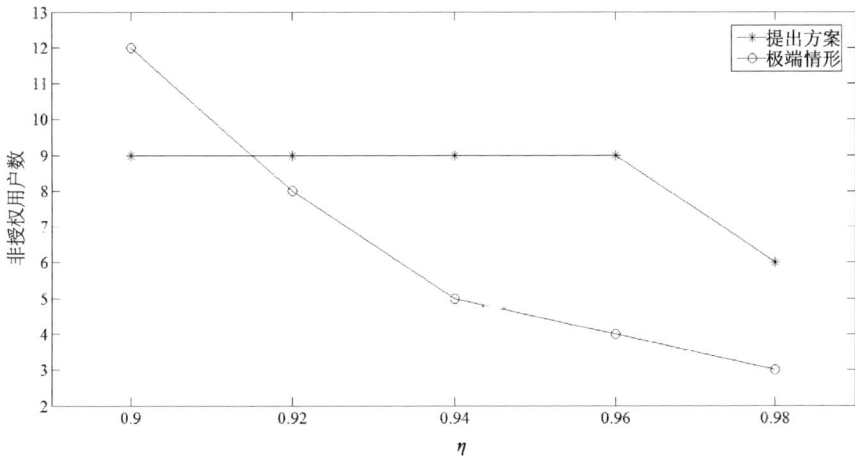

图 6-8　可以占用授权用户子频带的非授权用户数（$K=2$）

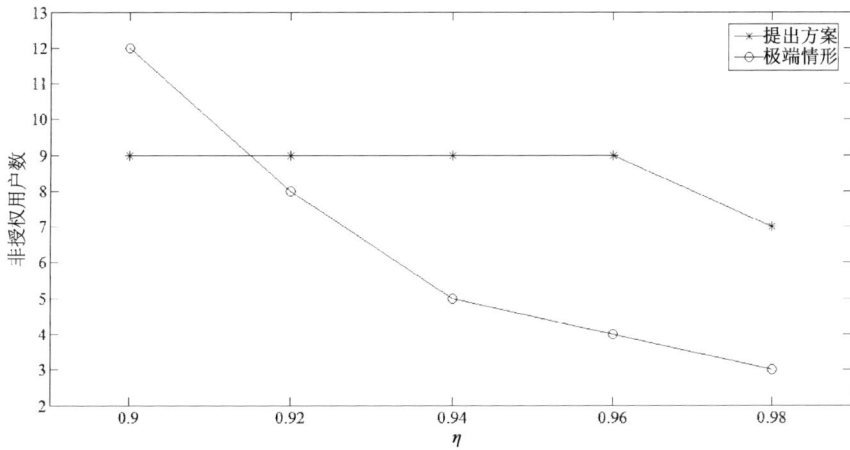

图 6-9　可以占用授权用户子频带的非授权用户数（$K=3$）

当 η 增加时,虚警概率满足式(6-9)中约束的非授权用户的检测概率总是高于阈值,直到 η 达到 0.98。同时当 η 增加时,极端情形中一些非授权用户的检测概率不满足式(6-8)给出的约束。这就说明为何随着 η 增加,提出的方案比极端情形允许更多的非授权用户占用授权用户的子频带。

6.7 本 章 小 结

本章探讨了认知无线电网络中群频谱共享的单节点和多节点频谱感知调度方案,比较了提出的频谱感知调度方案和极端情形的虚警概率之和、漏检概率之和以及可以占用授权用户子频带的非授权用户数。结果显示,给定虚警概率之和以及漏检概率之和,总体上提出的调度方案在要求的感知操作方面比极端情形更有效。

参 考 文 献

[1] Mitola J. Cognitive radio: an integrated agent architecture for software defined radio[D]. Ph.D. Dissertation, 2000.

[2] Akyildiz I F, Lee W, Vuran M C, et al. NeXt generation/dynamic spectrum access/cognitive radio wireless networks: a survey[J]. Computer Networks, 2006, 50(13): 2127-2159.

[3] Niyato D, Hossain E. Competitive pricing for spectrum sharing in cognitive radio networks: dynamic game, inefficiency of Nash equilibrium, and collusion[J]. IEEE Journal on Selected Areas in Communications, 2008, 26(1): 192-202.

[4] Niyato D, Hossain E. Competitive spectrum sharing in cognitive radio networks: a dynamic game approach[J]. IEEE Transactions on Wireless Communications, 2008, 7(7): 2651-2660.

[5] Niyato D, Hossain E. Market-equilibrium, competitive, and cooperative pricing for spectrum sharing in cognitive radio networks: analysis and comparison[J]. IEEE Transactions on Wireless Communications, 2008, 7(11): 4273-4283.

[6] Srinivasa S, Jafar S A. How much spectrum sharing is optimal in cognitive radio networks[J]. IEEE Transactions on Wireless Communications, 2008, 7(10): 4010-4018.

[7] Menon R, Buehrer R M, Reed J H. On the impact of dynamic spectrum sharing techniques on legacy radio systems[J]. IEEE Transactions on Wireless Communications, 2008, 7(11): 4198-4207.

[8] Tang S, Mark B L. Modeling and analysis of opportunistic spectrum sharing with unreliable spectrum sensing[J]. IEEE Transactions on Wireless Communications, 2009, 8(4): 1934-1943.

[9] Ban T W, Choi W, Sung D K. Capacity and energy efficiency of multi-user spectrum sharing systems with opportunistic scheduling[J]. IEEE Transactions on Wireless Communications, 2009, 8(6): 2836-2841.

[10] Kang X, Liang Y, Garg H K, et al. Sensing-based spectrum sharing in cognitive radio networks[J]. IEEE Transactions on Vehicular Technology, 2009, 58(8): 4649-4654.

[11] Liu X, Shankar N S. Sensing-based opportunistic channel access[J]. Mobile Networks and Applications, 2006, 11: 577-591.

[12] Sun C, Zhang W, Letaief K B. Cluster-based cooperative spectrum sensing in cognitive radio systems[A]. in Proceedings of the IEEE International Conference on Communications[C], Glasgow, Scotland, 2007: 2511-2515.

[13] Chen T, Zhang H, Maggio G M, et al. CogMesh: a cluster-based cognitive radio network[A]. in Proceedings of the Second IEEE International Symposium on New Frontiers in Dynamic Spectrum Access Networks[C], Dublin, Ireland, 2007: 168-178.

[14] So-In C, Jain R, Tamimi A. Scheduling in IEEE 802.16e mobile WiMAX networks: key issues and a survey[J]. IEEE Journal on Selected Areas in Communications, 2009, 27(2): 156-171.

[15] Lipman J, Liu H, Stojmenovic I. Guide to wireless ad hoc networks[M]. Springer: Berlin, 2009.

[16] Zhu X, Shen L, Yum T P. Analysis of cognitive radio spectrum access with optimal channel reservation[J]. IEEE Communications Letters, 2007, 11(4): 1-3.

[17] Wang X, Li Z, Xu P, et al. Spectrum sharing in cognitive radio networks—an auction-based approach. IEEE Transactions on Systems, Man, and Cybernetics, Part B, 2009, 40(3): 587-596.

[18] Ma Y, Zhang H, Yuan D, et al. Adaptive power allocation with quality-of-service guarantee in cognitive radio networks[J]. Computer Communications, 2009, 32(18): 1975-1982.

[19] Wang C, Hong X, Chen H, et al. On capacity of cognitive radio networks with average interference power constraints[J]. IEEE Transactions on Wireless Communications, 2009, 8(4): 1620-1625.

[20] Luo T, Jiang T, Xiang W, et al. A subcarriers allocation scheme for cognitive radio systems based on multi-carrier modulation[J]. IEEE Transactions on Wireless Communications, 2008, 7(9): 3335-3340.

[21] Cheng P, Zhang Z, Chen H, et al. Optimal distributed joint frequency, rate, and power allocation in cognitive OFDMA systems[J]. IET Communications, 2008, 2(6): 815-826.

[22] Liang Y, Hoang A T, Chen H. Cognitive radio on TV bands: a new approach to provide wireless connectivity for rural areas[J]. IEEE Wireless Communications, 2008, 15(3): 16-22.

[23] Wang C, Chen H, Hong X, et al. Cognitive radio network management—tuning in to real-time conditions[J]. IEEE Vehicular Technology Magazine, 2008, 3(1): 28-35.

[24] Chen Y, Yu G, Zhang Z, et al. On cognitive radio networks with opportunistic power control strategies in fading channels[J]. IEEE Transactions on Wireless Communications, 2008, 7(7): 2752-2761.

[25] Cheng P, Yu G, Zhang Z, et al. On the achievable rate region of Gaussian cognitive multiple access channel[J]. IEEE Communications Letters, 2007, 11(5): 384-386.

第 7 章　认知传感器网络中的频谱感知节能

7.1　引　　言

无线通信系统的快速发展加剧了对频谱资源的需求。然而，大多数频谱资源已经分配给授权用户，剩下的可能不满足需要。幸运的是，美国联邦通信委员会的技术报告显示被分配的频谱资源没有得到有效利用，在时间和空间上都存在频谱空洞[1]。1999 年，一种新的技术——认知无线电被提出，允许没有被分配频带的非授权用户和授权用户共享频带[2]。认知无线电功能以环的形式完成，包括频谱感知、频谱共享、频谱迁移等[3]。在已经提出的频谱感知方法中，经常考虑能量检测，由于它简单而且便于分析[4]。

在频谱感知方面的大多数早期研究中，检测统计量基于原始的感知观测信号形成。也考虑了在一些早期文献中量化感知观测信号的频谱感知，例如[5-8]。在文献[5]中，通过衰落信道传输量化的观测信号，仿真了渐近最优检测器的性能。在文献[6]中，提出了基于能量检测的协作频谱感知的两比特硬合并方案。在文献[7]中，提出了对于多个授权用户频带上的协作频谱感知，非授权用户分配和感知信号量化方案。在文献[8]中，提出了协作频谱感知的量化方案和最优数据融合规则。尽管提出的频谱感知方案以低复杂度获得好的性能，它们是从理论角度设计的，可能不适合认知传感器网络中部署。本章提出了带宽受限的认知传感器网络中的两种频谱感知方案。单用户频谱感知和协作频谱感知都被考虑。传感器被看作非授权用户，收集感知观测信号，但是由于资源限制可能不能执行频谱感知。因此频谱感知在功能更强大的处理点（如移动代理）执行。考虑到带宽约束，传感器在将感知观测信号发到处理点前先对它进行量化。然后，处理点基于重构的感知观测信号执行频谱感知。这样系统复杂度大幅降低，同时性能得到保持。在这个场景下，一个有趣的问题是必须要多少个量化比特，使得量化感知观测信号的频谱感知的性能和用原始观测信号的频谱感知的性能接近。为了回答这个问题，推导和仿真了检测概率和虚警概率，以找出最优的量化比特数。"最优"一词指的是使用最少的量化比特来获得和用原始观测信号的频谱感知接近的性能。

认知传感器网络近些年得到了广泛研究和关注。例如，文献[9]介绍了认知传感器网络的设计原理、潜在优势、应用领域和架构。文献[10]提出一种认知传感器网络中节能的自适应调制方案。文献[11]提出一种认知传感器网络中的子载波选择和功率分配算法，目标是最小化每比特的能耗，同时不对占用频带的用户造成有害干扰。文献[12]考虑传感器网络中的频谱分配，目标是尽可能公平地分配频谱，最大程度上利用频谱资源，体现传感器发送数据的优先级，减少频谱迁移。文献[13]分析了认知传感器网络中实时数据传输的延迟性能和容量。文献[14]分析了认知传感器网络中实时数据传输的延迟性能。文献[15]结合休眠和审查技术，提出一种认知传感器网络中的节能频谱感知方案。这些研究都没有涉及认知传感器网络中量化感知观测信号的频谱感知。

7.2 感知信号量化的单用户频谱感知

7.2.1 单用户频谱感知方案

首先描述有一个授权用户和一个非授权用户的认知无线电系统。非授权用户根据接收的来自授权用户的信号进行频谱感知。频谱感知模型表示如下：

$$y(t) = \begin{cases} s(t) + n(t), & H_1 \\ n(t), & H_0 \end{cases} \tag{7-1}$$

其中，$y(t)$ 是感知观测信号；$s(t)$ 是授权用户的发射信号；$n(t)$ 是加性高斯白噪声，均值为零，方差为 σ^2；t 代表离散时刻；$\mathcal{H}_1$ 和 $\mathcal{H}_0$ 是两个假设，分别代表授权用户活跃和不活跃。注意信道增益很容易包含到这个模型中，但是我们不考虑。

在传感器网络中，很多传感器同时发送数据到融合中心，这需要大量频带支持数据传送。然而，因为频谱资源极其有限，不可能分配这么多频带给传感器网络。因此传感器必须努力寻找空闲频带并且机会式接入。考虑将上述频谱感知场景部署在认知传感器网络中，传感器装备认知无线电单元，能够收集感知观测信号[9]。在这个认知传感器网络中，数个传感器同时感知一个频带，每个传感器收集一个观测信号。注意，在传统的传感器网络中，传感器没有认知无线电装备，不能感知频带。由于资源受限，传感器可能不能做出频谱感知判决。因此它们将感知观测信号发送到处理点，例如移动代理。出于带宽限制，传感器将原始感知观测信号发送到处理点是不实际的。取而代之的是，在传输前先量化感知观测信号。本节讨论单用户频谱感知场景，只有一个感知观测信号被用作频谱感知。量化方法描述如下[16]。假设感知观测信号的样本值范围是 $[-W, W]$，量化比特数是 M。首先，$y(t)$ 被用线性变换归一化到范围 $[0,1]$：

$$\tilde{y}(t) = \frac{W + y(t)}{2W} \tag{7-2}$$

然后，设计本地量化器 $Q: \tilde{y}(t) \mapsto F(\tilde{y}(t), M)$ 将 $\tilde{y}(t)$ 逐样本量化，其中 $F(\tilde{y}(t), M)$ 是 M 比特的离散消息，可以表示为

$$\tilde{y}(t) - q(t) = \sum_{m=1}^{M} b_{t,m} 2^{-m}, \quad b_{t,m} \in \{0,1\} \tag{7-3}$$

$$F(\tilde{y}(t), M) = b_{t,1} \cdots b_{t,M} \tag{7-4}$$

其中 $q(t)$ 是量化噪声。假设使用纠错码或者其他差错控制技术，量化比特被处理点正确接收。处理点重构感知观测信号 $y(t)$，用 $z(t)$ 表示如下：

$$z(t) = 2W \sum_{m=1}^{M} b_{t,m} 2^{-m} - W(1 - 2E\{q(t)\}) \tag{7-5}$$

其中 $E\{\}$ 是均值算子。重构的感知观测信号 $z(t)$ 被利用来检验授权用户的活动状况。

能量检测是最普遍的频谱感知方法。应用能量检测时，形成检测统计量 Y 并将其和阈值 λ 比较。检测统计量如下：

$$Y = \sum_{t=0}^{N-1} |z(t)|^2 \tag{7-6}$$

其中 N 是样本数。如果 Y 大于 λ，则授权用户是活跃的；否则授权用户是不活跃的。

7.2.2 性能分析

分析单用户频谱感知场景中能量检测的性能。重构的感知观测信号可以写成

$$z(t) = y(t) - 2W(q(t) - E\{q(t)\}) \tag{7-7}$$

当 N 足够大时，Y 的均值和方差分别是[17]

$$E\{Y\} = \begin{cases} N(\sigma^2 + 4W_1^2 \mathrm{Var}\{q(t)\}) + \sum_{t=0}^{N-1} |s(t)|^2, & \mathrm{H_1} \\ N(\sigma^2 + 4W_2^2 \mathrm{Var}\{q(t)\}), & \mathrm{H_0} \end{cases} \tag{7-8}$$

$$\mathrm{Var}\{Y\} = 4\sum_{t=0}^{N-1} |s(t)|^2(\sigma^2 + 4W_1^2 \mathrm{Var}\{q(t)\}) \tag{7-9}$$

$$+ 2N(\sigma^4 + 16W_1^4 \mathrm{Var}^2\{q(t)\}), \ \mathrm{H_1}$$

$$\mathrm{Var}\{Y\} = 2N(\sigma^4 + 16W_2^4 \mathrm{Var}^2\{q(t)\}), \ \mathrm{H_0} \tag{7-10}$$

其中 W_1 和 W_2 分别表示授权用户活跃和授权用户不活跃时样本值的界。检测概率和虚警概率分别计算如下：

$$P_\mathrm{d} = P(Y > \lambda | \mathrm{H_1}) = Q\left\{ \frac{\lambda - E\{Y|\mathrm{H_1}\}}{\sqrt{\mathrm{Var}\{Y|\mathrm{H_1}\}}} \right\} \tag{7-11}$$

$$P_\mathrm{f} = P(Y > \lambda | \mathrm{H_0}) = Q\left\{ \frac{\lambda - E\{Y|\mathrm{H_0}\}}{\sqrt{\mathrm{Var}\{Y|\mathrm{H_0}\}}} \right\}$$

其中 $Q\{\cdot\}$ 是互补累积分布函数。

由于感知观测信号被量化，检测概率和虚警概率可能受到 W 和 $\mathrm{var}\{q(t)\}$ 影响。后者和量化比特数的关系如下：

$$\mathrm{Var}\{q(t)\} = \frac{1}{12 \times 2^{2M}} \tag{7-12}$$

假设在原始感知观测信号情况中 λ 被合理选择以满足虚警概率约束 $P_f \leqslant \gamma$。很容易验证判决阈值必须满足

$$\lambda \geqslant N\sigma^2 + \sqrt{2N\sigma^4}Q^{-1}(\gamma) \tag{7-13}$$

在量化感知观测信号的能量检测中，检测概率和虚警概率分别计算如下：

$$P_d = Q\left\{ \frac{\lambda - N(\sigma^2 + 4W_1^2/12 \times 2^{2M}) - \sum_{t=0}^{N-1} |s(t)|^2}{\sqrt{4\sum_{t=0}^{N-1} |s(t)|^2(\sigma^2 + 4W_1^2/12 \times 2^{2M}) + 2N(\sigma^4 + 16W_1^4/(12 \times 2^{2M})^2)}} \right\} \tag{7-14}$$

$$P_f = Q\left\{\frac{\lambda - N(\sigma^2 + 4W_2^2/12 \times 2^{2M})}{\sqrt{2N(\sigma^4 + 16W_2^4/(12 \times 2^{2M})^2)}}\right\} \tag{7-15}$$

假设用原始感知观测信号和量化的感知观测信号的能量检测采用相同的 λ，很明显量化感知观测信号情况对应的检测统计量的均值和方差大于原始感知观测信号情况的。而且，差距随着 M 增加而缩小。当 M 趋于无穷时，量化感知观测信号情况的检测概率、虚警概率和原始感知观测信号的检测概率、虚警概率相同。更宽松地，如果 $3 \times 2^{2M} \gg W_1^2$，$3 \times 2^{2M} \gg W_2^2$，量化效应可以忽略。

考虑最严格的带宽约束，即 $M = 1$。检测概率和虚警概率分别进一步简化为

$$P_d = Q\left\{\frac{\lambda - N(\sigma^2 + W_1^2/12) - \sum_{t=0}^{N-1}|s(t)|^2}{\sqrt{4\sum_{t=0}^{N-1}|s(t)|^2(\sigma^2 + W_1^2/12) + 2N(\sigma^4 + W_1^4/144)}}\right\} \tag{7-16}$$

$$P_f = Q\left\{\frac{\lambda - N(\sigma^2 + W_2^2/12)}{\sqrt{2N(\sigma^4 + W_2^4/144)}}\right\} \tag{7-17}$$

根据函数 $Q\{\}$ 的特性，做如下注释。如果 $\sqrt{2N\sigma^4}Q^{-1}\{\gamma\} < NW_2^2/12$，$P_f$ 将高于 0.5；如果 $\sqrt{2N\sigma^4}Q^{-1}\{\gamma\} < NW_1^2/12 + \sum_{t=0}^{N-1}|s(t)|^2$，$P_d$ 将高于 0.5。该条件比原始感知观测信号的情况要求更宽松。而且，当

$$\sqrt{2N\sigma^4}Q^{-1}\{\gamma\} - NW_1^2/12 - \sum_{t=0}^{N-1}|s(t)|^2 \to -4\sqrt{4\sum_{t=0}^{N-1}|s(t)|^2(\sigma^2 + W_1^2/12) + 2N(\sigma^4 + W_1^4/144)}$$ 时，P_d

趋近于 1。

7.2.3 仿真结果

我们对量化感知观测信号的单用户频谱感知中能量检测的性能进行数值仿真。授权用户的发射信号是 $s(t) = \sin(0.02\pi t)$，样本数是 $N = 100$。对原始感知观测信号的情况，选择判决阈值以保持虚警概率低于 0.01，它对量化感知观测信号的情况仍然不变。对不同的 M，P_d 相对信噪比（SNR）变化的情况如图 7-1 所示，P_f 相对信噪比变化的情况如图 7-2 所示。可以看到当信噪比高于 0 dB 时，不管量化比特数是多少，量化感知观测信号情况下的检测概率几乎和原始感知观测信号情况下的相同。然而，$M = 1$ 情况下的虚警概率很高。$M = 2$ 情况下的虚警概率高于原始感知观测信号情况下的，但是低于 0.1。$M = 3$ 和 $M = 4$ 情况下的虚警概率很接近原始感知观测信号情况下的。当信噪比低于 0 dB 时，检测概率可以降序排列为 [$M = 1$] > [$M = 2$] > [$M = 3$] > [$M = 4$] > [原始感知观测信号]。虚警率和对应高信噪比的情况变化类似。而且，当信噪比改变时，只观察到虚警概率的细微变化。上述结果直观地解释如下：在高信噪比时，σ^2 相对小，样本值的界 W_1 和 W_2 也小，量化噪声对性能的影响很小；在低信噪比时，σ^2 大，样本值的界 W_1 和 W_2 也大，函数 $Q\{\}$ 中的量比原始观测信号情况下的更有可能为负。因此，检测概率比原始感知观测信号情况对应的还高。另外，函数 $Q\{\}$ 中更大的负数导致更高的虚警概率。从量化过程可知，量化过程会增大感知观测信号的一些样本值，使得检测统计量 Y 更有可能超过阈值 λ。

授权用户的发射信号改为 $s(t) = 2\cos(0.02\pi t)$。对不同的 M，P_d 相对信噪比变化的情况如图 7-3 所示，P_f 相对信噪比变化的情况如图 7-4 所示。这些结果和正弦信号对应的结果类似。它们可以直观解释如下：和正弦信号对应的结果相比，对不同的信噪比，余弦信号对应的噪声方差 σ^2 和判决阈值 λ 几乎成比例地增加。样本值的界 W_1 和 W_2 也是同样情况。因此从式(7-14)和式(7-15)可知检测概率、虚警概率和正弦信号对应的几乎是一样的。

从图 7-1 至图 7-4 可以看到仿真结果和理论结果相符，但有一些小的差距，因为性能分析是渐近的。

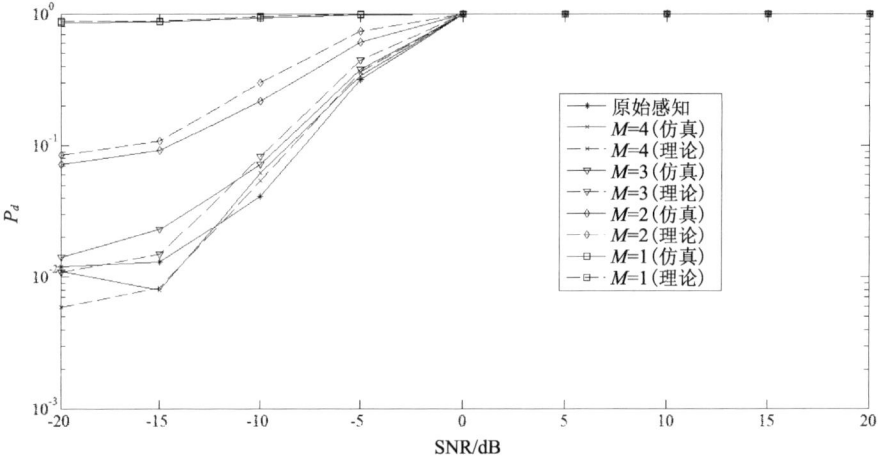

图 7-1 不同 M 下 P_d 相对 SNR 的值（单用户感知，正弦信号）

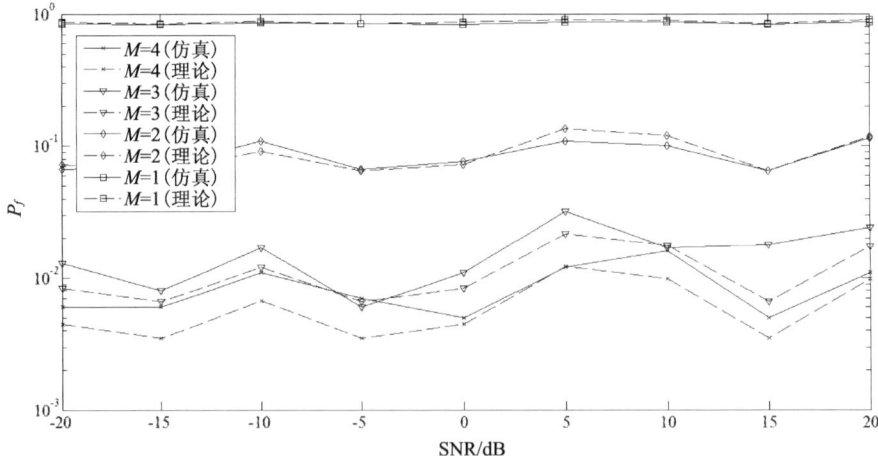

图 7-2 不同 M 下 P_f 相对 SNR 的值（单用户感知，正弦信号）

在频谱感知中，检测概率要越高越好，而虚警概率要越低越好。根据上面的仿真结果，有一个最优的量化比特数（$M=3$），使得检测概率、虚警概率和用原始感知观测信号的频谱感知几乎一样。进一步增加量化比特数（如 $M=4$）带来很少的性能增益。

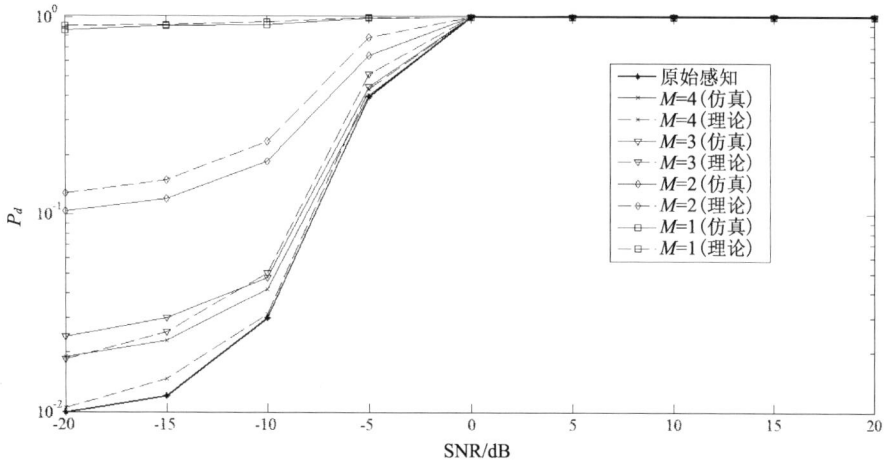

图 7-3　不同 M 下 P_d 相对 SNR 的值（单用户感知，余弦信号）

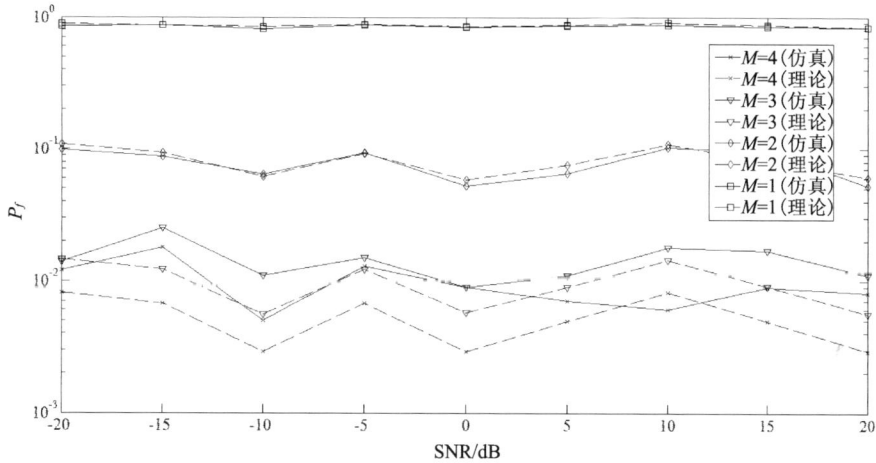

图 7-4　不同 M 下 P_f 相对 SNR 的值（单用户感知，余弦信号）

7.3　感知信号量化的协作频谱感知

将上述讨论进一步扩展到协作频谱感知场景，K 个传感器充当次用户，收集感知观测信号用作频谱感知。由于认知传感器网络的带宽约束，每个传感器量化其感知观测信号并将量化的感知观测信号发送到处理点。

7.3.1　协作频谱感知方案

对第 k 个非授权用户（$k=1,\cdots,K$），频谱感知模型可以写为

$$y_k(t)=\begin{cases}s(t)+n_k(t), & \mathrm{H_1}\\ n_k(t), & \mathrm{H_0}\end{cases} \tag{7-18}$$

其中，$y_k(t)$ 是第 k 个感知观测信号；$n_k(t)$ 是加性高斯白噪声，均值为 0，方差为 σ_k^2。

第 k 个感知观测信号在被发送到第 k 个处理点前先量化。量化过程和单用户频谱感知的相同。假设所有非授权用户采用相同的量化比特数 M。第 k 个处理点重构的感知观测信号是

$$z_k(t) = 2\Lambda_k \sum_{m=1}^{M} b_{t,m} 2^{-m} - \Lambda_k(1 - 2E\{q_k(t)\}) \qquad (7\text{-}19)$$

其中，Λ_k 是第 k 个感知观测信号的样本值的界；$q_k(t)$ 是第 k 个量化噪声。

每个处理中心基于重构的感知观测信号执行本地的频谱感知。当用能量检测时，第 k 个处理点的检测统计量由下式给出：

$$Y_k = \sum_{t=0}^{N-1} |z_k(t)|^2 \qquad (7\text{-}20)$$

在本地频谱感知后，第 k 个处理点发送一个二进制的判决比特 $c_k(t)$（"1"或者"0"，$c_k = 1$ 意思是第 k 个非授权用户判定授权用户是活跃的，而 $c_k = 0$ 意思是第 k 个非授权用户判定授权用户是不活跃的）到融合中心，它采用简单的计数规则[18]来产生最终的频谱感知结果。最终的频谱感知结果如下：

$$r = \sum_{k=1}^{K} c_k \begin{cases} \geqslant J, & H_1 \\ < J, & H_0 \end{cases} \qquad (7\text{-}21)$$

7.3.2　性能分析

假设处理点独立执行频谱感知。所有处理点采用相同的判决阈值 λ。观测信噪比是相等的（当传感器放置得相互靠近时，这是可能的）。非授权用户采集的观测信号的样本值的界被归一化为它们中最大的。最终的检测概率和虚警概率分别计算如下：

$$\begin{aligned} P_d &= \sum_{j=J}^{K} \binom{K}{j} P_d^j (1 - P_d)^{K-j} \\ P_f &= \sum_{j=J}^{K} \binom{K}{j} P_f^j (1 - P_f)^{K-j} \end{aligned} \qquad (7\text{-}22)$$

当 M 达到某个值，P_d、P_f 会和用原始感知观测信号的频谱感知的检测概率和虚警概率很接近。因此，P_d、P_f 也会接近最终的用原始感知观测信号的频谱感知的检测概率和虚警概率。这个结果和单用户频谱感知中的相似。注意授权用户和非授权用户之间的信道的增益可能不同，这将导致非授权用户获得不同的检测概率。在该情况下，很难获得最终的检测概率的表达式。然而，可以推测当每个非授权用户的量化比特数达到某个值，量化感知观测信号的频谱感知的最终检测概率会接近用原始感知观测信号的频谱感知的。

7.3.3　仿真结果

授权用户的发射信号为 $s(t) = \sin(0.02\pi t)$，样本数是 $N = 100$，非授权用户数是 $K = 10$，整数 J 从 1 到 10 取值。判决阈值和单用户频谱感知的一样。当 $J = 1$ 时，对不同的 M，P_d 相对信噪比变化的情况如图 7-5 所示，P_f 相对信噪比变化的情况如图 7-6 所示。从这两幅图中可以看到最终的检测概率和虚警概率对 $M = 1$ 的情形是最高的（几乎为 1）。最终

的检测概率、虚警概率对 $M=4$ 的情形和用原始感知观测信号的频谱感知的接近。这些结果直观解释如下。对 $M=1$ 的情形，在所有感知处理点的检测概率和虚警概率高于 0.8。融合中心判断授权用户是否活跃，只要一个处理点做出相同判决，因此最终的检测概率和虚警概率都高。检测概率、虚警概率对 $M=4$ 的情形和用原始感知观测信号的频谱感知的接近，因此最终的检测概率、虚警概率也和用原始感知观测信号的频谱感知的接近。仿照单用户频谱感知的判断方式，这种情况中最优的量化比特数是 4。

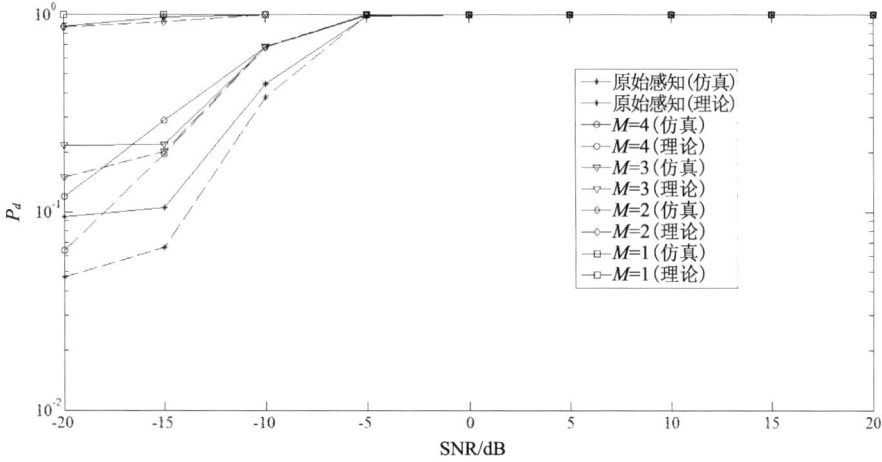

图 7-5　不同 M 下 P_d 相对 SNR 的值（协作感知，$J=1$）

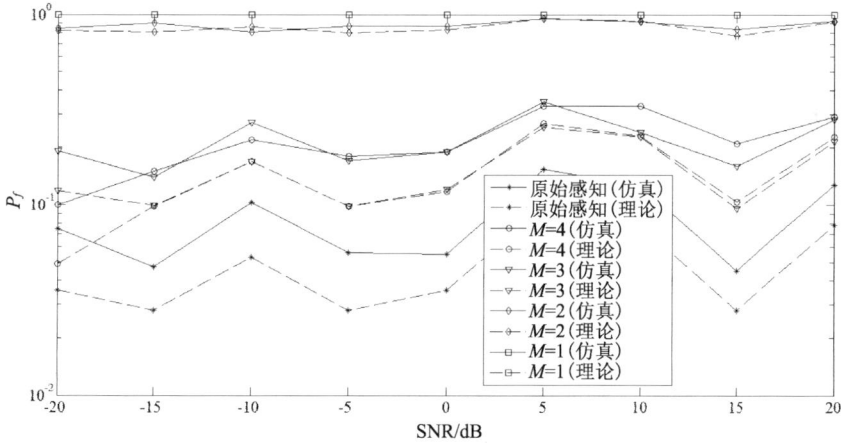

图 7-6　不同 M 下 P_f 相对 SNR 的值（协作感知，$J=1$）

当 $J=10$ 时，对不同的 M，P_d 相对信噪比变化的情况如图 7-7 所示，P_f 相对信噪比变化的情况如图 7-8 所示。从这两幅图可以看到仿真结果和理论结果相符，但是仍存在差距。最终的检测概率对 $M=1$ 的情形是最高的，几乎是 1。然而，相应的虚警概率也趋近 1。最终的检测概率、虚警概率对 $M=3$ 的情形和用原始感知观测信号的频谱感知的非常接近。这种情况中最优的量化比特数是 3。这些结果直观解释如下。对 $M=1$ 的情形，在所有感知处理点的检测概率和虚警概率高于 0.8。因此很可能融合中心产生和处理点的一样的感知结果，也就是说，检测概率和虚警概率都高。可以推测对于其他的 J 值，结果是类似的。

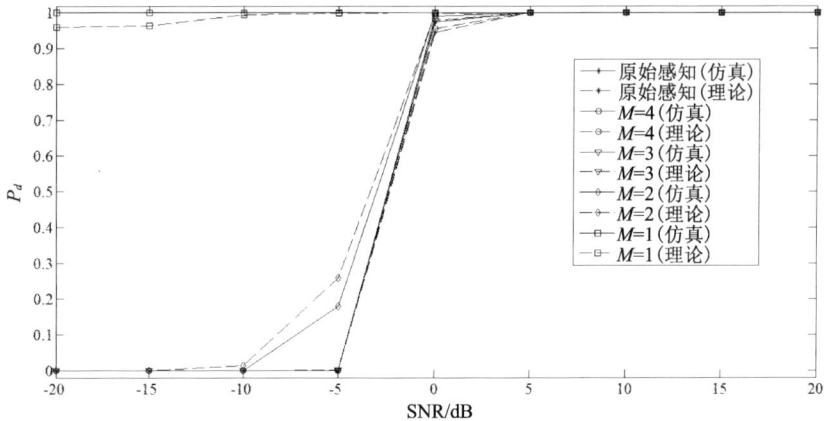

图 7-7　不同 M 下 P_d 相对 SNR 的值(协作感知，$J=10$)

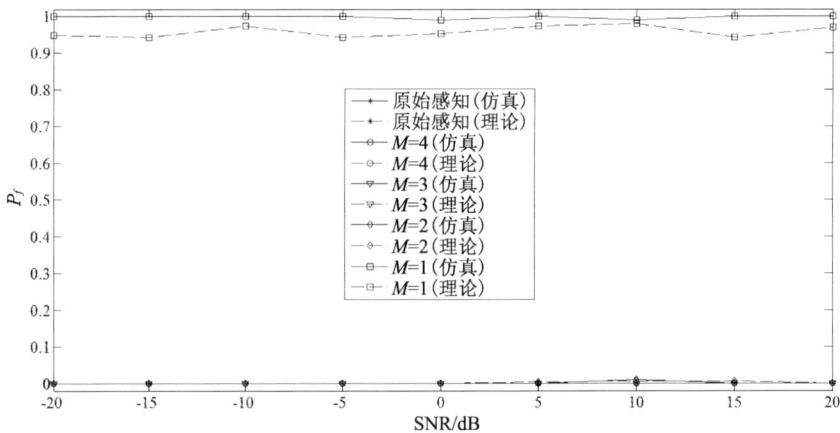

图 7-8　不同 M 下 P_f 相对 SNR 的值(协作感知，$J=10$)

7.4　本　章　小　结

本章提出带宽受限的认知传感器网络中两种频谱感知方案，并且评估了其性能。它们利用量化的感知观测信号执行频谱感知，而不是原始观测信号。因此，传感器不用将其原始观测信号发送到处理点，从而降低了系统复杂度。仿真结果显示存在最优的量化比特数使得量化感知观测信号的频谱感知性能接近于用原始感知观测信号的频谱感知性能。因此，提出的方案复杂度低，性能好，具有潜在的工程应用价值。而且，它们按照认知传感器网络的特性设计，和现有的量化感知观测信号的频谱感知方案相比，更适合部署在带宽受限的认知传感器网络中。

参 考 文 献

[1]　Federal Communications Commission. Spectrum policy task force report[R]. FCC 02-155, 2002.

[2] Mitola J, Maguire G Q. Cognitive radio: making software radios more personal[J]. IEEE Personal Communications, 1999, 6(4): 13-19.

[3] Akyildiz I F, Lee W, Vuran M C, et al. NeXt generation/dynamic spectrum access/cognitive radio wireless networks: a survey[J]. Computer Networks, 2006, 50(13): 2127-2159.

[4] Yucek T, Arslan H. A survey of spectrum sensing algorithms for cognitive radio applications[J]. IEEE Communications Surveys & Tutorials, 2009, 11(1): 116-130.

[5] Taherpour A, Norouzi Y, Nasiri-Kenari M, et al. Asymptotically optimum detection of primary user in cognitive radio networks[J]. IET Communications, 2007, 1(6): 1138-1145.

[6] Ma J, Zhao G, Li Y. Soft combination and detection for cooperative spectrum sensing in cognitive radio networks[J]. IEEE Transactions on Wireless Communications, 2008, 7(11): 4502-4507.

[7] Kaligineedi P, Bhargava V K. Sensor allocation and quantization schemes for multi-band cognitive radio cooperative sensing system[J]. IEEE Transactions on Wireless Communications, 2011, 10(1): 284-293.

[8] Chen L, Wang J, Li S. Cooperative spectrum sensing with multibits local sensing decisions in cognitive radio context[A]. in Proceedings of IEEE Wireless Communications and Networking Conference[C], 2008: 570-575.

[9] Akan O B, Karli O B, Ergul O. Cognitive radio sensor networks[J]. IEEE Network, 2009, 23(4): 34-40.

[10] Gao S, Qian L, Vaman D R, et al. Energy efficient adaptive modulation in wireless cognitive radio sensor networks[A]. in Proceedings of IEEE International Conference on Communications[C], 2007:3980-3986.

[11] Gao S, Qian L, Vaman D R. Distributed energy efficient spectrum access in wireless cognitive radio sensor networks[A]. in Proceedings of IEEE Wireless Communications and Networking Conference[C], 2008: 1442-1447.

[12] Byun S, Balasingham I, Liang X. Dynamic spectrum allocation in wireless cognitive sensor networks: improving fairness and energy efficiency[A]. in Proceedings of IEEE 68th Vehicular Technology Conference[C], 2008: 1-5.

[13] Liang Z, Zhao D. Quality of service performance of a cognitive radio sensor network[A]. in Proceedings of IEEE International Conference on Communications[C], 2010: 1-5.

[14] Liang Z, Feng S, Zhao D, et al. Delay performance analysis for supporting real-time traffic in a cognitive radio sensor network[J]. IEEE Transactions on Wireless Communications, 2011, 10(1): 325-335.

[15] Maleki S, Pandharipande A, Leus G. Energy-efficient distributed spectrum sensing for cognitive sensor networks[J]. IEEE Sensors Journal, 2011, 11(3): 565-573.

[16] Chen H, Tse C K, Feng J. Source extraction in bandwidth constrained wireless sensor networks[J]. IEEE Transactions on Circuits and Systems-II, 2008, 55(9): 947-951.

[17] Quan Z, Cui S, Sayed A H. Optimal linear cooperation for spectrum sensing in cognitive radio networks[J]. IEEE Journal of Selected Topics in Signal Processing, 2008, 2(1): 28-40.

[18] Zhang W, Mallik R K, Letaief K B. Optimization of cooperative spectrum sensing with energy detection in cognitive radio networks[J]. IEEE Transactions on Wireless Communications, 2009, 8(12): 5761-5766.

第8章　认知中继网络中协作传输的中断性能

8.1　引　　言

认知无线电技术与中继协作技术结合到一起的通信系统被称为认知中继网络。认知中继网络不仅具有认知无线电提高频谱利用率的优点，同时还能获得中继协作的分集增益[1]。文献[2]讨论了一种次用户与主用户相互协作实现频谱共享的通信系统模型，次用户在系统中作为主用户的中继节点协助主用户之间的信号传输。在该模型中，通过协作降低了主用户的中断概率，并完成了次用户与主用户之间的频谱共享，从而实现了次用户之间的通信。文献[3]对认知中继网络和传统的协作中继网络进行分析比较，验证了认知中继网络的中断性能优于传统的中继网络。文献[4,5]则针对认知中继网络，对基于放大转发和解码转发中继协议的频谱共享模型的系统性能进行分析。文献[6]对覆盖式频谱共享认知无线电进行了研究，并在一定的条件下得到了中断概率的下限。此外，文献[7,8]分析和比较了几种不同的双跳认知中继系统。由于次用户与主用户实现覆盖式频谱共享时，会对主用户产生一定的干扰，因此，在相关的讨论和研究中必须要控制次用户的传输功率以保证其对主用户产生的干扰低于一定的阈值，从而保证主用户的有效通信[9-13]。特别地，文献[9]提出了一种认知中继和次用户竞争获得授权频谱的协作方案，该方案能实现协作分集增益随着中继数量的增多而增大。针对中继选择的认知中继系统，研究者们试图在多个认知中继中选择具有最佳信噪比的中继进行通信，从而最大程度地提高系统的传输性能[14-16]。在确保主用户的正常通信的前提下，认知中继网络中次用户的系统性能也慢慢引起了研究者们的注意。文献[17,18]在考虑主用户干扰的前提下分析了次用户的中断性能，而文献[19]则通过采用功率分配来提高次用户的中断性能。文献[20,21]均针对次用户对主用户干扰的限制，提出了中继协助次用户的协作方案，同时，为了更好地提高次用户的传输性能，将中继选择技术也融入到方案中。而文献[22]提出了一个机会式或者不编码的解码转发中继方案，与传统解码转发中继方案相比得到了更优的中断性能。与其他研究不同的是，中继面临一个选择，或者对接收到的信号进行转发，或者通过最大似然检测对接收到的信号生成软信息。

前面所有的研究都是基于半双工模型的。由于半双工中继需要两条正交信道，这就导致了系统频谱效率的损耗，所以研究者们为了在同一频段上同时实现信号的收发，开始致力于全双工中继技术[23-25]。此外，近些年在完美信道状态下对协作系统的研究已经取得了很大的成就，但是由于无线信道的传播特性以及信道状态信息和估计噪声的存在，无法在发射端和接收端都获得完美信道状态信息，因此，研究者们也开始把精力投入到非完美信道中[26-30]。

认知中继网络既有认知无线电提高频谱利用率的特点，也有中继协作提高系统覆盖范围以及对抗信道衰落的优点，成为近几年在认知无线电领域的研究热点。而中断概率作为衡量通信系统性能的重要指标，被广泛应用于协作系统的性能分析中。由于主用户的优先性，较多的研究集中在主用户的中断性能，少数研究者们也关注次用户的中断性能，但是试图对主用户和次用户的中断性能进行折中的研究非常少。

本章针对认知中继网络，试图对主用户和次用户的中断性能进行平衡，即在保证主用户的有效通信的前提下，尽可能地降低次用户的中断概率。主要内容分为两部分：首先，提出一个中继和次用户同时协助主用户的认知协作模型，即中继将所有的传输功率用于协助主信号的传输，而次用户则通过功率分配将其传输功率一分为二，一部分用于协助主信号的传输，另一部分用于次信号的传输。通过这种协作关系来降低主用户的中断概率，同时，通过调节功率分配因子来降低次用户的中断概率，由此对主用户产生的影响则通过增加中继的传输功率来弥补。其次，考虑到次用户的优先级低于主用户，假设次用户无法感知到合适的频谱进行通信时，提出了中继同时协助主用户和次用户的认知协作模型，试图通过中继的协作来提高主用户的中断性能，并在次用户之间通信链路不理想的条件下实现其有效通信。随着无线通信业务的增长，次用户不断增多，同时保证主用户和次用户的有效通信这一点非常必要，也是非常有意义的。

8.2　平衡主用户和次用户中断性能的中继协作传输

8.2.1　系统模型

首先，对认知中继网络进行建模，如图 8-1 所示。整个系统分为两部分：主系统和次系统。主系统包括主发射机(PT)、主接收机(PR)以及解码转发中继(Relay)；次系统包括次发射机(ST)和次接收机(SR)。在该系统模型下，主用户和次用户通过使用同一频谱实现频谱共享。然后，对这个系统模型(方案 A)的传输过程进行详细的分析和介绍。

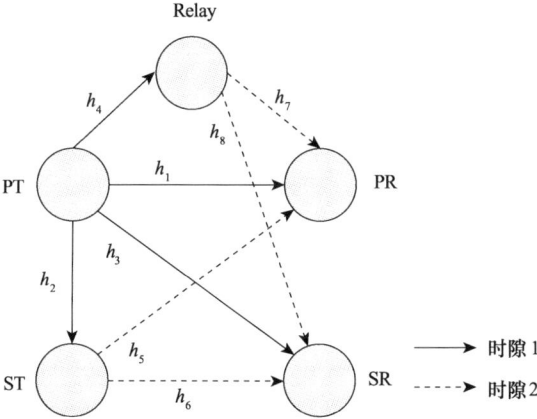

图 8-1　认知中继网络模型

整个传输阶段分为两个时隙，实线代表第一个时隙的传输过程，虚线代表第二个时隙的传输过程。假设所有传输信道均经历瑞利衰落，如图 8-1 所示，$h_1 \sim h_8$ 分别代表 PT

至 PR 链路、PT 至 ST 链路、PT 至 SR 链路、PT 至 Relay 链路、ST 至 PR 链路、ST 至 SR 链路、Relay 至 PR 链路、Relay 至 SR 链路的信道系数，且 $h_i \sim CN(0, k_i^{-v})$（$i = 1, 2, 3, 4, 5, 6, 7, 8$），其中，$k_i$ 是两个通信节点间的归一化距离；v 是路径损耗指数；即，h_i 是一个方差为 k_i^{-v} 的循环对称复高斯变量。这里的归一化距离是相对于 PT 到 PR 之间的距离，即 $k_1 = 1$。此外，记录 $\gamma_i = |h_i|^2$。

8.2.2 各个传输阶段的信号表示

在第一个时隙，PT 以广播的形式发送主信号 x_p，PR、ST、SR、Relay 分别接收该信号。把接收到的信号分别表示为 y_{11}、y_{21}、y_{31}、y_{41}。因此得到

$$y_{a1} = \sqrt{P_p} h_a x_p + n_{a1} \tag{8-1}$$

其中，$a = 1, 2, 3, 4$；P_p 表示主发射机（PT）的传输功率；h_a（$a = 1, 2, 3, 4$）分别表示 PT 至 PR 链路、PT 至 ST 链路、PT 至 SR 链路、PT 至 Relay 链路的信道系数；$n_{a1} \sim CN(0, \sigma^2)$ 表示期望为 0，方差为 σ^2 的加性高斯白噪声。

当系统中不含协作链路，主信号只通过直传链路传输的系统模型下，PT-PR 链路的传输速率为 $R_0 = \log_2(1 + P_p \gamma_1 / \sigma^2)$。因此，在方案 A 中，可以得到第一个时隙中各条链路的传输速率，分别将 PT-PR 链路、PT-ST 链路、PT-SR 链路、PT-Relay 链路的传输速率分别记为 R_1、R_2、R_3、R_4。因此，

$$R_1 = \frac{1}{2} R_0 = \frac{1}{2} \log_2 \left(1 + \frac{P_p \gamma_1}{\sigma^2} \right) \tag{8-2}$$

$$R_b = \frac{1}{2} \log_2 \left(1 + \frac{P_p \gamma_b}{\sigma^2} \right) \tag{8-3}$$

其中，$b = 2, 3, 4$。

由于设定 Relay 为解码转发中继，其要求中继节点和目的节点均能正确地接收并解码源节点发送的信号，只有满足这个条件，传输才能顺利进行。所以，ST 和 Relay 在第一个时隙接收到 PT 发送的信息后，将分别对接收到的信号进行解码。

首先，分析 ST 的解码过程。如果 ST 能成功解码接收到的信号 y_{21}，则 ST 将把其传输功率按一定的比例分为两部分，分别用于主信号 x_p 的传输和次信号 x_s 的传输，并将两个信号进行线性重组。重组后的复合信号表示为

$$x_r = \sqrt{\alpha P_s} x_p + \sqrt{(1 - \alpha) P_s} x_s \tag{8-4}$$

其中，P_s 代表次发射机 ST 的传输功率；α 代表 ST 的功率分配因子。但是，如果 ST 不能解码出主信号 x_p，则在第二个时隙 ST 将不进行信号传输。

类似地，如果 Relay 能解码 x_p 成功，即 Relay 能通过解码恢复 PT 发送的主信号 x_p，则将继续对解码出的信号进行重新编码，并于第二个时隙转发给目的节点；如果 Relay 解码不成功，则 Relay 在第二个时隙将不进行任何信号传输，防止错误信息的进一步扩散。

在第二个时隙，Relay 和 ST 分别以广播的形式发送信号 x_p 和 x_r 给目的节点，同时目的节点 PR 和 SR 都将接收到这两个信号。分别将经由 ST-PR 链路在 PR 处接收到的信号表

示为 y_{12}，经由 Relay-PR 链路在 PR 处接收到的信号表示为 y_{22}，经由 ST-SR 链路在 SR 处接收到的信号表示为 y_{32}，经由 Relay-SR 链路在 SR 处接收到的信号表示为 y_{42}。因此得到

$$y_{12} = h_5 x_r + n_{12} = \sqrt{\alpha P_s} h_5 x_p + \sqrt{(1-\alpha)P_s} h_5 x_s + n_{12} \tag{8-5}$$

$$y_{22} = \sqrt{P_r} h_7 x_p + n_{22} \tag{8-6}$$

$$y_{32} = h_6 x_r + n_{32} = \sqrt{\alpha P_s} h_6 x_p + \sqrt{(1-\alpha)P_s} h_6 x_s + n_{32} \tag{8-7}$$

$$y_{42} = \sqrt{P_r} h_8 x_p + n_{42} \tag{8-8}$$

在式(8-8)中，P_r 表示解码转发中继 Relay 的传输功率；n_{j2}（$j=1,2,3,4$）表示期望为 0，方差为 σ^2 的加性高斯白噪声。

8.2.3 中断性能分析

在通信过程中，当系统的传输速率低于阈值时，系统的传输过程会发生中断。换而言之，当系统容量小于目标传输速率的时候，中断事件将会发生。

首先分析主用户的中断性能：在这个系统模型中，由于 Relay 和 ST 是否对主信号解码成功都会对主用户的中断概率产生一定的影响，所以，主信号能通过如下四种情况进行传输：

情况 1 如果 ST 能成功解码主信号，但是 Relay 解码失败，那么在第二个时隙 ST 将传输重组信号 x_r，而 Relay 则不进行信号传输，等到新的周期时隙才进行相关的操作。在整个传输过程中 PR 将接收到两个信号，分别是第一个时隙接收到的信号 y_{11} 以及第二个时隙接收到的信号 y_{12}，并通过最大比合并（MRC）对这两个信号进行合并解码，进而恢复 PT 发送的信号。在这种情况下，得到 PT-PR 链路的传输速率为

$$R_{11}^{MRC} = \frac{1}{2} \log_2 \left(1 + \frac{P_p \gamma_1}{\sigma^2} + \frac{\alpha P_s \gamma_5}{(1-\alpha)P_s \gamma_5 + \sigma^2} \right) \tag{8-9}$$

情况 2 如果 ST 和 Relay 两者均能成功解码主信号，那么在第二个时隙，ST 和 Relay 分别传输各自解码后重新编码的信号给目的节点。在整个传输阶段，PR 分别接收来自第一个时隙的信号 y_{11} 以及来自第二个时隙的信号 y_{12} 和 y_{22}，并通过 MRC 对这三个信号进行合并。在这种情况下，PT-PR 链路的传输速率为

$$R_{12}^{MRC} = \frac{1}{2} \log_2 \left(1 + \frac{P_p \gamma_1}{\sigma^2} + \frac{\alpha P_s \gamma_5}{(1-\alpha)P_s \gamma_5 + \sigma^2} + \frac{P_r \gamma_7}{\sigma^2} \right) \tag{8-10}$$

情况 3 如果 Relay 能解码成功，但是 ST 解码失败，这种情况和情况 1 类似，在 PR 处将对信号 y_{11} 和信号 y_{22} 进行最大比合并，得到 PT-PR 链路的传输速率为

$$R_{13}^{MRC} = \frac{1}{2} \log_2 \left(1 + \frac{P_p \gamma_1}{\sigma^2} + \frac{P_r \gamma_7}{\sigma^2} \right) \tag{8-11}$$

情况 4 如果 Relay 和 ST 均不能成功解码出主信号，那么，主信号只能通过 PT-PR 直传链路进行传输，此时，PT-PR 链路的传输速率则为 R_1。

通过上面的分析得出，在上述四种情况中只要有一种情况存在，且 PT-PR 链路的传输速率不低于阈值 R_{pt}，那么主系统就不会发生中断事件，因此得到主用户的中断概率为

$$P_{out}^{p,A} = 1 - P_r\left\{R_2 > R_{pt}\right\} P_r\left\{R_4 < R_{pt}\right\} P_r\left\{R_{11}^{MRC} > R_{pt}\right\}$$
$$- P_r\left\{R_2 > R_{pt}\right\} P_r\left\{R_4 > R_{pt}\right\} P_r\left\{R_{12}^{MRC} > R_{pt}\right\}$$
$$- P_r\left\{R_2 < R_{pt}\right\} P_r\left\{R_4 > R_{pt}\right\} P_r\left\{R_{13}^{MRC} > R_{pt}\right\} \tag{8-12}$$
$$- P_r\left\{R_2 < R_{pt}\right\} P_r\left\{R_4 < R_{pt}\right\} P_r\left\{R_1 > R_{pt}\right\}$$

接着对式(8-12)进行理论推导。由于 $\gamma_1 \sim \varepsilon(1)$ 以及 $\gamma_c \sim \varepsilon(k_c^v)(c=2,3,4,5,6,7)$ ，即 γ_c 是一个服从指数分布的均值为 $1/k_c^v$ 的随机变量，同时记录 $\rho_1 = 2^{2R_{pt}} - 1$ ，因此

$$P_r\left\{R_2 > R_{pt}\right\} = P_r\left\{\gamma_2 > \frac{\sigma^2}{P_p}\rho_1\right\} = \exp\left(-k_2^v\frac{\sigma^2}{P_p}\rho_1\right) \tag{8-13}$$

$$P_r\left\{R_1 > R_{pt}\right\} = P_r\left\{\frac{1}{2}R_0 > R_{pt}\right\} = P_r\left\{\gamma_1 > \frac{\sigma^2}{P_p}\rho_1\right\} = \exp\left(-\frac{\sigma^2}{P_p}\rho_1\right) \tag{8-14}$$

$$P_r\left\{R_4 > R_{pt}\right\} = P_r\left\{\gamma_4 > \frac{\sigma^2}{P_p}\rho_1\right\} = \exp\left(-k_4^v\frac{\sigma^2}{P_p}\rho_1\right) \tag{8-15}$$

由于假设 $P_s \gg \sigma^2$ ，并且记录 $\alpha^* = \rho_1/(1+\rho_1)$ ，所以能推导出

$$P_r\left\{R_{11}^{MRC} > R_{pt}\right\} = P_r\left\{\frac{1}{2}\log_2\left(1 + \frac{P_p\gamma_1}{\sigma^2} + \frac{\alpha P_s\gamma_5}{(1-\alpha)P_s\gamma_5 + \sigma^2}\right) > R_{pt}\right\}$$
$$\approx P_r\left\{\frac{P_p\gamma_1}{\sigma^2} + \frac{\alpha}{1-\alpha} > \rho_1\right\} = P_r\left\{\gamma_1 > \frac{\sigma^2}{P_p}\left(\rho_1 - \frac{\alpha}{1-\alpha}\right)\right\}$$
$$= \begin{cases} \exp\left(-\dfrac{\sigma^2}{P_p}\left(\rho_1 - \dfrac{\alpha}{1-\alpha}\right)\right) & 0 \leqslant \alpha < \alpha^* \\ 1 & \alpha^* \leqslant \alpha < 1 \end{cases} \tag{8-16}$$

$$P_r\left\{R_{13}^{MRC} > R_{pt}\right\} = P_r\left\{\frac{1}{2}\log_2\left(1 + \frac{P_p\gamma_1}{\sigma^2} + \frac{P_r\gamma_7}{\sigma^2}\right) > R_{pt}\right\}$$
$$= P_r\left\{P_p\gamma_1 + P_r\gamma_7 > \rho_1\sigma^2\right\} = 1 - P_r\left\{P_p\gamma_1 + P_r\gamma_7 \leqslant \rho_1\sigma^2\right\}$$
$$= \exp\left(-\frac{\rho_1\sigma^2}{P_p}\right) + \exp\left(-\frac{\rho_1\sigma^2}{P_r}k_7^v\right)\left(-1 + k_7^v\frac{P_p}{P_r}\right)^{-1}$$
$$\left\{\exp\left[\left(-1 + k_7^v\frac{P_p}{P_r}\right)\frac{\rho_1\sigma^2}{P_p}\right] - 1\right\} \tag{8-17}$$

以及

$$P_r\left\{R_{12}^{MRC} > R_{pt}\right\} = P_r\left\{\frac{1}{2}\log_2\left(1 + \frac{P_p\gamma_1}{\sigma^2} + \frac{\alpha P_s\gamma_5}{(1-\alpha)P_s\gamma_5 + \sigma^2} + \frac{P_r\gamma_7}{\sigma^2}\right) > R_{pt}\right\}$$
$$\approx P_r\left\{P_p\gamma_1 + P_r\gamma_7 > \sigma^2\left(\rho_1 - \frac{\alpha}{1-\alpha}\right)\right\} = \begin{cases} P_1 & 0 \leqslant \alpha < \alpha^* \\ 1 & \alpha^* \leqslant \alpha < 1 \end{cases} \tag{8-18}$$

其中， $P_1 = \exp\left[-\dfrac{\sigma^2\left(\rho_1 - \dfrac{\alpha}{1-\alpha}\right)}{P_p}\right] - \left(-1 + k_7^v\dfrac{P_p}{P_r}\right)^{-1}\exp\left[-k_7^v\dfrac{\sigma^2\left(\rho_1 - \dfrac{\alpha}{1-\alpha}\right)}{P_r}\right]$

$$\times\left\{1-\exp\left[\left(-1+k_7^v\frac{P_p}{P_r}\right)\frac{\sigma^2\left(\rho_1-\dfrac{\alpha}{1-\alpha}\right)}{P_p}\right]\right\}$$

将式(8-13)~式(8-18)代入式(8-12)中，能得到主系统中断概率的表达式为

$$P_{out}^{p,A}=\begin{cases}P_{out}^{p,1} & 0\leqslant\alpha<\alpha^*\\ P_{out}^{p,2} & \alpha^*\leqslant\alpha\leqslant 1\end{cases}$$

$$(8\text{-}19)$$

其中，

$$P_{out}^{p,1}=1-\exp\left(-k_2^v\frac{\sigma^2}{P_p}\rho_1\right)\left(1-\exp\left(-k_4^v\frac{\sigma^2}{P_p}\rho_1\right)\right)\exp\left(-\frac{\sigma^2}{P_p}\left(\rho_1-\frac{\alpha}{1-\alpha}\right)\right)-\exp\left(-k_2^v\frac{\sigma^2}{P_p}\rho_1\right)$$

$$\times\exp\left(-k_4^v\frac{\sigma^2}{P_p}\rho_1\right)\left(\frac{\exp\left(-\dfrac{\sigma^2\left(\rho_1-\dfrac{\alpha}{1-\alpha}\right)}{P_p}\right)-\left(-1+k_7^v\dfrac{P_p}{P_r}\right)^{-1}\exp\left(-k_7^v\dfrac{\sigma^2\left(\rho_1-\dfrac{\alpha}{1-\alpha}\right)}{P_r}\right)}{\left(1-\exp\left(\left(-1+k_7^v\dfrac{P_p}{P_r}\right)\dfrac{\sigma^2\left(\rho_1-\dfrac{\alpha}{1-\alpha}\right)}{P_p}\right)\right)}\right)$$

$$-\left(1-\exp\left(-k_2^v\frac{\sigma^2}{P_p}\rho_1\right)\right)\exp\left(-k_4^v\frac{\sigma^2}{P_p}\rho_1\right)\left(\frac{\exp\left(-\dfrac{\rho_1\sigma^2}{P_p}\right)+\exp\left(-\dfrac{\rho_1\sigma^2}{P_r}k_7^v\right)\left(-1+k_7^v\dfrac{P_p}{P_r}\right)^{-1}}{\left(\exp\left(\left(-1+k_7^v\dfrac{P_p}{P_r}\right)\dfrac{\rho_1\sigma^2}{P_p}\right)-1\right)}\right)$$

$$-\left(1-\exp\left(-k_2^v\frac{\sigma^2}{P_p}\rho_1\right)\right)\left(1-\exp\left(-k_4^v\frac{\sigma^2}{P_p}\rho_1\right)\right)\exp\left(-\frac{\sigma^2}{P_p}\rho_1\right)$$

以及

$$P_{out}^{p,2}=1-\exp\left(-k_2^v\frac{\sigma^2}{P_p}\rho_1\right)\left(1-\exp\left(-k_4^v\frac{\sigma^2}{P_p}\rho_1\right)\right)-\exp\left(-k_2^v\frac{\sigma^2}{P_p}\rho_1\right)\exp\left(-k_4^v\frac{\sigma^2}{P_p}\rho_1\right)$$

$$-\left(1-\exp\left(-k_2^v\frac{\sigma^2}{P_p}\rho_1\right)\right)\exp\left(-k_4^v\frac{\sigma^2}{P_p}\rho_1\right)\left(\frac{\exp\left(-\dfrac{\rho_1\sigma^2}{P_p}\right)+\left(-1+k_7^v\dfrac{P_p}{P_r}\right)^{-1}}{\left(\exp\left(-\dfrac{\rho_1\sigma^2}{P_p}\right)-\exp\left(-\dfrac{\rho_1\sigma^2}{P_p}k_7^v\right)\right)}\right)$$

$$-\left(1-\exp\left(-k_2^v\frac{\sigma^2}{P_p}\rho_1\right)\right)\left(1-\exp\left(-k_4^v\frac{\sigma^2}{P_p}\rho_1\right)\right)\exp\left(-\frac{\sigma^2}{P_p}\rho_1\right)$$

接下来，分析次用户的中断性能。由中断概率的概念以及对系统模型的分析得出：只有在 ST、SR 均成功解码主信号 x_p 的情况下才能进行顺利传输；否则次系统将会发生中断事件。如果 ST、SR 两者都能成功解码出主信号 x_p，那么 SR 在第二个时隙接收到

信号后，将把包含主信号 x_p 的部分信号视为干扰信号，并将其移除。即 $\sqrt{\alpha P_s}h_6 x_p$ 和 $\sqrt{P_r}h_8 x_p$ 这两部分信号将从式(8-7)和式(8-8)中分别移除出去，所以得到

$$\hat{y}_{32} = \sqrt{(1-\alpha)P_s}h_6 x_s + n_{32} \tag{8-20}$$

以及

$$\hat{y}_{42} = n_{42} \tag{8-21}$$

因此，次信号 x_s 能通过以下两种途径进行传输：一种情况是在 ST 和 SR 两者均成功解码主信号的情况下，Relay 在第一个时隙接收到信号后，不能成功解码主信号，则 Relay 在第二个时隙不进行数据传输。此时，ST-SR 链路的传输速率表示为

$$R_6 = \frac{1}{2}\log_2\left(1 + \frac{(1-\alpha)P_s\gamma_6}{\sigma^2}\right) \tag{8-22}$$

另一种情况是在 ST 和 SR 两者均成功解码主信号的情况下，Relay 也能成功地解码主信号，那么在 SR 处将对把主信号部分视为干扰信号并移除，那么第二个时隙 SR 处接收到的信号为

$$y_{52} = \sqrt{(1-\alpha)P_s}h_6 x_s + n_{32} + n_{42} \tag{8-23}$$

所以，在这种情况下，ST-SR 链路的传输速率为

$$R_{21} = \frac{1}{2}\log_2\left(1 + \frac{(1-\alpha)P_s\gamma_6}{2\sigma^2}\right) \tag{8-24}$$

由上述分析，我们知道除了上述的两种情况外，次系统都将发生中断。所以，次用户的中断概率表达式为

$$
\begin{aligned}
P_{out}^{s,A} &= 1 - P_r\{R_2 > R_{pt}\}P_r\{R_3 > R_{pt}\}P_r\{R_4 < R_{pt}\}P_r\{R_6 > R_{st}\} \\
&\quad - P_r\{R_2 > R_{pt}\}P_r\{R_3 > R_{pt}\}P_r\{R_4 > R_{pt}\}P_r\{R_{21} > R_{st}\} \\
&= 1 - \exp\left(-\left(k_2^y + k_3^y + k_4^y\right)\frac{\sigma^2}{P_p}\rho_1 - k_6^y\frac{2\sigma^2}{(1-\alpha)P_s}\rho_3\right) \\
&\quad - \exp\left(-\left(k_2^y + k_3^y\right)\frac{\sigma^2}{P_p}\rho_1 - k_6^y\frac{\sigma^2}{(1-\alpha)P_s}\rho_3\right)\left(1 - \exp\left(-k_4^y\frac{\sigma^2}{P_p}\rho_1\right)\right)
\end{aligned} \tag{8-25}
$$

其中，$\rho_3 = 2^{2R_{st}} - 1$。

8.2.4 两种通信模型的介绍

为了便于与上述模型进行比较，在本小节简要介绍两种通信模型，分别是不含协作的系统模型以及主次系统协作的频谱共享模型，并对两种模型的中断性能进行分析。

1. 不含协作的基本通信模型

与图 8-1 不同的是，不含协作的基本通信模型(方案 B)中不含次用户和中继，仅包含一个主发射机和一个主接收机，即在该模型中，主信号的传输仅通过直传链路，少了次用户和中继的协作，同时也少了这两者对主用户的干扰。如图 8-2 所示，整个传输过程只有一个时隙，主信号只能通过 PT-PR 该直传链路进行传输。

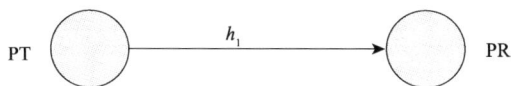

图 8-2　不含协作的通信模型

因此，只要 PT-PR 链路的传输速率不小于阈值，那么中断事件就不会发生。所以，在该模型下主用户的中断概率为

$$P_{out}^o = P_r\left\{R_0 < R_{pt}\right\} = 1 - \exp\left(-\frac{\sigma^2}{P_p}\rho_2\right) \tag{8-26}$$

其中，$\rho_2 = 2^{R_{pt}} - 1$。

2. 次系统协作的频谱共享模型

次系统协作的频谱共享模型如图 8-3 所示。在该系统模型(方案 C)下包含了主系统和次系统，同时，主、次系统分别由一对收发机组成[2]。整个传输阶段分为两个时隙，实线和虚线分别代表时隙 1 和时隙 2 的传输过程。在第一个时隙，PT 以广播的方式发送主信号，PR、ST 以及 SR 分别接收这个消息。ST 在接收到这个信号后对其进行解码。若能解码成功，则将解码后的信号与次信号进行线性重组，并在第二个时隙将重组信号进行转发。

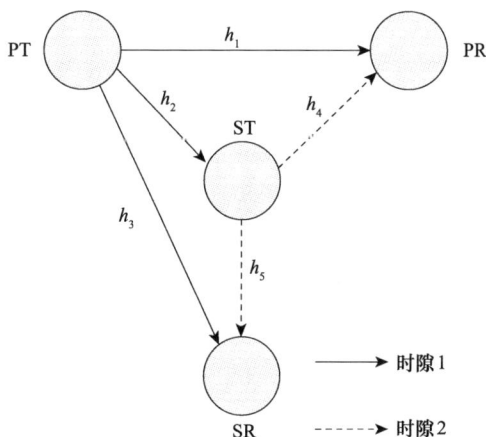

图 8-3　次系统协作主系统的协作模型

在这个系统模型中，主信号或者通过直传链路传输，或者通过次用户的协作链路进行传输。所以，主用户的中断概率为

$$P_{out}^{p,C} = \begin{cases} P_{out}^{p,3}, & 0 \leqslant \alpha < \alpha^* \\ P_{out}^{p,4}, & \alpha^* \leqslant \alpha \leqslant 1 \end{cases} \tag{8-27}$$

其中，

$$P_{out}^{p,3} = 1 - \exp\left(-\frac{\sigma^2}{P_p}\left((k_2^y+1)\rho_1 - \frac{\alpha}{1-\alpha}\right)\right) - \exp\left(-\frac{\sigma^2}{P_p}\rho_1\right) + \exp\left(-\frac{\sigma^2}{P_p}\rho_1(k_2^y+1)\right) \tag{8-28}$$

以及

$$P_{out}^{p,4} = 1 - \exp\left(-k_2^v \frac{\sigma^2}{P_p}\rho_1\right) - \exp\left(-\frac{\sigma^2}{P_p}\rho_1\right) + \exp\left(-\frac{\sigma^2}{P_p}\rho_1(k_2^v+1)\right) \tag{8-29}$$

对于次系统而言，只有在 ST 和 SR 都解码成功的情况下，且 ST-SR 链路的传输速率不低于规定的阈值时，次信号才能进行传输。所以，次用户的中断概率的表达式为

$$P_{out}^{s,C} = 1 - P_r\{R_2 > R_{pt}\} P_r\{R_3 > R_{pt}\} P_r\{R_6 > R_{st}\}$$

$$= 1 - \exp\left[-\left(\frac{\sigma^2(k_2^v + k_3^v)\rho_1}{P_p} + \frac{\sigma^2 k_6^v \rho_3}{P_s(1-\alpha)}\right)\right]$$

8.2.5 仿真结果

本小节将对提出模型的中断概率进行蒙特卡洛仿真，同时还会将上小节介绍的两个模型的中断概率进行仿真，并与我们的模型进行比较。

由于 α 是 ST 处的功率分配因子，而 ST 的作用不仅仅是对次信号的传输，同时还要协助主信号的传输，那么，随着 α 的变化，主、次信号传输的中断概率均会随之发生变化。因此，首先仿真 α 的变化对主、次用户中断概率的影响。为了便于计算和表述，假定所有的节点均共线，PT 和 PR 分别位于 X 坐标轴的 $(0,0)$ 和 $(1,0)$ 两点上，ST 则在 X 轴上移动。此外，SR 位于 PT 和 ST 的中点，Relay 位于 PT 和 PR 的中点。即，在这个拓扑结构下，PT 至 PR 之间的归一化距离为 $k_1 = 1$，PT 至 ST 之间的距离 k_2 是一个变化的参数，PT 至 SR 之间距离为 $k_3 = 0.5k_2$，PT 至 Relay 之间的距离为 $k_4 = 0.5k_1$，ST 至 PR 之间的距离为 $k_5 = |1-k_2|$，ST 至 SR 之间的距离为 $k_6 = 0.5k_2$，Relay 至 PR 之间的距离为 $k_7 = 0.5k_1$，Relay 至 SR 之间的距离为 $k_8 = 0.5|k_1 - k_2|$。其他的参数分别设为 $v = 4$，$P_p/\sigma^2 = P_s/\sigma^2 = P_r/\sigma^2 = 20\text{dB}$，$\sigma^2 = 1$[2]。此外，由于在提出的模型下，主系统能支持更高的传输要求，因此，将阈值设为 $R_{pt} = R_{st} = 2$，这与参考文献[2]中的设置不相同。

对于主用户的中断概率而言，通过对 $P_{out}^{p,1}$ 的表达式的分析知道 $\alpha/(1-\alpha)$ 随着 α 的增大而增大，而且，当 $0 \leqslant \alpha < \rho_1/(1+\rho_1)$ 时，$P_{out}^{p,1}$ 随着 α 的增大而减小。关于次用户的中断概率，通过对式(8-25)的分析得到，次用户的中断概率则随着 α 的增大而增大。这是因为 α 越大，分配给主信号传输的功率就越多，分配给次信号传输的功率就越少，因而主用户的中断概率随着 α 的增大而减小，然而次用户的中断概率则随之变大。下面，将 k_2 的值分别设定为 0.5、1.2、1.92。这样取值是为了拓扑结构的多样性。我们在图 8-4 和图 8-5 中分别仿真功率分配因子 α 对主用户的中断概率和次用户的中断概率的影响。为了便于比较，我们也把方案 B 中主用户的中断概率仿真放在图 8-4 中。在这两个图中，线条代表中断概率的理论值，图形代表中断概率的仿真值。从这两个图中发现，中断概率的理论值与仿真值比较吻合，这就验证了中断概率理论推导的正确性，而且图中主、次用户的中断概率随 α 变化的走向也符合之前的分析。同时从图中可以看出方案 A 中主用户的中断概率远远低于其在方案 B 中的值，也就意味着，对于主用户的中断性能来说，方案 A 优于方案 B。

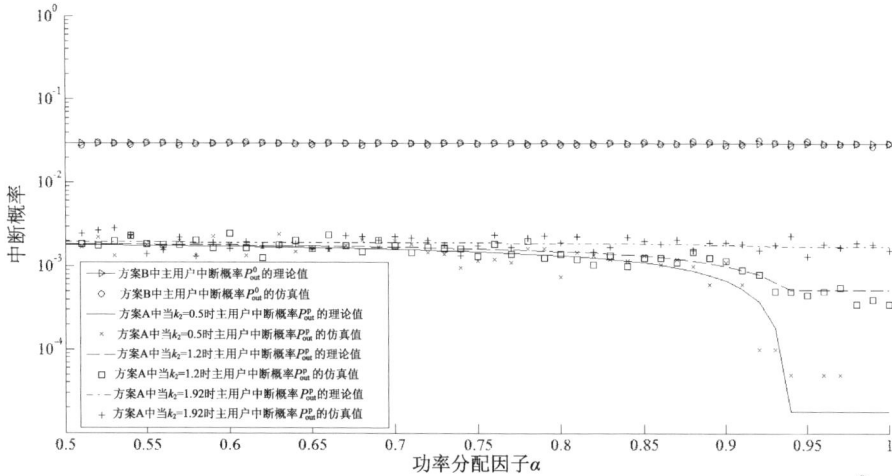

图 8-4　方案 A 和方案 B 中主系统中断概率的比较

在图 8-4 中，将方案 A 和方案 B 中主用户的中断概率进行了比较，由于方案 B 是一个不含协作的通信系统，所以方案 A 中的中断概率要低于方案 B。由于方案 C 也是一个协作频谱共享的系统，于是，我们试图将方案 A 和方案 C 进行比较。虽然在方案 A 中增加了一个 Relay 用于协助主信号的传输，但是在 Relay 协助的同时也对次用户产生了一定的干扰，所以在图 8-6 到图 8-8 中，分别比较当 k_2 取 0.5、1.2、1.92 时，方案 A 和方案 C 中主、次用户的中断概率。在这三个图中，假设系统的拓扑结构和参数的设置均与图 8-4 中相同。同样地，线条代表中断概率的仿真值，符号代表其仿真值。我们从这三个图中发现，不管 k_2 取 0.5、1.2、1.92，方案 A 中主用户的中断概率均远远低于方案 C，这是因为在方案 A 中，次用户协助主信号传输的同时，Relay 也在协助主信号的传输，因此，在这两方面的协助下，降低了主用户的中断概率。可是，Relay 的协助对次信号的传输产生了干扰，因此，不难发现，当 k_2 取 0.5、1.2、1.92 时，方案 A 中次用户的中断概率均略高于方案 C。

从图 8-6 到图 8-8 中能看到，虽然在方案 A 中主用户的中断概率低于方案 B 和方案 C，但是方案 A 中次用户的中断概率要略高于方案 C。特别地，当 k_2 取 1.92 时，方案 A 中次用户的中断概率趋近于 1，所以必须提高方案 A 中次用户的中断性能。在方案 A 中，ST 的传输功率被分为两部分，一部分用于主信号的传输，另一部分用于次信号的传输。由于方案 A 中主用户的中断概率远远低于其他两个方案，所以我们试图减小 ST 处的功率分配因子，即分配更多的功率用于传输次信号，从而达到降低次系统中断概率的目的。当然，这样的做法会对主用户的中断概率产生一定的影响，可以通过提高 Relay 的传输功率来弥补对主系统的影响。于是，下一步仿真方案 A 中 Relay 的传输功率 P_r 对主用户中断性能的影响。在图 8-9 中，系统的拓扑结构与图 8-4 相同，将 P_r 定为自变量，ST 与 PT 之间的距离设置为 $k_2 = 1.92$，ST 处的功率分配因子设为 $\alpha = 0.1$，其他的参数设置则与图 8-4 相同。从图中可以看出，正如分析，主用户的中断概率随着 P_r 的增大而减小，但是随着 P_r 的越来越大，中断概率减小的幅度也越来越小，并趋于稳定。因此，从图中 $P_{out}^{p,A}$ 随 P_r 的变化来看，通过增加 Relay 的传输功率来降低主用户的中断概率这种做法是可行的。

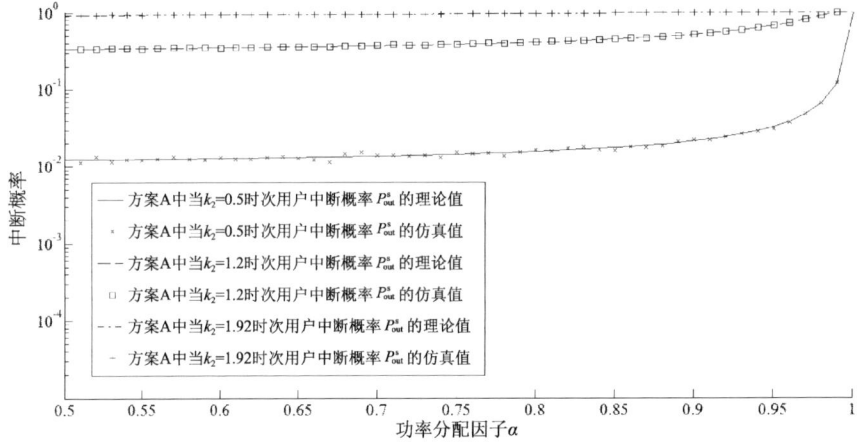

图 8-5　方案 A 和方案 B 中次系统中断概率的比较

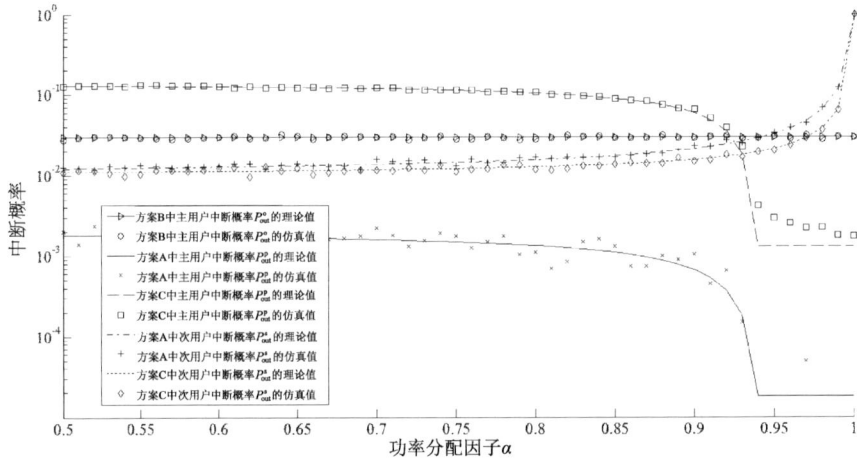

图 8-6　当 $k_2 = 0.5$ 时方案 A 和方案 C 中中断概率的比较

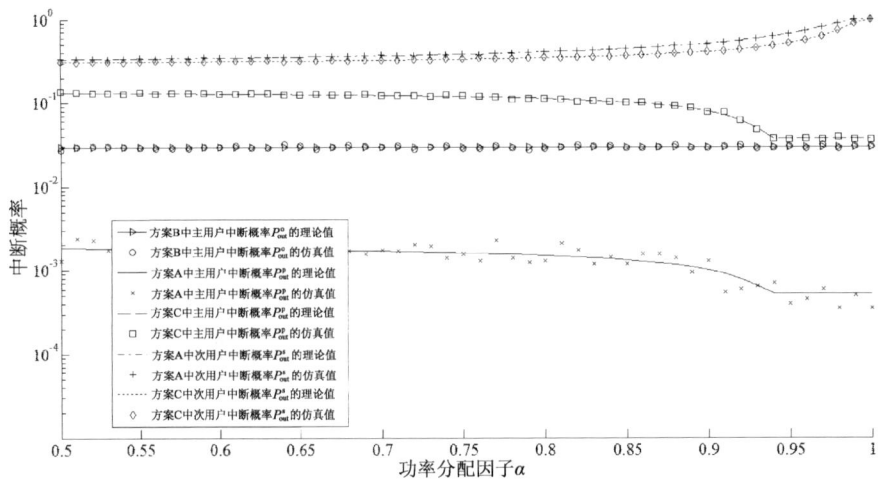

图 8-7　当 $k_2 = 1.2$ 时方案 A 和方案 C 中中断概率的比较

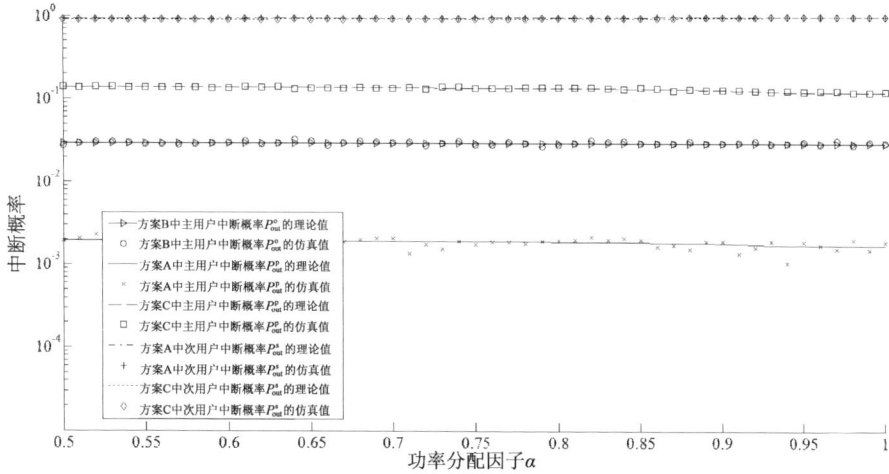

图 8-8　当 $k_2 = 1.92$ 时方案 A 和方案 C 中中断概率的比较

在图 8-9 中，我们尝试通过增加中继的传输功率来降低主用户的中断概率。当然，这不是唯一的途径，也可以通过增加主发射机 PT 自身的传输功率来达到目的。但是值得注意的是，虽然增加 Relay 的传输功率会对次用户产生干扰，增加 PT 的传输功率对次用户产生的干扰更大。下面通过理论结果分析一下 P_p 对主、次用户中断概率的影响。对主用户的中断概率来说，毋庸置疑，增加主发射机的传输功率肯定能提高主用户的中断性能。通过对式(8-19)和式(8-26)的分析，也能得到 $P_{out}^{p,A}$ 和 P_{out}^o 都随着 P_p 的增大而减小。对次用户的中断概率而言，从式(8-25)知道，当 k_6 很小时，$P_{out}^{s,A}$ 独立于 P_s 和 k_6，也就意味着，当 ST 和 SR 之间的距离很短时，P_s 或者 k_6 发生变化都不会对 $P_{out}^{s,A}$ 产生影响，并且 $P_{out}^{s,A}$ 收敛于 $1 - \exp(-\sigma^2(k_2^v + k_3^v)\rho_1/P_p)$。因此，$P_{out}^{s,A}$ 也随着 P_p 的增大而减小。所以，接着仿真方案 A 中 P_p 对主、次用户中断概率的影响。为了便于比较和分析，也将方案 B 中主用户的中断概率仿真在图 8-10 中。我们依旧不改变系统的拓扑结构，其他的参数设置为 $P_s = 100\text{W}$，$P_r = 10\text{W}$，$\sigma^2 = 10$，$\alpha = 0.5$，$R_{pt} = R_{st} = 2$，$v = 4$。同样地，线条代表中断概率的理论值，符号代表中断概率的仿真值。从图中可以清晰地看到，方案 A 中主、次用户的中断概率以及方案 C 中主用户的中断概率均随着 P_p 的增大而减小，这个结果也与之前的分析符合。

在上面的讨论中考虑了提高主用户中断性能的方法，接下来要考虑的是提高次用户的中断性能。除了调节 ST 处的功率分配因子，还有一个方法就是提高次发射机的传输功率。在上图中分析了当 ST 到 SR 的距离很短时，P_s 的变化不会对 $P_{out}^{s,A}$ 产生影响。下面考虑当 ST 到 SR 之间的距离相对较远时，P_s 对方案 A 中主、次用户中断概率的影响，同样地，为了便于比较，我们也把方案 B 中的主用户的中断概率仿真放在图 8-11 中。这里改变了方案 A 中系统的拓扑结构，通信节点之间的距离设为 $k_1 = 1$，$k_2 = k_3 = k_4 = k_5 = k_6 = k_7 = k_8 = 0.5$，其他参数设置为 $P_p = 100\text{W}$，$P_r = 10\text{W}$，$\sigma^2 = 10$，$\alpha = 0.5$，$R_{pt} = R_{st} = 2$，$v = 4$。如图 8-11 所示，次用户的中断概率 $P_{out}^{s,A}$ 随着 P_s 的增加而减小，但是其不能随着 P_s 的增大而无限制地减小。同时，P_s 的变化对主用户的中断概率 $P_{out}^{p,A}$ 没有产生很明显的影响。

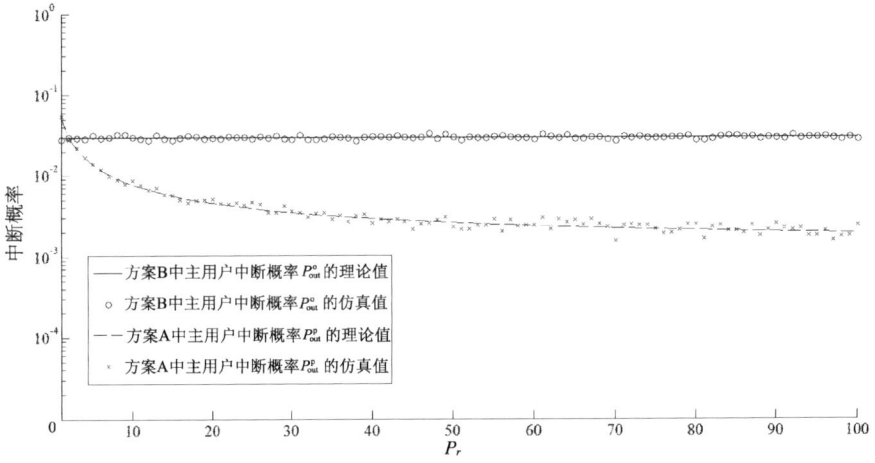

图 8-9　P_r 对主系统中断概率的影响

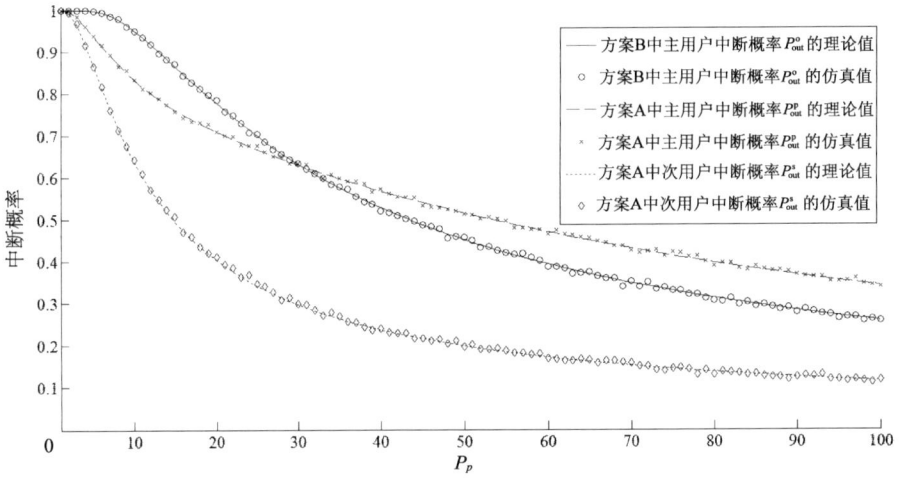

图 8-10　P_p 对中断概率的影响

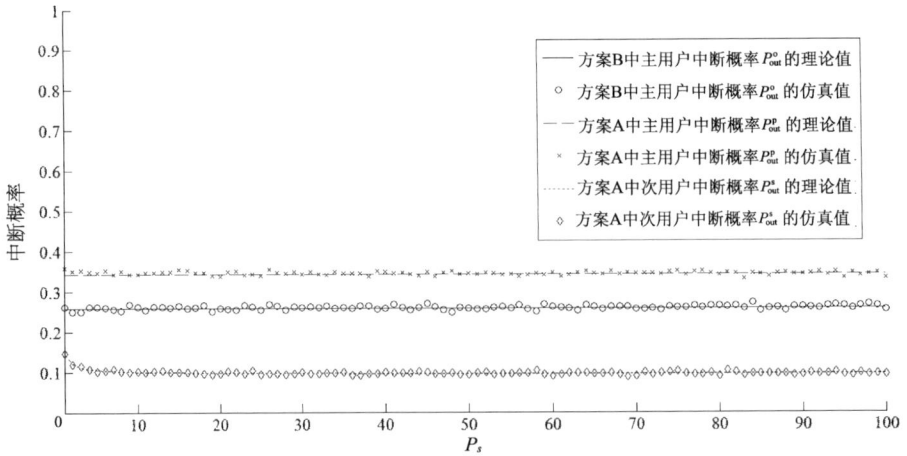

图 8-11　P_s 对中断概率的影响

8.3 同时协助主用户和次用户的中继协作传输

8.3.1 系统模型

当次用户之间的距离较远，或者节点间的通信环境不佳时，次用户无法进行直接通信。于是，我们针对认知中继网络，提出了一个中继同时协助主用户与次用户的频谱共享模型（方案 A），达到提高主用户中断性能的目的，并在次用户通信环境不佳的条件下，实现次用户的有效通信。如图 8-12 所示，主系统由一对主收发机（PT-PR）以及一个解码转发中继（Relay）组成，次系统仅由一对次收发机（ST-SR）组成。

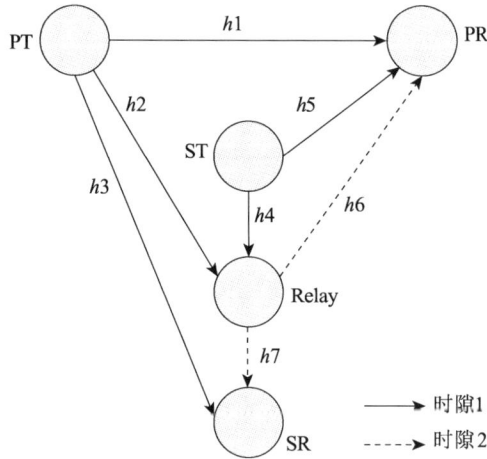

图 8-12　系统模型

整个传输阶段分为两个时隙，实线和虚线分别代表第一个时隙和第二个时隙的信号传输过程。如图 8-12 所示，在第一个时隙，主发射机 PT 和次发射机 ST 分别以广播的形式发送信号，同时 PR 和 Relay 分别接收这两个信号，因为我们讨论的是次用户之间的通信环境不理想的情况，即 ST-SR 这条直传链路不存在，所以 SR 只接收 PT 发送的信号。Relay 在接收到信号后对两个信号进行合并解码，在第二个时隙对解码后的信号进行重新编码后转发给下一个节点，同时，PR 和 SR 分别接收该信号。在该系统中，所有的传输链路都经历瑞利衰落，PT-PR 链路、PT-Relay 链路、PT-SR 链路、ST-Relay 链路、ST-PR 链路、Relay-PR 链路、Relay-SR 链路的信道系数分别记为 $h_1, h_2, h_3, h_4, h_5, h_6$ 和 h_7。此外，假设 $h_i \sim CN(0, d_i^{-v})$（$i = 1,2,3,4,5,6,7$），即，h_i 是一个均值为 0，方差为 d_i^{-v} 的循环对称的复高斯随机变量，其中 d_i 表示两个节点之间的归一化距离，v 表示路径损耗系数。这里所说的归一化是相对于 PT 至 PR 之间的距离，也就是 $d_1 = 1$。

8.3.2 各个传输阶段的信号表示

这一小节将会对各时隙的信号传输过程进行详细的介绍和分析，为下部分对主、次用户中断概率的推导奠定基础。

1. 主信号的传输过程

在第一个时隙，主发射机 PT 以广播的形式发送主信号 x_p，主接收机 PR、中继 Relay 以及次接收机 SR 分别接收这个信号。将它们接收到的信号分别表示为 y_{11}, y_{21}, y_{31}，则这三个信号被表示为

$$y_{a1} = \sqrt{P_p} h_a x_p + n_{a1} \tag{8-30}$$

其中，$a = 1, 2, 3$。式中，P_p 表示主发射机 PT 的传输功率；h_a（$a = 1, 2, 3$）表示这三条链路的信道系数，且 $n_{a1} \sim CN(0, \sigma^2)$，意味着 n_{a1} 是一个均值为 0，方差为 σ^2 的加性高斯白噪声。因此，PT-Relay 链路上的传输速率可以表示为

$$R_2 = \frac{1}{2} \log_2 \left(1 + \frac{P_p |h_2|^2}{\sigma^2} \right) = \frac{1}{2} \log_2 \left(1 + \frac{P_p \gamma_2}{\sigma^2} \right) \tag{8-31}$$

这里，记录 $\gamma_j = |h_i|^2$（$j = 1, 2, 3, 4, 5, 6, 7$）。式中的 1/2 是因为整个信号传输过程被划分为两个时隙。

同样地，在第一个时隙，次发射机 ST 也以广播的形式发送次信号 x_s。由于次用户之间的通信环境不理想，所以这个信号只被中继 Relay 和 PR 接收，将这两个信号分别记为 y_{41} 和 y_{51}，所以其表达式为

$$y_{c1} = \sqrt{P_s} h_c x_s + n_{c1} \tag{8-32}$$

其中，$c = 4, 5$。式中，P_s 表示次发射机 ST 的传输功率；h_c 表示信道系数；$n_{c1} \sim CN(0, \sigma^2)$ 是一个均值为 0，方差为 σ^2 的加性高斯白噪声。于是得到 ST-Relay、ST-PR 这两链路上的传输速率 R_4、R_5 的表达式为

$$R_d = \frac{1}{2} \log_2 \left(1 + \frac{P_s \gamma_d}{\sigma^2} \right) \tag{8-33}$$

其中，$d = 4, 5$。

解码转发中继 Relay 在接收到第一个时隙的两个信号后，分别对这两个信号进行合并解码。如果 Relay 不能成功解码主信号或者次信号，那么它在第二个时隙将不进行信号传输，避免错误进一步扩散。如果 Relay 能成功地解码主信号和次信号，那么将解码出来的主信号和次信号进行线性重组，其中主信号和次信号分配的功率分别为 αP_r 和 $(1 - \alpha) P_r$。所以，重组后的信号表示为

$$x_R = \sqrt{\alpha P_r} x_p + \sqrt{(1 - \alpha) P_r} x_s \tag{8-34}$$

在第二个时隙，Relay 将重组信号发送给下一个节点，PR 接收这个信号，将 PT 接收到的信号分别记为 y_{12}。所以，

$$y_{12} = \sqrt{\alpha P_r} h_6 x_p + \sqrt{(1 - \alpha) P_r} h_6 x_s + n_{12} \tag{8-35}$$

其中，h_6 和 n_{12} 分别表示 Relay-PR 链路的信道系数和加性高斯白噪声。

当接收到第二个时隙的信号之后，PR 会对接收到的信号进行解码，如果 PR 能成功解码次信号，那么 PR 会将次信号当做干扰并移除。这意味着只要 PR 能成功解码次信号，那么 $\sqrt{(1 - \alpha) P_r} h_6 x_s$ 这部分信号将从式(8-35)中消除。所以，

$$y_{12}^* = \sqrt{\alpha P_r} h_6 x_p + n_{12} \tag{8-36}$$

于是，在 PR 处将采用 MRC 对信号 y_{11} 和 y_{12}^* 进行合并解码。通过最大比合并的原理得到 PT-PR 链路的传输速率为

$$R_{11}^{\mathrm{MRC}} = \frac{1}{2} \log_2 \left(1 + \frac{P_p \gamma_1}{\sigma^2} + \frac{\alpha P_r \gamma_6}{\sigma^2} \right) \tag{8-37}$$

另一方面，如果 PR 不能成功地解码出次信号，那么在 PR 处将次信号和加性高斯白噪声一样视为噪声。同样地，在 PR 处对信号 y_{11} 和 y_{12} 进行 MRC，得到传输速率为

$$R_{12}^{\mathrm{MRC}} = \frac{1}{2} \log_2 \left(1 + \frac{P_p \gamma_1}{\sigma^2} + \frac{\alpha P_r \gamma_6}{(1-\alpha) P_r \gamma_6 + \sigma^2} \right) \tag{8-38}$$

2. 次信号的传输过程

上节讨论到在第一个时隙中，次接收机 SR 接收来自 PT 的信号，该信号表示为 $y_{31} = \sqrt{P_p} h_3 x_p + n_{31}$，则 PT-SR 链路的传输速率表示为

$$R_3 = \frac{1}{2} \log_2 \left(1 + \frac{P_p \gamma_3}{\sigma^2} \right) \tag{8-39}$$

在第二个时隙，如果 Relay 能成功解码出主、次信号，那么，次接收机 SR 也会接收到 Relay 转发的重组信号 x_R，将 SR 接收到的这个信号记为 y_{22}，其表达式为

$$y_{22} = \sqrt{\alpha P_r} h_7 x_p + \sqrt{(1-\alpha) P_r} h_7 x_s + n_{22} \tag{8-40}$$

式中，h_7 和 n_{22} 分别表示 Relay-SR 链路链路上的信道系数和加性高斯白噪声。

类似于在 PR 处对次信号的处理，如果在 SR 处能解码主信号成功，$\sqrt{\alpha P_r} h_7 x_p$ 这部分信号将被视为干扰信号从式 (8-40) 中移除。所以，

$$y_{22}^* = \sqrt{(1-\alpha) P_r} h_7 x_s + n_{22} \tag{8-41}$$

且 Relay-SR 链路上的传输速率为

$$R_7 = \frac{1}{2} \log_2 \left(1 + \frac{(1-\alpha) P_r \gamma_7}{\sigma^2} \right) \tag{8-42}$$

8.3.3 中断性能分析

通过前面的介绍知道，当信号的传输速率低于阈值时，信号的传输过程会发生中断。有了上节的分析作为基础，接下来对主、次用户的中断概率进行分析和推导。

1. 主用户的中断概率

在这个系统模型中，主信号的传输方式有两种方式，一种方式是当 Relay 没有成功地解码主信号或者次信号，这时主信号能从 PT-PR 这条直传链路进行传输，PT-PR 链路上的传输速率为 R_1，其表达式为

$$R_1 = \log_2 \left(1 + \frac{P_p \gamma_1}{\sigma^2} \right) \tag{8-43}$$

另一种方式则是当 Relay 成功地解码了主信号和次信号，在这种情况下主信号可以通过直传链路和中继协助链路进行传输。下面对上述的两种情况进行详细的分析。

第一种情况是 Relay 没有成功地解码主信号或者次信号，其包含了如下三种子情况：其一，当 Relay 解码主信号成功、解码次信号失败时，则 Relay 在第二个时隙将不发送任何信号，所以主信号只能通过直传链路传输；其二，当 Relay 解码主信号失败、解码次信号成功时，Relay 在第二个时隙也不传输信号，则主信号通过直传链路传输；其三，当 Relay 对主信号和次信号的解码均失败时，主信号也只能通过直传链路传输。

第二种情况是 Relay 成功解码主信号和次信号，也包含了以下两种子情况：其一，Relay 成功解码主信号和次信号，但是 PR 没有成功解码次信号，在这种情况下，主信号能通过中继链路和直传链路传输，不过，在 PR 处次信号将被视为噪声，且对主信号的传输产生一定的影响；其二，Relay 成功解码主、次信号，同时 PR 也成功解码次信号，主信号同样可以从中继链路和直传链路传输，不同于前一种情况的地方在于，这时在 PR 处次信号将被视为干扰信号且被移除。

当传输速率低于规定的阈值时，将会发生中断事件。所以当主、次系统的阈值规定为 R_{pt} 和 R_{st} 时，主用户的中断概率可以表示为

$$P_{out}^p = 1 - \begin{bmatrix} P_r\left\{R_2 > R_{pt}\right\} P_r\left\{R_4 < R_{st}\right\} P_r\left\{\dfrac{1}{2}R_1 > R_{pt}\right\} \\[2mm] + P_r\left\{R_2 < R_{pt}\right\} P_r\left\{R_4 > R_{st}\right\} P_r\left\{\dfrac{1}{2}R_1 > R_{pt}\right\} \\[2mm] + P_r\left\{R_2 < R_{pt}\right\} P_r\left\{R_4 < R_{st}\right\} P_r\left\{\dfrac{1}{2}R_1 > R_{pt}\right\} \\[2mm] + P_r\left\{R_2 > R_{pt}\right\} P_r\left\{R_4 > R_{st}\right\} P_r\left\{R_5 > R_{st}\right\} P_r\left\{R_{11}^{\mathrm{MRC}} > R_{pt}\right\} \\[2mm] + P_r\left\{R_2 > R_{pt}\right\} P_r\left\{R_4 > R_{st}\right\} P_r\left\{R_5 < R_{st}\right\} P_r\left\{R_{12}^{\mathrm{MRC}} > R_{pt}\right\} \end{bmatrix} \tag{8-44}$$

因为 $\gamma_1 \sim \varepsilon(1)$，且 γ_e 是一个服从均值为 $1/d_e^v$ 的指数分布的随机变量，即 $\gamma_e \sim \varepsilon(d_e^v)$，所以能推导出以下式子：

$$P_r\left\{\frac{1}{2}R_1 > R_{pt}\right\} = P_r\left\{\gamma_1 > \frac{\rho_1 \sigma^2}{P_p}\right\} = \exp\left(-\frac{\rho_1 \sigma^2}{P_p}\right) \tag{8-45}$$

$$P_r\left\{R_2 > R_{pt}\right\} = P_r\left\{\gamma_2 > \frac{\rho_1 \sigma^2}{P_p}\right\} = \exp\left(-d_2^v \frac{\rho_1 \sigma^2}{P_p}\right) \tag{8-46}$$

$$P_r\left\{R_4 > R_{st}\right\} = P_r\left\{\gamma_4 > \frac{\rho_3 \sigma^2}{P_s}\right\} = \exp\left(-d_4^v \frac{\rho_3 \sigma^2}{P_s}\right) \tag{8-47}$$

$$P_r\left\{R_5 > R_{st}\right\} = P_r\left\{\gamma_5 > \frac{\rho_3 \sigma^2}{P_s}\right\} = \exp\left(-d_5^v \frac{\rho_3 \sigma^2}{P_s}\right) \tag{8-48}$$

$$P_r\left\{R_{11}^{\mathrm{MRC}} > R_{pt}\right\} = P_r\left\{\frac{1}{2}\log_2\left(1 + \frac{P_p\gamma_1}{\sigma^2} + \frac{\alpha P_r\gamma_6}{\sigma^2}\right) > R_{pt}\right\}$$

$$= \left\{P_p\gamma_1 + \alpha P_r\gamma_6 > \rho_1\sigma^2\right\} = 1 - \left\{P_p\gamma_1 + \alpha P_r\gamma_6 \leqslant \rho_1\sigma^2\right\} \tag{8-49}$$

$$= \exp\left(-\frac{\rho_1\sigma^2}{P_p}\right) + \left(-1 + d_6^v\frac{P_p}{\alpha P_r}\right)^{-1}\left[\exp\left(-\frac{\rho_1\sigma^2}{P_p}\right) - \exp\left(-d_6^v\frac{\rho_1\sigma^2}{\alpha P_r}\right)\right]$$

这里记录 $\rho_1 = 2^{2R_{pt}} - 1$，同时假设 $P_r \gg \sigma^2$，所以

$$P_r\left\{R_{12}^{\mathrm{MRC}} > R_{pt}\right\}$$

$$\approx P_r\left\{\frac{1}{2}\log_2\left[1 + \frac{P_p\gamma_1}{\sigma^2} + \frac{\alpha}{1-\alpha}\right] > R_{pt}\right\}$$

$$= P_r\left\{\gamma_1 > \frac{\sigma^2}{P_p}\left(\rho_1 - \frac{\alpha}{1-\alpha}\right)\right\} \tag{8-50}$$

$$= \begin{cases} \exp\left[-\frac{\sigma^2}{P_p}\left(\rho_1 - \frac{\alpha}{1-\alpha}\right)\right] & 0 \leqslant \alpha < \alpha^{\wedge} \\ 1 & \alpha^{\wedge} \leqslant \alpha \leqslant 1 \end{cases}$$

其中，$\alpha^{\wedge} = \rho_1/(1+\rho_1)$。将式 (8-45) 到式 (8-50) 代入式 (8-44)，得到主用户中断概率的理论值为

$$P_{\mathrm{out}}^p = \begin{cases} P_{\mathrm{out}}^{p,1} & 0 \leqslant \alpha < \alpha^{\wedge} \\ P_{\mathrm{out}}^{p,2} & \alpha^{\wedge} \leqslant \alpha \leqslant 1 \end{cases} \tag{8-51}$$

式中，

$$P_{\mathrm{out}}^{p,1} = 1 - \left\{ \begin{aligned} &\exp\left(-d_2^v\frac{\rho_1\sigma^2}{P_p}\right)\left(1 - \exp\left(-d_4^v\frac{\rho_3\sigma^2}{P_s}\right)\right)\exp\left(-\frac{\rho_1\sigma^2}{P_p}\right) \\ &+ \left(1 - \exp\left(-d_2^v\frac{\rho_1\sigma^2}{P_p}\right)\right)\exp\left(-d_4^v\frac{\rho_3\sigma^2}{P_s}\right)\exp\left(-\frac{\rho_1\sigma^2}{P_p}\right) \\ &+ \left(1 - \exp\left(-d_2^v\frac{\rho_1\sigma^2}{P_p}\right)\right)\left(1 - \exp\left(-d_4^v\frac{\rho_3\sigma^2}{P_s}\right)\right)\exp\left(-\frac{\rho_1\sigma^2}{P_p}\right) \\ &+ \exp\left(-d_2^v\frac{\rho_1\sigma^2}{P_p}\right)\exp\left(-d_4^v\frac{\rho_3\sigma^2}{P_s}\right)\exp\left(-d_5^v\frac{\rho_3\sigma^2}{P_s}\right) \\ &\quad\left(\exp\left(-\frac{\rho_1\sigma^2}{P_p}\right) + \left(-1 + d_6^v\frac{P_p}{\alpha P_r}\right)^{-1}\exp\left(-d_6^v\frac{\rho_1\sigma^2}{\alpha P_r}\right)\left(\exp\left(\left(-1 + d_6^v\frac{P_p}{\alpha P_r}\right)\frac{\rho_1\sigma^2}{P_p}\right) - 1\right)\right) \\ &+ \exp\left(-d_2^v\frac{\rho_1\sigma^2}{P_p}\right)\exp\left(-d_4^v\frac{\rho_3\sigma^2}{P_s}\right)\left[1 - \exp\left(-d_5^v\frac{\rho_3\sigma^2}{P_s}\right)\right]\exp\left(-\frac{\sigma^2}{P_p}\left(\rho_1 - \frac{\alpha}{1-\alpha}\right)\right) \end{aligned} \right\}$$

以及

$$P_{out}^{p,2} = 1 - \left\{ \begin{array}{l} \exp\left(-d_2^v \dfrac{\rho_1\sigma^2}{P_p}\right)\left(1 - \exp\left(-d_4^v \dfrac{\rho_3\sigma^2}{P_s}\right)\right)\exp\left(-\dfrac{\rho_1\sigma^2}{P_p}\right) \\[3mm] + \left(1 - \exp\left(-d_2^v \dfrac{\rho_1\sigma^2}{P_p}\right)\right)\exp\left(-d_4^v \dfrac{\rho_3\sigma^2}{P_s}\right)\exp\left(-\dfrac{\rho_1\sigma^2}{P_p}\right) \\[3mm] + \left(1 - \exp\left(-d_2^v \dfrac{\rho_1\sigma^2}{P_p}\right)\right)\left(1 - \exp\left(-d_4^v \dfrac{\rho_3\sigma^2}{P_s}\right)\right)\exp\left(-\dfrac{\rho_1\sigma^2}{P_p}\right) \\[3mm] + \exp\left(-d_2^v \dfrac{\rho_1\sigma^2}{P_p}\right)\exp\left(-d_4^v \dfrac{\rho_3\sigma^2}{P_s}\right)\exp\left(-d_5^v \dfrac{\rho_3\sigma^2}{P_s}\right) \\[3mm] \left(\exp\left(-\dfrac{\rho_1\sigma^2}{P_p}\right) + \left(-1 + d_6^v \dfrac{P_p}{\alpha P_r}\right)^{-1}\exp\left(-d_6^v \dfrac{\rho_1\sigma^2}{\alpha P_r}\right)\left(\exp\left(\left(-1 + d_6^v \dfrac{P_p}{\alpha P_r}\right)\dfrac{\rho_1\sigma^2}{P_p}\right) - 1\right)\right) \\[3mm] + \exp\left(-d_2^v \dfrac{\rho_1\sigma^2}{P_p}\right)\exp\left(-d_4^v \dfrac{\rho_3\sigma^2}{P_s}\right)\left[1 - \exp\left(-d_5^v \dfrac{\rho_3\sigma^2}{P_s}\right)\right] \end{array} \right\}$$

2. 次用户的中断概率

对于次系统来说，只有在 Relay 成功解码主信号和次信号，同时 SR 成功解码主信号的条件下，才能完成次信号的传输。所以得到次用户的中断概率表达式为

$$P_{out}^s = 1 - P_r\{R_2 > R_{pt}\} P_r\{R_3 > R_{pt}\} P_r\{R_4 > R_{st}\} P_r\{R_7 > R_{st}\} \tag{8-52}$$

因为 γ_f 是一个服从均值为 $1/d_f^v$ 的指数分布的随机变量，即 $\gamma_f \sim \varepsilon(d_f^v)$ ，所以

$$P_r\{R_3 > R_{pt}\} = P_r\left\{\gamma_3 > \dfrac{\rho_1\sigma^2}{P_p}\right\} = \exp\left(-d_3^v \dfrac{\rho_1\sigma^2}{P_p}\right) \tag{8-53}$$

$$P_r\{R_7 > R_{st}\} = P_r\left\{\gamma_7 > \dfrac{\rho_3\sigma^2}{(1-\alpha)P_r}\right\} = \exp\left(-d_7^v \dfrac{\rho_3\sigma^2}{(1-\alpha)P_r}\right) \tag{8-54}$$

于是，把式（8-46）、式（8-47）、式（8-53）、式（8-54）代入式（8-52）中得到次用户的中断概率的理论值为

$$P_{out}^s = 1 - \exp\left(-d_2^v \dfrac{\rho_1\sigma^2}{P_p}\right)\exp\left(-d_3^v \dfrac{\rho_1\sigma^2}{P_p}\right)\exp\left(-d_4^v \dfrac{\rho_3\sigma^2}{P_s}\right)\exp\left(-d_7^v \dfrac{\rho_3\sigma^2}{(1-\alpha)P_r}\right) \tag{8-55}$$

8.3.4 不含协作的通信模型

为了便于与提出的模型进行比较，在这里简单介绍一种不含协作的通信模型（方案 B），即整个系统只由一对主收发机组成，主信号仅通过直传链路进行传输。在这个模型中，主用户的中断概率为

$$P_{out}^o = P_r\{R_1 < R_{pt}\} = 1 - \exp\left(-\dfrac{\sigma^2}{P_p}\rho_2\right) \tag{8-56}$$

这里记录 $\rho_2 = 2^{R_{pt}} - 1$ 。

8.3.5 仿真结果

这一小节对主、次用户的中断概率进行蒙特卡洛仿真。首先考虑功率分配因子的变化对中断概率的影响。为了便于表述，将该认知中继网络系统模型的拓扑结构设定为：PT、PR、ST、SR 和 Relay 均共线，在该二维的平面内，PT 和 PR 分别位于 $(0,0)$ 和 $(1,0)$ 这两个点上，Relay 在 X 轴上移动，且 ST 位于 PT 和 Relay 的中点，SR 位于 Relay 和 PR 的中点。在此拓扑结构下，得到各个节点间的归一化距离为 $d_1 = 1$，$d_3 = 0.5(1+d_2)$，$d_4 = 0.5d_2$，$d_5 = 1-0.5d_2$，$d_6 = |1-d_2|$，$d_7 = 0.5|1-d_2|$。其他的参数设置为 $R_{pt} = R_{st} = 1$，$v = 4$，$P_p = P_s = P_r = 10W$，$\sigma^2 = 1$，d_2 的取值分别为 0.5、0.8、1.2。我们把 α 变化对主、次用户中断概率的影响分别仿真放在图 8-13 和 8-14 中，为了利于比较，不含协作的通信模型(方案 B)中主用户的中断概率也被仿真放在图 8-13 中，线条代表中断概率的理论值，图形代表中断概率的仿真值。从这两个图中看到主、次用户中断概率的理论值和仿真值都很吻合，这一点验证了理论结果的正确性。此外，从图 8-13 中还发现，当 $\alpha \geq \alpha^* \approx 0.05$ 时，在 d_2 取 0.5 和 0.8 时，方案 A 中主用户的中断概率要低于方案 B，即 $P_{out}^p > P_{out}^o$，这说明在方案 A 中，中继的协作对主用户的中断性能有好处；但是当 d_2 取 1.2 时，方案 A 中主用户的中断概率要略高于方案 B，即 $P_{out}^p > P_{out}^o$。通过分析和讨论，知道中继 Relay 的加入能协助主、次信号的传输，但是 Relay 在协作次信号传输时也会对主用户产生一定的干扰。当 d_2 取 1.2 时，PT 和 Relay 之间的距离要远于 PT 和 PR 之间的距离，在这种情况下，Relay 对主用户中断性能产生的弊大于利，所以才会导致当 $d_2 = 1.2$ 时方案 A 中主用户的中断概率要高于方案 B。

从图 8-14 中，我们发现不管 d_2 的取值为 0.5、0.8 还是 1.2，在中继的协助下次信号都能顺利传输，而且结合图 8-13 和图 8-14 得到了方案 A 中的两种临界情况，即 $\alpha = 0$ 和 $\alpha = 1$。当 $\alpha = 0$ 时，意味着主信号的传输只能通过直传链路 PT-PR，因为 Relay 所有的传输功率均用于次信号的传输，并会对主用户产生一定的干扰。在这种情况下，次用户的中断性能是比较理想的，但是主用户的中断性能则不太令人满意。随 α 的增大，主用户的中断概率随之降低，但是次用户的中断概率却没有明显的变化，这就表明对于主用户的中断概率而言，方案 A 要优于中继只协助次信号传输的频谱共享模型。当 $\alpha = 1$ 时，表示 Relay 将其传输功率均用于主信号的传输，在这种临界模型中，虽然主用户的中断概率低于方案 A，但是，次用户的中断概率等于 0，即 ST 和 SR 之间不能进行信号传输。所以，在方案 A 中实现了对主、次用户的中断性能之间的平衡。

很明显，在设定的共线拓扑结构中，PT 到 Relay 的距离 d_2 的变化会对主、次用户的中断概率产生很大的影响，因此，接下来在图 8-15 中讨论 d_2 的变化对中断概率产生的影响。系统的拓扑结构依旧和图 8-13 中的一样，因此各节点间的距离与上图一样，除了 d_i 之外的其他参数设置为 $R_{pt} = R_{st} = 1$，$v = 4$，$P_p = P_s = P_r = 10W$，$\sigma^2 = 1$，$\alpha = 0.5$。鉴于图 8-13 中的分析，设定 PT 到 Relay 的距离小于 PT 到 PR 的距离。如图 8-15 所示，我们发现随着 d_2 的变化，方案 A 中主用户的中断概率小于或者等于方案 B。特别地，当 $d_2 \leq d_2^* \approx 0.5$ 时，主用户的中断概率随着 d_2 的增大而减小，而当 $d_2 > d_2^* \approx 0.5$ 时，主用户的中断概率则随着 d_2 的增大而增大。从这个结果得出：如果 PT 和 Relay 之间的距离小于 PT 和 PR 之间的距离，那么主系统能得到更优的中断性能，这个结论和图 8-13 中的分析是一致的。此外，次用户的中断概率则随着d_2的增大而一直增大。

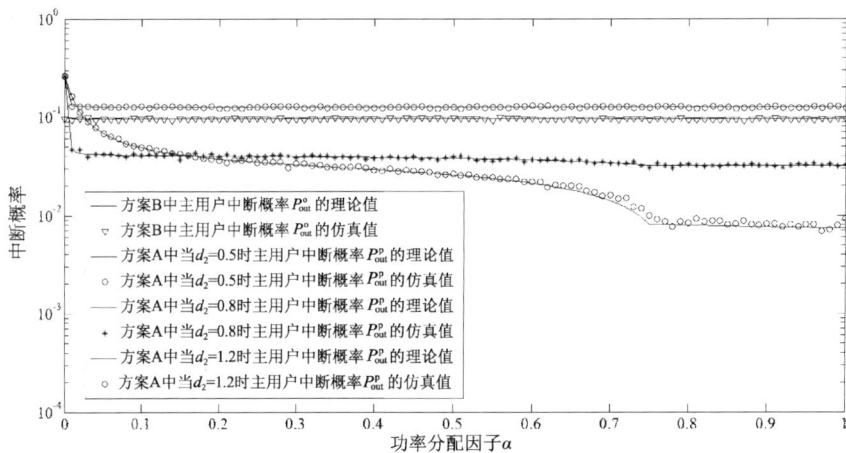

图 8-13　α 对主用户中断概率的影响

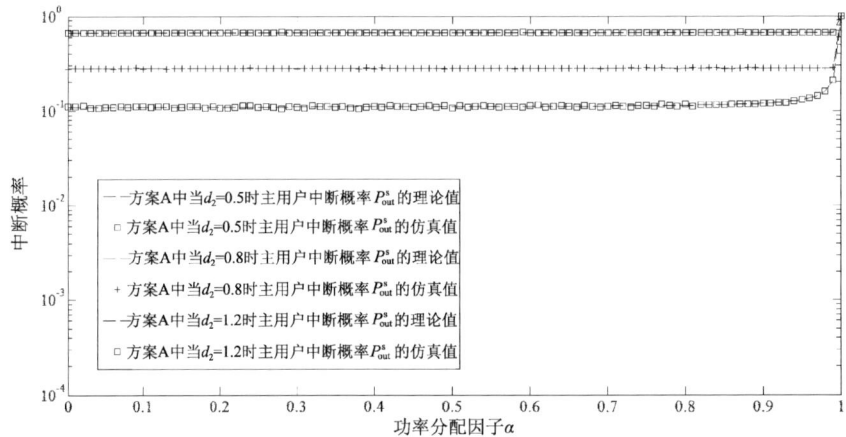

图 8-14　α 对次用户中断概率的影响

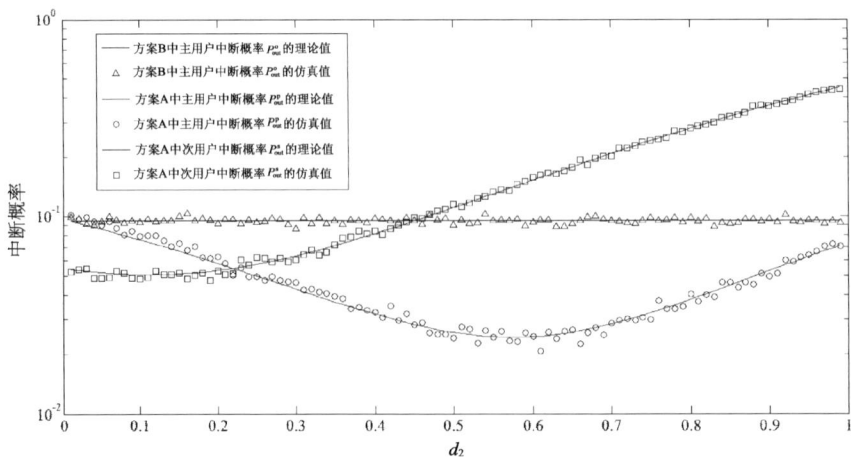

图 8-15　d_2 对中断概率的影响

接着，研究传输功率对中断性能的影响。我们分别为图8-16～图8-18中给出了P_r、P_p和P_s的变化对中断概率的影响。在这三个图中，拓扑结构依旧与图8-13相同，即所有的通信节点均共线，除了距离和传输功率的其他参数设置为$R_{pt}=R_{st}=1$，$\nu=4$，$\sigma^2=1$以及$\alpha=0.5$。首先，在图8-16中给出了中继Relay的传输功率P_r对主、次用户中断概率的影响，其中，主、次发射机的传输功率设置为$P_p=P_s=10W$。从图8-16中可以看出，随着P_r的增大，主、次用户的中断概率均随之减小。经过分析知道这是由于Relay能同时协助主信号以及次信号的传输，所以，主、次用户的中断性能都将受益于P_r的增大。但是，当主、次用户分别进行各自的通信时，又会对彼此产生相互干扰，随着P_r的增大，这种相互干扰也会随之变大。因此，从图中发现主、次用户的中断概率先随P_r的增大而减小，但是不会一直随着P_r的增大而无限制地减小，当达到临界值时，主、次用户的中断概率均不再减小，而是趋于稳定。

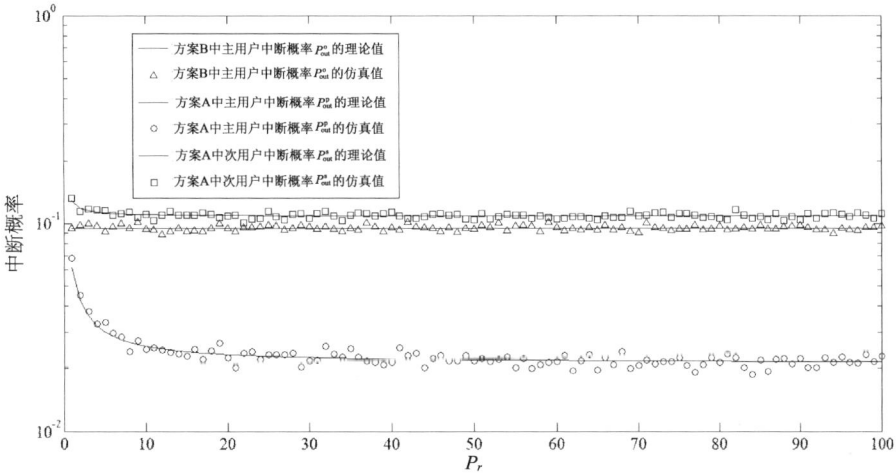

图 8-16　P_r 的变化对中断概率的影响

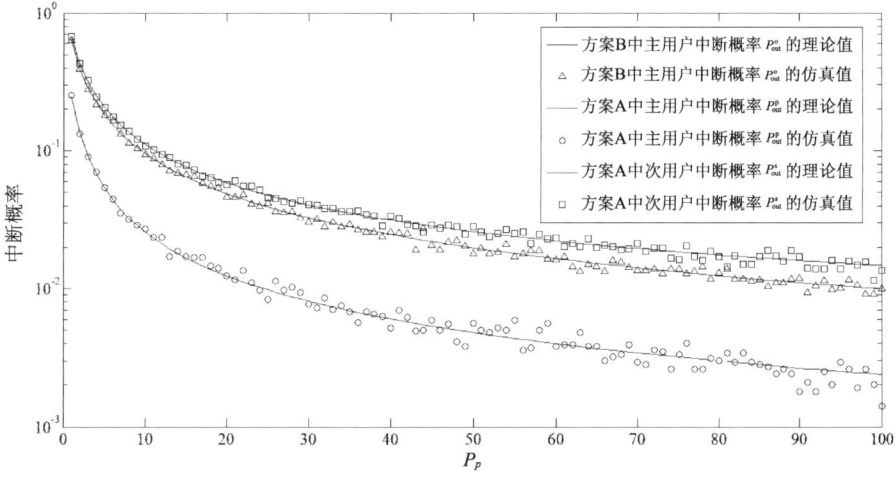

图 8-17　P_p 的变化对中断概率的影响

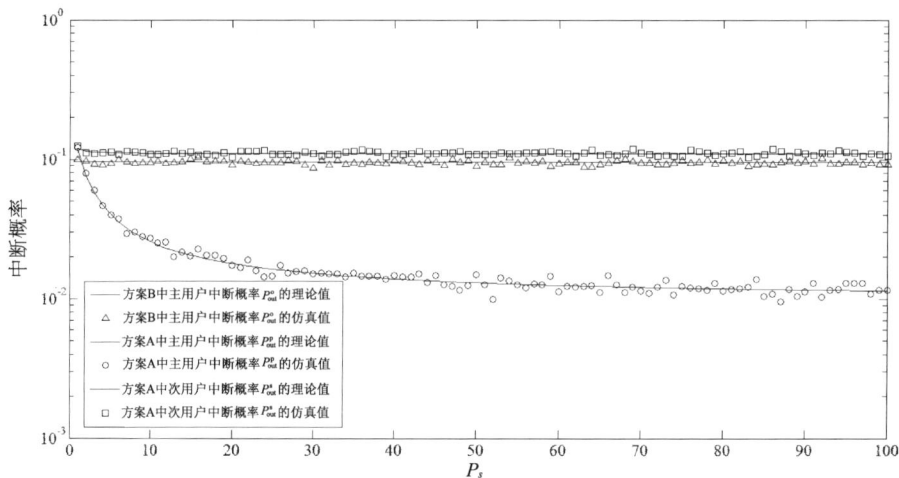

图 8-18 P_s 的变化对中断概率的影响

其次，图 8-17 给出了主发射机 PT 的传输功率 P_p 对主、次用户中断概率的影响。通过对中断概率式（8-51）、式（8-55）以及式（8-56）的分析，我们知道 P_{out}^p、P_{out}^s 和 P_{out}^o 都随着 P_p 的增大而减小，这个结论和图 8-17 中的仿真结果吻合。毋庸置疑，P_p 是 PT 的传输功率，不管是在方案 A 还是方案 C 中，主用户的中断性能肯定受益于 P_p 的增大。对于次系统来说，在 SR 处对主信号 x_p 的解码受益于 P_p 的增大，因此，次用户的中断概率也随着 P_p 的增大而减小。

最后，图 8-18 给出了次发射机 ST 传输功率 P_s 对中断概率的影响。从图中看出主、次用户的中断概率均随 P_s 的增大而减小。对于次系统来说，通过对式（8-55）的分析得到次用户中断概率随 P_s 的增大而减小，但是在图 8-18 中，随着 P_s 的增大，P_{out}^s 没有明显的降低，导致这个结果的原因在于 ST 和 SR 之间没有直传链路，这就意味着次信号的传输主要依赖于 Relay 的协助，所以次发射机传输功率的增大没有对次用户的中断性能产生明显的益处。对于主系统而言，随着 P_s 的增大，次用户对主用户的干扰则越大，但是 P_s 的增大有益于 PR 处对次信号的解码，因此，主用户的中断概率 P_{out}^p 会随着 P_s 的增大而减小。

8.4 本 章 小 结

本章针对认知中继网络，分析了两种新的频谱共享方案中主、次用户的中断性能，并试图对主、次用户的中断性能进行平衡。首先，鉴于主用户对频谱访问的优先级的考虑，带着提高主、次用户两者的中断性能的目的，提出了一个次用户和中继用户同时协作主用户信号传输的频谱共享方案。主信号的传输可以有三种传输方式，分别是主用户间的直传链路、次用户的协作链路以及中继用户的协作链路，而次信号的传输只能通过次用户间的直传链路进行传输。我们先对整个系统的传输过程进行描述，联系相关的理论知识，得到了各链路的信号表示以及传输速率，进而通过分析和计算得到主、次用户中断概率的理论表达式。然后，通过仿真对理论结果进行验证，并通过与其他频谱共享模型进行比较，得到更优的主用户中断性能。最后，调节次用户的功率分配因子，达到降低次用户中断概率的目的，从而实现主、次用户中断概率之间的平衡。

然后，鉴于次用户对频谱访问的诸多限制以及现实通信环境不理想的考虑，在假设次用户之间无法找到合适的频谱进行直接传输的条件下，提出了一个中继用户同时协助主、次用户信号传输的频谱共享方案。同样地，我们先对整个系统的传输时隙进行划分，并对每个时隙中各条链路的信号传输过程进行描述，得到相应的传输速率。接着分别对主、次信号的传输可能发生中断的情况进行分析，并得出主、次用户中断概率的表达式。随后，通过仿真验证理论结果的正确性，并与其他通信模型进行比较，验证了在提出方案中主用户的中断概率更低，同时，也验证了即使在次用户间无法找到合适的链路进行信号传输时，通过中继的协助依旧能实现次用户之间的有效通信。最后，分析了各个参数对主、次用户中断概率的影响。

参 考 文 献

[1] Zhao G, Yang C, Li Y, et al. Power and channel allocation for cooperative relay in cognitive radio networks [J]. IEEE Journal of Selected Topics in Signal Processing, 2011, 5 (1): 151-159.

[2] Han Y, Pandharipande A, Ting S. Cooperative decode-and-forward relaying for secondary spectrum access [J]. IEEE Transactions on Wireless Communications, 2009, 8 (10): 4945-4950.

[3] Lee J, Wang H, Andrews J G, et al. Outage probability of cognitive relay networks with interference constraints [J]. IEEE Transactions on Wireless Communications, 2011, 10 (2): 390-395.

[4] Sagong S, Lee J, Hong D. Capacity of reactive DF scheme in cognitive relay networks [J]. IEEE Transactions on Wireless Communications, 2011, 10 (10): 3133-3138.

[5] Asghari V, Aïssa S. Performance of cooperative spectrum-sharing systems with amplify-and-forward relaying [J]. IEEE Transactions on Wireless Communications, 2012, 11 (4): 1295-1300.

[6] Luo L, Zhang P, Zhang G, et al. Outage performance for cognitive relay networks with underlay spectrum sharing [J]. IEEE Communications Letters, 2011, 15 (7): 710-712.

[7] Li Q, Ting S, Pandharipande A, et al. Cognitive spectrum sharing with two-way relaying systems [J]. IEEE Transactions on Vehicular Technology, 2011, 60 (3): 1233-1240.

[8] Chang W. Cognitive radios for preserving primary outage performance over two-hop relay channels [J]. IEEE Communications Letters, 2012, 16 (8): 1176-1179.

[9] Guo Y, Kang G, Zhang N, et al. Outage performance of relay-assisted cognitive-radio system under spectrum-sharing constraints [J]. Electronics Letters, 2010, 46 (2): 182-184.

[10] Yan Z, Zhang X, Wang W. Exact outage performance of cognitive relay networks with maximum transmit power limits [J]. IEEE Communications Letters, 2011, 15 (12): 1317-1319.

[11] Si J, Li Z, Chen X, et al. On the performance of cognitive relay networks under primary user's outage constraint [J]. IEEE Communications Letters, 2011, 15 (4): 422-424.

[12] Si J, Li Z, Huang H, et al. Capacity analysis of cognitive relay networks with the PU's interference [J]. IEEE Communications Letters, 2012, 16 (12): 2020-2023.

[13] Yang P, Luo L, Qin J. Outage performance of cognitive relay networks with interference from primary user [J]. IEEE Communications Letters, 2012, 16(10): 1695-1698.

[14] Bao V N Q, Duong T Q, Costa B D, et al. Cognitive amplify-and-forward relaying with best relay selection in non-identical Rayleigh fading [J]. IEEE Communications Letters, 2013, 17(3): 475-478.

[15] Zhang X, Yan Z, Gao Y, et al. On the study of outage performance for cognitive relay networks with the Nth best-relay selection in Rayleigh-fading channels [J]. IEEE Wireless Communications Letters, 2013, 2(1): 110-113.

[16] Wang Y, Ren P, Gao F. Power allocation for statistical QoS provisioning in opportunistic multi-relay DF cognitive networks [J]. IEEE Signal Processing Letters, 2013, 20(1): 43-46.

[17] Huang H, Li Z, Si J, et al. Outage analysis of underlay cognitive multiple relays networks with a direct link [J]. IEEE Communications Letters, 2013, 17(8): 1600-1603.

[18] Zou Y, Yao Y, Zheng B. Cooperative relay techniques for cognitive radio systems: spectrum sensing and secondary user transmissions [J]. IEEE Communications Magazine, 2012, 50(4): 98-103.

[19] Kang X. Optimal power allocation for fading cognitive multiple access channels: a two-user case [J]. IEEE Wireless Communications Letters, 2013, 2(6): 683-686.

[20] Zou Y, Yao Y, Zheng B. Cognitive transmissions with multiple relays in cognitive radio networks [J]. IEEE Transactions on Wireless Communications, 2011, 10(2): 648-659.

[21] Choi M, Park J, Choi S. Simplified power allocation scheme for cognitive multi-node relay networks [J]. IEEE Transactions on Wireless Communications, 2012, 11(6): 2008-2012.

[22] Li D. Cognitive relay networks: opportunistic or uncoded decode-and-forward relaying [J]. IEEE Transactions on Vehicular Technology, 2014, 63(3): 1486-1491.

[23] Krikidis I, Suraweera H A, Smith P J, et al. Full-duplex relay selection for amplify-and-forward cooperative networks [J]. IEEE Transactions on Wireless Communications, 2012, 11(12): 4381-4393.

[24] Kim H, Lim S, Wang H, et al. Optimal power allocation and outage analysis for cognitive full duplex relay systems [J]. IEEE Transactions on Wireless Communications, 2012, 11(10):3754-3765.

[25] Khafagy M, Ismail A, Alouini M, et al. On the outage performance of full-duplex selective decode-and-forward relaying [J]. IEEE Communications Letters, 2013, 17(6): 1180-1183.

[26] Chen J, Si J, Li Z, et al. On the performance of spectrum sharing cognitive relay networks with imperfect CSI [J]. IEEE Communications Letters, 2012, 16(7): 1002-1005.

[27] Safavi S H, Ardebilipour M, Salari S. Relay beamforming in cognitive two-way networks with imperfect channel state information [J]. IEEE Wireless Communications Letters, 2012, 1(4): 344-347.

[28] Zhang X, Xing J, Yan Z, et al. Outage performance study of cognitive relay networks with imperfect channel knowledge [J]. IEEE Communications Letters, 2013, 17(1): 27-30.

[29] Gong X, Ispas A, Dartmann G, et al. Power allocation and performance analysis in spectrum sharing systems with statistical CSI [J]. IEEE Transactions on Wireless Communications, 2013, 12(4): 1819-1831.

[30] Hamdi K, Hasna M O, Ghrayeb A, et al. Opportunistic spectrum sharing in relay-assisted cognitive systems with imperfect CSI [J]. IEEE Transactions on Vehicular Technology, 2014, 63(5): 2224-2235.

第9章 放大转发协作通信的频谱效率和能效平衡

9.1 引 言

可靠、高数据速率业务方面需求的快速增长导致无线通信系统消耗大量能量。无线终端的电池容量是有限的，而且电池技术的进步比通信技术的进步要慢很多[1,2]。同时，无线网络的能耗增加不可避免导致更多的碳排放，极大地污染了环境。据文献[3]报道，对移动网络运营商来说，超过70%的能量消耗在无线接入部分。因此，无线网络的节能设计成为非常紧迫的任务，能效将是未来无线网络一个重要的考量指标。

无线网络另外一个重要的考量指标是频谱效率，它反映无线电频谱的利用情况。频谱效率通常定义为信息传输速率和带宽之比。实际上，频谱效率已经被广泛用作无线网络的一个关键性能指标。例如，在 GSM 通信系统中 3GPP 的下行频谱效率目标从0.05bit/s/Hz 增长到 5bit/s/Hz[4]。除此以外，过去几十年人们从频谱分配和管理的角度广泛研究了频谱效率。研究人员还提出了认知无线电概念，目的是突破传统的固定频谱分配政策[5,6]。

文献[2,4]以及[7-11]都指出能效和频谱效率不能同时提高，它们之间存在平衡。文献[2]推导了下行 OFDMA 网络中能效和频谱效率平衡关系的紧致上限和紧致下限。文献[4]针对加性高斯白噪声信道讨论了能效和频谱效率的平衡关系。对于协作多点系统上行[7]、瑞利衰落 MIMO 信道[8]、单输入单输出瑞利衰落信道[9]和分布式 MIMO 系统[10]，作者给出了能效和频谱效率平衡关系的闭合近似式。对多种类型的信道，文献[11]从信息论角度探讨了能效和频谱效率平衡问题。从这些文献可以清楚看到能效和频谱效率平衡在节能和高频谱效率的无线网络设计中备受重视。

能效和频谱效率平衡问题通常描述为在频谱效率约束下最大化能效[2,12]。文献[2]研究了 OFDMA 网络中的子载波和功率分配，使得能效最大化。文献[12]中探讨了分布式天线系统下行功率分配，以最大化能效。文献[13]进一步探讨了传输速率比例公平情况下分布式天线系统的能效和频谱效率平衡。文献[14-21]分别研究了统一尺度、大规模多用户 MIMO 系统、移动自组织网络中视频流、蜂窝网中断概率约束、干扰受限无线网络、虚拟 MIMO 系统、中继辅助蜂窝网和蜂窝网下行的能效和频谱效率平衡。和这些工作不同的是，我们侧重于放大转发中继网络，研究源节点和中继的功率分配，以在频谱效率约束下最大化能效。在频谱效率约束下最大化能效具有现实重要性。例如，通信系统需要为在线视频和在线游戏等业务提供最小的传输速率。为此，当被分配的带宽有限并且固定时它必须保证最小的频谱效率。同时为了延长电池寿命，能效最大化永远都是被期待的。

在无线网络中，通过将长距离传输变成多次短距离传输，中继通信可以降低节点的发射功率。因此，中继传输技术曾经被认为是节能的[22]。然而文献[23]指出，如果考虑电路能耗，中继传输并不总是比非协作传输节能。在前期工作中，中继网络的容量和误码性能已经被广泛研究[24-26]，而中继网络的能效很少得到关注。在延迟受限的中继网络（例如传感器网络）[23]中分析了能效，目标是最小化传输一定量信息比特的能耗。在多跳解码转发中继网络[27]和 MIMO 多跳无线网络[28]中阐述了每信息比特能耗和端到端传输速率的平衡。简单的中继网络中的节能协作技术被研究[29]，作者联合考虑了物理层和网络层。还有学者研究了节能的多用户放大转发中继网络，但是没有考虑能效和频谱效率的平衡；推导了能效和频谱效率的关系，并且比较了两种协作策略（放大转发和解码转发）的能效，但是没有考虑能效优化。据我们所知，放大转发中继网络中的能效和频谱效率平衡问题还没有彻底解决。

在本章，我们研究放大转发中继网络的能效和频谱效率平衡。能效和频谱效率平衡建模为优化问题，目标是在频谱效率约束下最大化能效。能效定义为每单位能耗的比特传输量，等价于每单位功耗的传输速率[1,2]。能效的单位是比特/焦耳或者 bit/s/W。这个能效定义已经被广泛接受[1,2,23]。我们考虑三种传输策略：①非协作传输；②无直传链路的中继传输；③有直传链路的中继传输。在非协作传输策略中，优化源节点的发射功率 P_s，目标是在频谱效率约束下最大化能效。我们证明能效关于 P_s 是严格准凹的。在中继传输策略中，联合优化了源节点的发射功率 P_s 和中继的放大增益 β。我们证明能效关于 P_s 或者 β 是严格准凹的。利用这个准凹性，分别提出了一种最优并且高复杂度的一维搜索方法和一种复杂度低得多、近似最优的交替优化方法。我们还将讨论相同频谱效率约束下的传输策略选择。尽管本章研究的能效和频谱效率平衡只针对时分双工的中继网络，提出的方法也可用于频分双工的中继网络，因为时分双工和频分双工中继网络中能效和频谱效率的表达式很相似。还有，时分双工和频分双工中继网络对应的频谱效率相等。

9.2 功耗背景

通信用的一般无线节点的功耗通常来自三个部分：(1)射频功率放大器的功耗 P_{PA}；(2)其他射频电路的功耗 P_{RFC}（除了射频功率放大器）；(3)基带处理电路的功耗 P_{BPC}。P_{PA} 和放大器的能量转换效率、发射功率等级有关，通常建模为发射功率和功率放大器能量转换效率的比率[2,23]。P_{RFC} 通常被认为独立于数据速率，并且被视为常数[23,30]。P_{BPC} 包含两个部分：静态部分和动态部分。动态部分随着基带处理复杂度和速率增加[31]。在只进行简单基带处理的无线节点中，如放大转发中继，P_{BPC} 和 P_{RFC} 相比要小得多，可以忽略[23,30,31]。在放大转发中继网络中，中继只有低复杂度的基带处理或者不需要基带处理[31]。因此，忽略放大转发中继网络的中继基带处理电路的功耗是合理的。

在本章我们只考虑 P_{PA} 和 P_{RFC}，忽略了 P_{BPC}。以下 P_{PA} 称为放大器功耗，而 P_{RFC} 指的是电路功耗（为了表示方便，将它写成 P_c）。

9.3 系 统 模 型

我们考虑的中继网络包括一个源节点、一个目的节点和一个中继，如图 9-1 所示。源节点发送数据到目的节点，采用三种可能的传输策略：(1)非协作传输（见图 9-1(a)）；

(2)无直传链路的中继传输(见图 9-1(b));(3)有直传链路的中继传输(见图 9-1(c))。在本章,中继传输策略使用时分双工(一帧被等分为两个时隙)和放大转发中继协议[24]。

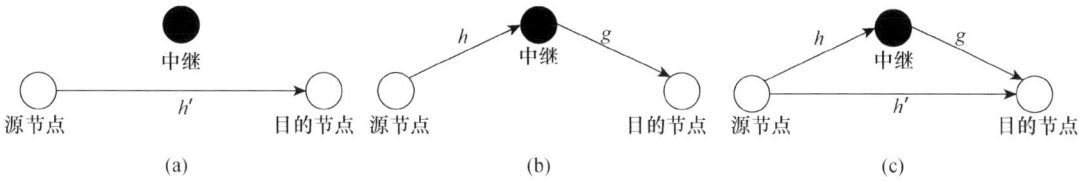

图 9-1　中继网络模型

9.3.1　非协作传输

在非协作传输策略中,源节点直接将数据发送给目的节点。目的节点接收的信号可以表示为 $z' = \sqrt{P_s}h'x + u'$,其中 P_s 是源节点的发射功率;h' 是从源节点到目的节点的信道系数、x 是源节点的发射信号(假设 $E\{|x|^2\} = 1$,其中 $E\{x\}$ 是随机变量 x 的数学期望);u' 是加性高斯白噪声,均值为零,方差为 σ^2。这里 $\sigma^2 = Wn_0$,其中 W 是固定的信道带宽;n_0 是噪声功率谱密度。注意方差 σ^2 实际上代表噪声 u' 的平均功率,因为 $\mathrm{Var}\{u'\} = E\{|u' - 0|^2\} = E\{|u'|^2\}$,其中 $\mathrm{Var}\{u'\}$ 表示噪声 u' 的方差。目的节点接收信号的信噪比可以计算为 $\mathrm{SNR}' = P_s|h'|^2/\sigma^2$,系统吞吐量是 $R = W\log_2(1 + \mathrm{SNR}')$。总功耗包括电路功耗和放大器功耗,写为 $P = P_c + P_{\mathrm{PA}}$。$P_c = P_c^S + P_c^D$ 是电路功耗之和,其中 P_c^S 和 P_c^D 分别表示源节点和目的节点的电路功耗。$P_{\mathrm{PA}} = \xi_s P_s$ 是源节点的放大器功耗,其中 $1/\xi_s \in (0, 1]$ 表示源节点功率放大器的能量转换效率。能量转换效率取决于节点的设计和实现,对不同的节点来说是不同的[1]。

9.3.2　无直传链路的中继协作传输

在无直传链路的中继协作传输策略中,源节点通过中继转发数据给目的节点,源节点和目的节点之间没有直传链路。整个过程在两个相继的时隙 T_1 和 T_2 内完成。T_1 的长度和 T_2 的长度相等[24]。在第一个时隙 T_1,源节点发送信号给中继。在第二个时隙 T_2,中继先放大其接收信号再将放大后的信号转发到目的节点。中继和目的节点的接收信号分别表示为 $y = \sqrt{P_s}hx + u$ 和 $z = \sqrt{\beta}gy + v$,其中 h 和 g 分别是源节点到中继的信道系数和中继到目的节点的信道系数;u 和 v 是加性高斯白噪声,均值为 0,方差为 σ^2(假设噪声 u、v 和 u' 是独立同分布的);β 表示中继功率放大器的放大增益。目的节点接收信号的信噪比是 $\mathrm{SNR}_r = \beta|g|^2 P_s|h|^2/\left(1 + \beta|g|^2\right)\sigma^2$。系统吞吐量是 $R = 1/2W\log_2(1 + \mathrm{SNR}_r)$,其中因子 $1/2$ 表明目的节点仅在整个帧的第二时隙 T_2 内接收数据[24,32]。在这种传输策略中,总功耗可以计算为 $P = 1/2(P_c + P_{\mathrm{PA}})$,其中因子 $1/2$ 表明源节点和中继仅在半个帧内发送数据(分别在 T_1 和 T_2 内),因此只在半个帧内消耗功率。$P_c = P_c^{S1} + P_c^{R1} + P_c^{R2} + P_c^{D2}$ 是电路功耗之和,其中 P_c^{S1} 和 P_c^{R1} 分别表示源节点和中继在时隙 T_1 内的电路功耗;P_c^{R2} 和 P_c^{D2} 分别表示中继和目的节点在时隙 T_2 内的电路功耗。$P_{\mathrm{PA}} = \xi_s P_s + \xi_r \beta E(|y|^2) = \xi_s P_s + \xi_r \beta(P_s|h|^2 + \sigma^2)$ 是放

大器功耗之和，$1/\xi_r$ 是中继功率放大器的能量转换效率。

9.3.3　有直传链路的中继协作传输

在有直传链路的中继协作传输策略中，源节点既直接发送也通过中继转发数据到目的节点。整个过程同样在两个相继的时隙 T_1 和 T_2 内完成。在第一个时隙 T_1，源节点同时发送信号给中继和目的节点。在第二个时隙 T_2，中继放大它的接收信号并且将放大后的信号转发到目的节点。假设：（1）目的节点使用相干接收机，已知所有的信道状态信息；（2）中继网络实现了全局同步。这样目的节点可以应用最优合并方法（MRC）来处理 T_1 和 T_2 内接收的信号[33]。目的节点接收信号的信噪比可以如下计算[32]：

$$\mathrm{SNR}'_r = \mathrm{SNR}' + \mathrm{SNR}_r = \frac{P_s|h'|^2}{\sigma^2} + \frac{\beta|g|^2 P_s|h|^2}{\left(1+\beta|g|^2\right)\sigma^2} \tag{9-1}$$

系统吞吐量用 $R = 1/2 W\log_2\left(1+\mathrm{SNR}'+\mathrm{SNR}_r\right)$ 计算，其中因子 1/2 表明整个帧的第一半和第二半时间（T_1 和 T_2）内接收的数据是发自源节点的同一数据的复制，从传输效率来说其中之一可以看作冗余信息。在这种传输策略中，总功耗可以计算为 $P = 1/2(P_c + P_{\mathrm{PA}})$。$P_c = P_c^{S1} + P_c^{R1} + P_c^{D1} + P_c^{R2} + P_c^{D2}$ 是电路功耗之和，其中 P_c^{D1} 表示中继在时隙 T_1 内的电路功耗。$P_{\mathrm{PA}} = \xi_s P_s + \xi_r \beta E(|y|^2) = \xi_s P_s + \xi_r \beta(P_s|h|^2 + \sigma^2)$ 是放大器功耗之和。

9.4　频谱效率和能效平衡

本节将针对上述三种传输策略讨论能效和频谱效率的平衡，还将讨论功率控制来达到平衡。特别地，将寻找最优的源节点发射功率 P_s 和/或者最优的中继放大增益 β 来最大化能效同时保持频谱效率高于一个阈值。我们先证明能效是关于 P_s 或者 β 的准凹函数，然后利用这个准凹性去求解优化问题，降低计算复杂度。

9.4.1　非协作传输

能效定义为系统吞吐量和总功耗的比率，频谱效率定义为系统吞吐量和带宽的比率[2]。在非协作传输策略中，能效和频谱效率分别写为

$$\eta_{\mathrm{EE1}} = \frac{R}{P} = \frac{W\log_2\left(1+\dfrac{P_s|h'|^2}{\sigma^2}\right)}{P_c + \xi_s P_s} \tag{9-2}$$

$$\eta_{\mathrm{SE1}} = \frac{R}{W} = \log_2\left(1+\frac{P_s|h'|^2}{\sigma^2}\right) \tag{9-3}$$

我们的目标是找到最优的源节点发射功率 P_s 以最大化 η_{EE1}，同时保持 η_{SE1} 高于一个阈值，并且满足源节点的最大发射功率约束，即

$$\max_{P_s}\ \eta_{\mathrm{EE1}}\quad \text{s.t.}\ \eta_{\mathrm{SE1}} \geqslant \bar{\eta}_{\mathrm{SE}} \geqslant 0,\ 0 \leqslant P_s \leqslant \bar{P}_s \tag{9-4}$$

其中，$\bar{\eta}_{SE}$ 是要求的最小频谱效率（当带宽 W 固定时，$\bar{\eta}_{SE}$ 确定最小的传输速率 $W\bar{\eta}_{SE}$）；$\bar{P}_s$ 是最大允许的源节点发射功率。

从函数 η_{SE1} 的域和不等式约束 $\eta_{SE1} \geqslant 0$ 可知 $P_s \geqslant 0$。另外从式 (9-3) 可知对 $P_s \in [0,+\infty)$，η_{SE1} 是 P_s 的递增函数。令 $\eta_{SE1} = \bar{\eta}_{SE}$。那么，要求的最小源节点发射功率 $\hat{P}_s$ 可以用 $\hat{P}_s = (2^{\bar{\eta}_{SE}} - 1)\sigma^2 / |h'|^2$ 计算。因此，当 $P_s \geqslant \hat{P}_s \geqslant 0$ 时不等式约束 $\eta_{SE1} \geqslant \bar{\eta}_{SE} \geqslant 0$ 成立。

从 $0 \leqslant \hat{P}_s \leqslant \bar{P}_s$ 可知，优化问题 (9-4) 至少存在一个可行解。如果 $0 \leqslant \hat{P}_s \leqslant \bar{P}_s$，可行集合是 $P_s \in [\hat{P}_s, \bar{P}_s]$。否则，优化问题 (9-4) 没有解，意味着式 (9-4) 中的约束不能同时满足。

接下来证明能效 η_{EE1} 是 P_s 的准凹函数，并且提出一种方法来得到最优的源节点发射功率。

定理 9-1：对 $P_s \in [0,+\infty)$，η_{EE1} 关于 P_s 是严格准凹的。

证明：见附录 A。

设 $0 \leqslant \hat{P}_s \leqslant \bar{P}_s$，根据定理 9-1 可知，对 $P_s \in [\hat{P}_s, \bar{P}_s]$，$\eta_{EE1}$ 相对 P_s 的变化曲线只有三种情形，如图 9-2 所示。

情形 1：对 $P_s \in [\hat{P}_s, \bar{P}_s]$，如果 $\mathrm{d}\eta_{EE1}/\mathrm{d}P_s|_{P_s = \bar{P}_s} \geqslant 0$，$\eta_{EE1}$ 随着 P_s 严格递增，其中 $\mathrm{d}\eta_{EE1}/\mathrm{d}P_s$ 由附录 A 中的式 (9-15) 给出。对于这个情形，优化问题 (9-4) 的最优解在 $P_s^* = \bar{P}_s$ 取到。

情形 2：对 $P_s \in [\hat{P}_s, \bar{P}_s]$，如果 $\mathrm{d}\eta_{EE1}/\mathrm{d}P_s|_{P_s = \hat{P}_s} \leqslant 0$，$\eta_{EE1}$ 随着 P_s 严格递减。最优解在 $P_s^* = \hat{P}_s$ 取到。

情形 3：对 $P_s \in [\hat{P}_s, \bar{P}_s]$，如果 $\mathrm{d}\eta_{EE1}/\mathrm{d}P_s|_{P_s = \hat{P}_s} > 0$，$\mathrm{d}\eta_{EE1}/\mathrm{d}P_s|_{P_s = \bar{P}_s} < 0$，$\eta_{EE1}$ 随着 P_s 先严格递增然后严格递减。最优解在 $P_s^* = \tilde{P}_s$ 取到，其中 $\tilde{P}_s$ 是 η_{EE1} 达到最大值的点，$P_s \in [0,+\infty)$。这个最优解可以通过解方程 $\mathrm{d}\eta_{EE1}/\mathrm{d}P_s = 0$ 得到。$\tilde{P}_s$ 的闭合表达式不容易得到，可以用数值方法找到，例如二分法。

9.4.2 无直传链路的中继协作传输

在无直传链路的中继传输策略中，能效和频谱效率分别写为

$$\eta_{EE2} = \frac{R}{P} = \frac{W \log_2(1 + \mathrm{SNR}_r)}{P_c + \xi_s P_s + \xi_r \beta(P_s|h|^2 + \sigma^2)} \tag{9-5}$$

$$\eta_{SE2} = \frac{R}{W} = \frac{1}{2}\log_2(1 + \mathrm{SNR}_r) \tag{9-6}$$

其中，$\mathrm{SNR}_r = \beta|g|^2 P_s|h|^2 / (1 + \beta|g|^2)\sigma^2$。

我们的目标是寻找最优的源节点发射功率 P_s 和最优的中继放大增益 β 以最大化 η_{EE2}，同时保持 η_{SE2} 高于一个阈值，并且满足源节点和中继的最大发射功率约束。这个优化问题可以构建为

$$\max_{P_s, \beta} \eta_{EE2} \quad \text{s.t. } \eta_{SE2} \geqslant \bar{\eta}_{SE} \geqslant 0,\ 0 \leqslant P_s \leqslant \bar{P}_s,\ 0 \leqslant P_r \leqslant \bar{P}_r \tag{9-7}$$

其中，P_r 是中继的发射功率，即 $P_r = \beta(P_s|h|^2 + \sigma^2)$；$\bar{P}_r$ 是中继的最大允许发射功率。

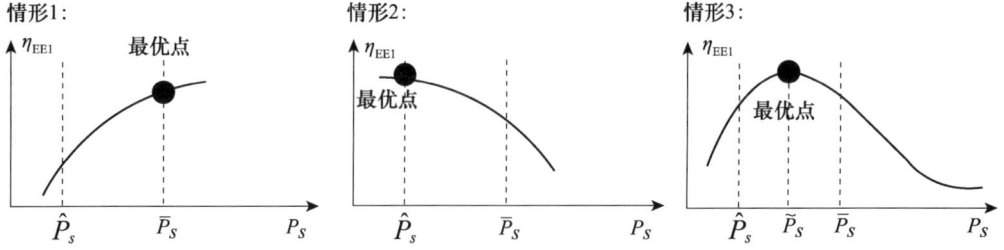

图 9-2　η_{EE1} 相对 P_s 变化的三种情形

不巧的是，很难找到 P_s 和 β 的联合优化结果，原因如下：第一，η_{EE2} 关于 P_s 和 β 的联合来说不是凹的。由于双重可积的函数 $f(x)$ 是凹的当且仅当它的 Hessian 矩阵是半负定的，对于所有在它域内的 x [34]，可以找到一个反例证明 η_{EE2} 的非凹性。例如，当相关的参数设置为 $|h|^2 = 1$，$\sigma^2 = 10\,\mathrm{dBm}$，$|g|^2 = 0.5$（$\mathrm{SNR}_r \approx -3\,\mathrm{dB}$），$W = 1\,\mathrm{Hz}$，$P_c = 10\,\mathrm{dBm}$，$\xi_s = \xi_r = 1/0.38$（即能量转换效率是 38%），$\eta_{EE2}$ 的 Hessian 矩阵在点 $P_s = 20\,\mathrm{dBm}$，$\beta = 0.1$ 是不定的。第二，η_{SE2} 关于 P_s 和 β 的联合也不是凹的。η_{SE2} 是凹的一个反例是当参数设置为 $|h|^2 = 1$，$\sigma^2 = 10\,\mathrm{dBm}$，$|g|^2 = 0.5$（$\mathrm{SNR}_r \approx -3\,\mathrm{dB}$），$\eta_{SE2}$ 的 Hessian 矩阵在点 $P_s = 20\,\mathrm{dBm}$，$\beta = 0.1$ 是不定的。最终，由式 (9-7) 第三个约束确定的 $\{(P_s, \beta) \mid 0 \leqslant P_r \leqslant \bar{P}_r\}$ 不是凸的，使得该优化问题是非凹的/非准凹的优化问题。

为了克服这个困难，我们先对一个变量做优化，让另一个变量固定。即分别固定 β，对 P_s 做优化；固定 P_s，对 β 做优化。然后利用各自的优化结果，对 P_s 和 β 做联合优化。我们提出一种一维搜索方法和一种替代优化方法找到式 (9-7) 中优化问题的解。

固定 β，对 P_s 做优化：给定 β，对 P_s 做优化的问题可以构建为

$$\max_{P_s} \ \eta_{EE2} \ \text{s.t.} \ \eta_{SE2} \geqslant \bar{\eta}_{SE} \geqslant 0, \ 0 \leqslant P_s \leqslant \bar{P}_s \tag{9-8}$$

从函数 η_{SE} 的域和不等式约束 $\eta_{SE2} \geqslant 0$，有 $P_s \geqslant 0$。而且从式 (9-6) 很容易证明对 $P_s \in [0, +\infty)$，η_{SE2} 随着 P_s 增加。通过令 $\eta_{SE2} = \bar{\eta}_{SE}$，可以推导出源节点需要的最小发射功率为 $\hat{P}_s = (2^{2\bar{\eta}_{SE}} - 1)(1 + \beta |g|^2) \sigma^2 / \beta |g|^2 |h|^2$。因此，当 $P_s \geqslant \hat{P}_s \geqslant 0$ 时不等式约束 $\eta_{SE2} \geqslant \bar{\eta}_{SE} \geqslant 0$ 成立。

根据 $P_s \geqslant \hat{P}_s \geqslant 0$ 和 $0 \leqslant P_s \leqslant \bar{P}_s$，优化问题 (9-8) 至少存在一个可行解。如果 $0 \leqslant \hat{P}_s \leqslant \bar{P}_s$，可行集合是 $P_s \in [\hat{P}_s, \bar{P}_s]$。否则，优化问题 (9-8) 没有解。

定理 9-2：对 $P_s \in [0, +\infty)$，η_{EE2} 关于 P_s 是严格准凹的。

证明：见附录 B。

和第 9.4.1 节中非协作传输策略的分析相似，设 $0 \leqslant \hat{P}_s \leqslant \bar{P}_s$，根据定理 9-2 可知，对 $P_s \in [\hat{P}_s, \bar{P}_s]$，$\eta_{EE2}$ 相对 P_s 的变化曲线仅有三种情形。

情形 1：对 $P_s \in [\hat{P}_s, \bar{P}_s]$，如果 $\mathrm{d}\eta_{EE2}/\mathrm{d}P_s |_{P_s = \bar{P}_s} \geqslant 0$，$\eta_{EE2}$ 随着 P_s 严格递增，其中 $\mathrm{d}\eta_{EE2}/\mathrm{d}P_s$ 由附录 B 中的式 (9-22) 给出。优化问题 (9-8) 的最优解在 $P_s^* = \bar{P}_s$ 取到。

情形 2：对 $P_s \in [\hat{P}_s, \bar{P}_s]$，如果 $\mathrm{d}\eta_{EE2}/\mathrm{d}P_s |_{P_s = \hat{P}_s} \leqslant 0$，$\eta_{EE2}$ 随着 P_s 严格递减。最优解在 $P_s^* = \hat{P}_s$ 取到。

情形 3：对 $P_s \in [\hat{P}_s, \bar{P}_s]$，如果 $\mathrm{d}\eta_{\mathrm{EE2}}/\mathrm{d}P_s\big|_{P_s=\hat{P}_s} > 0$，$\mathrm{d}\eta_{\mathrm{EE2}}/\mathrm{d}P_s\big|_{P_s=\bar{P}_s} < 0$，$\eta_{\mathrm{EE2}}$ 随着 P_s 先严格递增然后严格递减。最优解在 $P_s^* = \tilde{P}_s$ 取到，其中 $\tilde{P}_s$ 是 η_{EE2} 达到最大值的点，当 $P_s \in [0, +\infty)$，β 固定时。这个最优解可以通过解方程 $\mathrm{d}\eta_{\mathrm{EE2}}/\mathrm{d}P_s = 0$ 得到。

固定 P_s，对 β 做优化：给定 P_s，对 β 做优化的问题可以构建为

$$\max_{\beta} \ \eta_{\mathrm{EE2}} \ \text{s.t.} \ \eta_{\mathrm{SE2}} \geqslant \bar{\eta}_{\mathrm{SE}} \geqslant 0, \ 0 \leqslant P_r \leqslant \bar{P}_r \tag{9-9}$$

从函数 η_{SE2} 的域和不等式约束 $\eta_{\mathrm{SE2}} \geqslant 0$，我们有 $\beta \geqslant 0$ 或者 $\beta < -1/|g|^2$。而且从式(9-6)很容易证明对 $\beta \in [0, +\infty)$ 和 $\beta \in [-\infty, -1/|g|^2)$，$\eta_{\mathrm{SE2}}$ 随着 β 增加。通过令 $\eta_{\mathrm{SE2}} = \bar{\eta}_{\mathrm{SE}}$，可以推导出需要的最小放大增益为 $\hat{\beta} = (2^{2\bar{\eta}_{\mathrm{SE}}} - 1)\sigma^2/|g|^2|h|^2 P_s - (2^{2\bar{\eta}_{\mathrm{SE}}} - 1)|g|^2 \sigma^2$。因此，当 $\beta \geqslant \hat{\beta} \geqslant 0$ 或者 $\hat{\beta} \leqslant \beta < -1/|g|^2$ 时不等式约束 $\eta_{\mathrm{SE2}} \geqslant \bar{\eta}_{\mathrm{SE}} \geqslant 0$ 成立。

由于 $0 \leqslant P_r \leqslant \bar{P}_r$，有 $0 \leqslant \beta \leqslant \bar{\beta}$，其中 $\bar{\beta}$ 表示放大增益的最大值 $\bar{\beta} = \bar{P}_r / P_s |h|^2 + \sigma^2$。

因此，合并 β 的值的范围（即 $\beta \geqslant \hat{\beta} \geqslant 0$ 或者 $\hat{\beta} \leqslant \beta < -1/|g|^2$，$0 \leqslant \beta \leqslant \bar{\beta}$），优化问题(9-9)至少存在一个可行解。如果 $0 \leqslant \hat{\beta} \leqslant \bar{\beta}$，可行集合是 $\beta \in [\hat{\beta}, \bar{\beta}]$。否则，优化问题(9-9)没有解。

定理 9-3：对 $\beta \in [0, +\infty)$，η_{EE2} 关于 β 是严格准凹的。

证明：见附录 C。

和第 9.4.1 节中非协作传输策略的分析相似，设 $0 \leqslant \hat{\beta} \leqslant \bar{\beta}$，根据定理 9-3 可知，对 $\beta \in [\hat{\beta}, \bar{\beta}]$，$\eta_{\mathrm{EE2}}$ 相对 β 的变化曲线仅有三种情形。

情形 1：对 $\beta \in [\hat{\beta}, \bar{\beta}]$，如果 $\mathrm{d}\eta_{\mathrm{EE2}}/\mathrm{d}\beta\big|_{\beta=\bar{\beta}} \geqslant 0$，$\eta_{\mathrm{EE2}}$ 随着 β 严格递增，其中 $\mathrm{d}\eta_{\mathrm{EE2}}/\mathrm{d}\beta$ 由附录 C 中的式(9-29)给出。优化问题(9-9)的最优解在 $\beta^* = \bar{\beta}$ 取到。

情形 2：对 $\beta \in [\hat{\beta}, \bar{\beta}]$，如果 $\mathrm{d}\eta_{\mathrm{EE2}}/\mathrm{d}\beta\big|_{\beta=\hat{\beta}} \leqslant 0$，$\eta_{\mathrm{EE2}}$ 随着 β 严格递减。最优解在 $\beta^* = \hat{\beta}$ 取到。

情形 3：对 $\beta \in [\hat{\beta}, \bar{\beta}]$，如果 $\mathrm{d}\eta_{\mathrm{EE2}}/\mathrm{d}\beta\big|_{\beta=\hat{\beta}} > 0$，$\mathrm{d}\eta_{\mathrm{EE2}}/\mathrm{d}\beta\big|_{\beta=\bar{\beta}} < 0$，$\eta_{\mathrm{EE2}}$ 随着 β 先严格递增然后严格递减。最优解在 $\beta^* = \tilde{\beta}$ 取到，其中 $\tilde{\beta}$ 是 η_{EE2} 达到最大值的点，当 $\beta \in [0, +\infty)$，P_s 固定时。这个最优解可以通过解方程 $\mathrm{d}\eta_{\mathrm{EE2}}/\mathrm{d}\beta = 0$ 得到。

一维搜索方法：首先在范围 $0 \leqslant P_s \leqslant \bar{P}_s$ 内列举 P_s 所有可能的值，并且得到相应的优化问题(9-9)的最优解。然后，优化问题(9-7)的最优解通过比较优化问题(9-9)所有可能的最优解得到。也就是说，优化问题(9-7)中的最高能效可以通过范围 $0 \leqslant P_s \leqslant \bar{P}_s$ 内的一维搜索得到。

替代优化方法：优化问题(9-8)和(9-9)被轮流求解，让一个优化的输出作为另一个优化的输入。替代优化方法的步骤列在表 9-1 中。

表 9-1　替代优化方法 1

1. 初始化源节点发射功率 $P_s^{(0)}$，中继放大增益 $\beta^{(0)}$，迭代 $l=0$，以及精度 $\varepsilon > 0$。

2. 赋值 $P_s^{*(0)} = P_s^{(0)}$，$\beta^{*(0)} = \beta^{(0)}$，用式(9-5)计算相应的能效 $\eta_{\mathrm{EE2}}^{*(0)}$。

3. 迭代
　　a. 根据式(9-9)，固定 $P_s^{*(l)}$，对 β 做优化，得到 $\beta^{*(l+1)}$；
　　b. 根据式(9-8)，固定 $\beta^{*(l+1)}$，对 P_s 做优化，得到 $P_s^{*(l+1)}$；
　　c. 更新迭代步 $l = l+1$；
　　d. 用式(9-5)计算相应的能效 $\eta_{\mathrm{EE2}}^{*(l)}$；
　　直到 $\left| \eta_{\mathrm{EE2}}^{*(l)} - \eta_{\mathrm{EE2}}^{*(l-1)} \right| \leqslant \varepsilon$。

4. 输出当前的 $P_s^{*(l)}$、$\beta^{*(l)}$ 和 $\eta_{\mathrm{EE2}}^{*(l)}$，分别作为 P_s^*、β^* 和 η_{EE2}^*。

9.4.3　有直传链路的中继协作传输

在有直传链路的中继传输策略中，能效和频谱效率分别写为

$$\eta_{\mathrm{EE3}} = \frac{R}{P} = \frac{W\log_2(1+\mathrm{SNR}'+\mathrm{SNR}_r)}{P_c + \xi_s P_s + \xi_r \beta(P_s|h|^2 + \sigma^2)} \tag{9-10}$$

$$\eta_{\mathrm{SE3}} = \frac{R}{W} = \frac{1}{2}\log_2(1+\mathrm{SNR}'+\mathrm{SNR}_r) \tag{9-11}$$

其中 $\mathrm{SNR}' = P_s|h'|^2 / \sigma^2$，$\mathrm{SNR}_r = \beta|g|^2 P_s|h|^2 / (1+\beta|g|^2)\sigma^2$。

和无直传链路的中继传输策略相似，优化问题可以构建为

$$\max_{P_s, \beta} \eta_{\mathrm{EE3}} \quad \text{s.t.} \ \eta_{\mathrm{SE3}} \geqslant \bar{\eta}_{\mathrm{SE}} \geqslant 0,\ 0 \leqslant P_s \leqslant \bar{P}_s,\ 0 \leqslant P_r \leqslant \bar{P}_r \tag{9-12}$$

分别固定 β，对 P_s 做优化和固定 P_s，对 β 做优化。然后利用各自优化的结果，提出一种一维搜索方法和一种替代优化方法来找到优化问题的解。

固定 β，对 P_s 做优化：给定 β，优化问题(9-12)可以简化为

$$\max_{P_s} \eta_{\mathrm{EE3}} \quad \text{s.t.} \ \eta_{\mathrm{SE3}} \geqslant \bar{\eta}_{\mathrm{SE}} \geqslant 0,\ 0 \leqslant P_s \leqslant \bar{P}_s \tag{9-13}$$

从 $\eta_{\mathrm{SE3}} > 0$ 可知条件 $P_s > 0$ 得到保证，而且对 $P_s \in (0, +\infty)$，η_{SE3} 是 P_s 的增函数。通过令 $\eta_{\mathrm{SE3}} = \bar{\eta}_{\mathrm{SE}}$，很容易推导出源节点需要的最小发射功率为 $\hat{P}_s = (2^{2\bar{\eta}_{\mathrm{SE}}}-1)(1+\beta|g|^2)\sigma^2 / |h'|^2(1+\beta|g|^2) + \beta|g|^2|h|^2$。如果 $0 \leqslant \hat{P}_s \leqslant \bar{P}_s$，也可以确定可行集合 $P_s \in [\hat{P}_s, \bar{P}_s]$。

定理 9-4：对 $P_s \in [0, +\infty)$，η_{EE3} 关于 P_s 是严格准凹的。

证明：见附录 D。

和第 9.4.1 节中非协作传输策略的分析相似，设 $0 \leqslant \hat{P}_s \leqslant \bar{P}_s$，根据定理 9-4 可知，对 $P_s \in [\hat{P}_s, \bar{P}_s]$，$\eta_{\mathrm{EE3}}$ 相对 P_s 的变化曲线仅有三种情形。

情形 1：对 $P_s \in [\hat{P}_s, \bar{P}_s]$，如果 $\mathrm{d}\eta_{\mathrm{EE3}}/\mathrm{d}P_s|_{P_s=\bar{P}_s} \geqslant 0$，$\eta_{\mathrm{EE3}}$ 随着 P_s 严格递增，其中 $\mathrm{d}\eta_{\mathrm{EE3}}/\mathrm{d}P_s$ 由附录 D 中的式(9-36)给出。优化问题(9-13)的最优解在 $P_s^* = \bar{P}_s$ 取到。

情形 2：对 $P_s \in [\hat{P}_s, \bar{P}_s]$，如果 $\mathrm{d}\eta_{\mathrm{EE3}}/\mathrm{d}P_s|_{P_s=\hat{P}_s} \leqslant 0$，$\eta_{\mathrm{EE3}}$ 随着 P_s 严格递减。最优解在 $P_s^* = \hat{P}_s$ 取到。

情形 3：对 $P_s \in [\hat{P}_s, \bar{P}_s]$，如果 $\mathrm{d}\eta_{\mathrm{EE3}}/\mathrm{d}P_s|_{P_s=\hat{P}_s} > 0$，$\mathrm{d}\eta_{\mathrm{EE3}}/\mathrm{d}P_s|_{P_s=\bar{P}_s} < 0$，$\eta_{\mathrm{EE3}}$ 随着 P_s 先严格递增然后严格递减。最优解在 $P_s^* = \tilde{P}_s$ 取到，其中 $\tilde{P}_s$ 是 η_{EE3} 达到最大值的点，当 $P_s \in [0, +\infty)$，β 固定时。这个最优解可以通过解方程 $\mathrm{d}\eta_{\mathrm{EE3}}/\mathrm{d}P_s = 0$ 得到。

固定 P_s，对 β 做优化：给定 P_s，优化问题(9-12)可以简化为

$$\max_{\beta} \ \eta_{\mathrm{EE3}} \ \text{s.t.} \ \eta_{\mathrm{SE3}} \geqslant \bar{\eta}_{\mathrm{SE}} \geqslant 0, \ 0 \leqslant P_r \leqslant \bar{P}_r \tag{9-14}$$

从函数 η_{SE3} 的域和不等式约束 $\eta_{\mathrm{SE3}} \geqslant 0$，可知 β 的取值范围是 $[\breve{\beta}, +\infty) \cup (-\infty, -1/|g|^2)$，其中 $\breve{\beta}$ 用 $\breve{\beta} = -\mathrm{SNR}'\sigma^2/|g|^2(|h|^2 P_s + \mathrm{SNR}'\sigma^2)$ 计算。从式(9-11)很容易得知对 $\beta \in [\breve{\beta}, +\infty)$ 和 $\beta \in [-\infty, -1/|g|^2)$，$\eta_{\mathrm{SE3}}$ 随着 β 增加。通过令 $\eta_{\mathrm{SE3}} = \bar{\eta}_{\mathrm{SE}}$，可以推导出需要的最小放大增益为 $\hat{\beta}' = (2^{2\bar{\eta}_{\mathrm{SE}}} - 1 - \mathrm{SNR}')\sigma^2/|g|^2|h|^2 P_s - (2^{2\bar{\eta}_{\mathrm{SE}}} - 1 - \mathrm{SNR}')|g|^2\sigma^2$。因此，当 $\beta \geqslant \hat{\beta}' \geqslant \breve{\beta}$ 或者 $\hat{\beta}' \leqslant \beta < -1/|g|^2$ 时不等式约束 $\eta_{\mathrm{SE3}} \geqslant \bar{\eta}_{\mathrm{SE}} \geqslant 0$ 成立。

合并 β 由 $\eta_{\mathrm{SE3}} \geqslant \bar{\eta}_{\mathrm{SE}} \geqslant 0$ 确定的取值范围（即 $\beta \geqslant \hat{\beta}' \geqslant \breve{\beta}$ 或者 $\hat{\beta}' \leqslant \beta < -1/|g|^2$）和由 $0 \leqslant P_r \leqslant \bar{P}_r$ 确定的取值范围（即 $0 \leqslant \beta \leqslant \bar{\beta}$）可知如果 $\breve{\beta} \leqslant \hat{\beta}' \leqslant \bar{\beta}$，优化问题(9-14)至少存在一个可行解。可行集合是 $\beta \in [\hat{\beta}, \bar{\beta}]$，其中 $\hat{\beta} = \max(\hat{\beta}', 0)$。

定理 9-5：对 $\beta \in [0, +\infty)$，η_{EE3} 关于 β 是严格准凹的。

证明：见附录 E。

和第 9.4.1 节中非协作传输策略的分析相似，设 $\breve{\beta} \leqslant \hat{\beta}' \leqslant \bar{\beta}$，根据定理 9-5 可知，对 $\beta \in [\hat{\beta}, \bar{\beta}]$，$\eta_{\mathrm{EE3}}$ 相对 β 的变化曲线仅有三种情形。

情形 1：对 $\beta \in [\hat{\beta}, \bar{\beta}]$，如果 $\mathrm{d}\eta_{\mathrm{EE3}}/\mathrm{d}\beta|_{\beta=\bar{\beta}} \geqslant 0$，$\eta_{\mathrm{EE3}}$ 随着 β 严格递增，其中 $\mathrm{d}\eta_{\mathrm{EE3}}/\mathrm{d}\beta$ 由附录 E 中的式(9-43)给出。优化问题(9-14)的最优解在 $\beta^* = \bar{\beta}$ 取到。

情形 2：对 $\beta \in [\hat{\beta}, \bar{\beta}]$，如果 $\mathrm{d}\eta_{\mathrm{EE3}}/\mathrm{d}\beta|_{\beta=\hat{\beta}} \leqslant 0$，$\eta_{\mathrm{EE3}}$ 随着 β 严格递减。最优解在 $\beta^* = \hat{\beta}$ 取到。

情形 3：对 $\beta \in [\hat{\beta}, \bar{\beta}]$，如果 $\mathrm{d}\eta_{\mathrm{EE3}}/\mathrm{d}\beta|_{\beta=\hat{\beta}} > 0$，$\mathrm{d}\eta_{\mathrm{EE3}}/\mathrm{d}\beta|_{\beta=\bar{\beta}} < 0$，$\eta_{\mathrm{EE3}}$ 随着 β 先严格递增然后严格递减。最优解在 $\beta^* = \tilde{\beta}$ 取到，其中 $\tilde{\beta}$ 是 η_{EE3} 达到最大值的点，当 $\beta \in [0, +\infty)$，P_s 固定时。这个最优解可以通过解方程 $\mathrm{d}\eta_{\mathrm{EE3}}/\mathrm{d}\beta = 0$ 得到。

一维搜索方法：首先在范围 $0 \leqslant P_s \leqslant \bar{P}_s$ 内列举 P_s 所有可能的值，并且得到相应的优化问题(9-14)的最优解。然后，优化问题(9-12)的最优解通过比较优化问题(9-14)所有可能的最优解得到。也就是说，优化问题(9-12)中的最高能效可以通过范围 $0 \leqslant P_s \leqslant \bar{P}_s$ 内的一维搜索得到。

替代优化方法：优化问题(9-13)和(9-14)被轮流求解，让一个优化的输出作为另一个的输入。替代优化算法的步骤列在表 9-2 中。

表 9-2 替代优化方法 2

1. 初始化源节点发射功率 $P_s^{(0)}$，中继放大增益 $\beta^{(0)}$，迭代步 $l=0$，以及精度 $\varepsilon>0$。
2. 赋值 $P_s^{*(0)}=P_s^{(0)}$，$\beta^{*(0)}=\beta^{(0)}$，用式(9-10)计算相应的能效 $\eta_{EE3}^{*(0)}$。
3. 迭代 a. 根据式(9-14)，固定 $P_s^{*(l)}$，对 β 做优化，得到 $\beta^{*(l+1)}$； b. 根据式(9-13)，固定 $\beta^{*(l+1)}$，对 P_s 做优化，得到 $P_s^{*(l+1)}$； c. 更新迭代步 $l=l+1$； d. 用式(9-10)计算相应的能效 $\eta_{EE3}^{*(l)}$； 直到 $\left\|\eta_{EE3}^{*(l)}-\eta_{EE3}^{*(l-1)}\right\|\leqslant\varepsilon$。
4. 输出当前的 $P_s^{*(l)}$、$\beta^{*(l)}$ 和 $\eta_{EE3}^{*(l)}$，分别作为 P_s^*、β^* 和 η_{EE3}^*。

9.4.4 传输策略选择

我们已经讨论了三种传输策略的能效和频谱效率平衡。通过比较这三种传输策略的能效，可以选择最优的传输策略，它在相同的频谱效率约束下最大化中继网络的能效 η_{EE}，即 $\eta_{EE}^*=\max(\eta_{EE1}^*,\eta_{EE2}^*,\eta_{EE3}^*)$。

9.5 仿 真 结 果

我们用 MATLAB 验证所提出方法的有效性。带宽 W 归一化到 1，即 $W=1\,\text{Hz}$。源和中继的功率放大器的能量转换效率设为 38%，即 $\xi_s=\xi_r=(1/0.38)$[2]。源和中继的最大发射功率设为 $\overline{P}_s=\overline{P}_r=33\,\text{dBm}$。最小频谱效率设为 $\overline{\eta}_{SE}=0.5\,\text{bit/s/Hz}$。噪声功率归一化到 1，即 $\sigma^2=1$。

9.5.1 非协作传输

图 9-3 显示了非协作传输的能效 η_{EE1} 和频谱效率 η_{SE1} 相对源节点发射功率 P_s 的变化情况。从这幅图可以看到 η_{SE1} 总随着 P_s 增加，而 η_{EE1} 先增加后减少。$\hat{P}_s$ 是满足频谱效率约束所要求的最小源节点发射功率。在 $\hat{P}_s\leqslant P_s\leqslant\overline{P}_s$ 范围内存在一个能效峰值，同时满足频谱效率约束。

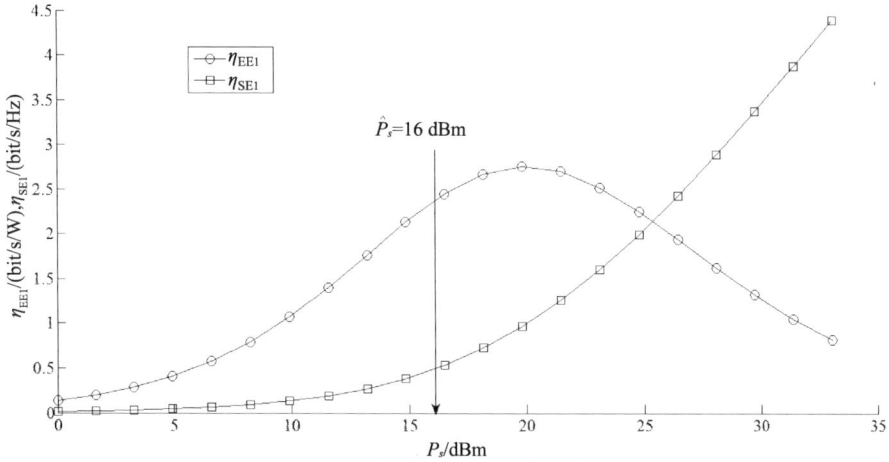

图 9-3 能效 η_{EE1} 和频谱效率 η_{SE1} 相对源节点发射功率 P_s（P_c=20 dBm， $\gamma' = |h'|^2/\sigma^2 = 10$ dB）

然后，仿真信道状况和电路功耗的影响。图 9-4 显示了对三种电路功耗 P_c，最优的源节点发射功率 P_s^* 相对信道功率增益和噪声功率的比率 $\gamma' = (|h'|^2/\sigma^2)$ 变化的情况。比率 γ' 反映信道状况，包括信道衰落和噪声的影响。比率 γ' 越大，信道状况越好。在 $P_s \in [\hat{P}_s, \bar{P}_s]$ 范围内用穷举搜索方法寻找 P_s 的值，对应最大的能效。从这幅图可以看到提出的方法和穷举搜索方法得到的结果完全是一样的，显示提出的方法能找到最优解。最优的源节点发射功率 P_s^* 随着 γ' 的增加而降低，意味着更好的信道状况对应更低的发射功率。最优的源节点发射功率 P_s^* 不随着电路功耗 P_c 的增加而降低，意味着更多的电路功耗要求更高的发射功率。也就是说，当电路功耗增加时，为了达到更高的能效，我们需要增加发射功率，而不是降低它，尽管总的功耗增加了。

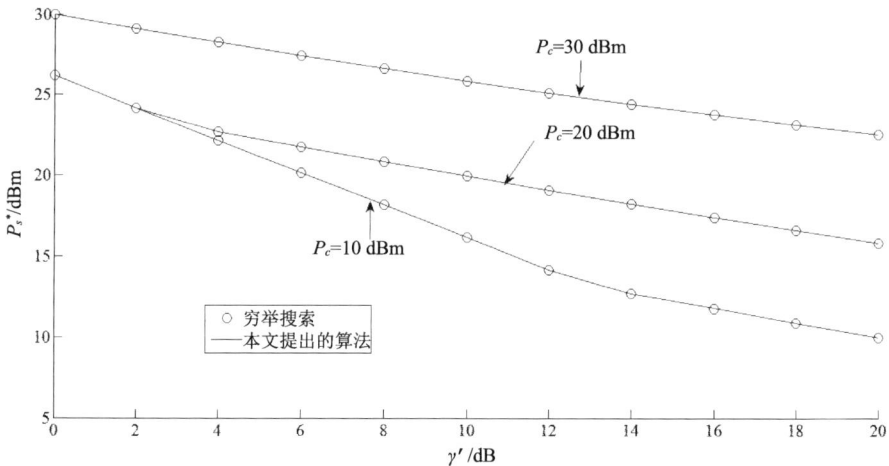

图 9-4 对三种电路功耗 P_c，最优源节点发射功率 P_s^* 相对信道功率
增益和噪声功率的比率 $\gamma' = |h'|^2/\sigma^2$

图 9-5 显示了最优能效 η^*_{EE1} 和频谱效率 η^*_{SE1} 相对 γ' 的变化情况。最优能效 η^*_{EE1} 和频谱效率 η^*_{SE1} 分别通过将 $P_s = P^*_s$ 代入式 (9-2) 和 (9-3) 得到，其中 P^*_s 由提出的方法得到。从这幅图可以看到最优能效和频谱效率总随着 γ' 增加，意味着更好的信道状况对应更高的能效和频谱效率。最优能效随着电路功耗的增加而降低，而最优频谱效率不降低。实际上，从式 (9-3) 可知，这个结果和图 9-4 中的结果一致，最优的源节点发射功率 P^*_s 不随电路功耗增加而降低。

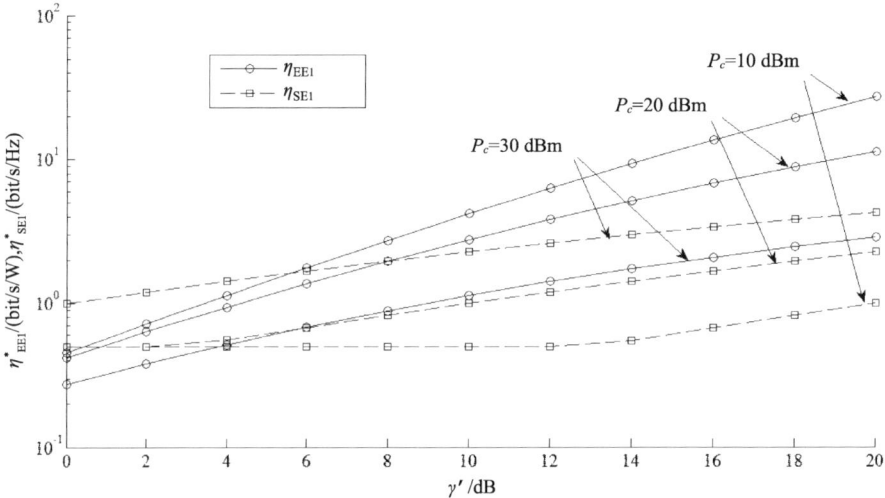

图 9-5 对三种电路功耗 P_c，最优能效 η^*_{EE1} 和频谱效率 η^*_{SE1} 相对信道功率增益和噪声功率的比率 $\gamma' = |h'|^2/\sigma^2$

穷举搜索方法需要 $O((\bar{P}_s - \hat{P}_s)/\varepsilon)$ 次计算，其中 ε 是要求的精度。在提出的方法中，我们采用二分法解方程 $(d\eta_{EE1}/dP_s) = 0$，它只要 $O(\log_2((\bar{P}_s - \hat{P}_s)/\varepsilon))$ 次计算。

9.5.2 中继协作传输

为了进行对比，我们用三种方法来寻找优化问题的解：①在 P_s 和 β 上联合进行二维搜索（TDS）；②第 9.4.2 节引入的一维搜索（ODS）；③第 9.4.2 节引入的替代优化（AOP）。

在仿真中，我们侧重于中继位置对能效的影响，即当中继从源节点移向目的节点时，能效如何变化。为简单起见，只考虑中继在连接源节点和目的节点的线上移动的情况。源节点到中继的距离、中继到目的节点的距离、源节点到目的节点的距离分别用 d_{SR}、d_{RD}、d_{SD} 表示。信道系数 h、g 和 h' 产生为循环对称的复高斯随机变量，均值为 0，方差分别为 d^α_{SR}、d^α_{RD} 和 d^α_{SD}[32]，其中 α 是路径衰减指数。设 $\alpha = 4$，$d_{SD} = 1$ 和 $d_{RD} = d_{SD} - d_{SR}$。

图 9-6 显示了在无直传链路的中继传输策略中，平均的最优能效 $\bar{\eta}^*_{EE2}$ 和频谱效率 $\bar{\eta}^*_{SE2}$ 相对距离 d_{SR} 的变化情况。平均能效和频谱效率通过对 10000 次仿真结果取平均得到，而且排除了那些使得优化问题无解的仿真。从这幅图可以看到能效随着 d_{SR} 先增加后减

少，在 $d_{SR} \approx 0.5$（即中继接近源节点和目的节点之间的中点）时达到最大。频谱效率被保持在阈值 $\bar{\eta}_{SE} = 0.5$ 以上。还可以看到由一维搜索方法和二维搜素方法得到的能效完全是相同的，意味着一维搜索方法可以找到最优解。替代优化方法得到的能效比二维搜素方法得到的少一点，意味着替代优化方法可以找到近似最优解。

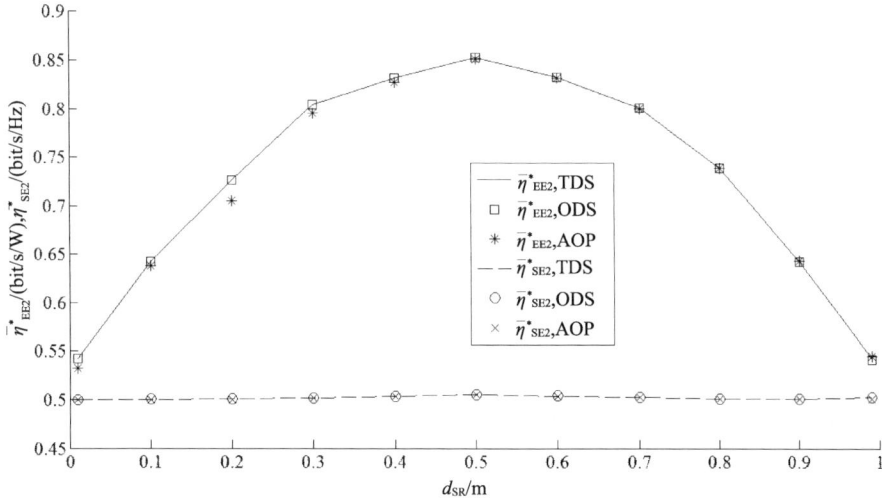

图 9-6　无直传链路的中继传输的平均最优能效 $\bar{\eta}_{EE2}^{*}$ 和频谱效率 $\bar{\eta}_{SE2}^{*}$ 相对距离 d_{SR}（P_c =20 dBm）

图 9-7 显示了在有直传链路的中继传输策略中，平均的最优能效 $\bar{\eta}_{EE3}^{*}$ 和频谱效率 $\bar{\eta}_{SE3}^{*}$ 相对距离 d_{SR} 的变化情况。可以看到当中继接近源节点和目的节点之间的中点时能效同样达到最大。一维搜索方法可以得到和二维搜索方法一样的最优解。替代优化方法可以得到近似最优解。

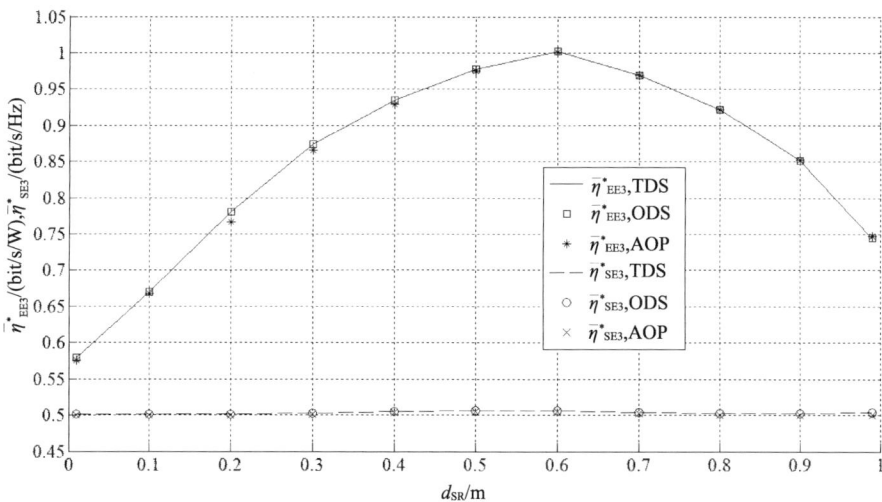

图 9-7　有直传链路的中继传输的平均最优能效 $\bar{\eta}_{EE3}^{*}$ 和频谱效率 $\bar{\eta}_{SE3}^{*}$ 相对距离 d_{SR}（P_c =20 dBm）

二维搜索方法需要 $O((\bar{P}_s - \hat{P}_s/\varepsilon) \times (\bar{\beta} - \hat{\beta}/\varepsilon))$ 次计算，而一维搜索方法只需要 $O((\bar{P}_s - \hat{P}_s/\varepsilon)\log_2(\bar{\beta} - \hat{\beta}/\varepsilon))$ 次计算。在替代优化方法中，轮流求解两个优化问题（固定 β，对 P_s 做优化；固定 P_s，对 β 做优化）。给定平均替代次数 M（在我们的仿真中 $M \approx 10$），总的计算次数是 $O(M((\bar{P}_s - \hat{P}_s/\varepsilon) + (\bar{\beta} - \hat{\beta}/\varepsilon)))$。

9.5.3 三种传输策略比较

我们仿真源节点和目的节点之间的距离对三种传输策略的能效的影响。为简单起见，假设中继位于源节点和目的节点中间，即 $d_{SR} = d_{RD} = 0.5 d_{SD}$ 。电路功耗值设为 $P_c^S = P_c^D = P_c^{S1} = P_c^{R1} = P_c^{D1} = P_c^{R2} = P_c^{D2} = 40\,\text{mW}$ 。

图 9-8 显示了三种传输策略的平均最优能效 $\bar{\eta}_{EE}^*$ 和频谱效率 $\bar{\eta}_{SE}^*$ 相对距离 d_{SD} 的变化情况。可以看到，相比中继传输策略，当 d_{SD} 小时非协作传输策略得到的能效更高，而当 d_{SD} 大时更低。因此，当目的节点靠近源节点时非协作传输策略优于协作传输策略。在协作传输策略中，当 d_{SD} 小时有直传链路的中继传输策略得到的能效比没有直传链路的更低，意味着当目的节点靠近源节点时增加直传链路不能提高协作传输的能效。然而，当目的节点远离源节点时，两种中继传输策略的能效几乎是相同的。

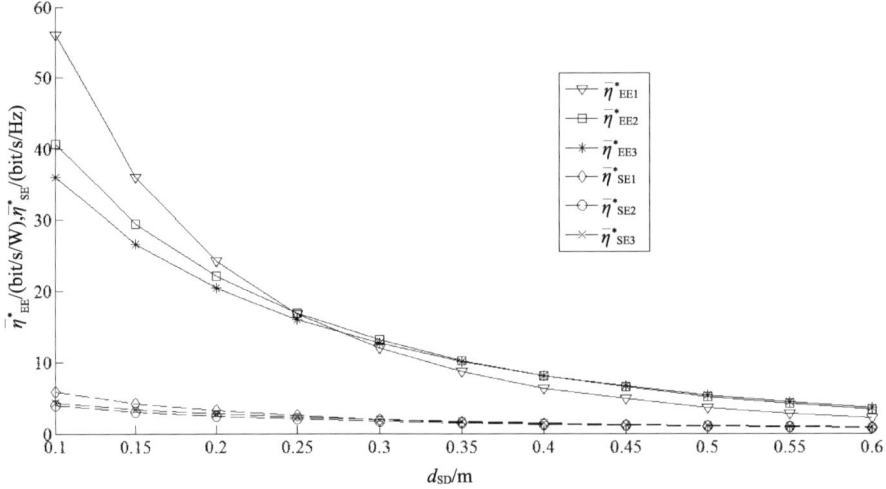

图 9-8　三种传输策略的平均最优能效 $\bar{\eta}_{EE}^*$ 和频谱效率 $\bar{\eta}_{SE}^*$ 相对距离 d_{SD}

9.6　本　章　小　结

本章主要探讨了放大转发中继网络的能效和频谱效率平衡。这个平衡被构建为一个优化问题，目标是满足频谱效率要求的同时最大化能效。我们考虑了三种传输策略：(1)非协作传输；(2)无直传链路的中继传输；(3)有直传链路的中继传输。在非协作传输策略中，优化问题通过寻找最优的源节点发射功率 P_s 求解。在有/无直传链路的中继传输策略中，优化问题通过寻找最优的源节点发射功率 P_s 和最优的中继放大增益 β 求解。我们提出一种最优的一维搜索方法和一种次优的替代优化方法，对应的计算复杂度不同。仿真结果显示一维搜索结果和二维穷举搜索结果一致，替代优化方法可以得到和二维穷举搜索接近的能效。仿真结果也显示中继传输不一定总是比非协作传输好，通过选择最优的传输策略可以进一步提高能效。

本章附录 A

从式 (9-2) 可知，η_{EE1} 关于 P_s 的一阶导数表示为

$$\frac{\mathrm{d}\eta_{\mathrm{EE1}}}{\mathrm{d}P_s} = \frac{W}{P^2} \times \left[f_1(P_s) - f_2(P_s) \right] \tag{9-15}$$

其中

$$f_1(P_s) = \frac{\gamma' P}{\ln 2 \times (1 + \mathrm{SNR}')} \tag{9-16}$$

$$f_2(P_s) = \log_2(1 + \mathrm{SNR}') \times \xi_s \tag{9-17}$$

$\mathrm{SNR}' = \gamma' P_s$，$\gamma' = \left(|h'|^2 / \sigma^2 \right)$，$P = P_c + \xi_s P_s$。

$f_1(P_s)$ 和 $f_2(P_s)$ 关于 P_s 的一阶导数分别表示为

$$\frac{\mathrm{d}f_1(P_s)}{\mathrm{d}P_s} = \frac{\gamma'(\xi_s - P_c \gamma')}{\ln 2 \times (1 + \mathrm{SNR}')^2} \tag{9-18}$$

$$\frac{\mathrm{d}f_2(P_s)}{\mathrm{d}P_s} = \frac{\gamma' \xi_s}{\ln 2 \times (1 + \mathrm{SNR}')} \tag{9-19}$$

然后，对 $P_s \in [0, +\infty)$，有

$$\frac{\mathrm{d}f_1(P_s)}{\mathrm{d}P_s} - \frac{\mathrm{d}f_2(P_s)}{\mathrm{d}P_s} = -\frac{\gamma' \xi_s \mathrm{SNR}' + P_c \gamma'^2}{\ln 2 \times (1 + \mathrm{SNR}')^2} < 0 \tag{9-20}$$

命题 9-1： 如果 $\omega_1(t)$ 和 $\omega_2(t)$ 是连续函数而且 $(\mathrm{d}\omega_1(t)/\mathrm{d}t) - (\mathrm{d}\omega_2(t)/\mathrm{d}t) < 0$，对 $t \in [0, +\infty)$，$\omega_1(t)$ 和 $\omega_2(t)$ 最多有一个相交点。而且如果 $\omega_1(\hat{t}) \leqslant \omega_2(\hat{t})$，对 $t \in [\hat{t}, +\infty)$，总有 $\omega_1(t) < \omega_2(t)$。

证明：如果对 $t \in [0, +\infty)$，$(\mathrm{d}\omega_1(t)/\mathrm{d}t) - (\mathrm{d}\omega_2(t)/\mathrm{d}t) < 0$，$[0, +\infty)$ 内的任意小区间 $[a,b]$ 有如下五种情形。

情形 1：$(\mathrm{d}\omega_1(t)/\mathrm{d}t) > 0$，$(\mathrm{d}\omega_2(t)/\mathrm{d}t) > 0$。$\omega_1(t)$ 和 $\omega_2(t)$ 都随着 t 增加，而且在 $[a,b]$ 内 $\omega_1(t)$ 随着 t 增加的速度比 $\omega_2(t)$ 随着 t 增加的速度慢。

情形 2：$(\mathrm{d}\omega_1(t)/\mathrm{d}t) = 0$，$(\mathrm{d}\omega_2(t)/\mathrm{d}t) > 0$。在 $[a,b]$ 内 $\omega_1(t)$ 是常数，$\omega_2(t)$ 随着 t 增加。

情形 3：$(\mathrm{d}\omega_1(t)/\mathrm{d}t) < 0$，$(\mathrm{d}\omega_2(t)/\mathrm{d}t) > 0$。在 $[a,b]$ 内 $\omega_1(t)$ 随着 t 减少，$\omega_2(t)$ 随着 t 增加。

情形 4：$(\mathrm{d}\omega_1(t)/\mathrm{d}t) < 0$，$(\mathrm{d}\omega_2(t)/\mathrm{d}t) = 0$。在 $[a,b]$ 内随着 t 减少，$\omega_2(t)$ 是常数。

情形 5：$(\mathrm{d}\omega_1(t)/\mathrm{d}t) < 0$，$(\mathrm{d}\omega_2(t)/\mathrm{d}t) < 0$。$\omega_1(t)$ 和 $\omega_2(t)$ 都随着 t 减少，而且在 $[a,b]$ 内 $\omega_1(t)$ 随着 t 减少的速度比 $\omega_2(t)$ 随着 t 减少的速度快。

实际上，如果 $\omega_1(t)$ 和 $\omega_2(t)$ 保持不变被看作是零增长（即增长的速度是零），$\omega_1(t)$ 和 $\omega_2(t)$ 随着 t 减少被看作是负增长（即增长的速度是负的），我们可以说 $\omega_1(t)$ 增加的速度总是比 $\omega_2(t)$ 增加的速度慢。另外，$\omega_1(t)$ 和 $\omega_2(t)$ 都是连续的。因此，如果我们设 $\omega_1(t)$ 和 $\omega_2(t)$ 的第一个相交点在 $t=\tilde{t}$，对 $t\in[\tilde{t},+\infty)$，$\omega_1(t)$ 的曲线总在 $\omega_2(t)$ 的曲线下面（即 $\omega_1(t)<\omega_2(t)$ 总是成立）。这意味着 $t\in[0,+\infty)$ 内不可能有另一个相交点。也就是说，对 $t\in[0,+\infty)$，$\omega_1(t)$ 和 $\omega_2(t)$ 最多有一个相交点。另外很容易得知，如果 $\omega_1(\hat{t})\leqslant\omega_2(\hat{t})$，对 $t\in[\hat{t},+\infty)$，$\omega_1(t)<\omega_2(t)$ 总是成立。

根据命题 9-1，很容易得到如下的命题。

命题 9-2：如果 $\omega_1(t)$ 和 $\omega_2(t)$ 是连续函数而且 $(\mathrm{d}\omega_1(t)/\mathrm{d}t)-(\mathrm{d}\omega_2(t)/\mathrm{d}t)<0$，对 $t\in[0,+\infty)$，有如下四种情况。

（1）$\omega_1(0)>\omega_2(0)$，而且 $\omega_1(t)$ 和 $\omega_2(t)$ 有一个相交点，对 $t\in[0,+\infty)$。不失一般性，设相交点是 $t=\tilde{t}$。对 $t\in[0,\tilde{t})$，总有 $\omega_1(t)>\omega_2(t)$；对 $t\in(\tilde{t},+\infty)$，总有 $\omega_1(t)<\omega_2(t)$。否则，对 $t\in[0,\tilde{t})$，如果在一个区间 $\omega_1(t)>\omega_2(t)$，在另一个区间 $\omega_1(t)<\omega_2(t)$，$\omega_1(t)$ 和 $\omega_2(t)$ 会有另一个相交点。这和命题 9-1 矛盾。

（2）$\omega_1(0)>\omega_2(0)$，而且 $\omega_1(t)$ 和 $\omega_2(t)$ 没有相交点，对 $t\in[0,+\infty)$，总有 $\omega_1(t)>\omega_2(t)$。例如，$\omega_1(t)=1/(t+1)$，$\omega_2(t)=-1$。

（3）$\omega_1(0)=\omega_2(0)$，而且 $\omega_1(t)$ 和 $\omega_2(t)$ 唯一的相交点在 $t=0$，对 $t\in[0,+\infty)$，总有 $\omega_1(t)<\omega_2(t)$。

（4）$\omega_1(0)<\omega_2(0)$，而且 $\omega_1(t)$ 和 $\omega_2(t)$ 没有相交点，对 $t\in[0,+\infty)$，总有 $\omega_1(t)<\omega_2(t)$。

根据式（9-16）和式（9-17）有

$$f_1(0)>f_2(0) \tag{9-21}$$

另外，根据式（9-20）和命题 9-2，对 $P_s\in[0,+\infty)$，仅有两种情况：

（1）$f_1(P_s)$ 和 $f_2(P_s)$ 有一个相交点。设相交点在 $P_s=\tilde{P}_s$。对 $P_s\in[0,\tilde{P}_s)$，$f_1(P_s)>f_2(P_s)$，根据式（9-15）有 $(d\eta_{\mathrm{EE1}}/dP_s)>0$。对 $P_s\in(\tilde{P}_s,+\infty)$，$f_1(P_s)<f_2(P_s)$，根据式（9-15）有 $(d\eta_{\mathrm{EE1}}/dP_s)<0$。因此，$\eta_{\mathrm{EE1}}$ 对 $P_s\in[0,\tilde{P}_s)$ 是严格递增的，对 $P_s\in(\tilde{P}_s,+\infty)$ 是严格递减的。η_{EE1} 的最大值在 $P_s=\tilde{P}_s$ 取到。这种情况中对 $P_s\in[0,+\infty)$，η_{EE1} 关于 P_s 是严格准凹的。

（2）$f_1(P_s)$ 和 $f_2(P_s)$ 没有相交点。对 $P_s\in[0,+\infty)$，$f_1(P_s)>f_2(P_s)$。根据式（9-15）有 $(d\eta_{\mathrm{EE1}}/dP_s)>0$。因此，$\eta_{\mathrm{EE1}}$ 对 $P_s\in[0,+\infty)$ 是严格递增的。这种情况中对 $P_s\in[0,+\infty)$，η_{EE1} 关于 P_s 是严格准凹的。

这两种情况中对 $P_s\in[0,+\infty)$，η_{EE1} 关于 P_s 都是严格准凹的。因此，定理 9-1 成立。

本章附录 B

从式（9-5）可知，η_{EE2} 关于 P_s 的一阶导数表示为

$$\frac{\mathrm{d}\eta_{\mathrm{EE2}}}{\mathrm{d}P_s}=\frac{W}{P^2}\times[f_3(P_s)-f_4(P_s)] \tag{9-22}$$

其中

$$f_3(P_s) = \frac{\gamma P}{\ln 2 \times (1 + \mathrm{SNR}_r)} \tag{9-23}$$

$$f_4(P_s) = \log_2(1 + \mathrm{SNR}_r) \times \rho \tag{9-24}$$

$\mathrm{SNR}_r = \gamma P_s$，$\gamma = \left(\beta|g|^2|h|^2 / (1 + \beta|g|^2)\sigma^2\right)$，$P = \varepsilon + \rho P_s$，$\varepsilon = P_c + \xi_r\beta\sigma^2$，$\rho = \xi_s + \xi_r\beta|h|^2$。

$f_3(P_s)$ 和式 $f_4(P_s)$ 关于 P_s 的一阶导数分别表示为

$$\frac{\mathrm{d}f_3(P_s)}{\mathrm{d}P_s} = \frac{\gamma(\rho - \varepsilon\gamma)}{\ln 2 \times (1 + \mathrm{SNR}_r)^2} \tag{9-25}$$

$$\frac{\mathrm{d}f_4(P_s)}{\mathrm{d}P_s} = \frac{\gamma\rho}{\ln 2 \times (1 + \mathrm{SNR}_r)} \tag{9-26}$$

然后，对 $P_s \in [0, +\infty)$ 有

$$\frac{\mathrm{d}f_3(P_s)}{\mathrm{d}P_s} - \frac{\mathrm{d}f_4(P_s)}{\mathrm{d}P_s} = -\frac{\gamma\rho\mathrm{SNR}_r + \varepsilon\gamma^2}{\ln 2 \times (1 + \mathrm{SNR}_r)^2} < 0 \tag{9-27}$$

根据式 (9-23) 和式 (9-24) 有

$$f_3(0) > f_4(0) \tag{9-28}$$

和附录 A 中的分析相似，根据式 (9-22)、式 (9-27)、式 (9-28) 和命题 9-2，对 $P_s \in [0, +\infty)$，仅有两种情况：

（1）$f_3(P_s)$ 和 $f_4(P_s)$ 有一个相交点。设相交点在 $P_s = \tilde{P}_s$。对 $P_s \in [0, \tilde{P}_s)$，$f_3(P_s) > f_4(P_s)$，根据式 (9-22) 有 $(\mathrm{d}\eta_{\mathrm{EE2}}/\mathrm{d}P_s) > 0$。对 $P_s \in (\tilde{P}_s, +\infty)$，$f_3(P_s) < f_4(P_s)$，根据式 (9-22) 有 $(\mathrm{d}\eta_{\mathrm{EE2}}/\mathrm{d}P_s) < 0$。因此，$\eta_{\mathrm{EE2}}$ 对 $P_s \in [0, \tilde{P}_s)$ 是严格递增的，对 $P_s \in (\tilde{P}_s, +\infty)$ 是严格递减的。η_{EE2} 的最大值在 $P_s = \tilde{P}_s$ 取到。这种情况中对 $P_s \in [0, +\infty)$，η_{EE2} 关于 P_s 是严格准凹的。

（2）$f_3(P_s)$ 和 $f_4(P_s)$ 没有相交点。对 $P_s \in [0, +\infty)$，$f_3(P_s) > f_4(P_s)$。根据式 (9-22) 有 $(\mathrm{d}\eta_{\mathrm{EE2}}/\mathrm{d}P_s) > 0$。因此，$\eta_{\mathrm{EE2}}$ 对 $P_s \in [0, +\infty)$ 是严格递增的。这种情况中对 $P_s \in [0, +\infty)$，η_{EE2} 关于 P_s 是严格准凹的。

这两种情况中对 $P_s \in [0, +\infty)$，η_{EE2} 关于 P_s 都是严格准凹的。定理 9-2 的证明完成。

本章附录 C

从式 (9-5) 可知，η_{EE2} 关于 β 的一阶导数表示为

$$\frac{\mathrm{d}\eta_{\mathrm{EE2}}}{\mathrm{d}\beta} = \frac{W}{P^2} \times [f_5(\beta) - f_6(\beta)] \tag{9-29}$$

其中

$$f_5(\beta) = \frac{\mu |g|^2 P}{\ln 2 \times (1 + \beta |g|^2 + \beta |g|^2 \mu)(1 + \beta |g|^2)} \tag{9-30}$$

$$f_6(\beta) = \log_2(1 + \mathrm{SNR}_r) \times \tau \tag{9-31}$$

$\mathrm{SNR}_r = (\beta |g|^2 / 1 + \beta |g|^2) \times \mu$，$\mu = (P_s |h|^2 / \sigma^2)$，$P = \theta + \tau \beta$，$\theta = P_c + \xi_s P_s$，$\tau = \xi_r (P_s |h|^2 + \sigma^2)$。

$f_5(\beta)$ 的一阶导数表示为

$$\frac{\mathrm{d} f_5(\beta)}{\mathrm{d} \beta} = \frac{\mu |g|^2 [\tau - (\theta |g|^2 + 2\theta \beta |g|^4 + \tau \beta^2 |g|^4)(1 + \mu) - \theta |g|^2]}{\ln 2 \times (1 + \beta |g|^2 + \beta |g|^2 \mu)^2 (1 + \beta |g|^2)^2} \tag{9-32}$$

$f_6(\beta)$ 的一阶导数表示为

$$\frac{\mathrm{d} f_6(\beta)}{\mathrm{d} \beta} = \frac{\mu |g|^2 \tau}{\ln 2 \times (1 + \beta |g|^2 + \beta |g|^2 \mu)(1 + \beta |g|^2)} \tag{9-33}$$

从式 (9-32) 和式 (9-33) 很容易验证下面的不等式:

$$\frac{\mathrm{d} f_5(\beta)}{\mathrm{d} \beta} - \frac{\mathrm{d} f_6(\beta)}{\mathrm{d} \beta} < 0, \quad \beta \in [0, +\infty) \tag{9-34}$$

根据式 (9-30) 和式 (9-31) 有

$$f_5(0) > f_6(0) \tag{9-35}$$

和附录 A 中的分析相似，根据式 (9-29)、式 (9-34)、式 (9-35) 和命题 9-2，对 $\beta \in [0, +\infty)$，仅有两种情况:

(1) $f_5(\beta)$ 和 $f_6(\beta)$ 有一个相交点。设相交点在 $\beta = \tilde{\beta}$。对 $\beta \in [0, \tilde{\beta})$，$f_5(\beta) > f_6(\beta)$，根据式 (9-29) 有 $(\mathrm{d} \eta_{\mathrm{EE2}} / d\beta) > 0$。对 $\beta \in (\tilde{\beta}, +\infty)$，$f_5(\beta) < f_6(\beta)$，根据式 (9-29) 有 $(\mathrm{d} \eta_{\mathrm{EE2}} / d\beta) < 0$。因此，$\eta_{\mathrm{EE2}}$ 对 $\beta \in [0, \tilde{\beta})$ 是严格递增的，对 $\beta \in (\tilde{\beta}, +\infty)$ 是严格递减的。η_{EE2} 的最大值在 $\beta = \tilde{\beta}$ 取到。这种情况中对 $\beta \in [0, +\infty)$，η_{EE2} 关于 β 是严格准凹的。

(2) $f_5(\beta)$ 和 $f_6(\beta)$ 没有相交点。对 $\beta \in [0, +\infty)$，$f_5(\beta) < f_6(\beta)$。根据式 (9-29) 有 $(\mathrm{d} \eta_{\mathrm{EE2}} / d\beta) > 0$。因此，$\eta_{\mathrm{EE2}}$ 对 $\beta \in [0, +\infty)$ 是严格递增的。这种情况中对 $\beta \in [0, +\infty)$，η_{EE2} 关于 β 是严格准凹的。

这两种情况中对 $\beta \in [0, +\infty)$，η_{EE2} 关于 β 都是严格准凹的。定理 9-3 的证明完成。

本章附录 D

从式 (9-10) 可知，η_{EE3} 关于 P_s 的一阶导数表示为

$$\frac{\mathrm{d} \eta_{\mathrm{EE3}}}{\mathrm{d} P_s} = \frac{W}{P^2} \times [f_7(P_s) - f_8(P_s)] \tag{9-36}$$

其中

$$f_7(P_s) = \frac{(\gamma' + \gamma)P}{\ln 2 \times (1 + SNR' + SNR_r)} \tag{9-37}$$

$$f_8(P_s) = \log_2(1 + SNR' + SNR_r) \times \rho \tag{9-38}$$

$SNR' = \gamma' P_s$, $\gamma' = (|h|^2/\sigma^2)$, $SNR_r = \gamma P_s$, $\gamma = (\beta|g|^2|h|^2/(1+\beta|g|^2)\sigma^2)$, $P = \varphi + \rho P_s$, $\varphi = P_c + \xi_r \beta \sigma^2$, $\rho = \xi_s + \xi_r \beta |h|^2$。

$f_7(P_s)$ 和 $f_8(P_s)$ 关于 P_s 的一阶导数分别表示为

$$\frac{\mathrm{d}f_7(P_s)}{\mathrm{d}P_s} = \frac{(\gamma' + \gamma)(\rho - \varphi(\gamma' + \gamma))}{\ln 2 \times (1 + SNR' + SNR_r)^2} \tag{9-39}$$

$$\frac{\mathrm{d}f_8(P_s)}{\mathrm{d}P_s} = \frac{(\gamma' + \gamma)\rho}{\ln 2 \times (1 + SNR' + SNR_r)} \tag{9-40}$$

然后，从式(9-39)和式(9-40)很容易验证下面的不等式：

$$\frac{\mathrm{d}f_7(P_s)}{\mathrm{d}P_s} - \frac{\mathrm{d}f_8(P_s)}{\mathrm{d}P_s} < 0, \quad P_s \in [0, +\infty) \tag{9-41}$$

根据式(9-37)和式(9-38)有

$$f_7(0) > f_8(0) \tag{9-42}$$

和附录 A 中的分析相似，根据式(9-36)、式(9-41)、式(9-42)和命题 9-2，对 $P_s \in [0,+\infty)$，仅有两种情况：

（1）$f_7(P_s)$ 和 $f_8(P_s)$ 有一个相交点。设相交点在 $P_s = \tilde{P}_s$。对 $P_s \in [0, \tilde{P}_s)$，$f_7(P_s) > f_8(P_s)$，根据式(9-36)有 $(d\eta_{EE3}/dP_s) > 0$。对 $P_s \in (\tilde{P}_s, +\infty)$，$f_7(P_s) > f_8(P_s)$，根据式(9-36)有 $(d\eta_{EE3}/dP_s) < 0$。因此，η_{EE3} 对 $P_s \in [0, \tilde{P}_s)$ 是严格递增的，对 $P_s \in (\tilde{P}_s, +\infty)$ 是严格递减的。η_{EE3} 的最大值在 $P_s = \tilde{P}_s$ 取到。这种情况中对 $P_s \in [0,+\infty)$，η_{EE3} 关于 P_s 是严格准凹的。

（2）$f_7(P_s)$ 和 $f_8(P_s)$ 没有相交点。对 $P_s \in [0,+\infty)$，$f_7(P_s) > f_8(P_s)$。根据式(9-36)有 $(d\eta_{EE3}/dP_s) < 0$。因此，η_{EE3} 对 $P_s \in [0,+\infty)$ 是严格递增的。这种情况中对 $P_s \in [0,+\infty)$，η_{EE3} 关于 P_s 是严格准凹的。

这两种情况中对 $P_s \in [0,+\infty)$，η_{EE3} 关于 P_s 都是严格准凹的。定理 9-4 的证明完成。

本章附录 E

从式(9-10)可知，η_{EE3} 关于 β 的一阶导数表示为

$$\frac{\mathrm{d}\eta_{EE3}}{\mathrm{d}\beta} = \frac{W}{P^2} \times [f_9(\beta) - f_{10}(\beta)] \tag{9-43}$$

其中

$$f_9(\beta) = \frac{\mu|g|^2 P}{\ln 2 \times [(1 + SNR') + \beta|g|^2(1 + SNR' + \mu)](1 + \beta|g|^2)} \tag{9-44}$$

$$f_{10}(\beta) = \log_2(1 + \text{SNR}' + \text{SNR}_r) \times \tau \tag{9-45}$$

$\text{SNR}_r = (\beta |g|^2 / 1 + \beta |g|^2) \times \mu$，$\mu = (P_s |h|^2 / \sigma^2)$，$P = \psi + \tau \beta$，$\psi = P_c + \xi_s P_s$，$\tau = \xi_r(P_s |h|^2 + \sigma^2)$。

$f_9(\beta)$ 的一阶导数由下式表示：

$$\frac{\mathrm{d}f_9(\beta)}{\mathrm{d}\beta}$$

$$= \frac{\mu |g|^2 [\tau(1 + \text{SNR}') - (\psi |g|^2 + 2\psi \beta |g|^4 + \tau \beta^2 |g|^4)(1 + \text{SNR}' + \mu) - \psi |g|^2(1 + \text{SNR}')]}{\ln 2 \times [(1 + \text{SNR}') + \beta |g|^2(1 + \text{SNR}' + \mu)]^2 (1 + \beta |g|^2)^2} \tag{9-46}$$

$f_{10}(\beta)$ 的一阶导数由下式表示：

$$\frac{\mathrm{d}f_{10}(\beta)}{\mathrm{d}\beta} = \frac{\mu |g|^2 \tau}{\ln 2 \times [(1 + \text{SNR}') + \beta |g|^2(1 + \text{SNR}' + \mu)](1 + \beta |g|^2)} \tag{9-47}$$

从式 (9-46) 和式 (9-47)，很容易验证下面的不等式：

$$\frac{\mathrm{d}f_9(\beta)}{\mathrm{d}\beta} - \frac{\mathrm{d}f_{10}(\beta)}{\mathrm{d}\beta} < 0, \quad \beta \in [0, +\infty) \tag{9-48}$$

根据式 (9-43)、式 (9-48) 和命题 9-2，对 $\beta \in [0, +\infty)$，有四种情况。

(1) $f_9(0) > f_{10}(0)$，而且 $f_9(\beta)$ 和 $f_{10}(\beta)$ 有一个相交点。设相交点在 $\beta = \tilde{\beta}$。对 $\beta \in [0, \tilde{\beta})$，$f_9(\beta) > f_{10}(\beta)$，根据式 (9-43) 有 $(\mathrm{d}\eta_{\text{EE3}}/\mathrm{d}\beta) > 0$。对 $\beta \in (\tilde{\beta}, +\infty)$，$f_9(\beta) > f_{10}(\beta)$，根据式 (9-43) 有 $(\mathrm{d}\eta_{\text{EE3}}/\mathrm{d}\beta) < 0$。因此，$\eta_{\text{EE3}}$ 对 $\beta \in [0, \tilde{\beta})$ 是严格递增的，对 $\beta \in (\tilde{\beta}, +\infty)$ 是严格递减的。η_{EE3} 的最大值在 $\beta = \tilde{\beta}$ 取到。这种情况中对 $\beta \in [0, +\infty)$，η_{EE3} 关于 β 是严格准凹的。

(2) $f_9(0) > f_{10}(0)$，而且 $f_9(\beta)$ 和 $f_{10}(\beta)$ 没有相交点。对 $\beta \in [0, +\infty)$，$f_9(\beta) > f_{10}(\beta)$。根据式 (9-43) 有 $(\mathrm{d}\eta_{\text{EE3}}/\mathrm{d}\beta) > 0$。因此，$\eta_{\text{EE3}}$ 对 $\beta \in [0, +\infty)$ 是严格递增的。对 $\beta \in [0, +\infty)$，这种情况中 η_{EE3} 关于 β 是严格准凹的。

(3) $f_9(0) = f_{10}(0)$，而且 $f_9(\beta)$ 和 $f_{10}(\beta)$ 唯一的相交点在 $\beta = 0$。对 $\beta \in [0, +\infty)$，有 $f_9(\beta) < f_{10}(\beta)$。根据式 (9-43) 有 $(d\eta_{\text{EE3}}/d\beta) < 0$。因此，$\eta_{\text{EE3}}$ 对 $\beta \in [0, +\infty)$ 是严格递减的。这种情况中对 $\beta \in [0, +\infty)$，η_{EE3} 关于 β 是严格准凹的。

(4) $f_9(0) < f_{10}(0)$，而且 $f_9(\beta)$ 和 $f_{10}(\beta)$ 没有相交点。对 $\beta \in [0, +\infty)$，$f_9(\beta) < f_{10}(\beta)$。根据式 (9-43) 有 $(d\eta_{\text{EE3}}/d\beta) < 0$。因此，$\eta_{\text{EE3}}$ 对 $\beta \in [0, +\infty)$ 是严格递减的。这种情况中对 $\beta \in [0, +\infty)$，η_{EE3} 关于 β 是严格准凹的。

所有四种情况中对 $\beta \in [0, +\infty)$，η_{EE3} 关于 β 都是严格准凹的。定理 9-5 的证明完成。

参 考 文 献

[1] Miao G, Himayat N, Li Y. Energy-efficient link adaptation in frequency-selective channels[J]. IEEE Transactions on Communications, 2010, 58(2): 545-554.

[2] Xiong C, Li Y, Zhang S, et al.Energy- and spectral efficiency tradeoff in downlink OFDMA networks[J]. IEEE Transactions on Wireless Communications, 2011, 10(11): 3874-3886.

[3] Edler T, Lundberg S. Energy efficiency enhancements in radio access networks[J]. Ericsson Review, 2004, 1: 42-51.

[4] Chen Y, Zhang S, Xu S, et al. Fundamental trade-offs on green wireless networks[J]. IEEE Communications Magazine, 2011, 49(6): 30-37.

[5] Haykin S. Cognitive radio: brain-empowered wireless communications[J]. IEEE Journal on Selected Areas in Communications, 2005, 23(2): 201-220.

[6] Wang B, Liu K J R. Advances in cognitive radio networks: a survey[J]. IEEE Journal of Selected Topics in Signal Processing, 2011, 5(1): 5-23.

[7] Onireti O, Héliot F, Imran M A. On the energy efficiency-spectral efficiency trade-off in the uplink of CoMP system[J]. IEEE Transactions on Wireless Communications, 2012, 11(2): 556-561.

[8] Héliot F, Imran M A, Tafazolli R. On the energy efficiency-spectral efficiency trade-off over the MIMO Rayleigh fading channel[J]. IEEE Transactions on Communications, 2012, 60(5): 1345-1356.

[9] Héliot F, Imran M A, Tafazolli R. A very tight approximation of the SISO energy efficiency-spectral efficiency trade-off[J]. IEEE Communications Letters, 2012, 16(6): 850-853.

[10] Onireti O, Héliot F, Imran M A. On the energy efficiency-spectral efficiency trade-off of distributed MIMO systems[J]. IEEE Transactions on Communications, 2013, 61(9): 3741-3753.

[11] Verdu S. Spectral efficiency in the wideband regime[J]. IEEE Transactions on Information Theory, 2012, 48(6): 1319-1343.

[12] He C, Sheng B, Zhu P, et al. Energy efficiency and spectral efficiency tradeoff in downlink distributed antenna systems[J]. IEEE Wireless Communications Letters, 2012, 1(3): 153-156.

[13] He C, Sheng B, Zhu P, et al. Energy- and spectral-efficiency tradeoff for distributed antenna systems with proportional fairness[J]. IEEE Journal on Selected Areas in Communications, 2013, 31(5): 894-902.

[14] Deng L, Rui Y, Cheng P, et al. A unified energy efficiency and spectral efficiency tradeoff metric in wireless networks[J]. IEEE Communications Letters, 2013, 17(1): 55-58.

[15] Ngo H Q, Larsson E G, Marzetta T L. Energy and spectral efficiency of very large multiuser MIMO systems[J]. IEEE Transactions on Communications, 2013, 61(4): 1436-1449.

[16] Zhou L, Hu Q, Qian Y, et al. Energy-spectrum efficiency tradeoff for video streaming over mobile ad hoc networks[J]. IEEE Journal on Selected Areas in Communications, 2013, 31(5): 981-991.

[17] Rao J B, Fapojuwo A O. On the tradeoff between spectral efficiency and energy efficiency of homogeneous cellular networks with outage constraint[J]. IEEE Transactions on Vehicular Technology, 2013, 62(4): 1801-1814.

[18] Li Y, Sheng M, Yang C, et al. Energy efficiency and spectral efficiency tradeoff in interference-limited wireless networks[J]. IEEE Communications Letters, 2013, 17(10): 1924-1927.

[19] Hong X, Jie Y, Wang C, et al. Energy-spectral efficiency trade-off in virtual MIMO cellular systems[J]. IEEE Journal on Selected Areas in Communications, 2013, 31(10): 2128-2140.

[20] Ku I, Wang C, Thompson J. Spectral-energy efficiency tradeoff in relay-aided cellular networks[J]. IEEE Transactions on Wireless Communications, 2013, 12(10): 4970-4982.

[21] Hsu C, Chang J M, Chou Z, et al. Optimizing spectrum-energy efficiency in downlink cellular networks[J]. IEEE Transactions on Mobile Computing, 2014, 13(9): 2100-2112.

[22] Han C, Harrold T, Armour S, et al. Green radio: radio techniques to enable energy-efficient wireless networks[J]. IEEE Communications Magazine, 2011, 49(6): 46-54.

[23] Sun C, Yang C. Energy efficiency analysis of one-way and two-way relay systems[J]. EURASIP Journal on Wireless Communications and Networking, 2012.

[24] Laneman J N, Tse D N C, Wornell G W. Cooperative diversity in wireless networks: efficient protocols and outage behavior[J]. IEEE Transactions on Information Theory, 2004, 50(12): 3062-3080.

[25] Sendonaris A, Erkip E, Aazhang B. User cooperation diversity-part I: system description[J]. IEEE Transactions on Communications, 2003, 51(11): 1927-1938.

[26] Sendonaris A, Erkip E, Aazhang B. User cooperation diversity-part II: implementation aspects and performance analysis[J]. IEEE Transactions on Communications, 2003, 51(11): 1939-1948.

[27] Bae C, Stark W E. End-to-end energy-bandwidth tradeoff in multihop wireless networks[J]. IEEE Transactions on Information Theory, 2009, 55(9): 4051-4066.

[28] Chen C, Stark W E, Chen S. Energy-bandwidth efficiency tradeoff in MIMO multi-hop wireless networks[J]. IEEE Journal on Selected Areas in Communications, 2011, 29(8): 1537-1546.

[29] Abuzainab N, Ephremides A. Energy efficiency of cooperative relaying over a wireless link[J]. IEEE Transactions on Wireless Communications, 2012, 11(6): 2076-2083.

[30] Cui S, Goldsmith A J, Bahai A. Energy-constrained modulation optimization[J]. IEEE Transactions on Wireless Communications, 2005, 4(5): 2349-2360.

[31] Dohler M, Li Y. Cooperative communications, hardware, channel & PHY[M]. Chichester, U.K.: Wiley, 2010.

[32] Han Y, Pandharipande A, Ting S H. Cooperative decode-and forward relaying for secondary spectrum access[J]. IEEE Transactions on Wireless Communications, 2009, 8(10): 4945-4950.

[33] Brennan D G. Linear diversity combining techniques[J]. Proceedings of the IEEE, 2003, 91(2): 331-356.

[34] Boyd S, Vandenberghe L. Convex optimization[M]. Cambridge, U.K.: Cambridge University Press, 2004.

第 10 章　能量获取无线通信发射机的切换调度

10.1　引　　言

随着能量获取设备的发展，它被引入到了无线通信系统中。在一个无线通信系统中，如果在发射机或者接收机上配置了能量获取设备，那么由这种发射机或者接收机组成的系统就是能量获取无线通信系统。

通常情况下，都是在发射机上配置了能量获取设备[1-4]。系统中往往分析的是数据包分组传输，因此发射机不但要接收数据信息还要获取能量，这种系统的模型有很多种，在此我们列出几个，如图 10-1 所示[1-4]。在能量获取无线通信系统中，往往以给定比特数对应的传输完成时间最小为优化目的，或者说在给定时间内获取的吞吐量最大为优化目的。

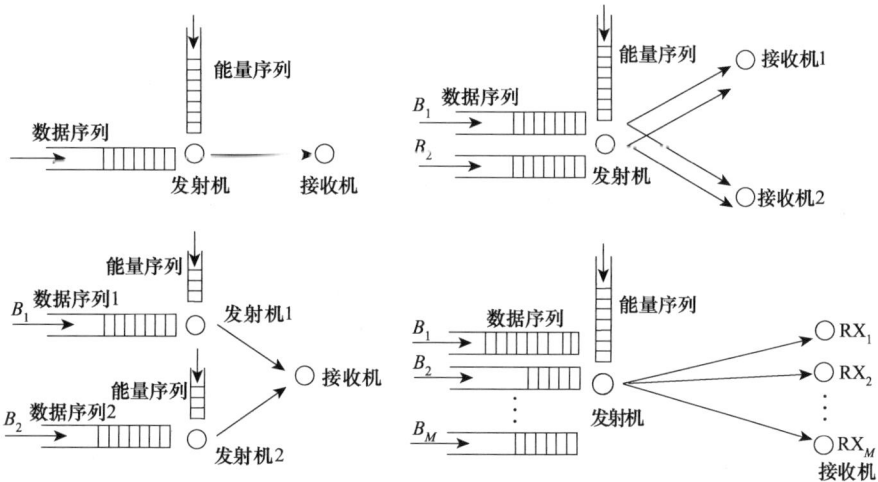

图 10-1　能量获取通信系统模型

能量获取无线通信主要面临两种挑战，一是能量获取过程建模，目前为止，尚且不存在实际的能量获取模型，并且能量获取的时间点以及获取的能量大小都是实时变化的；二是需要最优化利用获取的能量，这种系统中往往以吞吐量最大或者传输完成时间最小为优化目标，而吞吐量和传输完成时间都取决于当前时刻以及未来时刻能量获取的状况。

能量获取无线通信发射机除了可以从自然界获取能量外，还可以通过电磁波形式获取能量。由于高频电磁波可以在空间自由传播，能量可以以电磁波的形式在空间传输。在 2007 年，美国麻省理工学院的研究人员首次试验成功，可以以无线的形式传输能量给灯泡，这项技术为日常生活中摆脱电线的束缚提供了依据。目前已有充电器可以给手机进行无线充电。

　　能量获取无线通信系统目前最主要的应用有两种，一是太阳能基站，如图10-2所示，这种基站为在交流电没有覆盖的区域实现通信提供了便利。太阳能基站是通过自身携带的太阳能获取设备来获取能量的，通常使用获取能量存储后使用设备，这样白天获取的能量也可以供给基站在夜间使用。二是无线充电器，充电器通过电磁波的形式将能量发送给手机，如图10-3所示，这种充电器为人们摆脱手机充电线成为了可能。

<table>
<tr><td>图 10-2　太阳能基站</td><td>图 10-3　无线充电器</td></tr>
</table>

　　新型的无线传感器网络可以通过太阳能、风能、水能、地热能、地磁能等从自然界获取能量[5, 6]。这种技术的出现对于能量有限的无线传感器网络来说是非常有价值的[7]。然而，传感器节点从自然界获取的能量是不稳定的并且是实时变化的，因此获取的能量必须小心地使用以保证系统性能最优[8]。

　　学者们已经就能量获取无线传感器网络做出了大量研究，比如，单发射机系统中的能量分配问题、信息采集压缩以及传输的过程[9]。根据自主学习算法，为保证系统性能最大化，文献[10]中提出了最佳功率控制算法。传感器节点从外界获取的能量以二阶马尔可夫过程的形式排列，并且存储在一个容量有限的电池中，文献[11]中提出了一种比较简单的传输算法。文献[12]提出了一种平衡节点预测要消耗的能量和预测获取能量这两者之间一致性的算法。为了分析电池排放策略和电池容量不可逆的衰减算法之间的相互影响，文献[13]中提出了一种随机马尔可夫框架。文献[14]分析了一个能量序列是马尔可夫链的情况。为了更好地管理能量，最大化系统性能指标，文献[15]分析了几种节点激活方式。文献[16]分析了激活节点的自适应算法。为保证用最少的能耗来可靠地传输数据，文献[17]提出了一种自动重发请求（Automatic Repeat Request，ARQ）协议。数据融合以及链路调度的能量使用效率在文献[18]中得到分析。文献[19]介绍了传感器节点的设计方法，设计的过程中考虑到了能量和数据缓存空间。电池容量有限的情况下，文献[20]中提出了分布式抽样速率控制方案。文献[21]分析了传感器节点获取时变能量和动态数据时的路由算法。满足能量和功率约束的同时，为了最大化系统利用率，资源分配问题在文献[22]中得到分析。文献[23]提出了能量控制算法，这个算法可以保证系统吞吐量最优并且系统时延最小。在文献[24]中，以提高能量获取传感器节点利用率为目的，提出了功率控制算法。能量高效传输问题在文献[25]中得到分析。在一个有足够能量的节点充当中继的协作通信系统中，误码率问题在文献[26]得到了研究。在文献[27]中，关于能量获取传感器网络以及协作通信，最优调度策略得到了研究。除了这些工作外，还有平衡整个网络的能量分配算法[28]、动态任务循环调度策略[29]、持续时间长的路由选择算法[30]、能量高效传输策略[31]、基于地理路由信息的能量使用效率[32]、能量同步处理方法[33]、长期信息采集[34]、媒体接入控制方案[35]、协助通信中的最优传输功率方案[36]、功率控制[37, 38]、基于遗传算法的路由协议[39]、动态范围协助传输[40]。这些研究为能量获取传感器网络的应用奠定了坚实的基础。

　　能量获取传感器网络技术的发展带动了能量获取无线通信系统的发展。在能量获取无线通信系统中，为了高效地使用能量，专家们已经取得了一定的成果。比如，在由三个能量获取发射机组成的系统中，在非协作通信以及正交前向编码协作通信中，最大化信源稳定吞吐量和对传输功率的要求得到了分析，作者证明了协作通信可以获取一个更大的稳定吞吐量[41]。在一个由三个发射机组成的系统中，发射机和中继都可以获取能量，系统信道都是高斯转发信道并且信道具有解码转发功能，系统功率分配问题得到分析[42]。文献[43]分析了一种时变的能量到达过程，优化目的是使系统在不同的信道状况下的吞吐量最大化，其中涉及有限个时间段内的最优能量分配问题。文献[44]分析的是一种可以混合获取能量的基站，采用正交频分多址(Orthogonal Frequency Division Multiple Access，OFDMA)时的资源有效分配算法。文献[45]分析了当一个发射机获取的是混合能量资源时，系统最优功率分配问题。在一个能量获取无线通信系统中，为了使系统吞吐量最大化而提出动态功率分配策略[46]。除了这些技术，协作和感知对于能量获取无线通信来说也是非常有效的手段[47, 48]，以及吞吐量的最大范围[49]、自适应任务循环控制[50]、自适应功率控制[51]、有效的能量管理方案以及能量分享方案[52]、电池不完美情况[53]、设计智能能量获取无线网络[54]、协助网络[55]、多址接入通信系统[56]、具有超大存储容量的能量获取在线评估[57]、功率分配方案[58, 59]、功率分配和中继选择[60]、最优功率分配方案[61]、中继转发协议[62]问题都有得到分析。

　　对于能量获取无线通信系统，尤其是被布置在延迟感知情景下的系统而言，传输完成时间是一个重要指标。近些年，针对能量获取无线通信系统中传输完成时间最小化问题提出的传输策略已经出现。在文献[2, 63]中，描述的是点对点无线通信系统中的最优数据包调度，根据传输负载和获取的能量来自适应调整传输速率，以保证数据包传输完成的时间最小。在文献[64，65]中，作者研究了在具有加性白高斯噪声(Additive White Gaussian Noise，AWGN)的广播信道中的传输完成时间最小化问题。这种最优传输策略是在一个两用户的广播信道中，通过一个对偶问题(给定时间内最大化传输速率域)来辅助解决的。在文献[1]中，最小化传输完成时间在一个具有 M 个用户 AWGN 广播中得到研究，这个系统中的发射机获取的能量被保存在有限容量的电池中。在文献[66]中，关于能量获取发射机在点对点通信系统中的数据传输最优化问题得到研究，在文献[67]中，电池容量有限并且具有路径衰落。一个具有能量随机到达的发射机在广播信道下的信息理论容量得到了推理。系统由一个能量获取发射机和两个接收机组成，在这种广播信道中分析了传输完成时间最小化问题[68]。首次最早截止时间算法的分析[69]。在时变信道中的传输完成时间最小化问题在文献[70]中得到分析。除了以上的工作，多址接入信道[3]、并行衰减高斯广播信道[4]、干扰信道[71]、时变信道[70]、传输的过程中有数据到达[69]等这些对系统的影响都有考虑到。

近年来，随着能量获取技术的发展，能量获取无线通信系统引起了国内外学者的高度关注。到目前为止，就传输完成时间最小化问题，他们已经提出了很多传输调度算法。但是在这些传输调度算法中，都假设发射机能够完成通信任务，以至于发射机不能完成通信任务的情况成为了空白。如果一个发射机在发送信号的过程中坏掉或者因为获取的能量不足，不能够继续工作，那么提出的传输调度算法就失去了原本应有的意义。为了弥补这个空白，我们提出了一种发射机切换算法，也就是在发射机不能完成通信任务时，系统可以选择另外一个合适的发射机来接替完成当前工作。这种发射机切换算法能够有效避免通信中断。为了降低通信中断情况发生的频率、提高通信系统的可靠性，我们分析了两个发射机系统以及多个发射机系统,并且这些发射机互相协作共同完成通信任务。为了避免数据重复发送，每个时刻只选出一个发射机发送数据。这种发射机切换系统符合了当今大部分发射机或者接收机上都有多根天线的情景，为技术发展提供良好的依据。并且这种系统具有良好的灵活性、可靠性以及鲁棒性。然而，额外的发射机切换会给系统带来严重的控制负担。因此，在这些系统中，我们提出的发射机切换算法都以减少发射机切换次数为目的。

由于分析的是发射机能量获取不是非常充足的情况，因此，更应该合理利用发射机获取的能量。通常情况下，传输完成时间越短，所消耗的总能量就会越少，因此，我们的优化目标为传输完成时间最短。以此为优化目标，在两发射机两接收机系统中、多发射机单接收机系统中以及多发射机多接收机系统中，我们都推导出了功率控制算法或功率分配算法。仿真验证了所提出的功率控制算法或功率分配算法，能够保证系统在较短的时间内完成通信任务。

10.2　双能量获取发射机广播的切换调度

10.2.1　系统模型

本小节讨论的系统模型如图 10-4 所示，系统由两个发射机（TX_1 和 TX_2）和两个接收机（RX_1 和 RX_2）组成。这两个发射机在传输信息的过程中获取能量并且交替工作，它们获取能量的过程相互独立。当一个发射机消耗完它从自然界获取的能量，另一个发射机将会切换到工作状态。这种通信系统跟现有的系统相比，更加具有灵活性和鲁棒性。这些即将发送给用户（接收机）的数据，在发射机还没有工作的时候，就以队列的形式到达发射机。B_1 是即将发送给 RX_1 的数据，B_2 是将要发送给 RX_2 的数据。图 10-5 描述了这两个发射机获取能量的过程。每次获取的能量值都是随着时间变化的。在时间点 $S_n, n = 0, \cdots, N$，TX_1 获取的能量值记为 E_{1n}，同时 TX_2 获取的能量值记为 E_{2n}。对这个系统而言，每次只有一个发射机发送数据，数据发送完成的时间记为 T。我们很容易想到，两个发射机很可能在不同的时间点获取能量，这种情况也包含在图 10-5 中（E_{1n} 或 E_{2n} 为 0 的情况）。这些获取的能量序列都是已知的随机序列。假设储存能量的电池具有无限大的容量，并且获取的能量不会溢出。在本小节接下来的部分，我们从信息论的观点来分析信息传输的过程，因此不考虑信息发送失败或者重复发送的情况。假设，不管哪个发射机工作，所发送的数据都是成功的，并且发射机不会发送重复的数据。

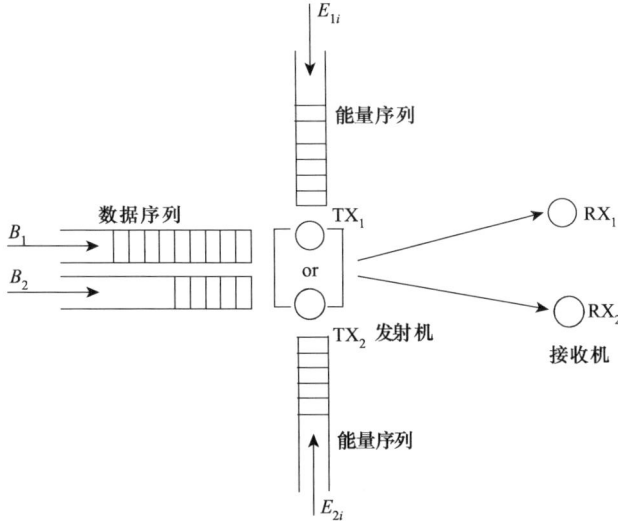

图 10-4　具有两个能量获取发射机的广播信道模型

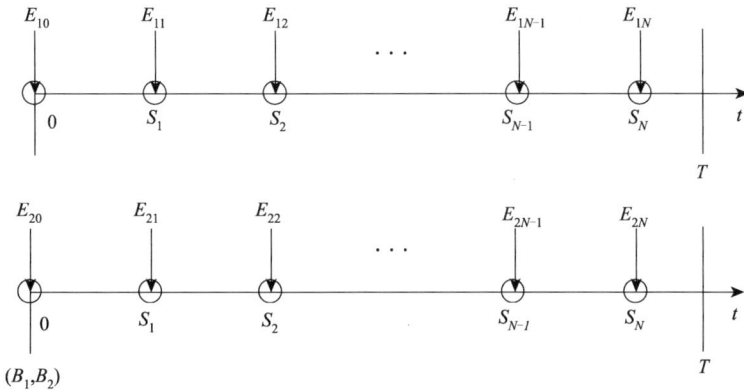

图 10-5　获取能量的过程

发射机和接收机之间的信道模型可以看作是一个 AWGN 广播信道模型。系统中的两个接收机收到的信号可以表示如下：

$$y_m = x + v_m, \qquad m = 1,2 \tag{10-1}$$

其中 y_m 表示接收信号；x 表示发送信号；v_m 表示一个均值为 0，方差为 $\sigma_{ab}^2(a=1,2;b=1,2)$ 的高斯白噪声。为了不失一般性，假设对于 TX_1，有 $\sigma_{11}^2 \leqslant \sigma_{12}^2$；对于 TX_2，有 $\sigma_{21}^2 \leqslant \sigma_{22}^2$。也就是说 RX_1 比 RX_2 的性能要好。此外，把 TX_1 的传输功率记为 P_1，TX_2 的传输功率记为 P_2。当 TX_i 工作时，这个 AWGN 广播信道的信道容量是[72]

$$
\begin{aligned}
r_{i1} &\leqslant \frac{1}{2}\log_2\left(1+\frac{\alpha_i P_i}{\sigma_{i1}^2}\right) \\
r_{i2} &\leqslant \frac{1}{2}\log_2\left[1+\frac{(1-\alpha_i)P_i}{\alpha_i P_i+\sigma_{i2}^2}\right], \quad i=1,2
\end{aligned}
\tag{10-2}
$$

其中 r_{ab} 是 TX_a 向 RX_b 发送数据时的传输速率；α_a 是当 TX_a 工作时，TX_a 分配给 RX_1 的功率占总功率的一个比例系数。当式(10-2)取等号时，可以得到，TX_i 工作速率为 r_{i1} 和 r_{i2} 时需要的最小功率值[64]，如下所示：

$$P_{in} = \sigma_{i1}^2 2^{2(n_1+n_2)} + (\sigma_{i2}^2 - \sigma_{i1}^2)2^{2n_2} - \sigma_{i2}^2, \quad n = 0, \cdots, N \tag{10-3}$$

其中，假设在能量获取的时间间隔内，传输功率、噪声方差以及其他的参数都不会发生变化。如图 10-1 和图 10-2 所示，系统的任务就是把 B_1 比特的信息发送给 RX_1 并且把 B_2 比特的信息发送给 RX_2。我们的目标就是找到一种最优的切换算法，让这个系统的传输完成时间 T 最小。这个切换算法必须满足能量约束条件，即，在任何一个给定的时刻 t，到 t 时刻发射机总共消耗的能量值一定要小于等于到这个时刻发射机总共获取的能量值（包括初始时刻的能量值）。

10.2.2　优化问题

从上述讨论中可以看出，我们的目标就是在几个约束条件允许的范围内最小化传输完成时间，这几个约束条件分别是能量约束条件、数据传输约束条件和发射机切换约束条件。传输完成时间最小化问题可以用数学公式描述成如下形式：

$$\min_{r_{1n},r_{2n},r_{21n},r_{22n}} \quad T = \sum_{n=1}^{N} l_{1n} = \sum_{n=1}^{N} l_{2n}$$

$$\text{s.t.} \quad \sum_{n=1}^{m} P_{1n}l_{1n} \leqslant \sum_{n=1}^{m-1} E_{1n}, \quad \sum_{n=1}^{m} P_{2n}l_{2n} \leqslant \sum_{n=1}^{m-1} E_{2n}, \quad 0 < m \leqslant N \tag{10-4}$$

$$\sum_{n=1}^{N}(r_{11n}l_{1n} + r_{21n}l_{2n}) = B_1, \quad \sum_{n=1}^{N}(r_{12n}l_{1n} + r_{22n}l_{2n}) = B_2$$

$$\sum_{n=1}^{N}(r_{11n} + r_{12n})(r_{21n} + r_{22n}) = 0, \quad r_{11n} \geqslant 0, \quad r_{12n} \geqslant 0, \quad r_{21n} \geqslant 0, \quad r_{22n} \geqslant 0$$

其中 l_{an} 是 TX_a 工作的第 n 个时间段；r_{abn} 表示在这个时间段内，TX_a 发送信息给 RX_b 时的信息速率；P_{an} 是这个时间段内 TX_a 的总功率。在式(10-4)中，优化目的是最小化传输完成时间。第一个约束条件保证了在任何时刻，消耗的能量总值不可能超过可以供给的能量总值。第二个约束条件保证了所有的信息都发送到相应的接收机。第三个约束条件保证在每个时刻，只有一个发射机在工作。最后一个约束条件保证传输速率不为负值。

正如文献[64]中所示，传输完成时间最小化问题和吞吐量最大化问题是两个对偶问题。把传输完成时间最小化问题用吞吐量最大化问题来表示的话，就比较容易求解，表示如下：

$$\max_{r_{11n},r_{12n},r_{21n},r_{22n}} \quad u_1\sum_{n=1}^{N}(r_{11n}l_{1n} + r_{21n}l_{2n}) + u_2\sum_{n=1}^{N}(r_{12n}l_{1n} + r_{22n}l_{2n})$$

$$\text{s.t.} \quad \sum_{n=1}^{m} P_{1n}l_{1n} \leqslant \sum_{n=1}^{m-1} E_{1n}, \quad \sum_{n=1}^{m} P_{2n}l_{2n} \leqslant \sum_{n=1}^{m-1} E_{2n}, \quad 0 < m \leqslant N \tag{10-5}$$

$$\sum_{n=1}^{N}(r_{11n} + r_{12n})(r_{21n} + r_{22n}) = 0, \quad r_{11n} \geqslant 0, r_{12n} \geqslant 0, r_{21n} \geqslant 0, r_{22n} \geqslant 0$$

在文献[64]中，作者已经分析了如下问题的最优解：

$$\max_{r_{i1n}, r_{i2n}} \quad u_1 \sum_{n=1}^{N} r_{i1n} l_{in} + u_2 \sum_{n=1}^{N} r_{i2n} l_{in}$$

$$\text{s.t.} \quad \sum_{n=1}^{m} P_{in} l_{in} \leqslant \sum_{n=1}^{m-1} E_{in}, \quad 0 < m \leqslant N, \quad r_{i1n} \geqslant 0, \quad r_{i2n} \geqslant 0 \tag{10-6}$$

由于这两个发射机工作过程是相对独立的，因此可以先分析关系式 $\sum_{n=1}^{N}(r_{11n}+r_{12n})$
$(r_{21n}+r_{22n})=0$，这个关系式影响的是发射机之间的切换。

下面将通过两个命题来讨论发射机切换问题。首先，考虑在一个给定的时间段内，当 TX_1 工作时，并且有固定能量值 E，TX_1 怎样利用这些能量才能够获得最大的吞吐量。

命题 10-1：在最优切换算法中，当前工作的发射机在切换到另一个发射机之前是不能停止发送数据的。

证明：在这个 TX_1 工作的时间段内，TX_2 对系统的吞吐量没有贡献，因此在这个时间段内先忽略 TX_2 的存在。为了简化问题，假设功率分割值[64]比总功率还要大一些，因此没有功率分配给 RX_2，所有的功率都分配给了 RX_1。这种情况下，也可以忽略 RX_2 的存在，因为它不会接收到任何信息。另外一种情况（RX_2 能接收到信息）在接下来的部分进行讨论。基于这种假设，这个系统可以简化成点对点通信系统。系统的传输功率可以表示为 $P = E/T$。在这种 AWGN 信道中，很容易得到传输速率：

$$r = B_w \log_2\left(1 + \frac{Ph}{N_0 B_w}\right) \tag{10-7}$$

其中，B_w 是信道传输带宽；h 是发射机和接收机之间的路径损耗；N_0 是噪声功率谱密度。这个时间段内传输的信息量可以表示为

$$B = rT \tag{10-8}$$

为了清晰地展示 B 和 T 之间的关系，我们设置了一些参数，$B_w = 1\text{MHz}$，$h = 100\text{dB}$，$N_0 = 10^{-19}\text{W/Hz}$，$E = 5\text{mJ}$。然后信息量就可以表示为

$$B = T \log_2\left(1 + \frac{5}{T}\right) \tag{10-9}$$

我们画出 B 随着 T 的变化而变化的曲线，如图 10-6 所示。可以看出信息量 B 随着传输完成时间 T 的延长而增加。因此为了得到更大的吞吐量，在一个给定的时间段内，发射机最好是占据整个时间段来发送数据。这种占据整个时间段来发送数据的算法对于点对点通信来说是最佳的。对一个具有两个发射机的系统而言，在一个给定的时间段内，如果是 TX_1 工作，并且它占据整个时间段来发送数据，那么这种情况下发送的信息量必然是最大的。在接下来的时间段内，TX_2 工作时，如果 TX_2 也是占据整个时间段来发送数据，那么发送的信息量也是最大的。因此对于两个发射机系统而言，仍然需要采取这种占据整个时间段来工作的算法。对于具有两个接收机的系统而言，从文献[64]中可以发现，功率分割值的确定过程中并没有涉及传输比特数和给定的能量。因此，在传输数据给每个用户的过程中消耗的能量是确知的，并且是总能量的一部分。对于每个用户而言，占有固定比例的功率时，利用整个时间段来发送数据，必然能获得最大的吞吐量。

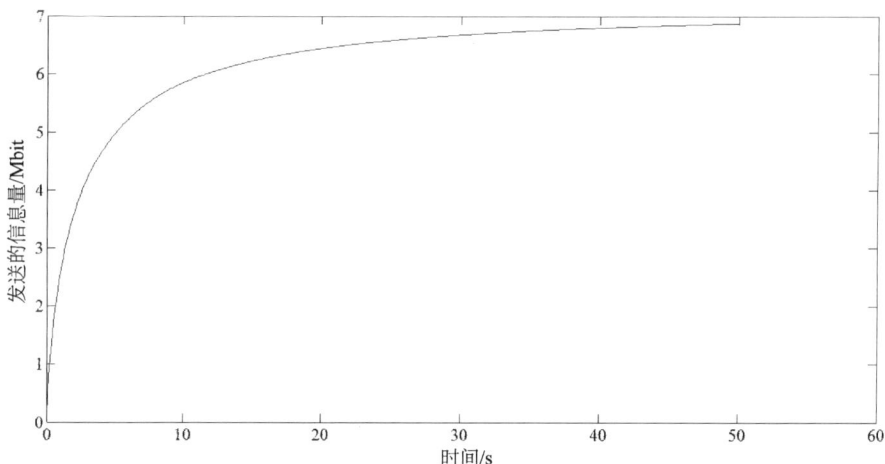

图 10-6 给定能量时, 发送的信息量和传输完成时间之间的关系

证明了发射机在一个时间段内要保持工作之后, 我们更进一步地分析, 当这个发射机的能量还剩下多少的时候, 需要切换到另一个发射机工作。这个剩余的能量值被称为切换门限。

命题 10-2: 在最优切换算法中, 切换门限为 0。

证明: 为了便于理解, 仍然采用命题 10-1 证明时采用的点对点通信系统。当传输完成时间确定以后, 需要追求最大化系统吞吐量。在式 (10-9) 中, E 是可以使用的能量, 假设 $T = 3\text{s}$。然后可以得到

$$B = 3\log_2\left(1 + \frac{E}{3 \times 10^{-3}}\right) \tag{10-10}$$

把它用图形表示出来, 如图 10-7 所示。从图中可以看出, 传输比特数随着可以使用的能量的增加而增加。因此为了获得最大的吞吐量, 最好是消耗完所有的能量而不是剩余一些留着下次使用。不管是哪个发射机工作, 更多可供使用的能量能够带来更大的吞吐量。因此, 在这个系统中, 切换门限为 0。

接下来将会讨论如何得出系统的速率域。在每一个时间点, 发射机应该按照文献[79]中所提出的最优功率控制算法工作, 对本小节中的系统而言, 需要找到的速率域是 $B_{11} + B_{21}$ 和 $B_{12} + B_{22}$ (B_{ab} 是 TX_a 传输给 RX_b 的信息量), 我们仅仅需要关注的是发送给 RX_1 和 RX_2 的信息量, 而不是关注信息是从哪个发射机发出去的。因此, 可以把两个发射机看成一个整体。此时, 系统模型类似于文献[64]中的系统模型, 最优切换算法如图 10-8 所示。紧接着, 讨论整体发射机的内部结构。尽管发射机每次切换的时候消耗的能量相当小, 以至于可以忽略, 但是为了节约能量和降低系统控制复杂度, 需要减少发射机的切换次数。TX_1 和 TX_2 的切换算法如图 10-9 所示。

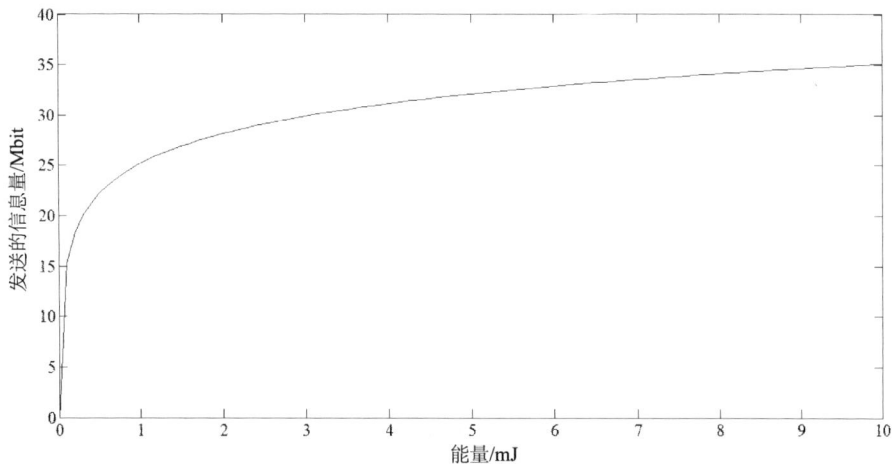

图 10-7 给定时间时，发送的信息量和能量之间的关系

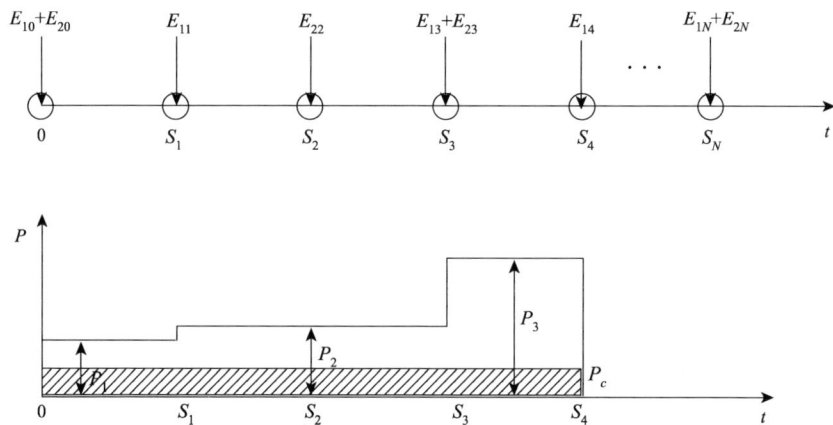

图 10-8 把发射机看成一个整体时的最优传输功率

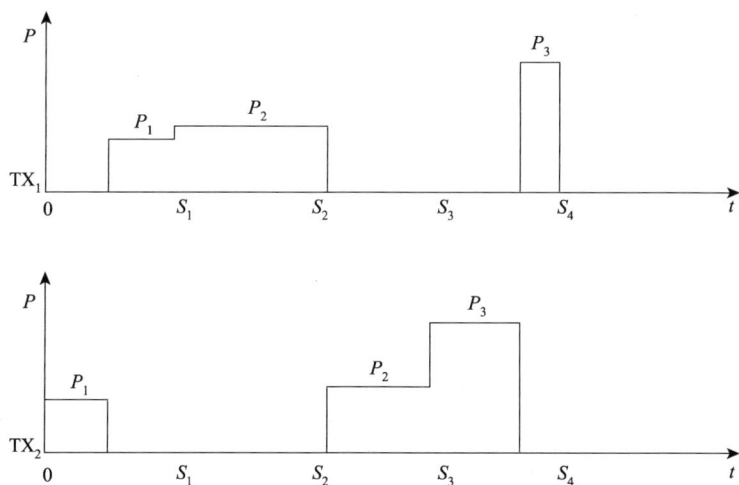

图 10-9 最优算法中的发射机切换算法

为了得到系统的速率域，我们需要分别得到 TX_1 和 TX_2 对应的功率分割值 P_{c1} 和 P_{c2}。在文献[64]中，功率分割值的定义已经给出。因此可以得出

$$P_{ci} = \left(\frac{u_1 \sigma_{i2}^2 - u_2 \sigma_{i1}^2}{u_2 - u_1} \right)^+ \tag{10-11}$$

从式（10-11）中，可以得到 P_{c1} 和 P_{c2} 之间的关系，如下所示：

$$P_{c2} = \frac{P_{c1}(\sigma_{22}^2 - \sigma_{21}^2) + \sigma_{11}^2 \sigma_{22}^2 - \sigma_{12}^2 \sigma_{21}^2}{\sigma_{12}^2 - \sigma_{11}^2} \tag{10-12}$$

10.2.3　仿真结果

在这一小节，我们举一些例子来仿真验证最优切换算法。系统参数设置如下：信道传输带宽 $B_w = 1\text{MHz}$，噪声功率谱密度 $N_0 = 10^{-19}\text{W/Hz}$，发射机和接收机之间的路径损耗分别是 $h_{11} = 100\text{dB}$，$h_{21} = 102\text{dB}$，$h_{12} = 104\text{dB}$，$h_{22} = 106\text{dB}$。传输速率可以表示为

$$
\begin{aligned}
r_{i1} &= B_w \log_2 \left(1 + \frac{\alpha_i P_i h_{i1}}{N_0 B_w} \right) \\
r_{i2} &= B_w \log_2 \left[1 + \frac{(1-\alpha_i) P_i h_{i2}}{\alpha_i P_i h_{i2} + N_0 B_w} \right] \\
r_{11} &= \log_2 \left(1 + \frac{\alpha_1 P_1}{10^{-3}} \right) \text{Mbit/s} \\
r_{21} &= \log_2 \left(1 + \frac{\alpha_2 P_2}{10^{-2.8}} \right) \text{Mbit/s} \\
r_{12} &= \log_2 \left[1 + \frac{(1-\alpha_1) P_1}{\alpha_1 P_1 + 10^{-2.6}} \right] \text{Mbit/s} \\
r_{22} &= \log_2 \left[1 + \frac{(1-\alpha_2) P_2}{\alpha_2 P_2 + 10^{-2.4}} \right] \text{Mbit/s}
\end{aligned}
\tag{10-13}
$$

其中 P_1 是 TX_1 的总功率；P_2 是 TX_2 的总功率。因此可以得到

$$P_{c2} = P_{c1} \frac{10^{-2.4} - 10^{-2.8}}{10^{-2.6} - 10^{-3}} \tag{10-14}$$

$$P_{1n} = 10^{-3} 2^{2(r_1 + r_2)} + (10^{-2.6} - 10^{-3}) 2^{2r_2} - 10^{-2.6} \tag{10-15}$$

$$P_{2n} = 10^{-2.8} 2^{2(r_{21} + r_{22})} + (10^{-2.4} - 10^{-2.8}) 2^{2r_{22}} - 10^{-2.4} \tag{10-16}$$

1. 能量获取已知时的最优切换算法

每个发射机的初始能量都为 10mJ。在时间点 $t = [5,8,11]\text{s}$，TX_1 获取的能量为 $E_1 = [10,8,10]\text{mJ}$；在时间点 $t = [6,9]\text{s}$，TX_2 获取的能量为 $E_2 = [3.5,10]\text{mJ}$；我们在图 10-10 中画出了在 $T = [6,8,9,10]\text{s}$ 的速率域。在 $T = 6\text{s}$ 的时候，速率域是按照如下方式获得的，在 $T = 6\text{s}$ 之前，TX_1 和 TX_2 除了具有初始能量储存 10mJ 之外，在 $t = 5\text{s}$ 的时候，TX_1 还获得了 10mJ 的能量。根据文献[79]中的方法可以得到最优传输功率，$P_1 = 4\text{mW}$（持续 5s），$P_2 = 10\text{mW}$（持续 1s）。然后把这些数据代入式（10-13），变换参数 α_i 的值，就能够得到在 $t = 5\text{s}$ 时的速率域。在 $T = 8\text{s}$、9s 和 10s 的时候，采用同样的方法，就能求出对应时刻的速率域。接下来，

给定需要传输的数据 $(B_1, B_2) = (18, 2)$ Mbit。在图 10-10 中用*标出了 $(B_1, B_2) = (18, 2)$ Mbit 所对应的点。从图中可以看出这些数据可以在第 9s 到第 10s 之间发送完。根据最优算法，首先把这两个发射机当成一个整体，获取能量的过程如图 10-11 中上图所示，根据获取的能量求出最优的功率，如图 10-11 中下图所示。接下来，在图 10-12 中展示了发射机切换算法。在这个例子中，功率分割值 $P_{c1} = 3.756$mW，它比 TX_1 在任何时刻的总功率都小，因此 TX_1 工作时，分配给 RX_1 的功率是一个常数 P_{c1}，剩下的功率分配给 RX_2。功率分割值 $P_{c2} = 5.953$mW，它比 TX_2 在 $t=9s$ 之前任何时刻的总功率都小，因此在 $t=9s$ 之前 TX_2 分配给 RX_2 的总功率为 0。在 $t=9s$ 之后，分配给 RX_1 的功率是 P_{c2}，剩下的功率分配给 RX_2。传输完成时间是 $T = 9.307s$，误差范围为<0.0001。对于发射机 TX_1 而言，最优传输速率分别是 $r_{11} = [2.2498, 2.2498, 2.2498]$Mbit/s，$r_{12} = [0.0644, 0.1881, 0.8437]$Mbit/s，它们持续的时间段分别是 $l_1 = [2.5, 2.2, 1]$s。对发射机 TX_2 而言，最优传输速率分别是 $r_{21} = [1.3743, 1.4810, 1.7527]$ Mbit/s，$r_{22} = [0, 0, 2.1842]$Mbit/s，它们持续的时间段分别是 $l_2 = [2.5, 0.8, 0.307]$s。

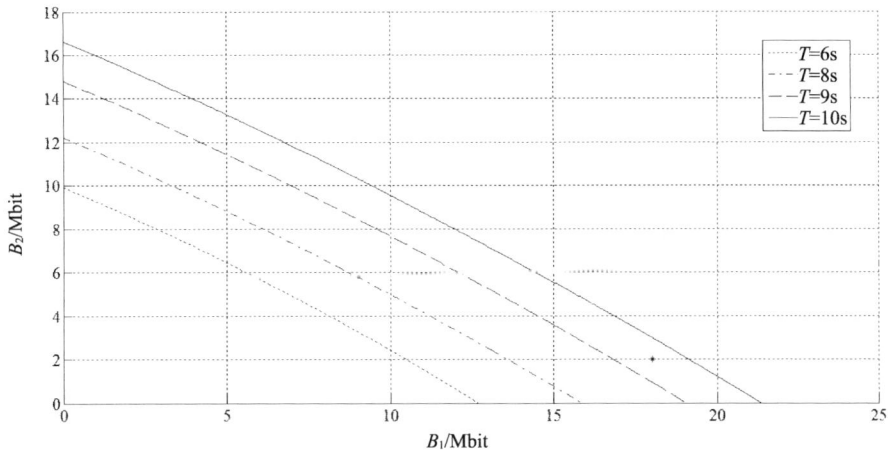

图 10-10　不同时间对应的最大速率域

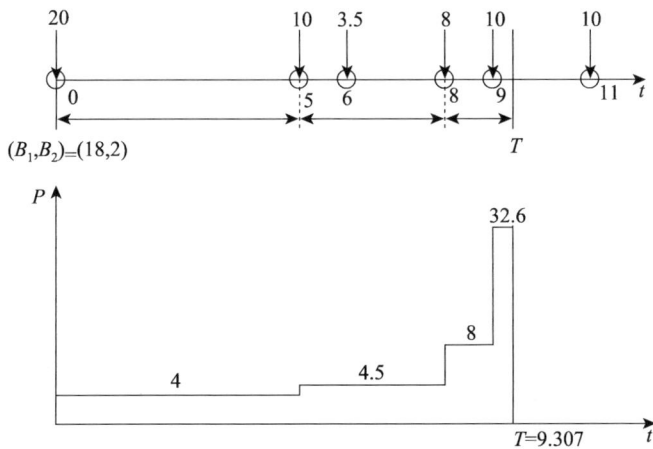

图 10-11　把发射机看成一个整体时的最优算法

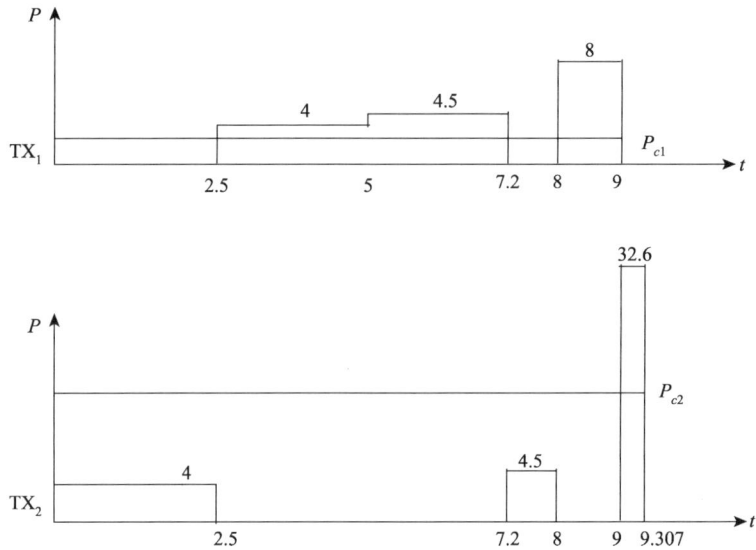

图 10-12 最优算法中的发射机切换算法

2. 能量获取已知时的次优切换算法

在这一小节，我们采用相同的系统模型以及相同的能量获取过程，仿真了几种次优切换算法。

(1)一个非零门限算法(OTO)：在这种算法中，假设 TX_1 有一个非零门限，设这个门限为 1mJ。即从信息传输开始到信息传输完成的整个过程中，TX_1 在剩余能量为 1mJ 的时候就要进行发射机切换。除了这点之外，其他的参数设置和最优算法下的参数设置都是一样的。我们把 $t=8s$ 和 10s 的速率域画在了图 10-13 中。

(2)两个非零门限算法(TTO)：在这种算法中，假设两个发射机都有一个非零门限，假设这两个门限都是 1mJ。即从发射机开始工作到发射机工作结束，当发射机的能量剩余为 1mJ 的时候，就要进行发射机切换。除了这点之外，其他的都与最优算法一样。这种算法中，信息传输完以后，发射机还剩余 2mJ 的能量尚未使用，所以这种算法不可能比 OTO 算法好。$t=8s$ 和 10s 时对应的速率域在图 10-13 中已经画出。

(3)立即切换算法(SI)：在这个算法中，只要不工作的那个发射机获取了新的能量，那么系统马上切换到获取能量的发射机工作，此时不管现在工作的发射机是否还有剩余能量。对于每个发射机而言，它们的功率在传输过程中不是递增的，因此这种算法必然不是一个好的算法。我们仍然在图 10-13 中描绘出了在 $t=8s$ 和 10s 的速率域。

从图 10-13 中可以看出，最优切换算法能够保证系统获得最大的速率域，OTO 算法的速率域排在第二位，TTO 算法的速率域排在第三位，SI 算法的速率域是最小的。很容易得知 OTO 算法的速率域永远都比 TTO 算法的速率域大，但是 SI 算法的速率域并不一定永远都比 OTO 或者 TTO 小。SI 算法的速率域是否为最小，取决于其他三种算法的门限。对于一个给定的比特数来说，次优的算法必然会消耗更多的能量，同时也需要更长的传输完成时间。

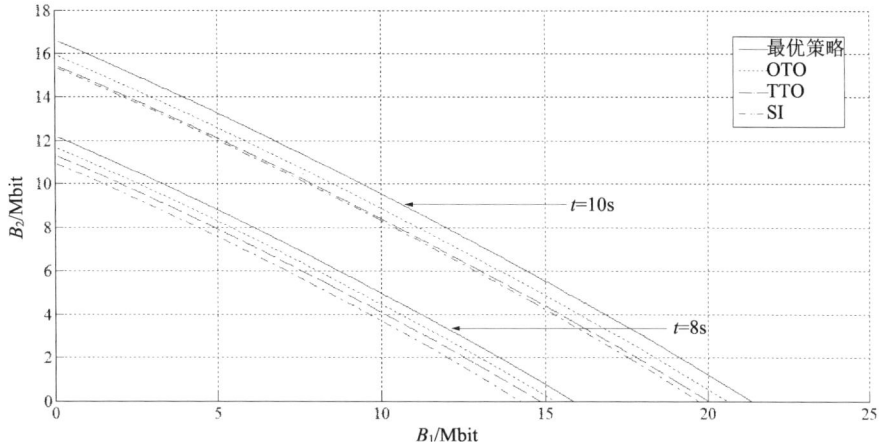

图 10-13　次优算法中和最优算法中的速率域

3. 能量随机到达

在这一小节，我们考虑能量随机到达的情况，并且把本小节中可切换的系统模型和传统的系统模型进行对比。传统的系统模型具有两个并行的发射机，并且每个发射机都有相对应的能量序列。发射机 TX_i 可以只发送数据给 RX_i。每个发射机获取能量的过程都是相互独立的。假设能量到达两个发射机的时间间隔都服从指数分布，指数分布的参数分别是 1/4 和 1/5。获取的能量值都服从均匀分布，均匀分布的范围分别是 $(0, 0.4)$ 和 $(0, 0.5)$ mJ。仿真的过程中，假设系统使用了前 100 次获取的能量。据我们所知，并行发射机可能不会同时传输完 (B_1, B_2)，为了公平起见，只比较总比特数的值，即 $B = B_1 + B_2$。在这个小节中，采用上面描述例子当中适用于 γ_{11} 的参数。我们把发送的比特数和时间的关系图描述了出来，如图 10-14 所示。从图中可以看出，可切换的系统能够发送比较多的比特数。可切换的系统遵循一个准则，那就是传输功率随着时间的增加不能减少。传统系统则是一旦获取了能量，就立即用掉。因此，在通信刚开始的时候，并行发射机发送信息的速率会比较快，但是在很短的时间内，可切换的发射机就能赶上并且超过并行发射机。由此可以看出，在给定比特数的情况下，切换的发射机能够较快地完成任务。

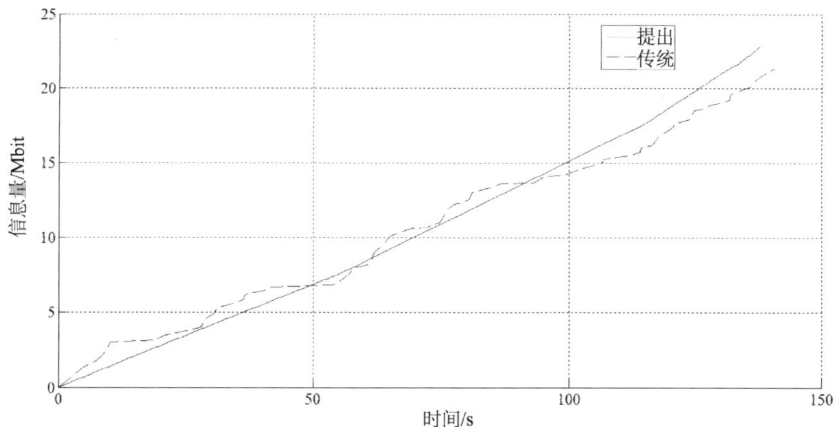

图 10-14　获取随机能量时的总比特数

10.3 基于几何投影的多能量获取发射机切换调度

10.3.1 能量获取通信系统模型

本小节研究的通信系统由 M 个能量获取发射机 TX_1, TX_2,…, TX_M 和一个接收机 RX 组成，如图 10-15 所示。每个发射机都有一个独立的能量序列与之对应，然而所有的这些发射机都共用一个数据序列(这种通信系统模型有广阔的应用空间，以蜂窝网作为例子来说明一下：几个基站被布置在一个人烟稀少，甚至交流电还不能供给的地方，比如南极、北极、原始森林。这些基站都只能通过从自然界获取能量供给工作使用。如果有一个用户刚好处在一个能量不足的基站管辖范围内，正常情况下，该用户将失去和外界的联系，但是如果这个时候，其他有能量的基站接替了能量不足基站的工作，该用户就能够一直处于在线状态，服务质量就得到了保证)。在这个发射机切换算法中，每次只选择一个发射机工作，其他的发射机处于休眠状态。也可以采用集中式或者分布式地选择工作的发射机，但是这样会给系统带来比较大的控制难度。因此，在这一小节中，只考虑选择一个发射机工作的情景。发射机能够获取的能量除了相互独立之外，还都具有随机性。假设对每个发射机而言，能量到达的过程都服从泊松分布，就像文献[73]中所说的那样，并且假设获取的能量值是服从均匀分布的(因为我们还没有发现有哪个文献说明了获取的能量值是服从什么分布的，为了便于说明，就采用了均匀分布。尽管在本节中，我们假设能量值服从均匀分布，但是本章中的分析方法对能量值服从其他分布时依然是成立的)。并且，获取的能量值大小不依赖于获取能量的时间点。对于第 m 个发射机 TX_M 而言，获取能量的时间点之间的间隔 $\bar{T}_{m,n}$ 服从参数为 λ_m 的指数分布，获取的能量值 $E_{m,n}$ 服从均匀分布的范围为 (dn_m, up_m)。很容易看出，对于不同的发射机而言，这些参数可以相同，也可以不同。类似于文献[2]，假设在发射机开始工作的时候，所有的数据信息就已经到达发射机。这些被发射机获取的能量用来供给发射机工作，在这一章中仍然假设电池有足够大的存储空间，以至于获取的能量不会溢出。每一个时刻只有一个发射机在发送信息，当这个发射机消耗完自己的能量时，就切换到其他发射机工作。这个消耗完能量的发射机，在获取了新的能量之后，很快又可以切换到工作状态。在本章中的以下部分，我们仍然从信息论的观点出发来探讨这个问题，假设不管哪个发射机工作，所传输的信息都是成功的。也假设发射机不会发送重复的信息。

每个发射机发送数据给 RX 的时候都是通过一个具有路径损耗的 AWGN 信道。当 TX_m 工作时，接收机收到的信号可以表示为

$$y_m = h_m x + v_m, \quad m = 1,\cdots,M \tag{10-17}$$

其中 x 是发送信号；h_m 是 TX_m 和 RX 之间的路径损耗；v_m 是均值为 0，方差为 σ_m^2 的噪声。为了不失一般性，假设 $\sigma_1^2 = \sigma_2^2 = \cdots = \sigma_M^2 = N_0 B_w$，其中 N_0 是噪声功率谱密度；B_w 是带宽。

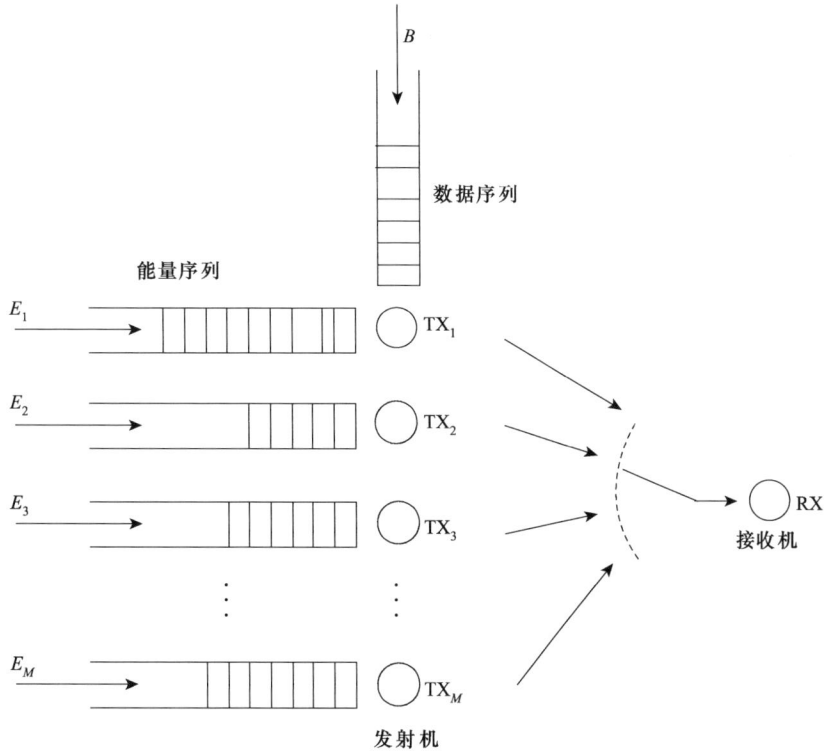

图 10-15　由多个能量获取发射机以及一个接收机组成的系统模型

假设 TX_M 的工作功率为 $\tilde{P}_m$，由于每次只有一个发射机工作，因此实际上，图 10-15 所示的系统模型是一个点对点通信系统。这个系统的速率域可以表示为

$$r_m \leqslant B_w \log_2\left(1 + \frac{\tilde{P}_m h_m}{N_0 B_w}\right), \quad m = 1, \cdots, M \tag{10-18}$$

根据上一节中的方法，首先把发射机当成一个整体。作为一个整体发射机，我们只关注这个整体发射机一共发送了多少比特数，而不是关注数据是由哪个发射机发送出去的。假设每个发射机获取能量的时间点以及能量值都是已知的。根据文献[2]的方法，在给定比特数的情况下，信息传输完成时间就可以找到。把传输完成时间划分为一些时间段，然后找出每个时间段对应的最优传输功率，如图 10-16 所示。每个时间段可能包含多个发射机获取能量的时间点以及发射机切换的时间点。在图 10-16 中，T 是现在所处的时间点，$t_j, j = 1,2,3,\cdots$ 是一个发射机获取能量的时间点，P_j 是整体发射机在时间段 $[t_{j-1}, t_j]$ 的最优传输功率（在这个时间段内，不管哪个发射机工作，它的发射功率都是 P_j）。根据文献[2]的方法，可以得到，在任何给定的时间内，都可以求出所对应的最大传输比特数。把这个比特数记为 B_e。同理，如果把给定的比特数记为 B_e，那它对应的时间 T_e 就是传输完成时间。当整体发射机以最优传输功率工作时，所用的传输完成时间必然是最小的。在得到最小传输完成时间之后，就要正式开始分析发射机切换算法了。算法以减少发射机切换次数为目的。

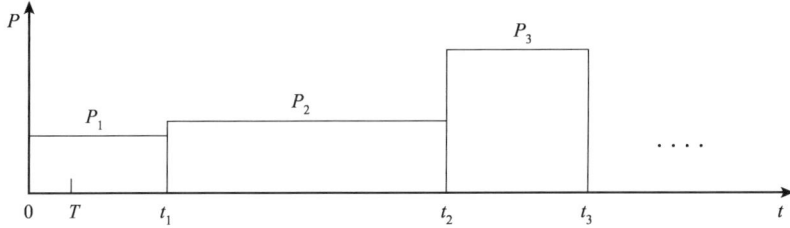

图 10-16　整体发射机对应的最优传输功率

这个发射机切换次数最小化问题用数学语言来描述成如下形式：

$$\min_{l_{m,u}} \quad f = \sum_{m=1}^{M} f_m$$

$$\text{s.t.} \quad \sum_{m=1}^{M}\sum_{u=1}^{f_m} l_{m,u} = T_e$$

$$l_{m,u} = \frac{E_{m,u}}{P_{l_{m,u}}}, \quad m=1,\cdots,M; u=1,\cdots,f_m \tag{10-19}$$

$$B_w \sum_{m=1}^{M}\sum_{u=1}^{f_m} l_{m,u} \log_2\left(1 + \frac{P_{l_{m,u}} h_m}{N_0 B_w}\right) = B_e$$

其中 $l_{m,u}$ 是发射机 TX_m 在它的第 u 次的工作时间段长度，这个时间段内消耗的能量为 $E_{m,u}$，功率为 $P_{m,u}$；f 是发射机切换次数的总数；f_m 是 TX_m 在传输完成时间 T_e 之前总共的切换次数。由于 f_m 和 $l_{m,u}$ 之间的关系不能用表达式表示出来，并且 $E_{m,u}$ 取决于之前工作的时间段之和，因此，这个优化问题就变得非常难以求解了。所以，我们就采取了几何投影的方法来辅助求解这个问题。

10.3.2　基于几何投影的切换策略

我们的目标就是设计出一种切换算法，使得在传输完成时间之内能够尽可能地减少发射机切换次数。关于几何投影的主要思想阐述展示在图 10-17 中。对于一个给定的比特数 B_e 以及它对应的传输完成时间 T_e，我们把它画在图中，用 W 标注出来，把目前所处的时刻以及已经发送的比特数用点 L 标注出来。下一个切换时间点 $T+\bar{\bar{T}}_m$ 以及这个时刻已经发送的比特数 $B+B_m$ 用 F 标注出来，其中，B_m 是时间段 $[T, T+\bar{\bar{T}}_m]$ 内发送的比特数。

众所周知，两点之间，直线最短。因此，在 0 时刻，发送完 B_e 比特信息最快的方法就是沿着直线 LW。在 T 时刻，发送完剩余比特数 $B_e - B$ 的最快方法就是沿着直线 LW。为了减少切换次数，在下一次切换的时刻，我们会发现很难真正地沿着直线 LW，因此选择让下次发射机工作的时候获得的线段 LF 在直线 LW 上进行投影，即 LH，只要选出最长的 LH 对应的发射机，就能够找到最少的切换算法。当发射机获取的能量未知的时候，要想找到哪个发射机对应最长的 LH，就得预测每个发射机的平均工作时间（LF），并且需要提前预测出传输完成时间对应的点 W。这种情况下，我们不可能找到发射机真正的工作时间段长度，因此用平均值来代替。当获取的能量已知时，发射机工作的时间段长度就能够求出，并且传输完成时间也是能够得到的。

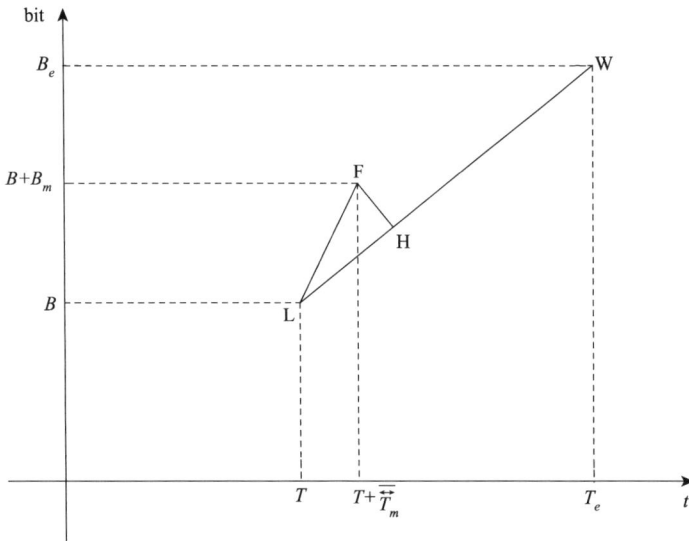

图 10-17 几何投影说明

提出的发射机切换算法的步骤可以归纳如下：首先，根据每个发射机的能量以及传输功率来推算出每个发射机的工作时间段长度。然后，根据每个发射机的工作时间段长度来求出所对应的发射机在这段时间内所发送的比特数。最后，把每个发射机对应的投影长度分别求出来，选择最长的那个投影，所对应的发射机就是应该切换到的发射机。

发射机的平均工作时间段长度预测过程如下所述。如图 10-18 所示，假设在时间段 $[0,T]$ 内，TX_1 是当前工作的发射机，在 T 时刻发射机将发送切换，需要分别预测出 $TX_2,\cdots,TX_M$ 这 $M-1$ 个发射机的平均工作时间。我们把预测 TX_M 的平均工作时间的过程作为例子。在时间点 $T_{m,n}$，TX_M 获取的能量值为 $E_{m,n}$，两个相邻的获取能量的时间点之间的距离为 $\tilde{T}_{m,n}=T_{m,n}-T_{m,n-1}$。在当前时刻 T，TX_M 自身携带的电池中剩余的能量为 E_m。对于当前时刻来说，上一次获取能量的时间点，记为 $T_{m,0}$。

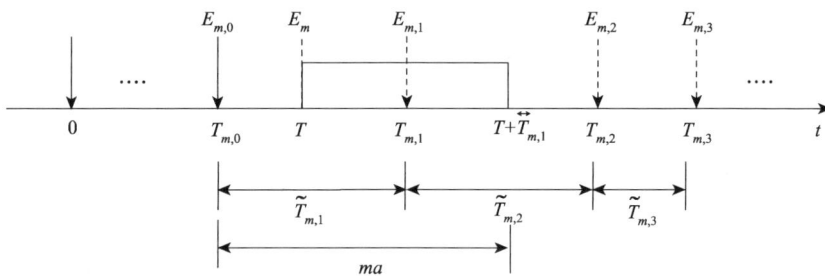

图 10-18 平均工作时间段长度预测过程说明

把从当前时刻开始到 E_m 消耗完这段时间称为第一个工作段。很容易得出第一个工作段的时间长度 $\ddot{T}_{m,1}=E_m/P_t$（如图 10-16 所示，当前时刻的功率为 P_t）。在第一个工作段期间，如果 TX_M 没有获取新的能量，则 TX_M 的工作时间段长度为 $\ddot{T}_{m,1}$；如果第一个工作段内，TX_M 获取了新的能量 $E_{m,1}$，则获取到的能量就可以立刻被使用，这时 TX_M 的工作时

间段长度为 $\ddot{T}_{m,2}$。

为了便于表达，令 $ma = T + \ddot{T}_{m,1} - T_{m,0}$。可以得到在第一个工作段内，$TX_m$ 没有获取新的能量的概率：

$$PP_1 = PP(\tilde{T}_{m,1} \geqslant ma) = e^{-\lambda_m ma} \tag{10-20}$$

当 $\tilde{T}_{m,1} < ma$ 的时候，$E_{m,1}$ 可以在切换之前就被使用掉，这样 TX_m 就可以工作到一个更长的时间段 $\ddot{T}_{m,2}$，$\ddot{T}_{m,2} = (E_m + E_{m,1})/P_1$。在 $T + \ddot{T}_{m,2}$ 这个时间点之前，TX_m 没有再获得其他能量的概率为

$$\begin{aligned}
PP_2 &= PP\left(\tilde{T}_{m,1} < ma, \tilde{T}_{m,1} + \tilde{T}_{m,2} \geqslant \frac{E_{m,1}}{P_1} + ma\right) \\
&= PP(\tilde{T}_{m,1} < ma) \times PP\left(\tilde{T}_{m,1} + \tilde{T}_{m,2} - \frac{E_{m,1}}{P_1} \geqslant ma\right) \\
&= (1 - PP_1) \times \widetilde{PP_2}
\end{aligned} \tag{10-21}$$

其中，$\widetilde{PP_2} = (\tilde{T}_{m,1} + \tilde{T}_{m,2} - E_{m,1}/P_1 \geqslant ma)$。同理，可以得出以下概率：

$$\ddot{T}_{m,3} = \frac{E_m + E_{m,1} + E_{m,2}}{P_1} \tag{10-22}$$

$$\begin{aligned}
PP_3 &= PP\left(\tilde{T}_{m,1} < ma, \tilde{T}_{m,1} + \tilde{T}_{m,2} < \frac{E_{m,1}}{P_1} + ma, \tilde{T}_{m,1} + \tilde{T}_{m,2} + \tilde{T}_{m,3} \geqslant \frac{E_{m,1} + E_{m,2}}{P_1} + ma\right) \\
&= (1 - PP_1 - PP_2) \times \widetilde{PP_3}
\end{aligned} \tag{10-23}$$

$$\vdots$$

$$\ddot{T}_{m,n} = \frac{E_m + E_{m,1} + E_{m,2} + \cdots + E_{m,n-1}}{P_1} \tag{10-24}$$

$$\begin{aligned}
PP_n &= PP\Bigg(\tilde{T}_{m,1} < ma, \tilde{T}_{m,1} + \tilde{T}_{m,2} < \frac{E_{m,1}}{P_1} + ma, \cdots, \tilde{T}_{m,1} + \tilde{T}_{m,2} + \cdots + \tilde{T}_{m,n} \\
&\quad \geqslant \frac{E_{m,1} + E_{m,2} + \cdots + E_{m,n-1}}{P_1} + ma\Bigg) \\
&= (1 - PP_1 - \cdots - PP_{n-1}) \times PP\left(\tilde{T}_{m,1} + \tilde{T}_{m,2} + \cdots + \tilde{T}_{m,n} - \frac{E_{m,1} + E_{m,2} + \cdots + E_{m,n-1}}{P_1} > ma\right) \\
&= (1 - PP_1 - \cdots - PP_{n-1}) \times \widetilde{PP_n}
\end{aligned}$$

$$\tag{10-25}$$

其中，

$$\widetilde{PP_n} = PP\left(\tilde{T}_{m,1} + \tilde{T}_{m,2} + \cdots + \tilde{T}_{m,n} - \frac{E_{m,1} + E_{m,2} + \cdots + E_{m,n-1}}{P_1} > ma\right) \tag{10-26}$$

接下来，为了找到没有获取新的能量时候的概率，需要找出 $\widetilde{PP_n}$ 的值。首先，令 $X = \tilde{T}_{m,1} + \tilde{T}_{m,2} + \cdots + \tilde{T}_{m,n}$，$Y = E_{m,1} + E_{m,2} + \cdots + E_{m,n-1}$。式(10-26)变成如下形式：

$$\widetilde{PP_n} = PP\left(X - \frac{Y}{P_1} > ma\right) \tag{10-27}$$

从文献[74]中，可以得到 X 和 Y 的概率密度函数，如下所示：

$$f_X(x) = \frac{\lambda_m^n}{(n-1)!} x^{n-1} e^{-x}, \quad x \geq 0 \tag{10-28}$$

$$f_Y(y) = \frac{\sum_{k=0}^{n-1} (-1)^k \binom{n-1}{k} (C(\frac{y-(n-1)dn_m}{up_m - dn_m} - k))^{n-2}}{(up_m - dn_m)(n-2)!} \tag{10-29}$$

$$(n-1)dn_m \leq y \leq (n-1)up_m$$

其中

$$C(y) = \begin{cases} 0, & y < 0 \\ y, & y \geq 0 \end{cases}$$

因为 X 和 Y 是相互独立的，X 和 Y 的联合概率密度表示如下：

$$f_{X,Y}(x,y) = f_X(x) f_Y(y) \tag{10-30}$$

我们可以得到 $\widetilde{PP_n}$ 的值如下：

$$\widetilde{pp_n} = \int_{ma + \frac{(n-1)dn_m}{p_1}}^{ma + \frac{(n-1)up_m}{p_1}} dx \int_{(n-1)dn_m}^{\frac{(x-ma)p_1}{(n-1)dn_m}} f_{X,Y}(x,y) dy +$$

$$\int_{ma + \frac{(n-1)up_m}{p_1}}^{+\infty} dx \int_{(n-1)dn_m}^{(n-1)up_m} f_{X,Y}(x,y) dy \tag{10-31}$$

把式(10-31)代入式(10-21)、式(10-23)、式(10-25)中，就能得到 $PP_2, PP_3, \cdots, PP_n$。

当 $PP_1, PP_2, \cdots, PP_n$ 都求出以后，就能够找到这些工作段 $\ddot{T}_m = \{\ddot{T}_{m,1}, \cdots, \ddot{T}_{m,n}\}$ 的均值，如下所示：

$$E(\ddot{T}_m) = \ddot{T}_{m,1} \times PP_1 + \ddot{T}_{m,2} \times PP_2 + \ddot{T}_{m,n} \times PP_n \tag{10-32}$$

其中 $\ddot{T}_{m,n}$ 是一个关于 $E_{m,n}$ 的函数，而 $E_{m,n}$ 是一个变量，这就导致了 $E(\ddot{T}_m)$ 也是一个变量，因此需要对 $E(\ddot{T}_m)$ 再次求均值，如下所示：

$$\overline{\overline{T}}_m = E(E(\ddot{T}_m)) = PP_1 \times \ddot{T}_{m,1} + PP_2 \times (\ddot{T}_{m,1} + \frac{E(E_{m,1})}{P_1})$$

$$+ \cdots + PP_n \times (\ddot{T}_{m,1} + \frac{E(E_{m,1} + E_{m,2} + \cdots + E_{m,n})}{P_1}) \tag{10-33}$$

$$= \ddot{T}_{m,1} + \frac{PP_2 + 2PP_3 + \cdots + (n-1)PP_n}{P_1} \times \frac{up_m - dn_m}{2}$$

把 P_1 的值代入式(10-18)，就可以得到信息传输速率 r_m。用 r_m 乘以 $\overline{\overline{T}}_m$，就得到了 TX_m 传输的比特数，用 B_m 表示。由以上方法可以看出，这个预测的过程不依赖于 P_1 的值，因此在其他时间段，功率的值发生变化时，这个预测方法仍然可以适用。为了更清楚地表达，我们把这个预测的过程用算法 10-1 描述出来。

算法 10-1　一个发射机的工作时间预测过程

初始设置：$n=0$。

while　$PP_n \times \vec{T}_{m,n} = 0$ 或 $PP_n \times \vec{T}_{m,n} \geq 0.01$ 成立时，执行

$n = n+1$;

计算出　PP_n，　$\vec{T}_{m,n}$。

if　$PP_n \times \vec{T}_{m,n} < 0.01$　执行

计算出　TX_m 的 $\vec{\bar{T}}_m$

结束 if

结束 while

为了设计出能量获取未知时的发射机切换过程，还需要预测出传输完成时间，但是传输完成时间的预测相对比较复杂，我们将在以后的工作中研究。

10.3.3 仿真结果

这一小节将会用一个例子来说明提出的发射机切换算法。采用的系统包含四个发射机，分别是 TX_1、TX_2、TX_3 和 TX_4。能量序列的参数设置如下：$\lambda_1=1$，$\lambda_2=1/10$，$\lambda_3=1/20$，$\lambda_4=1/30$，$dn_1=1\text{mJ}$，$up_1=5\text{mJ}$，$dn_2=20\text{mJ}$，$up_2=24\text{mJ}$，$dn_3=100\text{mJ}$，$up_3=104\text{mJ}$，$dn_4=4\text{mJ}$，$up_4=44\text{mJ}$。给定这四个发射机的任务量是 6000 比特。信道参数设置如下：带宽 $B_w=1\text{MHz}$，四个发射机和接收机之间的路径损耗分别是：$h_1=-100\text{dB}$，$h_2=-101\text{dB}$，$h_3=-102\text{dB}$，$h_4=-103\text{dB}$，噪声功率谱密度是 $N_0 = 10^{-19}\,\text{W/Hz}$。传输速率可以表示为

$$r_m = B_w \log_2\left(1 + \frac{P_j h_m}{N_0 B_w}\right), \quad m = 1,2,3,4$$

$$r_1 = \log_2\left(1 + \frac{P_j}{10^{-3}}\right)\text{Mbit/s}$$

$$r_2 = \log_2\left(1 + \frac{P_j}{10^{-2.9}}\right)\text{Mbit/s}$$

$$r_3 = \log_2\left(1 + \frac{P_j}{10^{-2.8}}\right)\text{Mbit/s} \tag{10-34}$$

$$r_4 = \log_2\left(1 + \frac{P_j}{10^{-2.7}}\right)\text{Mbit/s}$$

根据以上给出的仿真参数，可以得到整体发射机以最优算法工作时的功率值，分别是 $P_1=11.2082\text{mW}$，$P_2=11.4031\text{mW}$，$P_3=13.7658\text{mW}$，$P_4=16.3307\text{mW}$，$P_5=22.8431\text{mW}$，$P_6=36.9349\text{mW}$，$P_7=43.9203\text{mW}$，$P_8=50.8242\text{mW}$。对应的时间点分别是：$t_1=1588.7393\text{s}$，$t_2=1655.3670\text{s}$，$t_3=1846.6092\text{s}$，$t_4=1858.2105\text{s}$，$t_5=1859.2382\text{s}$，$t_6=1860.5000\text{s}$，$t_7=1861.9891\text{s}$，$t_8=1862.0000\text{s}$。以最优传输功率工作时，到 t_8 时刻，这个系统一共消耗了 2207 次获取的能量，并且此时所有的数据刚好都发送给了接收机，一共使用的切换次数为 82 次。

为了更明显地表现所提出算法的优越性，我们把它和一些启发式的切换算法进行对比，这些启发式的算法分别是：

（1）现有的能量最多算法（EM）：在这个算法中，到切换时刻，唯一的判别标准就是在当前切换时刻可以提供的能量值的多少，哪个发射机拥有的能量多，就切换到哪个发射机。

（2）传输速率最大算法（RM）：据我们所知，在给定的一个时间段内，传输速率越大，这段时间内能够传输的比特数就越多。在相同的时间段内，$r_1 > r_2 > r_3 > r_4$。因此在这个算法中，切换顺序是 TX_1 先工作，然后是 TX_2，接下来是 TX_3，最后是 TX_4。

（3）比特数最大算法（BM）：不管切换算法是怎样的，消耗相同的能量值，就可以发送相同的比特数。在这个算法中，每次都选出下一个工作时间段内发送比特数 B_m 最多的发射机工作。

（4）工作时间最长算法（TM）：对于一个给定的时间段而言，如果每个工作时间段越长，系统就会有越少的切换次数。在这个算法中，每次都选出工作时间段最长的发射机工作。

假设这几种切换算法中，发射机都是以最优功率控制算法工作的。我们把这几种切换算法得到的发射机切换次数画在了图 10-19 中。从图中可以看出，提出的切换算法比启发式的切换算法得到的发射机切换次数要少一些。这也许是因为启发式的切换算法仅仅是依据系统中的某一项的最大值。

另外，采用相同的参数设置，我们独立运行了 500 次和 1000 次仿真，然后求出了不同切换算法对应的发射机切换次数的均值，如图 10-20 所示。结果仍然表明，提出的切换算法得到的发射机切换次数是最少的。

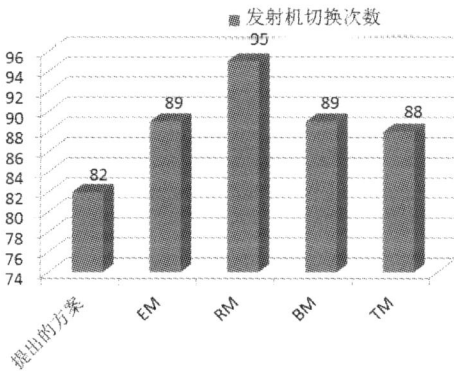

图 10-19　不同切换算法中得到的发射机切换次数

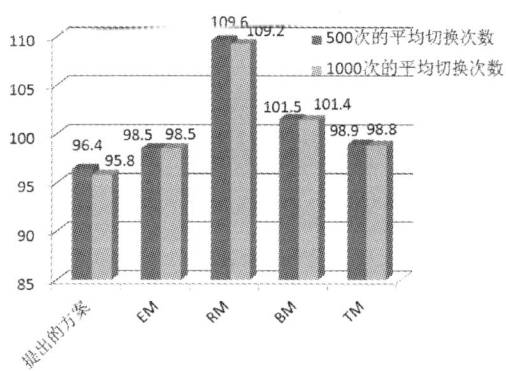

图 10-20　不同切换算法中得到的平均发射机切换次数

10.4　多能量获取发射机广播的切换调度

10.4.1　系统模型

如图 10-21 所示，在本小节考虑的通信系统包含多个发射机和多个接收机。这 M 个能量获取发射机是 $TX_1, TX_2, TX_3, \cdots, TX_M$，$N$ 个接收机分别是 $RX_1, RX_2, RX_3, \cdots, RX_N$。发射机获取的能量 $E_1, E_2, E_3, \cdots, E_M$ 是随机的（到达时间和获取的能量值都是随机的）并且相互独立，它们交替工作把数据信息 $B_1, B_2, B_3, \cdots, B_N$ 发送给接收机。这里 B_n 是即将发送给接收机 RX_n 的数据（$n=0,\cdots,N$）。能量是在传输的过程中获取的，然而数据信息是在发射机开始工作之前就已经到达了。为了便于分析，假设在传输开始的时候，就已经知道了这些能量获取的时间点和该时间点获取的能量值。这个系统看起来像多输入多输出系统，但是此处把这 M 个发射机当成一个整体，重点关注发射机切换来提高系统的灵活性和鲁棒性。这些发射机协作来把数据信息 $B_1, B_2, B_3, \cdots, B_N$ 发送给相应的接收机。在每个时刻，只有一个发射机 TX_M 被选出来广播信号给接收机。本章中的发射机切换算法就是要在当前工作的发射机消耗完自己的能量的时候，系统能够选出一个合适的发射机来继续广播信号。

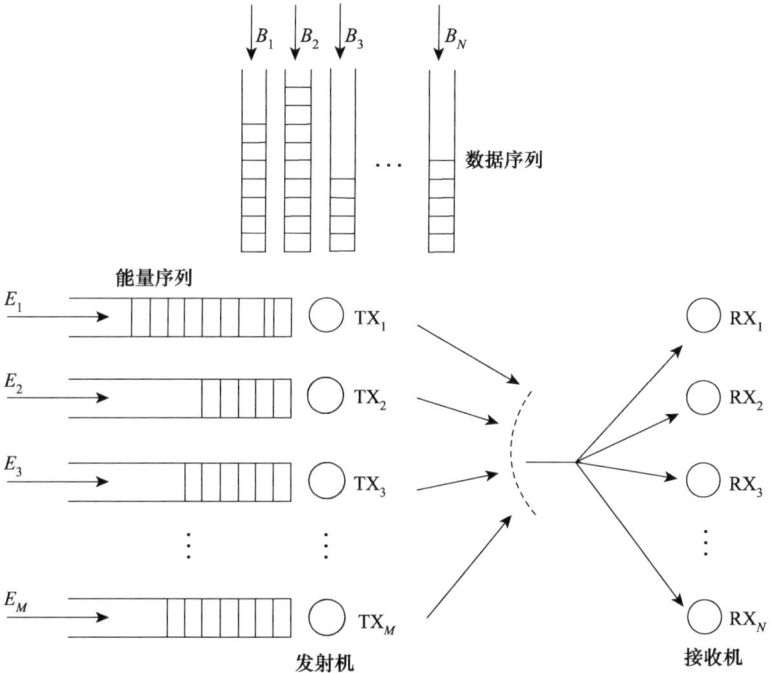

图 10-21 系统模型

发射机 TX_M 获取能量的过程如图 10-22 所示。在时间点 $s_{mw}, w=1,2,\cdots,$ TX_m 获取的能量值为 E_{mw}。E_{m0} 是 TX_M 在开始工作时，自身携带的电池中所具有的能量。假设发射机的电池容量是无限的并且获取的能量不会溢出。

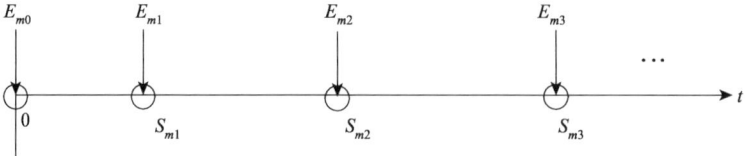

图 10-22 发射机 TX_M 获取能量的过程

由于每个时刻只有一个发射机传输数据，所以图 10-21 中所示的系统实际上是一个广播信道系统。假设被选中的发射机 TX_M 给每个接收机发送数据的时候都是通过一个 AWGN 信道传输，只是具有不同的路径损耗。RX_n 接收到的信号可以表示如下：

$$y_{mn} = h_{mn}x + v_{mn}, \quad m = 1, \cdots, M; n = 1, \cdots, N \tag{10-35}$$

其中 h_{mn} 是 TX$_m$ 和 RX$_n$ 之间的路径损耗；x 是发送信号；v_{mn} 是 AWGN，它的均值为 0，方差为 σ_{mn}^2。其中，$\sigma_{mn}^2 = N_{mn}B_o$，$N_{mn}$ 是 TX$_m$ 和 RX$_n$ 之间信道中噪声的功率谱密度；B_o 是这个信道的带宽。假设所有的信道都具有相同的带宽。根据文献[64]，可以得到广播信道的信道容量是

$$r_{mn} = B_o \log_2 (1 + \frac{P_n h_{mn}}{\sum_{j<n} P_j h_{mn} + N_{mn}B_o})$$
$$\sum_{n=1}^{N} P_n = P_o \tag{10-36}$$

其中，r_{mn} 是 TX$_M$ 以功率 P_n 发送数据给 RX$_n$ 时的数据传输速率；P_n 是传输总功率中分配给 RX$_n$ 的那一部分功率；P_o 是传输总功率。在本节接下来的部分，我们从信息论的观点分析数据传输。假设不管哪个发射机工作，它发送信号总是被成功接收，并且还不会重复发送信号，这可以由控制中心协调。

为了最小化传输完成时间(在那个时刻，所有的数据都被发送到相应的接收机)，在能量约束条件下，数据传输的过程中要进行功率分配。能量约束也就是说，不管在哪个时刻，在此之前消耗的能量一定不能多于它所获取的能量(包括初始能量)。借鉴第 10.3 节的工作，把这 M 个发射机看成一个整体发射机(只关注发送了多少比特数，而不关注信息是哪个发射机发送的，因此可以用这个方法)，找到最优传输总功率来获得给定时间段内的最大速率域[64](也就是传输截止时间最小化的对偶问题)。接着，参考文献[64]，我们在这个系统中，找到了最优功率分配算法。由于这个最优功率分配算法的推导过程中需要求出功率分割值，因此，我们提出了一种比较简单的功率分配算法，在该算法里面，不需要功率分割值，仅仅需要知道最优传输总功率。由于每个时刻只有一个发射机可以发送数据，因此发射机切换是不可避免的。然而，尽管每次切换消耗的能量非常少，几乎可以忽略不计，但是大量的发射机切换会给系统带来一定的控制难度。因此，为了减少控制难度和节约能量，应该尽量减少发射机切换次数。参考之前第 10.3 节的工作，我们提出了一种发射机切换算法，它可以帮助系统选择一个合适的发射机，来保证数据传输的时候尽量减少发射机切换次数。必须说明的是，发射机的切换顺序实际上对传输完成时间没有影响。因此，可以首先分析功率分配问题，然后考虑发射机切换问题。并且，只要知道了传输总功率，在不知道功率分配算法的情况下，依然可以求出发射机切换算法。

10.4.2 传输调度机制

在本小节，将详细介绍功率分配算法和发射机切换算法。

1. 最优传输总功率和最优功率分配算法

参考文献[64]中的方法，以最小化传输完成时间为目的，可以求出最优化传输总功率。此外，在一个单发射机广播通信系统中的最优功率分配算法也在文献[64]中涉及。把这 M 个发射机看成一个整体发射机，我们把整体发射机获取能量的过程按时间顺序描述在图 10-23 里面。图中，E_0 是每个发射机的初始能量之和，整体发射机在 s_w 时间点获

取的能量值为 E_w。并不需要知道这个能量是由哪个发射机获取的。

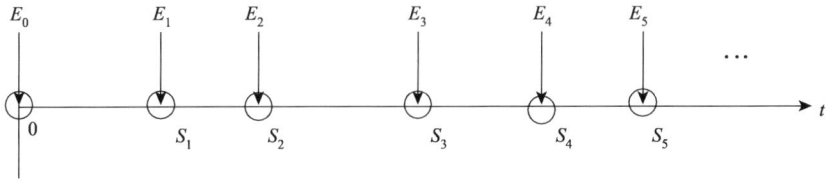

图 10-23　整体发射机获取能量的过程

有了这些能量序列以后，就可以求出最优传输总功率和一些最优功率分配的特性：

第一，从文献[64]的定理 1，可以得到，在任何两个相邻的能量获取时间点之间，最优传输总功率总是保持常数，也就是说最优传输总功率只在能量获取的时间点发生变化。

第二，从定理 2 可以得到，最大速率域是个凸函数，这意味着最优传输总功率有且只有一个解。

第三，从定理 3 可以得到，最优传输总功率的数学表达式如下：

$$i_l = \arg \min_{i_{l-1} < w < W} \left\{ \frac{\sum_{j=i_{l-1}}^{w-1} E_j}{s_w - s_{i_{l-1}}} \right\}$$

$$P_{dl} = \frac{\sum_{w=i_{l-1}}^{i_l - 1} E_w}{s_{i_l} - s_{i_{l-1}}}$$

(10-37)

其中，把传输完成的时刻记为 S_W；把这一时刻之前的那次能量到达时间记为 S_{W}-1；P_{dl} 是总体发射机 TX_d 在时间段 $(s_{i_{l-1}}, s_{i_l}), l = 1, 2, \cdots$ 内的最优传输总功率。

得出最优传输总功率以后，紧接着就分析如何把功率分配给各个接收机。为了不失一般性，把所有信道中噪声方差 σ_{dn}^2 排一下顺序，表示为 $\sigma_1^2 \leqslant \sigma_2^2 \leqslant \cdots \leqslant \sigma_N^2$，并且把 σ_n^2 对应的接收机记为等级为第 n 强的接收机。因此，第一个接收机就是最强的接收机，第 N 个接收机就是最弱的接收机。从定理 4 可以得知，前 $N-1$ 强的接收机都有一个功率分割值与之对应，依次记为 $P_{c1}, P_{c2}, \cdots, P_{c(N-1)}$。如果最优传输总功率比 P_{c1} 还要小，那么所有的功率都会分配给第一个接收机，剩下的 $N-1$ 个接收机将不会被分配功率。如果最优传输总功率比 P_{c1} 大，那么分配给第一个接收机的功率就是 P_{c1}，然后再判定传输总功率是否比 P_{c2} 大，如果比 P_{c2} 小，则剩下的功率都分给第二个接收机，其余的接收机将不会被分到功率；如果比 P_{c2} 大，则第二个接收机分到的功率就是 $P_{c2} - P_{c1}$，然后再判断传输总功率与 P_{c3} 之间的关系。以此类推，可以求出每个接收机应该分配的功率值。

从定理 4 的推论 1，可以看出每个接收机对应的分配后的功率要么是一个递增序列，要么是一个非负常数。

从定理 5 可以看出，系统按照最优功率控制算法工作时，所有的比特数应该是在同一时刻被发送到相应的接收机。

有了以上的性质和参考文献[64]中的方法，可以得到最优传输总功率和功率分割值，如图 10-24 所示。

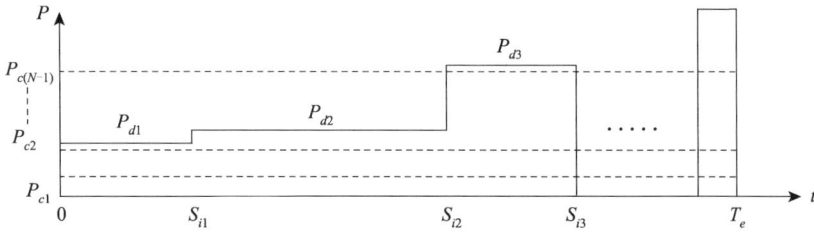

图 10-24　整体发射机的最优传输总功率

2. 提出的功率分配算法

以最小化传输完成时间为优化目标，我们提出了一个功率分配算法，它的性能接近最优功率分配算法，并且还比较简单。我们的想法是启发式地让传输速率成比例。这个算法也要满足上一小节中列出的特性。为了更加方便地说明这个功率分配算法，我们把图 10-24 中的时间分成一些小的时间段。在每个小时间段内，发射机没有切换并且传输功率保持常数。接下来，求出了每个小时间段内，即将发送的比特数和传输速率之间的关系。以需要传输给 RX_a 的数据 B_a 作为例子。把各个小时间段以及相应的传输速率画在了图 10-25 中。在第一个小时间段 L_1 内，传输数据 B_a 的速率是 $\underline{r}_{1a}$。在第二个小时间段 L_2 内，传输速率为 $\underline{r}_{2a}$，传输完成时间是 T_e，f 是这些小时间段的个数，f 必然是大于(当最优传输总功率发生变化的时候，正在工作的发射机还有能量剩余的情况)或者等于发射机切换的次数。可以得到如下等式：

$$B_a = \underline{r}_{1a}L_1 + \underline{r}_{2a}L_2 + \cdots + \underline{r}_{fa}L_f \tag{10-38}$$

为了便于表述，假设这个系统中有三个接收机：RX_1、RX_2、RX_3。这个推导过程对于多个发射机的情况仍然是成立的。记需要发送给这三个接收机的数据分别是 B_1、B_2、B_3；分配给 RX_1、RX_2 和 RX_3 的功率分别为 P_1、P_2 和 P_3。在每个小时间段内，P_1、P_2 和 P_3 都是常数。P_1、P_2、P_3 和最优传输总功率之间的关系可以表示如下：

$$P_1 + P_2 + P_3 = P_{d1} \tag{10-39}$$

从式(10-38)中，可以得到以下等式：

$$
\begin{aligned}
B_1 &= \underline{r}_{11}L_1 + \underline{r}_{21}L_2 + \cdots + \underline{r}_{f1}L_f \\
B_2 &= \underline{r}_{12}L_1 + \underline{r}_{22}L_2 + \cdots + \underline{r}_{f2}L_f \\
B_3 &= \underline{r}_{13}L_1 + \underline{r}_{23}L_2 + \cdots + \underline{r}_{f3}L_f
\end{aligned} \tag{10-40}
$$

假设 $\underline{r}_{q1}/\underline{r}_{q2} = k_1$，$\underline{r}_{q1}/\underline{r}_{q3} = k_2$（其中 k_1，k_2 都是常数）。把它们代入式(10-40)中第一个等式，则可以得到如下结论：

$$
\begin{aligned}
B_1 &= k_1\underline{r}_{12}L_1 + k_1\underline{r}_{22}L_2 + \cdots + k_1\underline{r}_{f2}L_f = k_1B_2 \\
B_1 &= k_2\underline{r}_{13}L_1 + k_2\underline{r}_{23}L_2 + \cdots + k_2\underline{r}_{f3}L_f = k_2B_3
\end{aligned} \tag{10-41}
$$

接下来，就很容易得到以下关系式：

$$\frac{B_1}{r_{q1}} = \frac{B_2}{r_{q2}} = \frac{B_3}{r_{q3}} \tag{10-42}$$

把式(10-36)代入式(10-42)，结合式(10-39)就能得出每个时间段的功率分配值 P_1、P_2 和 P_3。

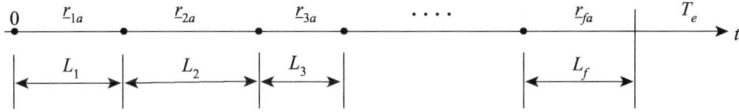

图 10-25　发送数据 B_a 时各个时间段以及对应的速率

3. 发射机切换算法

这一小节将要讨论如何选择一个合适的发射机。当最优传输总功率和分配好的功率都确定后，就可以得出传输完成时间。对于一个固定的传输完成时间 T_e 来说，得到如下性质：

命题 10-3： 如果一个发射机现在获取的能量已经是传输完成之前最后一次获取能量，那么下一次切换的时候，先切换到这个发射机工作。

证明： 为了便于说明，把这种在传输完成之前已经是最后一次获取能量的发射机叫做饱和发射机，其他的还能再获取能量的发射机叫做不饱和发射机。假设当前工作的发射机为 TX_a，当前传输总功率为 P_{dl}（传输功率对发射机切换没有影响）。并且假设研究的这几次切换中（如果说在研究的这段时间内，只有一次发射机切换，那么下面的分析依然是成立的），传输总功率不发生变化。如图 10-26 所示，饱和发射机 TX_b 在时间点 s_{be} 时获取了最后一次能量 E_{be}。把获取了 E_{be} 之后，发射机 TX_b 中，所有的能量记为 E_{bo}（很可能之前获取的能量尚未使用）。下一次切换的时间点为 s'。为了清晰地表达，仍然采用具有三个发射机的系统作为例子。这种分析很容易拓展到多个发射机的系统。把另外一个不饱和发射机 TX_c 在 s' 时刻具有的能量记为 E_{co}。对于到切换时刻，TX_b 和 TX_c 哪个发射机先工作，存在两种可能。

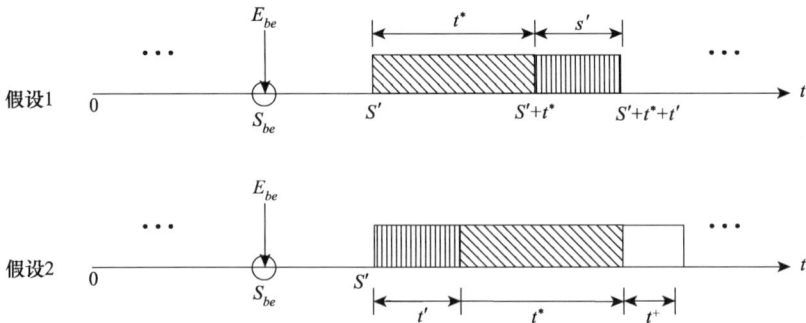

图 10-26　两种不同工作顺序算法

第一种可能，假设不饱和发射机 TX_c 先工作。在时间段 $(s', s'+t^*)$ 内，TX_c 获取的能量记为 E_{c1}，并且有 $t^* = (E_{co} + E_{c1}) / P_{dl}$。在时间点 $s'+t^*$，TX_b 开始工作，TX_b 工作的时间长度为 $t' = E_{bo} / P_{dl}$。到时间点 $s'+t^*+t'$，发射机再次切换。

第二种可能，假设饱和发射机 TX_b 先工作。到 $s'+t'$ 这一时刻，TX_c 开始工作。在时间段 $(s'+t^*, s'+t'+t^*+t^+)$ 内，TX_c 获取的能量是 E'_{c1}，并且有 $t^+ = E'_{c1}/P_{dl}$。很容易看出 $t^+ \geqslant 0$。到时间点 $s'+t'+t^*+t^+$，发射机再次切换。

在这两次切换中，第二种情况下的工作时间长度，一定是大于等于第一种情况时的工作时间长度。对于一个给定的传输截止时间 T_e 而言，平均每次切换带来比较长的工作时间，则必然会给系统带来比较少的切换次数。因此，饱和发射机应该先工作。

命题 10-4：如果系统中有不止一个饱和发射机，则哪个饱和发射机先工作不影响系统切换次数。

证明：当系统中有不止一个饱和发射机的时候，根据命题 10-3，要让这些饱和发射机先工作。这就保证让不饱和发射机消耗完自己的能量之前，有更多的时间来获取能量。因为饱和发射机没有机会再获取新的能量了，因此不管哪个饱和发射机先工作，都对剩下的饱和发射机工作时间没有影响。所以说，饱和发射机的工作顺序不影响不饱和发射机的工作时间，也对系统的发射机切换次数没有影响。

命题 10-5：如果系统中的发射机都是不饱和发射机，则电池中拥有的能量最多的那个发射机应该先切换到工作状态。

证明：在传输功率相同的情况下，比较多的能量能够使得发射机工作时间较长。对于一个给定的传输完成时间 T_e 来说，每个发射机工作时间越长，发射机切换次数就会越少。

根据以上三个命题，就可以选出合适的发射机。为了帮助理解如何使用获取的能量，以不饱和发射机 TX_u 作为例子，其他发射机的能量使用过程和 TX_u 类似。如图 10-27 所示，当前时刻 T 时，TX_u 携带的电池中可以使用的能量为 E_{u0}。在时间点 s_{uw}，TX_u 获取了大小为 E_{uw} 的能量。当传输总功率为 P_{dl} 的时候，E_{u0} 可以维持这个系统工作的时间长度为 t_1，$t_1 = E_{u0}/P_{dl}$。在此期间，如果有新的能量到达，新的能量就会被 TX_u 获取并且在切换之前就使用掉。假设，新获取了两次能量 E_{u1}，E_{u2}，则新能量 $E_{u1}+E_{u2}$ 将会被使用，传输的时间为 $t_2 = (E_{u1}+E_{u2})/P_{dl}$。直到时间点 $T+t_1+t_2$，如果又获取了新的能量，则新获取的能量也将会被使用；如果没有再获取新的能量，则在时间点 $T+t_1+t_2$ 时，系统将要切换到另一个发射机工作。

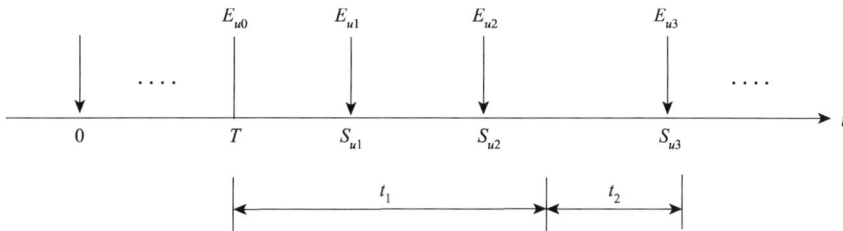

图 10-27　发射机 TX_u 的能量使用情况

10.4.3　仿真结果

在这一小节，我们举一些例子来仿真验证功率分配算法以及发射机切换算法。首先，把提出的功率分配算法和最优功率分配算法进行了对比。接下来，提出的功率分配算法又与几种启发式的功率分配算法进行了对比。最后，对比了提出的发射机切换算法和几种启发式的发射机切换算法。

1. 提出的功率分配算法和最优功率分配算法对比

以三个发射机三个接收机系统作为例子。三个发射机 TX_1、TX_2 和 TX_3 获取的能量两个相邻的时间间隔分别服从参数为 $\lambda_1 = 0.01$，$\lambda_2 = 0.1$ 以及 $\lambda_3 = 1$ 的指数分布。获取的能量值 E_{mw} (mJ) 分别服从均匀分布 $(0,0.01)$、$(0,0.02)$、$(0,0.03)$。由于还没有找到实际的获取能量数值，因此，以此随机序列来假设。分析并不依赖于随机序列的假设。将要发送给 RX_1、RX_2 和 RX_3 的比特数分别为 $B_1 = 70\,bit$，$B_2 = 20\,bit$，$B_3 = 10\,bit$。假设这三个发射机都具有相同的信道参数，分别是：带宽 $B_o = 1MHz$；发射机 TX_m 和 RX_1、RX_2、RX_3 之间的路径损耗分别是 $h_{m1} = 100dB$，$h_{m2} = 101dB$，$h_{m3} = 102dB$，$m = 1,2,3$，噪声功率谱密度是 $N_{mn} = 10^{-19}\,W/Hz$，$m = 1,2,3$；$n = 1,2,3$。信息传输速率是

$$r_{m1} = \log_2(1 + \frac{P_1}{10^{-3}})\,Mbit/s$$

$$r_{m2} = \log_2(1 + \frac{P_2}{P_1 + 10^{-2.9}})\,Mbit/s \qquad (10\text{-}43)$$

$$r_{m3} = \log_2(1 + \frac{P_3}{P_1 + P_2 + 10^{-2.8}})\,Mbit/s$$

根据以上参数，我们进行了一次仿真，得到整体发射机的最优传输总功率为：$P_{d1} = 0.4712mW$，$P_{d2} = 0.5910mW$，$P_{d3} = 0.6139mW$，$P_{d4} = 0.6593mW$，$P_{d5} = 0.7263mW$，对应的功率发生变化的时间点分别是 $s_{i1} = 0.1691s$，$s_{i2} = 2.8973s$，$s_{i3} = 7.7806s$，$s_{i4} = 10.7788s$，$s_{i5} = 10.7906s$。

如果用提出的功率分配算法来分配功率的话，到 10.788761418^S 时，信息传输完成，一共消耗了前 1200 次获取的能量，系统的切换次数是 47。把分配后的功率值画在图 10-28 中的上图中，从这个图可以看出，在这种功率分配算法下，P_1、P_2、P_3 在每个时间段内都是保持常数，并且会在时间点 s_{il} 处发生变化。

我们也把最优功率分配算法分配后的功率值画在了图 10-28 中的下图中。如果采用最优功率分配算法分配功率的话，得到的传输完成时间为 10.788513518s，同样消耗了前 1200 次获取的能量。功率分割值分别是 $P_{c1} = 0.0888mW$，$P_{c2} = 0.3242mW$。分配给 RX_1 的功率是一个常数，$P_{o1} = 0.0888mW$；分配给 RX_2 的功率也是一个常数，$P_{o2} = 0.2354mW$；剩下的功率 $P_{o3} = P_{d1} - P_{o1} - P_{o2}$ 分配给 RX_3。因为最优传输总功率是一个递增序列，因此 P_{o3} 也是一个递增序列，并且和 P_1、P_2、P_3 在同一个时刻增加。尽管采用最优功率分配算法时的传输完成时间比采用提出的功率分配算法时的传输完成时间短了 $2.4790 \times 10^{-4}s$，但是相对误差为 0.04%，这个误差已经小到可以忽略不计。

另外，我们还仿真了采用两种分配算法时，当需要发送的比特数成倍增加时，相对误差会有什么变化，如图 10-29 所示。需要发送的数据基数为 $B_1 = 7\,bit$，$B_2 = 5\,bit$，$B_3 = 2\,bit$。很容易发现，尽管随着传输完成比特数的增加，传输完成时间会延长，但是相对误差不会增加。并且，可以看出相对误差都是比较小的。

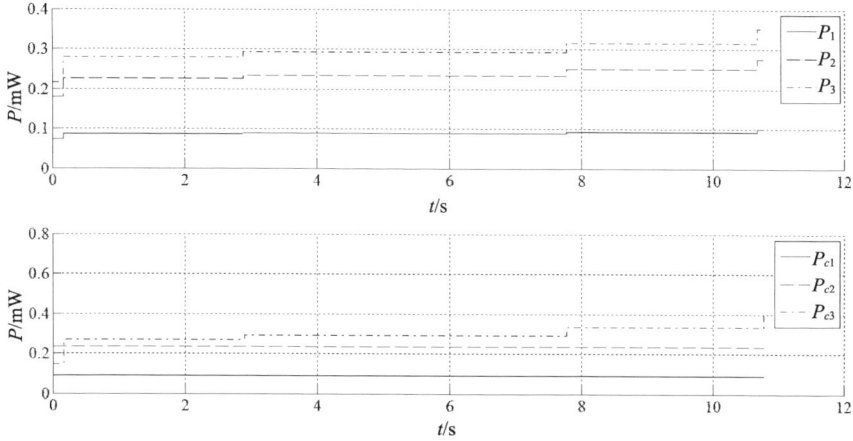

图 10-28　提出算法（上）和最优功率算法（下）对应的功率分配

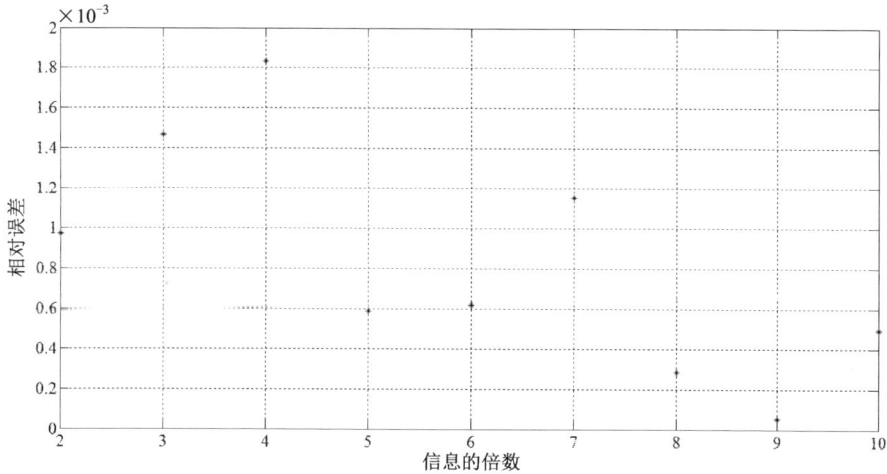

图 10-29　多比特数对应的相对误差

2. 提出的功率分配算法和几种启发式功率分配算法对比

为了更进一步地凸显提出功率分配算法的优点，我们把它和一些启发式的功率分配算法进行比较。

（1）等功率分配算法（EP）：在这个算法中，把最优传输总功率平分给三个接收机。如果某个接收机已经接收完所有的信号，则将不会再被分配到功率。

（2）数据比例分配算法（DR）：在提出的功率分配算法中，在每个时间段，都是依据总比特数和传输速率的比值来分配最优传输总功率的。在这个算法中，分配最优传输总功率是根据总比特数和各个接收机功率的比值，如下所示：

$$\frac{B_1}{P_1} = \frac{B_2}{P_2} = \cdots = \frac{B_N}{P_N}\tag{10-44}$$

当一个接收机已经接收完自己的数据信息时，就不再参与到功率分配中去。

(3) 剩余数据比例分配算法(RDR)：在这个算法中，在每个时间段内，分配最优传输总功率主要是依据剩余待发送的比特数和各个接收机功率的比值，如下所示：

$$\frac{B_1 - B_{o1}}{P_1} = \frac{B_2 - B_{o2}}{P_2} = \cdots = \frac{B_N - B_{oN}}{P_N} \tag{10-45}$$

B_{oN} 是在当前切换时刻，系统发送给 RX_n 还剩下待发送的比特数。当一个发射机接收完自己的数据的时候，就不再参与功率分配。

在这一小节中，我们把数据设为 $B_1 = 15 \text{bit}$，$B_2 = 10 \text{bit}$，$B_3 = 7 \text{bit}$。其他的参数都设置得和第 10.4.3.1 小节中的一样。由于获取的能量序列是随机的，因此在这里模拟了 1000 次独立的仿真，这些仿真都有相同的参数设置；然后求出平均传输完成时间，把它们列在了表 10-2 中。在这几种算法中，提出算法的平均传输完成时间最短，RDR 算法在每一个小时间段，都会根据剩余的能量来重新分配功率，因此这就保证了所有的接收机接收完信号的时间相近，也保证了这种算法中的平均传输完成时间是比较少的，然而，它仍然几乎是提出算法中平均传输完成时间的两倍。EP 算法和 DR 算法按照一个固定的比例来分配最优传输总功率，因此在这两种算法中，所有接收机接收完信号的时间差距比较大，也导致了平均传输完成时间比较长。

表 10-2　几种功率分配算法对应的平均传输完成时间

算法	平均传输完成时间/s	算法	平均传输完成时间/s
EP	11.93	RDR	6.20
DR	6.75	提出的算法	3.46

3. 提出的发射机切换算法和几种启发式发射机切换算法对比

在这一部分，我们统一用提出的功率分配算法来分配功率。将提出的发射机切换算法和几种启发式的发射机切换算法进行了比较。参数设置和第 10.4.3.2 小节中的设置一样。几种启发式的发射机切换算法如下所示：

(1) 能量最少算法(EM)：我们知道，在提出的发射机切换算法中，以发射机的能量最多为判定依据，在这个算法中，在每个发射机切换时刻，都将要选出发射机能量最少的发射机来工作。

(2) 固定顺序 123 算法(FO123)：在这个算法中，让发射机的切换顺序规定为：TX_1 先工作，接着是切换到 TX_2 工作，然后是 TX_3 工作，最后又从 TX_1 开始新的一个循环。

(3) 固定顺序 132 算法(FO132)：这个算法类似于算法 FO123，唯一区别的就是发射机工作的顺序发生了变化，这个算法中，TX_3 第二个工作，TX_2 排到最后工作。

(4) 随机切换算法(SS)：在这个算法中，当一个发射机用完自己的能量的时候，系统就会随机选择一个发射机让它工作。

我们进行了 10000 次独立的仿真，然后得出平均切换次数，把它们列在了表 10-3 中。从表中可以看出，提出的算法对应的平均切换次数最少。EM 算法中，每次都会选择一个能量较少的发射机工作，这就说明每次工作时间段长度都比提出的算法对应的工作时间段短，因此切换次数也就多一些。FO123 和 FO132 算法都有一个固定的切换顺序，因此它们的平均切换次数几乎一样。SS 算法中，系统随机挑选一个发射机来工作，因此这种切换算法下的平均切换次数一定是比较多的。这几种启发式的发射机切换算法都比提出的切换算法性能要差。

表 10-3　几种切换算法对应的平均切换次数

算法	平均切换次数	算法	平均切换次数
提出的算法	18.43	FO132	26.09
EM	20.33	SS	43.39
FO123	26.08		

10.5　本　章　小　结

在能量获取无线通信系统中，发射机所获取的能量是实时变化并且不稳定的，因此要小心谨慎地使用能量。能量高效使用便成了一个不可避免的问题。功率控制是提高能量使用效率的一个有效手段。本章主要通过功率控制来实现能量高效使用。由于获取的能量不稳定，因此有些时候，获取的能量可能不足以维持发射机完成通信任务。这时，如果有其他发射机协助工作，就能保证系统的可靠性和鲁棒性。根据这一特点，本章讨论了两发射机两接收机系统、多发射机单接收机系统、多发射机多接收机系统。

（1）对两发射机两接收机系统，本章详细分析了两个可切换发射机系统在广播信道中的切换算法。证明了在一个发射机工作的时间段内，应该始终保持工作状态，并且能量消耗完时再切换到另一个发射机工作。这样的工作方式可以保证系统取得最大的速率域。

（2）对多发射机单接收机系统，本章首先根据把发射机看成一个整体的方法，推导出最优传输功率。然后分析了发射机切换带来的影响，为减少发射机切换次数，提出了一种基于几何投影的发射机切换算法。仿真结果表明，这种发射机切换算法能够保证较少的发射机切换次数。

（3）对多发射机多接收机系统，本章首先根据传输完成时间最小化的优化目的以及把发射机看成一个整体的方法，求出最优传输总功率和最优分配功率。此外还提出了一种比较简单的功率分配算法，并且这种功率分配算法接近最优功率分配算法。然后分析了发射机切换准则，以尽量减少发射机切换次数为准则。经过分析得知提出的发射机切换准则对应的发射机切换次数较少。

参　考　文　献

[1] Ozel O, Yang J, Ulukus S. Optimal broadcast scheduling for an energy harvesting rechargeable transmitter with a finite capacity battery [J]. IEEE Transactions on Wireless Communications, 2012, 11(6): 2193-2203.

[2] JYang J, Ulukus S. Optimal packet scheduling in an energy harvesting communication system [J]. IEEE Transactions on Communications, 2012, 60(1): 220-230.

[3] Yang J, Ulukus S. Optimal packet scheduling in a multiple access channel with energy harvesting transmitters [J]. Journal of Communications and Networks, 2012, 14(2): 140-150.

[4] Ozel O, Yang J, Ulukus S. Optimal transmission schemes for parallel and fading Gaussian broadcast channels with an energy harvesting rechargeable transmitter [J]. Computer Communications, 2013, 36(12): 1360-1372.

[5] 李培江. 无线传感器网络的自供电技术的研究[J]. 科技信息, 2013, (35): 37.

[6] 侯林洁. 无线传感器自然能量供电设计及实验分析[J]. 淮北职业技术学院学报, 2013, 11(6): 133-134.

[7] Niyato D, Hossain E, Rashid M M, et al. Wireless sensor networks with energy harvesting technologies: a game-theoretic approach to optimal energy management [J]. IEEE Wireless Communications, 2007, 14(4): 90-96.

[8] Chen H. The role of recharging in energy efficiency for wireless sensor networks [A]. in Proceedings of International Conference on Wireless Communications & Signal Processing [C], 2010, pp. 1-4.

[9] Castiglione P, Simeone O, Erkip E, et al. Energy management policies for energy-neutral source-channel coding [J]. IEEE Transactions on Wireless Communications, 2012, 60(9): 2668-2678.

[10] Prabuchandran K J, Meena S K, Bhatnagar S. Q-learning based energy management policies for a single sensor node with finite buffer [J]. IEEE Wireless Communications Letters, 2013, 2(1): 82-85.

[11] Michelusi N, Stamatiou K, Zorzi M. Transmission policies for energy harvesting sensors with time-correlated energy supply [J]. IEEE Transactions on Communications, 2013, 61(7): 2988-3001.

[12] Besbes H, Smart G, Buranapanichkit D, et al. Analytic conditions for energy neutrality in uniformly-formed wireless sensor networks [J]. IEEE Transactions on Wireless Communications, 2013, 12(10): 4916-4931.

[13] Michelusi N, Badia L, Carli R, et al. Energy management policies for harvesting-based wireless sensor devices with battery degradation [J]. IEEE Transactions on Wireless Communications, 2013, 61(12): 4934-4947.

[14] Lei J, Yates R, Greenstein L. A generic model for optimizing single-hop transmission policy of replenishable sensors [J]. IEEE Transactions on Wireless Communications, 2009, 8(2): 547-551.

[15] Pryyma V, Turgut D, Bölöni L. Active time scheduling for rechargeable sensor networks [J]. Computer Networks, 2010, 54: 631-640.

[16] Jaggi N, Madakasira S, Mereddy S R, et al. Adaptive algorithms for sensor activation in renewable energy based sensor systems [J]. Ad Hoc Networks, 2013, 11(4): 1405-1420.

[17] Tacca M, Monti P, Fumagalli A. Cooperative and reliable ARQ protocols for energy harvesting wireless sensor nodes [J]. IEEE Transactions on Wireless Communications, 2007, 6(7): 2519-2529.

[18] Zhang J, Shen X, Tang S, et al. Energy efficient joint data aggregation and link scheduling in solar sensor networks [J]. Computer Communications, 2011, 34(18): 2217-2226.

[19] Zhang S, Seyedi A, Sikdar B. An analytical approach to the design of energy harvesting wireless sensor nodes [J]. IEEE Transactions on Wireless Communications, 2013, 12(8): 4010-4024.

[20] Zhang Y, He S, Chen J, et al. Distributed sampling rate control for rechargeable sensor nodes with limited battery capacity [J]. IEEE Transactions on Wireless Communications, 2013, 12(6): 3096-3106.

[21] 韩江洪, 丁煦, 石雷等. 无线传感器网络时变充电和动态数据路由算法研究[J]. 通信学报, 2012, (12): 1-10.

[22] Gatzianas M, Georgiadis L, Tassiulas L. Control of wireless networks with rechargeable batteries [J]. IEEE Transactions on Wireless Communications, 2010, 9(2): 581-593.

[23] Sharma V, Mukherji U, Joseph V, et al. Optimal energy management policies for energy harvesting sensor nodes [J]. IEEE Transactions on Wireless Communications, 2010, 9(4): 1326-1336.

[24] Reddy S, Murthy C R. Dual-stage power management algorithms for energy harvesting sensors [J]. IEEE Transactions on Wireless Communications, 2012, 11(4): 1434-1445.

[25] Gregori M, Payaró M. Energy-efficient transmission for wireless energy harvesting nodes [J]. IEEE Transactions on Wireless Communications, 2013, 12(3): 1244-1254.

[26] Medepally B, Mehta N B. Voluntary energy harvesting relays and selection in cooperative wireless networks [J]. IEEE Transactions on Wireless Communications, 2010, 9(11): 3543-3553.

[27] Li H, Jaggi N, Sikdar B. Relay scheduling for cooperative communications in sensor networks with energy harvesting [J]. IEEE Transactions on Wireless Communications, 2011, 10(9): 2918-2928.

[28] Noh D K, Kang K. Balanced energy allocation scheme for a solar-powered sensor system and its effects on network-wide performance [J]. Journal of Computer and System Sciences, 2011, 77(5): 917-932.

[29] Yoo H, Shim M, Kim D. Dynamic duty-cycle scheduling schemes for energy-harvesting wireless sensor networks [J]. IEEE Communications Letters, 2012, 16(2): 202-204.

[30] Lattanzi E, Regini E, Acquaviva A, et al. Energetic sustainability of routing algorithms for energy-harvesting wireless sensor networks [J]. Computer Communications, 2007, 30(14): 2976-2986.

[31] Seyedi A, Sikdar B. Energy efficient transmission strategies for body sensor networks with energy harvesting [J]. IEEE Transactions on Wireless Communications, 2010, 58(7): 2116-2126.

[32] Jumıra O, Wolhuter R, Zeadally S. Energy-efficient beaconless geographic routing in energy harvested wireless sensor networks [J]. Concurrency and Computation: Practice and Experience, 2013, 25(1): 58-84.

[33] Zhu T, Zhong Z, He T, et al. Energy-synchronized computing for sustainable sensor networks [J]. Ad Hoc Networks, 2013, 11(4): 1392-1404.

[34] Tran-Thanh L, Rogers A, Jennings N R. Long-term information collection with energy harvesting wireless sensors: a multi-armed bandit based approach [J]. Autonomous Agents and Multi-Agent Systems, 2012, 25(2): 352-394.

[35] Iannello F, Simeone O, Spagnolini U. Medium access control protocols for wireless sensor networks with energy harvesting [J]. IEEE Transactions on Communications, 2012, 60(5): 1381-1389.

[36] Berbakov L, Antón-Haro C, Matamoros J. Optimal transmission policy for cooperative transmission with energy harvesting and battery operated sensor nodes [J]. Signal Processing, 2013, 93(11): 3159-3170.

[37] Kansal A, Hsu J, Zahedi S. Power management in energy harvesting sensor networks [J]. ACM Transactions on Embedded Computing Systems, 2007, 6(4): 32.

[38] Tadayon N, Khoshroo S, Askari E, et al. Power management in SMAC-based energy-harvesting wireless sensor networks using queuing analysis [J]. Journal of Network and Computer Applications, 2013, 36(3): 1008-1017.

[39] Wu Y, Liu W. Routing protocol based on genetic algorithm for energy harvesting-wireless sensor networks [J]. IET Wireless Sensor Systems, 2013, 3(2): 112-118.

[40] Jung J W, Ingram M A. Using range extension cooperative transmission in energy harvesting wireless sensor networks [J]. Journal of Communications and Networks, 2012, 14(2): 169-178.

[41] Krikidis I, Charalambous T, Thompson J S. Stability analysis and power optimization for energy harvesting cooperative networks [J]. IEEE Signal Processing Letters, 2012, 19(1): 20-23.

[42] Huang C, Zhang R, Cui S. Optimal resource allocation for Gaussian relay channel with energy harvesting constraints [J]. IEEE International Conference on Acoustics, Speech and Signal Processing (ICASSP), 2012: 2817-2820.

[43] Ho C K, Zhang R. Optimal energy allocation for wireless communications with energy harvesting constraints [J]. IEEE Transactions on Signal Processing, 2012, 60(9): 4808-4818.

[44] Ng D W K, Lo E S, Schober R. Energy-efficient resource allocation in OFDMA systems with hybrid energy harvesting base station [J]. IEEE Transactions on Wireless Communications, 2013, 12(7): 3412-3427.

[45] Ahmed I, Ikhlef A, Ng D, et al. Power allocation for an energy harvesting transmitter with hybrid energy sources [J]. IEEE Transactions on Wireless Communications, 2013, 12(12): 6255-6267.

[46] Vaze R, Garg R, Pathak N. Dynamic power allocation for maximizing throughput in Energy-Harvesting communication system [J]. IEEE/ACM Transactions on Networking, 2013, 1(1).

[47] Zou Y, Yao Y, Zheng B. Opportunistic distributed space-time coding for decode-and-forward cooperation systems [J]. IEEE Transactions on Signal Processing, 2012, 60(4): 1766-1781.

[48] Zou Y, Yao Y, Zheng B. Cooperative relay techniques for cognitive radio systems: Spectrum sensing and secondary user transmissions [J]. IEEE Communications Magazine, 2012, 50(4): 98-103.

[49] Park S, Hong D. Achievable throughput of energy harvesting cognitive radio networks [J]. IEEE Transactions on Wireless Communications, 2014, 13(2): 1010-1022.

[50] Vergados D J, Stassinopoulos G I. Adaptive duty cycle control for optimal stochastic energy harvesting [J]. Wireless Personal Communications, 2013(68): 201-212.

[51] Moser C, Thiele L, Brunelli D, et al. Adaptive power management for environmentally powered systems [J]. IEEE Transactions on Computers, 2010, 59(4): 478-491.

[52] Zhu T, Zhou C. An efficient renewable energy management and sharing system for sustainable embedded devices [J]. Journal of Electrical and Computer Engineering, 2012, 2012(5).

[53] Devillers B, Gündüz D. A general framework for the optimization of energy harvesting communication systems with battery imperfections [J]. Journal of Communications and Networks, 2012, 14(2): 130-139.

[54] Gündüz D, Stamatiou K, Michelusi N, et al. Designing intelligent energy harvesting communication systems [J]. IEEE Communications Magazine, 2014, 52(1): 210-216.

[55] Ding Z, Poor H V. Cooperative energy harvesting networks with spatially random users [J]. IEEE Signal Processing Letters, 2013, 20(12): 1211-1214.

[56] Khuzani M B, Mitran P. On online energy harvesting in multiple access communication systems [J]. IEEE Transactions on Information Theory, 2014, 60(3): 1883-1898.

[57] Renner C, Turau V, Römer K. Online energy assessment with supercapacitors and energy harvesters [J]. Sustainable Computing: Informatics and Systems, 2013.

[58] Ding Z, Perlaza S M, Esnaola I, et al. Power allocation strategies in energy harvesting wireless cooperative networks [J]. IEEE Transactions on Wireless Communications, 2014, 13(2): 846-860.

[59] Liu S, Lu J, Wu Q, et al. Harvesting-aware power management for real-time systems with renewable energy [J]. IEEE Transactions on Very Large Scale Integration (VLSI) Systems, 2012, 20(8): 1473-1486.

[60] Ahmed I, Ikhlef A, Schober R, et al. Joint power allocation and relay selection in energy harvesting af relay systems [J]. IEEE Wireless Communications Letters, 2013, 2(2): 239-242.

[61] Gong J, Zhou S, Niu Z. Optimal power allocation for energy harvesting and power grid coexisting wireless communication systems [J]. IEEE Transactions on Communications, 2013, 61(7): 3040-3049.

[62] Nasir A A, Zhou X, Durrani S, et al. Relaying protocols for wireless energy harvesting and information processing [J]. IEEE Transactions on Wireless Communications, 2013, 12(7): 3622-3636.

[63] Tutuncuoglu K, Yener A. Optimum transmission policies for battery limited energy harvesting nodes [J]. IEEE Transactions on Wireless Communications, 2012, 11(3): 1180-1189.

[64] Yang J, Ozel O, Ulukus S. Broadcasting with an energy harvesting rechargeable transmitter [J]. IEEE Transactions on Wireless Communications, 2012, 11(2): 571-583.

[65] Antepli M A, Uysal-Biyikoglu E, Erkal H. Optimal packet scheduling on an energy harvesting broadcast link [J]. IEEE Journal on Selected Areas in Communications, 2011, 29(8): 1721-1731.

[66] Ozel O, Tutuncuoglu K, Yang J, et al. Transmission with energy harvesting nodes in fading wireless channels: Optimal policies [J]. IEEE Journal on Selected Areas in Communications, 2011, 29(8): 1732-1743.

[67] Ozel O, Ulukus S. Achieving AWGN capacity under stochastic energy harvesting [J]. IEEE Transactions on Information Theory, 2012, 58(10): 6471-6483.

[68] Erkal H, Ozcelik F M, Uysal-Biyikoglu E. Optimal offline broadcast scheduling with an energy harvesting transmitter [J]. EURASIP Journal on Wireless Communications and Networking, 2013.

[69] Ozcelik F M, Uctu G, Uysal-Biyikoglu E. Minimization of transmission duration of data packets over an energy harvesting fading channel [J]. IEEE Communications Letters, 2012, 16(12): 1968-1971.

[70] Kashef M, Ephremides A. Optimal packet scheduling for energy harvesting sources on time varying wireless channels [J]. Journal of Communications and Networks, 2012, 14(2): 121-129.

[71] Tutuncuoglu K, Yener A. Sum-rate optimal power policies for energy harvesting transmitters in an interference channel [J]. Journal of Communications and Networks, 2012, 14(2): 151-161.

[72] Cover T M, Thomas J A. Elements of information theory [M]. John Wiley and Sons, 1991.

[73] Lee P, Eu Z A, Han M, et al. Empirical modeling of a solar-powered energy harvesting wireless sensor node for time-slotted operation [A]. in Proceedings of IEEE Wireless Communications & Networking Conference, 2011: 179-184.

[74] Gradshteyn I S, Ryzhik I M. Table of integrals, series, and products (seventh edition) [M]. SaltLake City: Academic Press, 2007.

第11章 能量获取中继协作通信的最优功率分配

11.1 引 言

能量获取以优化网络性能为目标,能量获取通信系统广泛地存在于多种无线网络中,提高了寿命并且易于部署。这也就避免了能源资源浪费现象,同时也符合现在倡导的绿色通信理念。无线通信网络节点可以获取来自外界的能量,通过太阳能电池、吸振设备、热电发电机、燃料电池等收集能量。虽然基于能量获取的节点可以从自然界随处获取能量,但是这些能量比较不稳定,因此要找到合理的传输方案才能够保证不间断通信[1]。在这些通信系统中,如何在传输数据包过程中提高能量的可利用性引起了极大的关注。

针对不同可获取能量的无线通信系统,为了更合理地利用能量,人们已经做了大量关于数据传输调度问题的研究。文献[2]扩展了传统的无线网络,使得便携式可充电电池的数据传输调度成为可能,并提出了一种满足能量和功率限制条件下最大化系统总能效的功率分配。文献[3]研究了可获取能量点对点通信系统,根据到达的数据量和获取的能量自适应调节发射功率,使得所有数据包传输完成时间最短,即研究了可获取能量点对点通信系统中传输时间最小化问题。并提出了两种假设,第一种假设所有数据在传输开始之前已经到达发射端,另一种假设数据包在传输过程中才到达。文献[4]探讨了吞吐量最大化问题,它和文献[3]中探讨的传输时间最小化问题是对偶问题,解决了在有限存储能力下的能量获取发射机吞吐量最大化问题。文献[5,6]在文献[3,4]基础上研究了在高斯白噪声广播信道中传输完成时间最小化问题。假设了两个用户在高斯白噪声广播信道容量的速率域,根据到达的数据量和获取的能量自适应地调节传输功率,使得所有数据包到达目的接收机所需要的时间最短。文献[7]同文献[5,6]也研究了在广播信道下传输时间最小化问题,另外,增加了有限电池容量这一限制条件。文献[8]提出了在有限电池容量和无线衰落信道传输条件下的最优传输策略。文献[9]分析了并行衰落的高斯白噪声广播信道下的通信系统,通过优化传输功率使得吞吐量最大。文献[10]研究了能量随机到达的情况下,加性高斯白噪声的容量。在数据传送过程中允许数据到达的情况下,传输完成时间最小的问题在文献[11]中阐述。文献[12]分析了能量因果约束下多输入多输出的通信系统。文献[13]探讨了平坦衰落信道下,受到时变同信道干扰的点对点通信系统。文献[14]研究两用户发射机多址通信系统中的最优分组调度。在确定性的系统下,考虑在传输开始前已知能量获取时间和获取量,通过控制传输功率和传输速率,以传输所有数据包的完成时间最小为目的。文献[15]探讨了两用户能量获取发射机,在高斯干扰信道自适应传输从而获得有效能量,目的是实现最优化功率分配,即在给定的时间内最大化总的吞吐量。

能量获取无线通信数据传输调度问题的研究涉及的通信系统可以归纳如下:点对点的通信系统[3,4,13,16,17]、广播通信通信系统[5-7,9],衰落信道中存在加性高斯白噪声[10],电池容量有限[8]和无限[12]，获取能量到达时间的确定和随机[18]，数据包在传输过程中到达[8]或之前到达[5]等。不难发现，在这些能量获取系统中，往往以给定比特数对应的传输完成时间最小化为优化目的，或者在给定时间内最大化系统吞吐量为优化目标。然而，由上述归纳可知，吞吐和传输完成时间取决于获取能量情况以及信道情况。最近，一些研究人员还考虑了能量获取中继协作通信系统[19-21]。

在能量获取设备引入到无线通信系统以后，系统中的能量有限得到了有效的缓解。然而，能量获取设备从自然界获取的能量具有不稳定性和随机性。因此，如何合理地利用这些能量对数据传输进行调度是亟需解决的问题。本章以能量获取协作通信系统为主要对象，以优化理论为基础，探讨三节点无线中继通信系统以及认知无线电共享频谱中继通信系统基于能量获取传输调度问题。从外界获取能量的中继节点将有更多的能量帮助转发源节点的数据。由于能量获取的不确定性和随机性，需要考虑根据获取的能量和到达的数据量进行功率控制，如何根据中继节点和源节点获取的能量对数据传输进行调度达到最优传输在本章得到了解决。

在三节点的能量获取无线中继通信系统中，我们优化利用中继获取的能量，提出控制功率算法。以前的研究部分解决了中继通信系统中基于能量获取的传输调度问题，但是没有考虑源节点和中继节点分别有数据发送的情况。在很多场合中，中继协助源节点传输数据的同时，自身也有数据需要传输。我们考虑放大转发中继，其中放大转发中继获取的能量一部分用来放大转发源节点数据信息，另一部分用来发送自身数据信息。然而，中继本身的最大功率受限。如果用来放大转发源节点数据信息那部分的功率较多时，转发自身数据传输的功率就会较少，以至于不能够保证自身数据信息的传输。在保证中继自身数据信息能够传输以及满足能量获取约束和最大功率受限约束前提下，进行最优控制传输功率，使得两部分传输数据的总吞吐量最大。

在认知无线电共享频谱中继通信系统中，利用中继协作技术的各种优势提升认知无线网络的全局效能。结合了中继通信协作的高分集增益以及认知无线网络高效利用无线频谱资源优点，可以在有限的频段上提供更高传输速率和更可靠的传输。认知无线电频谱共享能量获取中继网络中，次用户共享主用户的频带进行数据传送，中继放大转发主用户发射机和次用户发射机信号。次用户发射机和中继都可以从自然界获取能量，并且次用户发射机和中继根据获取的能量和数据传送要求控制发射功率。由功率控制提出一个最优化问题：考虑了能量因果约束、最大发射功率约束和主用户接收机干扰约束下，最大化次用户系统的吞吐量。

11.2 能量获取中继网络的源和中继最优功率分配

11.2.1 系统模型

1. 能量获取中继网络模型

能量获取中继网络系统模型如图 11-1 所示，该模型由一个源节点 S、一个放大转发中继节点 R 以及一个目的节点 D 组成。源节点 S 和中继节点 R 都可以从自然环境中获得能量。它们获取能量的过程都是独立随机的。并且，该模型中所有的节点都属于半双工，不能同时发送或者接收信号。在能量获取开始之前，数据信息就已经到达了节点，能量在传输的过程中到达。源节点 S 将发送 B_S 比特数至目的节点 D，中继 R 将发送 Br 比特数至目的节点 D。中继 R 接收源节点 S 的信号以后，将接收到的信号放大转发至目的节点 D。值得注意的是，中继 R 本身有 Br 比特数据需要传输，所以中继 R 在放大转发的时候需要叠加本身的信号，并适当控制传输功率。因此，当中继转发放大的源节点的信号时，它需要保留一部分的传输功率用来传输自己的数据。信号的传输可以分为两个阶段。

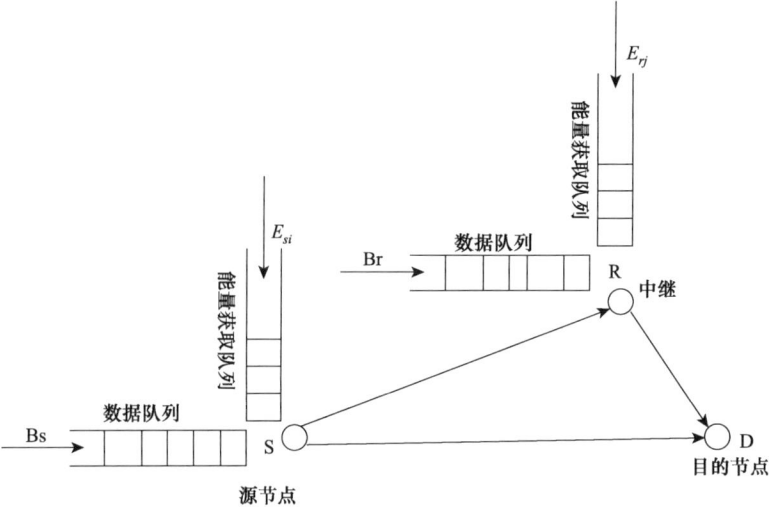

图 11-1　能量获取中继网络模型

在第一阶段，中继节点 R 和目的节点 D 分别接收来自源节点 S 的信号。中继节点 R 和目的节点 D 分别接收到的信号表示为

$$y_{s,r}[n] = \sqrt{P_s}h_{s,r}[n]x_s[n] + z_{s,r}[n], n = 1, \cdots, N/2 \tag{11-1}$$

$$y_{s,d}[n] = \sqrt{P_s}h_{s,d}[n]x_s[n] + z_{s,d}[n], n = 1, \cdots, N/2 \tag{11-2}$$

其中，$y_{s,r}$ 和 $y_{s,d}$ 分别表示中继节点 R 和目的节点 D 接收的信号；x_s 为源节点 S 发射的信号；P_s 为源节点 S 发射功率；$z_{s,r}$ 和 $z_{s,d}$ 都是均值为 0，方差为 δ^2 的加性高斯白噪声；$h_{s,r}$ 和 $h_{s,d}$ 分别为源节点 S 到中继节点 R 和源节点 S 到目的节点 D 的信道系数。

在第二阶段，中继 R 放大转发源节点 S 的信号至目的节点 D。与此同时，中继 R 也需要传输本身的信号。目的节点 D 接收的信号可以表示为

$$\overline{y_d}[n] = \sqrt{\beta}\sqrt{P_s}h_{r,d}[n]h_{s,r}[n]x_s[n] + \sqrt{P_r}h_{r,d}[n]x_r[n]$$
$$+ \{\sqrt{\beta}h_{r,d}[n]z_{s,r}[n] + z_{r,d}[n]\}, n = N/2 + 1, \cdots, N \tag{11-3}$$

其中，β 表示为中继 R 的放大增益；x_r 为中继 R 自身数据对应的发射信号；P_r 表示中继 R 用于自身数据传输的发射功率；$z_{r,d}$ 是均值为 0，方差为 δ^2 的加性高斯白噪声；$h_{r,d}$ 表示中继节点 R 到目的节点 D 的信道系数。

在目的节点 D 将两个时间阶段接收到的信号，即式(11-2)和式(11-3)进行最大比合

并。在目的节点的信噪比（SNR）类似于文献[19]中的计算。因此，传输速率 r 可以表示为：

$$r = \frac{1}{2}\log_2(1+\gamma) = \frac{1}{2}\log_2(1+\gamma_{s,d}+\overline{\gamma}_d)$$

$$= \frac{1}{2}\log_2\left(1 + \frac{P_s\left|h_{s,d}\right|^2}{\delta^2} + \frac{\beta P_s\left|h_{r,d}\right|^2\left|h_{s,r}\right|^2 + P_r\left|h_{r,d}\right|^2}{\beta\left|h_{r,d}\right|^2\delta^2 + \delta^2}\right) \tag{11-4}$$

其中，$\gamma_{s,d}$ 和 $\overline{\gamma}_d$ 分别表示为接收信号 $y_{s,d}$ 和 $\overline{y_d}$ 的信噪比。

2. 能量获取过程

源节点 S 和中继节点 R 能量获取过程如图 11-2 所示：

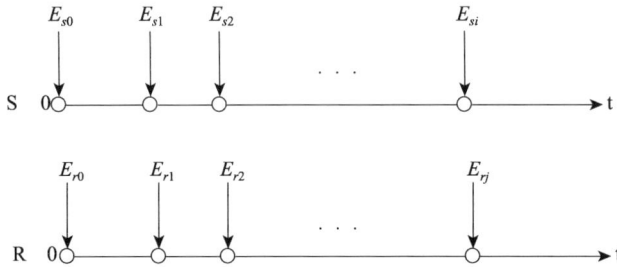

图 11-2　源节点 S 和中继节点 R 的能量获取过程

源节点 S 在 t_i 获取的能量数值记为 E_{si}，中继节点 R 在 t_j 获取的能量数值记为 E_{rj}。E_{s0} 和 E_{r0} 分别代表源节点 S 和中继节点 R 最初始的能量存储数值。源节点 S 和中继节点 R 能量获取过程不一定是同步的，即它们不一定同时获取能量。假设两个相邻的能量获取时刻之间的差值比第一次信号传输完成的时间要长得多。

由[4]中引理 1 可知，在最优解情况下，传输速率在能量获取之间保持常数，即，这个速率值仅仅在可能量获取瞬间发生改变。

源节点 S 和中继节点 R 的发射功率可以由 $P = \dfrac{E}{T}$ 而定，其中 T 为两次能量获取的时隙，而 E 表示在传输过程有效的能量数值。传送的比特数可以由下式计算得到：

$$B = rT \tag{11-5}$$

中继 R 的发射功率被分为两个部分：一部分用来传输自身的数据，另一部分用来放大转发源节点 S 的数据。也就是说，对于中继 R，必须满足下面的中继发射功率约束。如果设 $P_{r,max}$ 为中继 R 最大允许发射功率，则 β 必须满足：

$$\beta(P_s\left|h_{s,r}\right|^2 + \delta^2) + P_r \leqslant P_{r,max} \tag{11-6}$$

由式（11-6）可知，中继 R 的发射功率被限制了。如果中继 R 更多的发射功率被用来发转发源节点 S 的数据，那么用来发射本身数据的功率将不够用，则中继本身数据的吞吐量将要减少。因此，中继 R 的发射功率必须进行最优的功率控制，目的是保证最大化两部分传输数据的总的吞吐量。

此外，源节点 S 和中继节点 R 还将根据获取的能量自适应调整其传输功率。换言之，能量约束必须满足。则在给定时间内，消耗能量的数值在时间内必须小于获取的能量的数。

11.2.2　优化问题

在发射功率约束和能量获取约束条件下,我们打算最大化两部分传输数据的吞吐量:一部分是中继 R 本身的数据,另一部分是放大转发源节点 S 的数据。中继 R 在确保自身的数据能够被传输的情况下,最大化其吞吐量,并且用余下的发射功率来转发源节点 S 的数据。发射功率约束可以写为

$$\beta(P_s|h_{s,r}|^2+\delta^2)+P_r \leqslant P_{r,\max}$$
$$P_s \leqslant P_{s,\max} \tag{11-7}$$

由(11-3)可知,当中继节点 R 传输自身信号时,在目的节点 D 接收到的信号可以表示为

$$y_{r,d}=\sqrt{P_r}h_{r,d}[n]x_r[n]+z_{r,d}[n],\ n=N/2+1,\cdots,N$$

传输的速率可以表示为

$$r_{r,d}=\frac{1}{2}\log_2(1+\gamma_{r,d})=\frac{1}{2}\log_2(1+\frac{P_r|h_{r,d}|^2}{N_{r,d}})=\frac{1}{2}\log_2(1+\frac{P_r|h_{r,d}|^2}{\delta^2}) \tag{11-8}$$

建立总吞吐量最大化问题,即 $\max\limits_{\beta,P_r} B$,

$$B=r_{two}T=\frac{1}{2}\log_2(1+\frac{P_s|h_{s,d}|^2}{\delta^2}+\frac{\beta P_s|h_{r,d}|^2|h_{s,r}|^2}{\beta|h_{r,d}|^2\delta^2+\delta^2})T+\frac{1}{2}\log_2(1+\frac{P_r|h_{r,d}|^2}{\delta^2})T$$

$$\text{s.t.}\quad \beta(P_s|h_{s,r}|^2+\delta^2)+P_r \leqslant P_{r,\max}$$
$$P_s \leqslant P_{s,\max} \tag{11-9}$$

其中式(11-9)这个凸优化问题可以分析解决[22]。运用拉格朗日数乘法,则构造拉格朗日函数可以表示为

$$\begin{aligned}\mathop{L}\limits_{\beta,P_r}&=r_{two}T+\lambda[P_{r,\max}-\beta(P_s|h_{s,r}|^2+\delta^2)-P_r]T\\&=\frac{1}{2}\log_2(1+\frac{P_s|h_{s,d}|^2}{\delta^2}+\frac{\beta P_s|h_{r,d}|^2|h_{s,r}|^2}{\beta|h_{r,d}|^2\delta^2+\delta^2})T+\frac{1}{2}\log_2(1+\frac{P_r|h_{r,d}|^2}{\delta^2})T\\&\quad+\lambda[P_{r,\max}-\beta(P_s|h_{s,r}|^2+\delta^2)-P_r]T\end{aligned} \tag{11-10}$$

其中, λ 表示拉格朗日乘数。分别计算 $L(\beta,P_r)$ 对 β、P_r 和 λ 的导数,则可以得到

$$L'_\beta=\frac{P_s|h_{r,d}|^2|h_{s,r}|^2\delta^2/(\beta|h_{r,d}|^2\delta^2+\delta^2)^2}{2(1+\frac{P_s|h_{s,d}|^2}{\delta^2}+\frac{\beta P_s|h_{r,d}|^2|h_{s,r}|^2}{\beta|h_{r,d}|^2\delta^2+\delta^2})\ln 2}T-\lambda(P_s|h_{s,r}|^2+\delta^2)T \tag{11-11}$$

$$L'_{P_r}=\frac{|h_{r,d}|^2}{2(1+\frac{P_r|h_{r,d}|^2}{\delta^2})\ln 2\delta^2}T-\lambda T \tag{11-12}$$

$$L'_\lambda=[P_{r,\max}-\beta(P_s|h_{s,r}|^2+\delta^2)-P_r]T \tag{11-13}$$

值得注意的是，目标函数总的吞吐量随 P_s 递增。运用 KKT(Karush-Kuhn-Tucker)最优化条件 $L'_\beta = 0$，$L'_{P_r} = 0$ 和 $L'_\lambda = 0$，解式(11-9)，可以得到

$$P_s^* = P_{s,\max} \tag{11-14}$$

$$\beta^* = \frac{-1}{\left|h_{r,d}\right|^2}$$
$$+ \frac{\left|h_{s,r}\right|\sqrt{P_s^*(P_s^*\left|h_{s,r}\right|^2 + \delta^2)(P_s^*\left|h_{s,d}\right|^2 + P_s^*\left|h_{s,r}\right|^2 + \delta^2)(P_s^*\left|h_{s,r}\right|^2 + P_{r,\max}\left|h_{r,d}\right|^2 + 2\delta^2)}}{\left|h_{r,d}\right|^2(P_s^*\left|h_{s,r}\right|^2 + \delta^2)(P_s^*\left|h_{s,d}\right|^2 + P_s^*\left|h_{s,r}\right|^2 + \delta^2)} \tag{11-15}$$

$$P_r^* = P_{r,\max} - \beta^*(P_s^*\left|h_{s,r}\right|^2 + \delta^2) \tag{11-16}$$

由式(11-15)可知，当得出最优的放大增益，中继传输自身数据的最优发射功率也可以得到。

11.2.3　仿真结果

我们用一个仿真例子来验证在不同的能量获取过程下的最优发射功率。设源节点 S 和中继节点 R 的能量获取过程如下，源节点 S 的初始能量为 5J，中继节点 R 的初始能量为 10 J。在获取时刻 $t=[5,6,8,9]$ s，源节点 S 获取能量大小为 $E_s=[1,2,1,5]$ J，同时中继获取能量大小为 $E_r=[10,4,0,10]$ J，能量获取过程如图 11-3 所示。

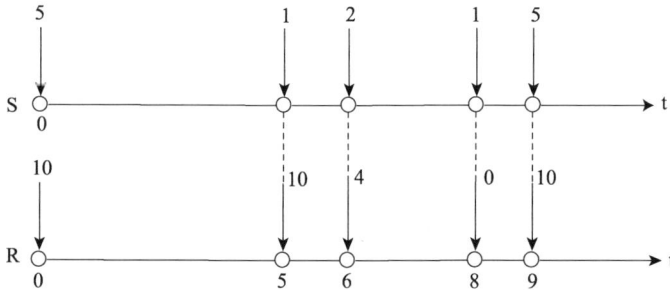

图 11-3　能量获取过程的一个例子

仿真参数设置如下：源节点 S 到中继节点 R 的信道系数 $h_{s,r}=30$ dB，中继节点 R 到目的节点 D 的信道系数 $h_{r,d}=30$ dB，源节点 S 到目的节点 D 的信道系数 $h_{s,d}=20$ dB，中继 R 允许的最大发射功率 $P_{r,\max}=10$ W，噪声方差 $\delta^2=0.01$。在前期的研究工作当中，放大增益 β 通常与源节点 S 的发射功率相关。实际上，[23]中给出了 β 的表示式

$$\beta = \frac{P_{r,\max}}{P_s\left|h_{s,r}\right|^2 + \delta^2} \tag{11-17}$$

由式(11-17)可知，当 P_s 变化，β 也随之变化。在这种情况下，总的吞吐量随 P_s 的变化而相应变化，并且在图 11-4 中，不同时隙 $T=[6,8,9,10]$s 下也给出了最优解。$T=6$s 表示从 0s 到 6s 的时间段，则 $T=8$s,9s,10s 分别表示从 0s 到 8s、9s 和 10s 的时间段。$B_{\mathrm{th\,max}}$ 表示在不同时隙 T 的最大吞吐量。从图 11-4 中可见，相比较而知，最优解情况下的总的吞吐量是较高于原先的这种情况下总的吞吐量的。

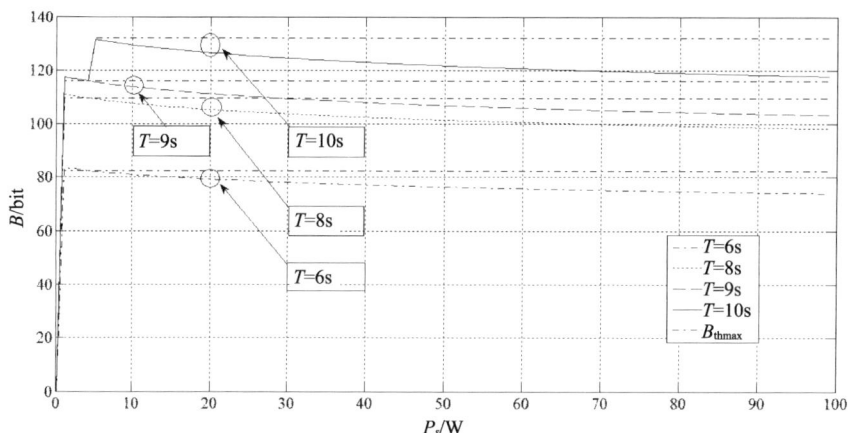

图 11-4　对不同的时隙 T，总吞吐量随 P_s 变化的情况

在不同的能量获取情况下，总吞吐量随 P_s 变化的情况如图 11-5 所示。B_{thless} 表示源节点 S 和中继节点 R 初始能量相同，但中继 R 获取能量是原来获取能量的一半的吞吐量。从图 11-5 中清晰可见，在不同时隙 $T=[6,8,9,10]$s 下，总的吞吐量较高于此获取能量情况下的总的吞吐量。

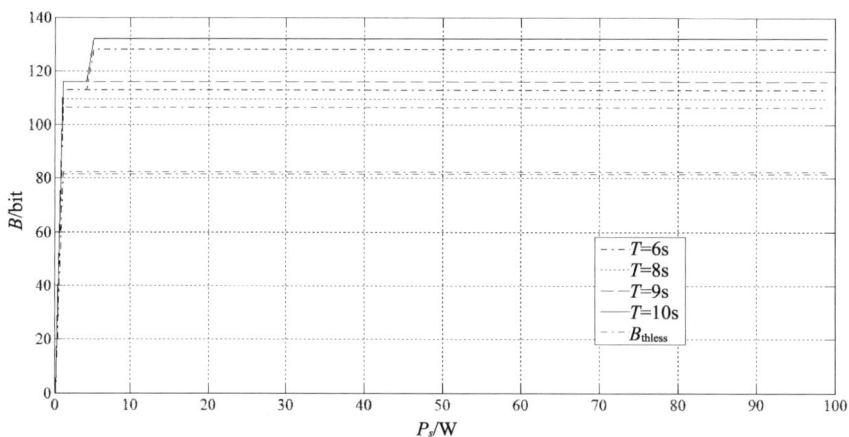

图 11-5　在不同的能量获取过程下，总吞吐量随 P_s 变化的情况

图 11-6 所示中继 R 的最优功率控制，用 X 轴表示 P_r，Y 轴表示 β，Z 轴表示 r_{two}。仿真参数设置如下：源节点 S 至中继 R 的信道系数为 $h_{s,r}$ =30 dB，中继 R 至目的节点 D 的信道系数为 $h_{r,d}$ =30dB，源节点 S 到目的节点 D 的信道系数为 $h_{s,d}$ =20 dB，中继 R 允许的最大发射功率 $P_{r,\text{max}}$ =10W，源节点 S 允许的最大发射功率 $P_{s,\text{max}}$ =1W，噪声方差 δ^2 =0.01。如图 11-6 所示，可以发现，确实存在最大的总吞吐量的一对最优解（β^*, P_r^*）。由式（11-15）和式（11-16）可以得到 r_{twoth} =14.5099bit/s，这与仿真结果 r_{twomax} =14.5099bit/s 最大值与之匹配。

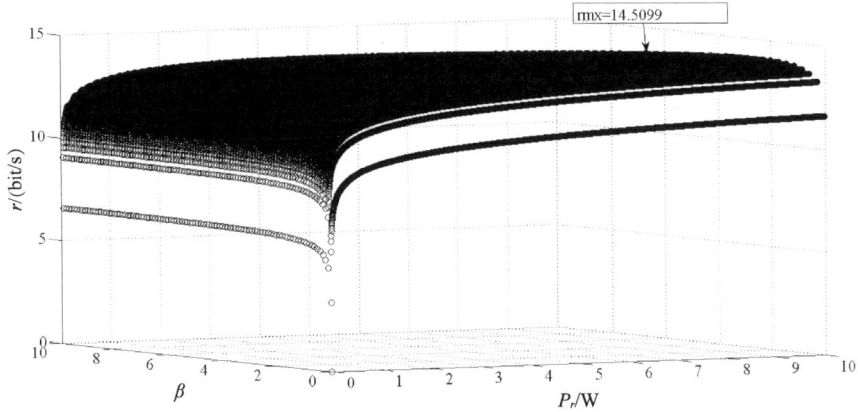

图 11-6　中继节点 R 的最优功率

图 11-7 给出了总吞吐量随着 β 和 P_r 相应变化的情况。分别在 $T=[6,8,9]$ s，相应地我们可以得到 $B_{th}=87.0595\text{bit}$，$B_{th}=116.0793\text{bit}$ 和 $B_{th}=130.5892\text{bit}$，而仿真中得到的最大值分别对应有 $B_{6\max}=87.0596\text{bit}$，$B_{8\max}=116.00794\text{bit}$ 和 $B_{9\max}=130.5893\text{bit}$。我们发现，理论分析的总吞吐量最优解与仿真结果一致。此外，不难发现对于不同的时隙 T，中继 R 可以调节自身的发射功率，即进行最优的功率控制，以实现总吞吐量最大化。

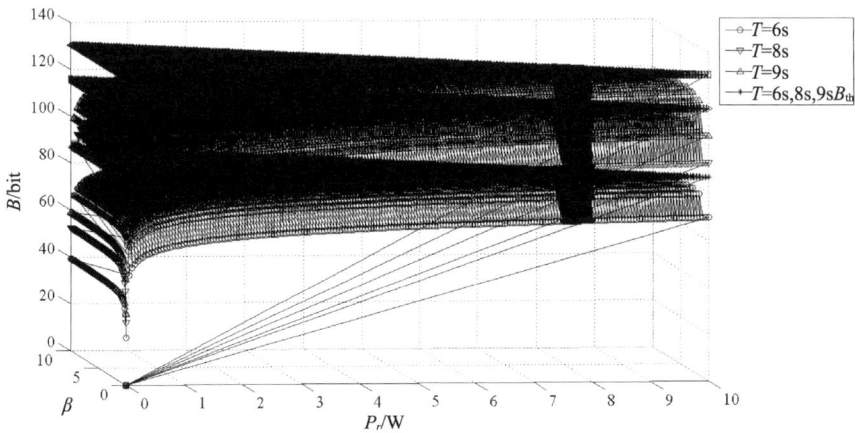

图 11-7　对不同的 T，总吞吐量随 β 和 P_r 变化的情况

11.3　能量获取认知中继网络的最优功率分配

11.3.1　系统模型

1. 能量获取认知中继网络模型

能量获取认知中继网络模型如图 11-8 所示，它由一个主用户发射机（PT）、主用户接收机（PD）、次用户发射机（ST）、次用户接收机（SD）和一个放大转发中继（AF）组成。次

用户发射机和中继都可以从外界环境中获取能量，它们收集能量的过程是独立的。所有节点都是半双工的单天线设备，不能同时发送和接收。

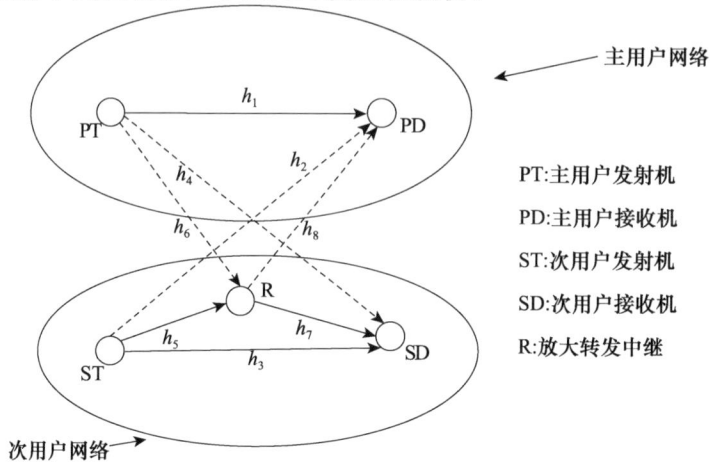

(a)主发射机和次发射机共存的认知中继网络

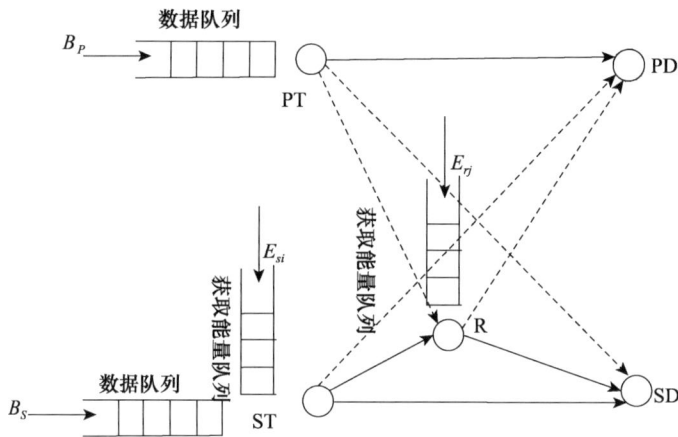

(b)能量获取和数据传送过程

图 11-8　能量获取认知中继网络模型

传送给目的节点的数据在能量获取之前到达。如图 11-8 所示，PT 节点将传送 B_P 比特数据给目的节点 PD，同时 ST 节点将传送 B_S 比特数据给目的节点 SD。在接收到来自 PT 和 ST 的信号后，中继将放大接收到的信号并且转发放大后的信号给目的节点 PD 和 SD。从图 11-8(a)中可以看出，主用户网络和次用户网络是相互影响的。为了确保主用户的服务质量，需要限制次用户发射机和中继的发射功率。因此，最大化次用户的吞吐量需要考虑到主用户接收机的干扰约束。

信号的传输过程分成两个阶段。在第一阶段，主发射机 PT、次发射机 ST 分别向主接收机 PD、次接收机 SD 和中继 R 发送数据。接收到的信号可以表示为

$$\text{PT-PD,ST-PD：} \quad y_{\text{PD1}} = \sqrt{P_P}\, h_1 x_P + \sqrt{P_S}\, h_2 x_S + n_{PD} \tag{11-18}$$

$$\text{ST-SD,PT-SD：} \quad y_{\text{SD1}} = \sqrt{P_S}\, h_3 x_S + \sqrt{P_P}\, h_4 x_P + n_{SD} \tag{11-19}$$

$$\text{ST-R,PT-R:} \quad y_{\mathrm{R}} = \sqrt{P_S}h_5x_S + \sqrt{P_P}h_6x_P + n_R \tag{11-20}$$

其中，y_{PD1}、y_{SD1} 和 y_R 是第一阶段主接收节点 PD、次接收节点 SD 和中继节点 R 接收到的信号。假设主发射机 PT 每个时隙以一个固定的功率 P_P 发送信号 x_P，同时次发射机 ST 以功率 P_S 使用这个时隙传送次用户的信号 x_S。P_S 的大小在每个时隙里随着获取的能量值发生变化。在第一阶段 h_i (i=1,2,3,4,5,6) 为各条链路上的信道系数，服从瑞利分布。n_{PD}、n_{SD} 和 n_R 都是加性高斯白噪声，均值为 0，方差为 δ^2。

在第二阶段，中继放大转发所接收的第一阶段的信号，并以广播方式向主接收机、次接收机发送信号。SD 和 PD 接收到的信号可以表示为

$$\text{R-SD:} \quad y_{SD2} = \sqrt{P_r}y_Rh_7 + v_{SD} = \sqrt{P_rP_S}h_5h_7x_S + \sqrt{P_rP_P}h_6h_7x_P + \sqrt{P_r}h_7n_R + v_{SD} \tag{11-21}$$

$$\text{R-PD:} \quad y_{PD2} = \sqrt{P_r}y_Rh_8 + v_{PD} = \sqrt{P_rP_P}h_6h_8x_P + \sqrt{P_rP_S}h_5h_8x_S + \sqrt{P_r}h_8n_R + v_{PD} \tag{11-22}$$

其中 P_r 是中继 R 的放大增益；v_{PD} 和 v_{SD} 都是加性高斯白噪声，对应的均值为 0，方差为 δ^2。在第二阶段 h_i (i=5,6,7,8) 为各链路上的信道系数，服从瑞利分布。

第一阶段次发射机对主发射机的干扰必须满足

$$P_S|h_2|^2 \leqslant I_{\mathrm{th}} \tag{11-23}$$

其中，I_{th} 为主发射机的干扰约束值。第二阶段中继放大转发对主发射机的干扰必须满足

$$P_r(P_s|h_5|^2 + P_p|h_6|^2 + \delta^2)|h_8|^2 \leqslant I_{\mathrm{th}} \tag{11-24}$$

假设中继 R 最大允许的发射功率为 $P_{R,\max}$，则 P_r 需要满足限制条件

$$P_r(P_S|h_5|^2 + P_P|h_6|^2 + \delta^2) \leqslant P_{R,\max} \tag{11-25}$$

为了确保主用户的服务质量，次发射机 ST 和中继 R 的传输功率必须受到限制。

接收节点 SD 将利用 MRC 技术合并两个阶段所接收到的信号。结合式(11-19)和式(11-21)计算在 SD 节点的信干比，同文献[24]类似。在 SD 节点的信干比和传输速率可以表示为

$$SINR_{SD} = \frac{P_S|h_3|^2}{P_P|h_4|^2 + \delta^2} + \frac{P_rP_S|h_5|^2|h_7|^2}{P_rP_P|h_6|^2|h_7|^2 + P_r|h_7|^2\delta^2 + \delta^2}$$

$$r_S = \frac{1}{2}\log_2(1 + SINR_{SD}) = \frac{1}{2}\log_2\left(1 + \frac{P_S|h_3|^2}{P_P|h_4|^2 + \delta^2} + \frac{P_rP_S|h_5|^2|h_7|^2}{P_rP_P|h_6|^2|h_7|^2 + P_r|h_7|^2\delta^2 + \delta^2}\right) \tag{11-26}$$

设 T 代表一个传输时隙，由瞬时传输速率 $r_S(t)$ 可以求得 T 时间内次接收机的速率域，如下所示：

$$B_S = \int_0^T r_S(\tau)d\tau \tag{11-27}$$

2. 能量获取过程

次发射机 ST 和中继 R 根据获取的能量调节它们的发射功率。次发射机 ST 和中继 R 的能量获取过程如图 11-9 所示：

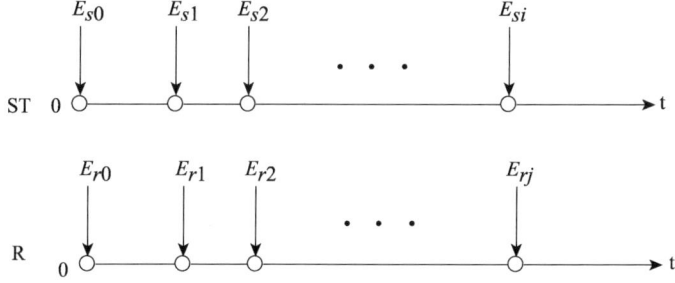

图 11-9 次发射机 ST 和中继 R 的能量获取过程

次发射机 ST 在能量获取时刻 t_i 获取到能量 E_{si}，中继 R 在能量获取时刻 t_j 获取到能量 E_{rj}。E_{s0} 和 E_{r0} 分别表示次发射机 ST 和中继 R 的初始能量。假设两个相邻的能量获取时刻之间的时隙长度比传送数据所需要的时间长得多。T 时间内次发射机 ST 和中继 R 总共获取的能量分别为 E_S 和 E_R。T 时间内次发射机 ST 和中继 R 消耗的总能量分别为 $\int_0^T P_S(\tau)d\tau$、$\int_0^T P_R(\tau)d\tau$。则需要满足的能量获取约束条件为

$$E_S \geqslant \int_0^T P_S(\tau)d\tau$$

$$E_R \geqslant \int_0^T P_R(\tau)d\tau$$

即在给定的任何一个时隙 T 内，消耗的能量不超过总共获取的能量。

11.3.2 优化问题

在能量因果约束、最大发射功率约束和主用户接收机的干扰约束下最大化次用户吞吐量的问题可以用如下的数学问题描述：

$$\max_{P_S,P_r} B_S = \int_0^T r_S(\tau)d\tau = \frac{T}{2}\log_2(1 + \frac{P_S|h_3|^2}{P_P|h_4|^2 + \delta^2} + \frac{P_rP_S|h_5|^2|h_7|^2}{P_rP_P|h_6|^2|h_7|^2 + P_r|h_7|^2\delta^2 + \delta^2}) \quad (11\text{-}28)$$

$$\text{s.t.} \int_0^T P_S(\tau)\mathrm{d}\tau \leqslant E_S\,; \quad \int_0^T P_R(\tau)\mathrm{d}\tau \leqslant E_R$$

$$P_{ri}(P_{si}|h_5|^2 + P_P|h_6|^2 + \delta^2) \leqslant P_{R,\max}, \forall i$$

$$P_{ri}\left(P_{si}|h_5|^2 + P_p|h_6|^2 + \delta^2\right)|h_8|^2 \leqslant I_{th}, \forall i$$

$$P_{Si}|h_2|^2 \leqslant I_{th}\,; \quad P_{Ri}|h_8|^2 \leqslant I_{th}$$

$$0 \leqslant P_{Si} \leqslant P_{S,\max}\,; 0 \leqslant P_{Ri} \leqslant P_{R,\max}$$

为了透彻地分析次用户的吞吐量最大化问题，分以下三种情况进行讨论：

情况 1：假设 P_S 固定，只改变 P_r，计算次用户吞吐量的最大值。对 P_r 求导，设 $A = P_P|h_4|^2 + \delta^2$，$B = P_rP_P|h_6|^2|h_7|^2 + P_r|h_7|^2\delta^2 + \delta^2$，那么

$$\frac{\partial B_S}{\partial P_r} = \frac{T}{2\ln 2} \times \frac{P_S|h_5|^2|h_7|^2\delta^2 A}{(A + P_S|h_3|^2)B^2 + P_rP_S|h_5|^2|h_7|^2 AB}$$

因为 $T>0, A>0, B>0, |h_i|^2>0, P_S$ 固定且 $P_S>0$ ，所以 $\dfrac{\partial B_S}{\partial P_r}>0, \forall P_r$ 单调递增，不满足极值点的两个条件，因此极值不存在，则取能量获取范围内的边界值才能得到 $\max\limits_{P_S, P_r} B_S$ ，

$$P_r^* = \min\left\{\frac{P_{R,\max}}{P_S|h_5|^2+P_P|h_6|^2+\delta^2},\ \frac{I_{th}}{\left(P_S|h_5|^2+P_P|h_6|^2+\delta^2\right)|h_8|^2}\right\} \tag{11-29}$$

P_S 固定，跟干扰约束，能量因果约束和最大发射功率约束有关，即

$$P_S^* = \min\left\{\frac{I_{th}}{|h_2|^2},\ \frac{E_{Si}}{T},\ P_{S,\max}\right\} \tag{}$$

情况 2：假设 P_r 固定，只改变 P_S ，求次用户吞吐量的最大值。对 P_S 求导，

$$\frac{\partial B_S}{\partial P_S} = \frac{T}{2\ln 2}\times\frac{P_r|h_5|^2|h_7|^2 A+|h_3|^2 B}{AB+P_S|h_3|^2 B+P_r P_S|h_5|^2|h_7|^2 A} \tag{11-30}$$

同情况 1 中可以证明极值不存在，则取能量获取范围内的边界值才能得到 $\max\limits_{P_S, P_r} B_S$ ，

$$P_S^* = \min\left\{\frac{\dfrac{P_{R,\max}}{P_r}-\left(P_P|h_6|^2+\delta^2\right)}{|h_5|^2},\ \frac{\dfrac{I_{th}}{P_r|h_8|^2}-\left(P_P|h_6|^2+\delta^2\right)}{|h_5|^2},\ \frac{I_{th}}{|h_2|^2},\ \frac{E_{Si}}{T},\ P_{S,\max}\right\} \tag{11-31}$$

P_r 固定，与限制的范围有关，并满足干扰约束，

$$P_r^* = \min\left\{\frac{P_{R,\max}}{P_S|h_5|^2+P_P|h_6|^2+\delta^2},\ \frac{I_{th}}{\left(P_S|h_5|^2+P_P|h_6|^2+\delta^2\right)|h_8|^2}\right\} \tag{11-32}$$

情况 3：假设 P_S 变化， P_r 也变化，求次用户吞吐量的最大值。

a) 假设 $\dfrac{I_{th}}{|h_8|^2}\leqslant P_{R,\max}$ ，可以将式 (11-28) 中的限制条件可结合为

$$\max_{P_S, P_r} B_S = \frac{T}{2}\log_2\left(1+\frac{P_S|h_3|^2}{P_P|h_4|^2+\delta^2}+\frac{P_r P_S|h_5|^2|h_7|^2}{P_r P_P|h_6|^2|h_7|^2+P_r|h_7|^2\delta^2+\delta^2}\right)$$
$$P_r\left(P_S|h_5|^2+P_P|h_6|^2+\delta^2\right)|h_8|^2\leqslant I_{th} \tag{11-33}$$

用拉格朗日数乘法求极值解：

$$L = \frac{T}{2}\log_2\left(1+\frac{P_S|h_3|^2}{P_P|h_4|^2+\delta^2}+\frac{P_r P_S|h_5|^2|h_7|^2}{P_r P_P|h_6|^2|h_7|^2+P_r|h_7|^2\delta^2+\delta^2}\right)+$$
$$\lambda\left[I_{th}-P_r\left(P_S|h_5|^2+P_P|h_6|^2+\delta^2\right)|h_8|^2\right] \tag{11-34}$$

令 $\dfrac{\partial L}{\partial\lambda}=0$ ， $\dfrac{\partial L}{\partial P_r}=0$ ， $\dfrac{\partial L}{\partial P_S}=0$ ；

化简求解出 $P_S{}^*$ 用虚数表示为：

$$P_S{}^* = \frac{-\left(P_P\left|h_6\right|^2+\delta^2\right)\left(\delta^2+\dfrac{I_{th}}{\left|h_8\right|^2}\left|h_7\right|^2\right)}{\left|h_5\right|^2\delta^2} + i\frac{\left|h_7\right|\sqrt{\left(P_P\left|h_6\right|^2+\delta^2\right)\left(P_P\left|h_4\right|^2+\delta^2\right)\left(\delta^2+\dfrac{I_{th}}{\left|h_8\right|^2}\left|h_7\right|^2\right)}}{\left|h_3\right|\left|h_5\right|\left|h_8\right|\delta^2}$$

$$P_r{}^* = \frac{I_{th}}{\left(P_S{}^*\left|h_5\right|^2+P_P\left|h_6\right|^2+\delta^2\right)\left|h_8\right|^2} \tag{11-35}$$

b) 假设 $\dfrac{I_{th}}{\left|h_8\right|^2} \geqslant P_{R,\max}$ ，可以将式(11-28)中的限制条件可结合为

$$\max_{P_S,P_r} B_S = \frac{T}{2}\log_2\left(1+\frac{P_S\left|h_3\right|^2}{P_P\left|h_4\right|^2+\delta^2}+\frac{P_rP_S\left|h_5\right|^2\left|h_7\right|^2}{P_rP_P\left|h_6\right|^2\left|h_7\right|^2+P_r\left|h_7\right|^2\delta^2+\delta^2}\right)$$

$$P_r\left(P_S\left|h_5\right|^2+P_P\left|h_6\right|^2+\delta^2\right)\leqslant P_{R,\max}$$

同上，用拉格朗日数乘法求极值解

$$L = \frac{T}{2}\log_2\left(1+\frac{P_S\left|h_3\right|^2}{P_P\left|h_4\right|^2+\delta^2}+\frac{P_rP_S\left|h_5\right|^2\left|h_7\right|^2}{P_rP_P\left|h_6\right|^2\left|h_7\right|^2+P_r\left|h_7\right|^2\delta^2+\delta^2}\right)$$
$$+\lambda\left[P_{R,\max}-P_r\left(P_S\left|h_5\right|^2+P_P\left|h_6\right|^2+\delta^2\right)\right]$$

化简求解出 $P_S{}^*$ 用虚数表示为

$$P_S{}^* = \frac{-(P_P\left|h_6\right|^2+\delta^2)(\delta^2+P_{R,\max}\left|h_7\right|^2)}{\left|h_5\right|^2\delta^2}+i\frac{\left|h_7\right|\sqrt{(P_P\left|h_6\right|^2+\delta^2)(P_P\left|h_4\right|^2+\delta^2)(\delta^2+P_{R,\max}\left|h_7\right|^2)}}{\left|h_3\right|\left|h_5\right|\delta^2}$$

$$P_r{}^* = \frac{P_{R,\max}}{\left(P_S{}^*\left|h_5\right|^2+P_P\left|h_6\right|^2+\delta^2\right)}$$

综上两种假设情况下，条件极值的求解是用虚数表示的，这不符合实际的功率，所以不能求解出方程。后面只能在能量获取范围及限制范围内仿真搜索最优解。

$$P_S{}^* = \min\left\{\frac{I_{th}}{\left|h_2\right|^2},\frac{E_{Si}}{l_{Si}},P_{S,\max}\right\}$$

$$P_r{}^* = \min\left\{\frac{P_{R,\max}}{P_S\left|h_5\right|^2+P_P\left|h_6\right|^2+\delta^2},\frac{I_{th}}{(P_S{}^*\left|h_5\right|^2+P_P\left|h_6\right|^2+\delta^2)\left|h_8\right|^2}\right\}$$

11.3.3 仿真结果

我们用一些例子仿真验证在不同能量获取情形下第 11.2 节中讨论的三种情况。设定次发射机 ST 和中继 R 的两个不同的能量获取过程，图 11-10(a)中次发射机 ST 初始能量为 5J，中继 R 初始能量为 10J，次发射机 ST 在时刻 t=[5, 6, 8, 9]s 获取的能量大小为

E_{ST}=[1, 2, 1, 0. 5]J，中继 R 在时刻 t=[5, 6, 8, 9]s 获取的能量大小为 E_R=[1, 4, 1. 5, 0]J；
(b)中次发射机 ST 初始能量为 10 J，中继 R 初始能量为 2. 5J，在时刻 t=[5, 6, 8, 9]s 次
发射机 ST 和中继分别获得的能量大小为 E_{ST}=[1, 2, 1, 1]J， E_R=[0. 5, 4, 0. 75, 1]J。仿真
的能量获取过程如图 11-10 所示。

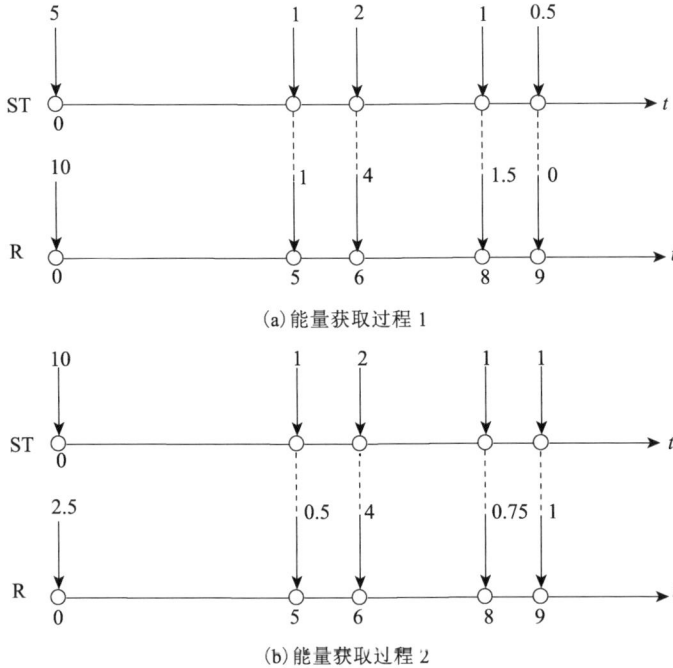

图 11-10 能量获取过程

给定以下仿真参数值： h_i (i=1，$\cdots$，8)每个信道系数服从瑞利分布，噪声方差 δ^2=0.01，
主发射机固定的发射功率 P_P=2W，中继允许最大的发射功率 $P_{r\max}$=20W，次用户允许最
大的发射功率 $P_{s\max}$=20W，干扰约束门限值 I_{th}=20W。在能量获取过程仿真中，对于服从
瑞利分布的每个信道系数取 1000 次代入，再求速率 1000 次平均值，其目为去除了随机
性的影响。在时刻 T=[6,8,9,10]s 得到次发射机的吞吐量，不同时隙 T 的吞吐量如图 11-11
所示。

情况 1 理论分析中目标函数单调增，无极值。仿真中当 P_s 固定，P_r 变化时，B 也随
之变化。B_{av} 表示服从瑞利分布的每个信道系数取 1000 次代入求得的速率域均值，B_{avth} 表
示每个时隙次发射机理论上允许边界的吞吐量 1000 次的均值。由仿真可以看出，P_r 越
趋向能量获取限制条件的边界值，B_{av} 越趋向 B_{avth}。这表明了 B_{avth} 高于任何情况下的吞吐
量，且 P_r 取边界值时，吞吐量最大，从而论证了理论分析的正确性。

在图 11-12 中，我们比较不同能量获取情形下能量获取多少对次用户吞吐量的影响。
B_{less} 表示能量获取较少时的次用户吞吐量。假设次发射机 ST 和中继 R 初始获取的能量
与图 11-11(a)、(b)中的相同，同时次发射机每个时刻获取的能量比图 11-11 中原来获取
的能量少 1/10。从图 11-12(a)、(b)很清楚地看出，在 T=[6,8,9,10]s 时隙 B_{avth} 高于 B_{less}。

这可以说明，能量获取的多少决定了吞吐量多少，同时也说明在不同能量获取情况下，吞吐量的变化趋势是类似的。

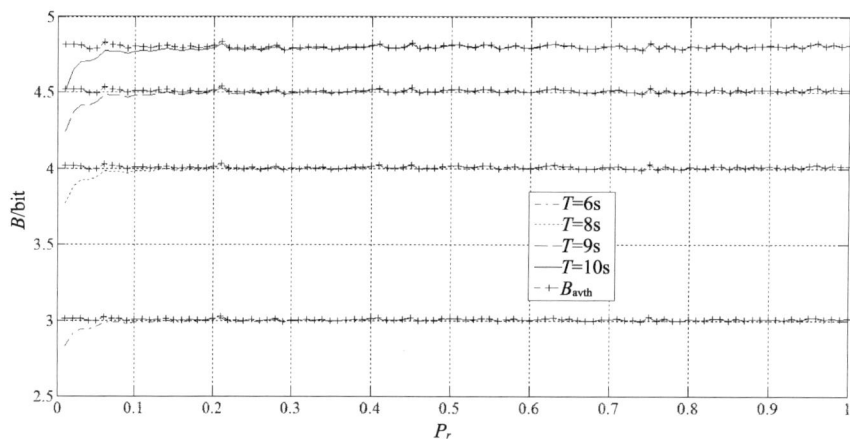

(a)对应图 11-10(a)的能量获取过程，不同时隙 T 随着 P_r 变化的吞吐量

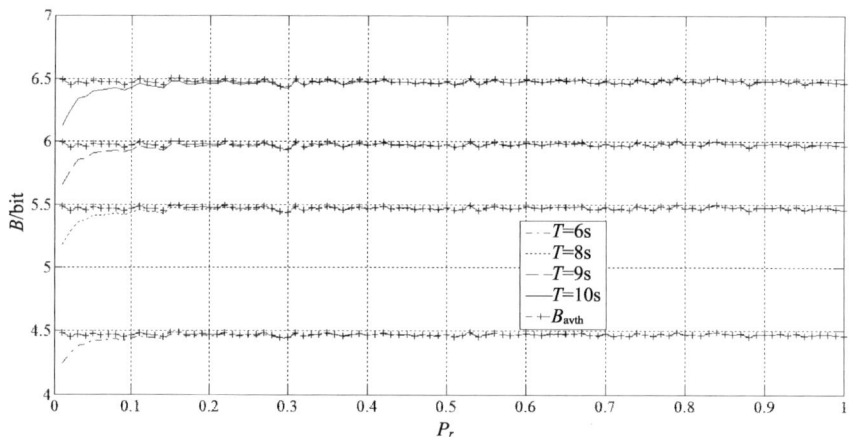

(b)对应图 11-10(b)的能量获取过程，不同时隙 T 随着 P_r 变化的吞吐量

图 11-11　不同时隙 T 随着 P_r 变化的吞吐量

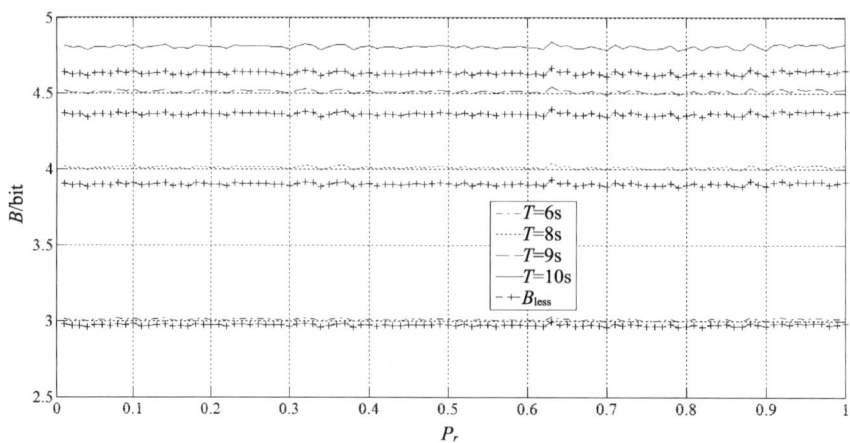

(a)

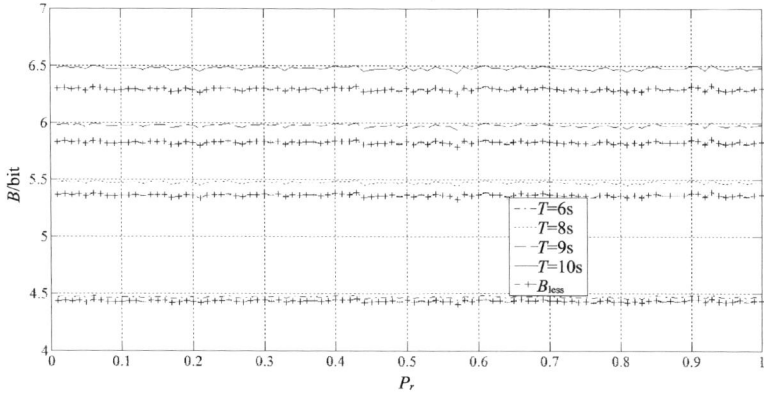

(b)

图 11-12　(a)、(b)对应不同能量获取过程，次用户的吞吐量随 P_r 变化的情况

情况 2 仿真：次发射机 ST 和中继 R 的能量获取过程与情况 1 中相同。其中，与情况 1 中不同的是固定 $P_r=1$，P_S 独立变化。不同时隙 T 的吞吐量如图 11-13 所示。

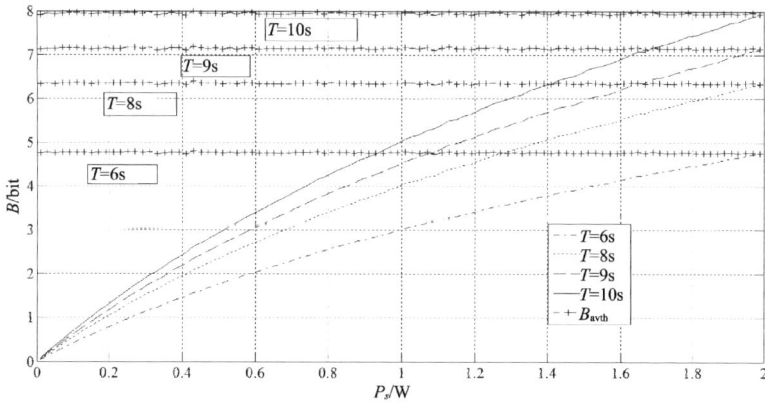

(a)对应图 11-10(a)的能量获取过程，不同时隙 T 随着 P_S 变化的吞吐量

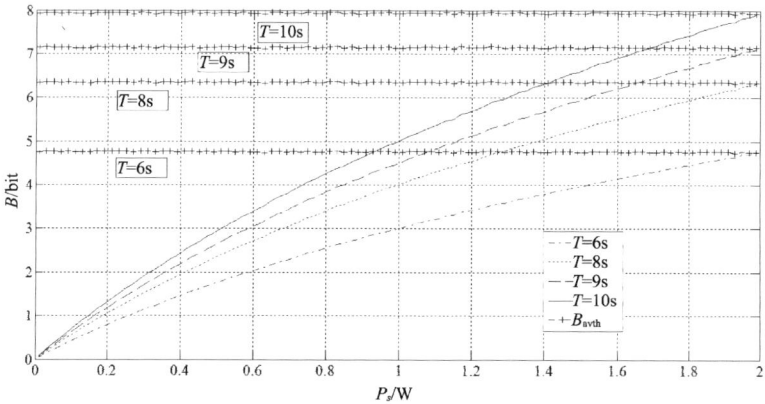

(b)对应图 11-10(b)的能量获取过程，不同时隙 T 随着 P_S 变化的吞吐量

图 11-13　不同时隙 T 随着 P_S 变化的吞吐量

情况 2 理论分析中目标函数单调增，无极值。仿真中当 P_r 固定，P_S 变化时，B 也随之变化。由仿真表明在能量获取限制约束，最大发射功率约束及对主发射机干扰限制条件内，P_S 越大，B_{av} 越来越大，并且每个时隙当中，B_{avth} 远远大于 B_{av}。这可以看出，P_r 固定，B_{av} 随 P_S 增加而增加。P_S 取到限制范围边界值时，搜索的 B_{av} 吞吐量最大，从而论证了理论值的正确性。

情况 3 仿真：假设次发射机 ST 和中继节点 R 的能量获取过程如情况 1 和 2 相同。与情况 1 不同的是 P_S 不固定。为了看得更清楚我们画三维图，用 X 轴表示 P_r，Y 轴表示 P_S，Z 轴表示吞吐量 B，取 $T=[6,8]$s 两个时隙的吞吐量如图 11-14(a)、(b)所示。

情况 3 理论分析中目标函数极值无法计算。仿真中 P_S 独立变化，P_r 也独立变化，B 也随之变化。由仿真表明 P_r、P_S 越趋向能量获取限制及对主发射机干扰限制的边界值时，B_{av} 越趋向 B_{avth}。这也可以看出，在能量获取限制范围及干扰约束，最大发射功率约束等范围内 P_S 越大，B_{av} 越大，P_r 越大，B_{av} 越大，并且 P_S 对 B_{av} 的影响比 P_r 对 B_{av} 的影响大得多。

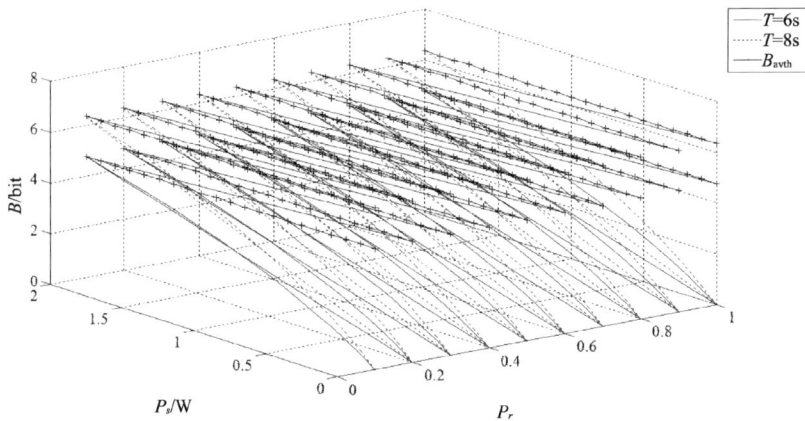

(a) 对应图 11-10(a)的能量获取过程，不同时隙 T 次用户的吞吐量随 P_S 和 P_r 变化的情况

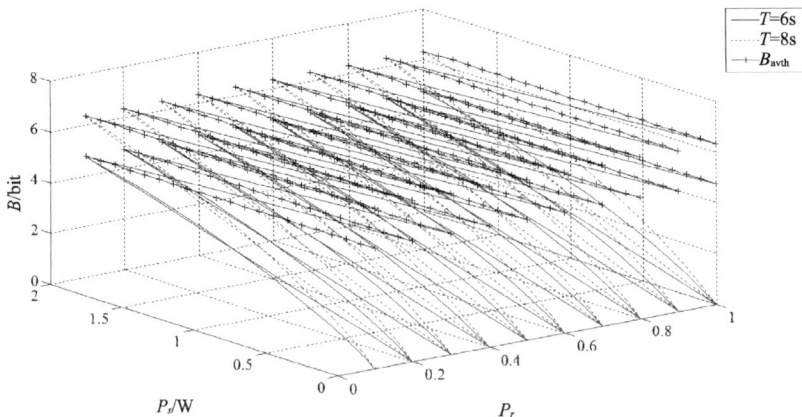

(b) 对应图 11-10(b)的能量获取过程，不同时隙 T 次用户的吞吐量随 P_S 和 P_r 变化的情况

图 11-14　不同时隙 T 次用户的吞吐量随 P_S 和 P_r 变化的情况

11.4 本章小结

本章首先介绍了三节点的能量获取无线中继通信网络。源节点和中继节点都可获取能量，通过优化源节点和中继节点的传输功率，目的是适当地调节功率使得数据包传输的总吞吐量最大。建立了优化问题，在满足源节点和中继节点允许的最大发射功率约束以及能量获取约束条件下，通过运用拉格朗日数乘法和 KKT 条件求取最优的中继放大增益和中继最优传输功率。证明其可解性，并且提出了功率控制算法，以实现最优的功率控制。仿真结果证明了其解具有存在性和唯一性，同时验证了针对不同时隙，中继都能够调节其传输功率使得总的吞吐量达到最大。

其次，本章还介绍了能量获取在认知中继网络中最优功率控制问题。建立了能量获取认知中继通信系统模型，研究了能量获取认知中继网络中源节点和中继节点的最优功率控制，对次用户发射机 ST 和中继节点 R 进行最优的功率控制，以实现次用户吞吐量最大化。分析求解了在不同情况下的中继增益 P_r 和次用户发射机的发射功率值 P_S。次用户发射机和中继从自然界获取能量，次用户共享主用户的频带进行数据传送，将功率控制问题建模为在能量因果约束、最大发射功率约束和主用户接收机的干扰约束下最大化次用户吞吐量的最优化问题，分三种情况分析求解优化问题并得到了一些理论结果。仿真结果验证了多种能量获取情形下，这些理论结果的正确性，实现了最优的功率控制。

参 考 文 献

[1] Chen H. The role of recharging in energy efficiency for wireless sensor networks [A]. in Proceedings of International Conference on Wireless Communications and Signal Processing[C], 2010: 1-4.

[2] Gatzianas M, Georgiadis L, Tassiulas L. Control of wireless networks with rechargeable batteries [J]. IEEE Transactions on Wireless Communications, 2010, 9(2): 581-593.

[3] Yang J, Ulukus S. Optimal packet scheduling in an energy harvesting communication system [J]. IEEE Transactions on Communications, 2012, 60(1): 220-230.

[4] Tutuncuoglu K, Yener A. Optimum transmission policies for battery limited energy harvesting nodes [J]. IEEE Transactions on Wireless Communications, 2012, 11(3): 1180-1189.

[5] Yang J, Ozel O, Ulukus S. Broadcasting with an energy harvesting rechargeable transmitter [J]. IEEE Transactions on Wireless Communications, 2012, 11(2): 571-583.

[6] Antepli M A, Biyikoglu E U, Erkal H. Optimal packet scheduling on an energy harvesting broadcast link [J]. IEEE Journal on Selected Areas in Communications, 2011, 29(8): 1721-1731.

[7] Ozel O, Yang J, Ulukus S. Optimal broadcast scheduling for an energy harvesting rechargeable transmitter with a finite capacity battery [J]. IEEE Transactions on Wireless Communications, 2012, 11(6): 2193-2203.

[8] Ozel O, Tutuncuoglu K, Yang J, et al. Transmission with energy harvesting nodes in fading wireless channels: optimal policies [J]. IEEE Journal on Selected Areas in Communications, 2011, 29(8): 1732-1743.

[9] Ozel O, Yang J, Ulukus S. Optimal transmission schemes for parallel and fading Gaussian broadcast channels with an energy harvesting rechargeable transmitter [J]. Computer Communications, 2013, 36(12): 1360-1372.

[10] Ozel O, Ulukus S. Achieving AWGN capacity under stochastic energy harvesting [J]. IEEE Transactions on Information Theory, 2012, 58(10): 6471-6483.

[11] Ozcelik F M, Uctu G, Biyikoglu E U. Minimization of transmission duration of data packets over an energy harvesting fading channel [J]. IEEE Communications Letters, 2012, 16(12): 1968-1971.

[12] Xing C, Wang N, Ni J, et al. MIMO beamforming designs with partial CSI under energy harvesting constraints [J]. IEEE Signal Processing Letters, 2013, 20(4): 363-366.

[13] Liang L, Zhang R, Chua K C. Wireless Information Transfer with opportunistic energy harvesting [J]. IEEE Transactions on Wireless Communications, 2013, 12(1): 288-300.

[14] Yang J, Ulukus S. Optimal packet scheduling in a multiple access channel with energy harvesting transmitters [J]. Journal of Communications and Networks, 2012, 14(2): 140-150.

[15] Tutuncuoglu K, Yener A. Sum-rate optimal power policies for energy harvesting transmitters in an interference channel [J]. Journal of Communications and Networks, 2012, 14(2): 151-161.

[16] Ho C K, Zhang R. Optimal energy allocation for wireless communications with energy harvesting constraints [J]. IEEE Transactions on Signal Processing, 2012, 60(9): 4808-4818.

[17] Blasco P, Gündüz D, Dohler M. A learning theoretic approach to energy harvesting communication system optimization [J]. IEEE Transactions on Wireless Communications, 2013, 12(4): 1657-1662.

[18] Devillers B, Gündüz D. A general framework for the optimization of energy harvesting communication systems with battery imperfections [J]. Journal of Communications and Networks, 2013, 14(2): 130-139.

[19] Medepally B, Mehta N B. Voluntary energy harvesting relays and selection in cooperative wireless networks [J]. IEEE Transactions on Wireless Communications, 2010, 9(11): 3543-3553.

[20] Li H, Jaggi N, Sikdar B. Relay scheduling for cooperative communications in sensor networks with energy harvesting [J]. IEEE Transactions on Wireless Communications, 2011, 10(9): 2918-2928.

[21] Krikidis I, Charalambous T, Thompson J S. Stability analysis and power optimization for energy harvesting cooperative wireless networks [J]. IEEE Signal Processing Letters, 2012, 19(1): 20-23.

[22] Huang S, Chen H, Zhang Y, et al. Energy-efficient cooperative spectrum sensing with amplify-and-forward relaying [J]. IEEE Communications letters, 2012, 16(4): 450-453.

[23] Ganesan G, Li Y. Cooperative spectrum sensing in cognitive radio, part I: two user networks [J]. IEEE Transactions on Wireless Communications, 2007, 6(6): 2204-2213.

[24] Zou Y, Zhu J, Zheng B, et al. An adaptive cooperation diversity scheme with best-relay selection in cognitive radio networks [J]. IEEE Transactions on Signal Processing, 2013, 58(10): 5438-5445.

第 12 章　区域覆盖能量获取传感器网络休眠调度

12.1　引　　言

如何高效地利用有限的能量，一直是设计无线传感器网络算法和协议的关键目的。目前将一些传感器设置在睡眠工作模式，另一些则处于活跃工作模式的节点休眠调度算法作为一种有效的能量优化利用的方法，得到了广泛的研究[1]，主要指节点根据自身和环境状态以及剩余能量等，有规律地在休眠和活跃状态中转换，以达到优化利用能量，平衡能耗和延长网络生命周期的目的[2,3]。文献[4]调查了多种动态调度传感器的工作和睡眠周期的传统节点休眠调度机制，分析休眠调度研究的假设基础，包括网络结构、节点能力、节点位置信息是否可得以及节点部署策略等；优化目标，如最大化网络生命周期[5]、保证连通性和覆盖率[6]。文献[7]依据节点的剩余能量和融合中心的反馈信息，提出一种保证连通性和覆盖率的分布式自适应休眠调度算法。区域覆盖中，当节点的邻居覆盖了它的感知区域时，节点就可以进入休眠模式以节省能量[8]。文献[9]给出最优覆盖保护机制，为充分判定协助节点，扩展中心角判定节点休眠调度算法，提出了不同网络密度下新的活跃/休眠冲突的解决方法，避免了覆盖漏洞。文献[10]通过估计节点的重叠覆盖区域，提出一种分布式的联合休眠调度和路由算法，在保持低复杂度和覆盖连通性的条件下延长网络生命周期。文献[11]设计了节能分簇协议，通过分簇来延长网络生命周期。有一些算法利用跳数信息[12]来判定节点休眠，采用较低的信令开销获得较高的覆盖度。相类似，还有基于最近邻居、基于邻居数目、基于概率[8,13]、基于节点间距离[14]的休眠调度算法。文献[15]利用 Q 学习法为无线传感器网络设计了一种能量管理策略。还有让节点进入休眠模式设计通信协议的休眠调度算法[16]。

随着传感器节点具备从外界获取能量的能力，需要优化利用节点不确定时间获取的不确定性且依旧有限的能量。为缓解传感器节点的能量限制，人们尝试设计新型传感器节点，从太阳能、水能、风能等外界环境中获取能量[17,18]。能量获取概念一经提出，就掀起了无数学者们对可能量获取传感器网络的研究热潮[19,20]。文献[21]实证分析了太阳能获取的能量特性，泊松分布拟合度最高。文献[22]研究了可以获取外界射频能量的节点的硬件设计以及对能量消耗感知能力的责任周期制。文献[23]中能量获取节点的设计考虑了数据和能量缓存空间。一些研究中获取的能量的排列形式都模拟为马尔科夫过程[24,25]，还有用马尔科夫模型为电池容量不可逆和电池能量排放算法设计了一种随机框架[26]。文献[27]为飞行器健康监测提供了多源的无电池的能量获取结构，将环境中的热能和振动能转换为电能存储在超级电容器当中。还有研究假设能量是固定的，用博弈论决定休眠和唤醒的概率问题[28]。文献[29]分析了三种活跃时间调度协议，结果显示考虑了能量所得和消耗的概率模型并且能够动态地适应环境变化的协议具有重要的性能优势。文献[30]提出了一个线性规划算法决定节点激活调度，同时提供节点充电机会并保证目标区域的覆盖。

文献[31]研究区域覆盖下最优节点激活策略，用一个全局时间平均效用函数来描述优化目标，文中将能量补充和消耗的过程看作随机过程[32]。在时变能量和动态数据时，有一些研究分析资源分配以最大化系统利用率[33]和路由算法[34]。文献[35]中提出了两种动态工作周期机制来减少休眠带来的延迟，同时实现了能量获取传感器网络的能耗均衡。文献[36]提出了一种自适应机制来动态调整节点的活跃周期。文献[37]设计并实现了一种优化利用射频能量获取的电路。也有涉及可以混合获取能量的功率分配问题[38,39]，以及根据能量时变到达过程的能量分配问题[40]。能量获取的传感器网络中，管理能量的问题通常被模拟为能量中立模式[41,42]。文献[43]利用节点获取的能量，将能量比较充足的节点组织成一组骨干节点来承担任务。类似地，将获取能量的节点扮演一个潜在的转发节点来解决由于簇头过度的能量消耗而引起的网络提早死亡的问题[44]。文献[45]为可能量获取的传感器节点的可持续运行提出一个满足要求的吞吐量的基于强化学习的动态功率管理。

本章讨论面向区域覆盖的能量获取传感器节点休眠调度，致力于解决在满足要求的区域覆盖率和节点间能耗平衡的前提下，如何使可能量获取传感器网络持久不间断运行的问题。与以往传统节点考虑的能量使用极限不同，可能量获取节点休眠调度更多地关注获取的环境能量带来的变化。基于此提出基于距离的内外限制两阶段节点休眠调度算法，从基于距离的区域覆盖节点分组算法和能量评估函数两方面逐步调度节点工作模式。首先以太阳能为例对面向区域覆盖能量获取无线传感器网络进行建模，设计能量管理策略，然后提出了基于距离的区域覆盖节点分组算法，保证覆盖率，接着利用节点已充电次数与节点当前剩余能量构建能量评估函数来选择合适的活跃节点，其他节点进行休眠。仿真结果显示算法不需要准确的位置信息就能满足覆盖，同时延长了网络生命周期。本章还提出基于强化学习的用于区域覆盖的能量获取两阶段节点休眠调度算法，从基于优先算子的区域覆盖节点分组算法和基于Q学习活跃节点选择算法两方面逐步调度节点工作模式。节点分组利用优先算子优先考虑了稀疏区域的节点来保证要求的覆盖率，之后将Q学习扩展应用于太阳能获取无线传感器网络，建立一个组合内的多节点协作的团队Q学习模型，设计学习策略和动作选择策略，指导组内节点在适应动态环境下协作学习工作模式选择，通过不断地进行活跃节点角色转换，让其他节点进入休眠，完成整个团队的休眠调度学习。与现有算法对比结果显示提出的算法能有效地通过感知环境来调整组内节点模式，平衡节点间能耗，延长了网络生命周期。

12.2 区域覆盖太阳能传感器网络中基于距离的休眠调度

12.2.1 算法提出的背景

对于可能量获取无线传感器网络，从自然界获取的能量往往是不稳定的，并且是实时变化的，必须考虑获取到的能量如何使用才能使系统长期运行且最大化网络生命周期，同时还需要满足系统性能。对于大规模无线传感器网络来说，节点的成本是不容忽视的问题。我们假设节点简单廉价，因此节点的能力有限，要考虑更多的是如何用最小的代价获取最大的利益。对于节点活跃时间，大多数研究能量中立的动态调整活跃周期，基于能量预测的动态活跃周期等，但动态的活跃周期不适合实时同步整体监测区域覆盖。对于覆盖问题，节点能力有限的情况下，准确的定位也不可行。对于获取能量，确定性获取能量数量、能量获取速率以及研究能量服从某种分布等都具有一定的局限性。对于可能量获取节点还必须考虑充电次数对于网络寿命的影响。针对以上问题，本节提出基于距离的面向区域覆盖的能量获取传感器网络节点休眠调度算法。太阳能是无法控制的，但太阳能具有清洁高效的优点，且并非完全不可预测，有一定规律可循，算法以太阳能为例，采用真实的太阳能辐射值作为实验数据，设计节点三段式能量管理策略。基于距离将节点分为小组合，无需计算传感器所处准确的位置信息，考虑剩余能量和充电次数构造能量评估函数推选出活跃节点满足区域覆盖。其中节点休眠/唤醒机制采用排定集合点式，可以有效地保证活跃节点同步整体地完成区域覆盖。

12.2.2 太阳能传感器网络模型

1. 太阳能获取数据

与其他常规能源比较，太阳能是一种永不枯竭的能源，可以利用太阳能电池将太阳辐射能直接转换为电能给传感器供电。我们用真实的中国国家气象局气象信息中心资料室桂林气象站多年(1971—2003 年)逐时(365×24 个实测数据)观测的气象数据[46]建立一个典型气象年太阳能辐射的数据库，单位为 W/m^2。截取部分日期(1 月 7 日)和部分气象数据参数(主要是太阳能辐射强度)如表 12-1 所示。

表 12-1 典型气象年 1 月 7 日逐时部分观测气象数据

时刻	水平面总辐射强度	水平面散射辐射强度	法向直射辐射强度	东向总辐射强度	南向总辐射强度	西向总辐射强度	北向总辐射强度
0	0.00	0.00	0.00	0.00	0.00	0.00	0.00
1	0.00	0.00	0.00	0.00	0.00	0.00	0.00
2	0.00	0.00	0.00	0.00	0.00	0.00	0.00
3	0.00	0.00	0.00	0.00	0.00	0.00	0.00
4	0.00	0.00	0.00	0.00	0.00	0.00	0.00
5	0.00	0.00	0.00	0.00	0.00	0.00	0.00
6	0.00	0.00	0.00	0.00	0.00	0.00	0.00
7	0.00	0.00	0.00	0.00	0.00	0.00	0.00
8	0.00	0.00	0.00	0.00	0.00	0.00	0.00
9	52.78	47.60	14.27	34.08	32.26	23.80	23.80
10	211.11	187.44	46.28	118.99	124.44	93.72	93.72
11	422.22	155.97	432.16	222.40	386.23	77.98	77.98
12	536.11	136.37	598.65	127.87	509.81	68.18	68.18
13	597.22	108.25	737.79	54.13	596.65	158.58	54.13
14	638.89	57.93	965.86	28.97	711.21	389.42	28.97
15	600.00	13.09	1199.27	6.54	789.34	701.37	6.54
16	469.44	0.00	1411.59	0.00	816.05	1053.16	0.00
17	283.33	0.00	1960.31	0.00	955.81	1689.67	0.00
18	94.44	0.00	0.00	0.00	0.00	0.00	0.00
19	0.00	0.00	0.00	0.00	0.00	0.00	0.00
20	0.00	0.00	0.00	0.00	0.00	0.00	0.00
21	0.00	0.00	0.00	0.00	0.00	0.00	0.00
22	0.00	0.00	0.00	0.00	0.00	0.00	0.00
23	0.00	0.00	0.00	0.00	0.00	0.00	0.00

为了方便长期且针对性地观察，我们针对太阳水平面总辐射强度数据，采用式(12-1)从逐时太阳辐射参数中得出逐日太阳辐射，如下式所示：

$$逐日辐射量=3600\times10^{-6}\times\sum_{0}^{23}逐时辐射量 \tag{12-1}$$

逐日太阳辐射量以及截取包括2月26日以后一周内的太阳辐射，如图12-1所示。

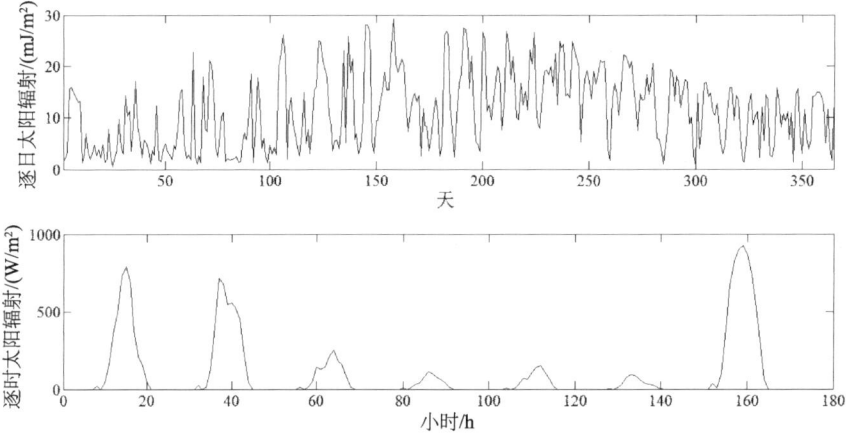

图12-1 逐日太阳辐射量和包括2月26日一周内逐时太阳辐射量

从图中可以看出，太阳辐射量无时无刻不在变化，但并不是完全无规律可循。本章以一整个典型气象年的实际观测太阳能逐时辐射数据为太阳能获取参数模型，为仿真提供实时的具有代表性的太阳能辐射参数。

2. 太阳能传感器网络

本章所考虑的节点纯粹利用由太阳能转换得来的电能供电，由于太阳能的间歇性特点，要使得传感器网络不间断运行，需要采用能量缓冲存储的模块。当有太阳能时节点才有充电机会，而当夜间节点无法获取能量，因此如何有效地利用和管理太阳能为传感器供电是十分关键的设计目标。太阳能获取传感器网络系统模型分为网络模型，节点能量管理模型和能量获取与消耗模型，具体如下。

1)网络模型。首先，如图12-2所示，建立太阳能能量获取传感器网络系统中的网络模型。

在网络模型中，所有的节点都配备有合适大小的太阳能获取设备，所获取的能量被存储在能量缓冲器，缓冲器具有很多但有限的充电次数要求和非常低的自放电，同时所有的节点都只靠获取的能量供电。大量的普通节点通过自组织的方式按照一定的覆盖率要求覆盖所监测区域。算法在一个小区域内推选出一个合适的活跃传感器完成监测任务，其他传感器转换为休眠模式。假定传感器数目为 N，初始的传感器电池能量都设为 E。将传感器之间的通信关系建模为图论中的点边集 $G(S, E)$。活跃传感器集合 $S_{AN}(G)$ 和非活跃传感器集合 $S_{IAN}(G)$，二者组成全部传感器节点集 $S(G)$，$S(G)=\{s_1,\cdots,s_i,\cdots,s_N\}$，边集为 $E(G)$。假定传感器 s_i 位于点 (x_i, y_i)，节点 s_i 和 s_j 之间的 Euclidean 距离为 $d(s_i, s_j)$。

如果 $d(s_i, s_j) < R$ ，那么它们之间的边就属于 $E(G)$ 。 $N(s)$ 是 s 可到达的邻居集合，也就是说在集合 $N(s_j)$ 的元素都能和 s_j 进行通信。 $W(G)$ 用来定义每条边的权重。

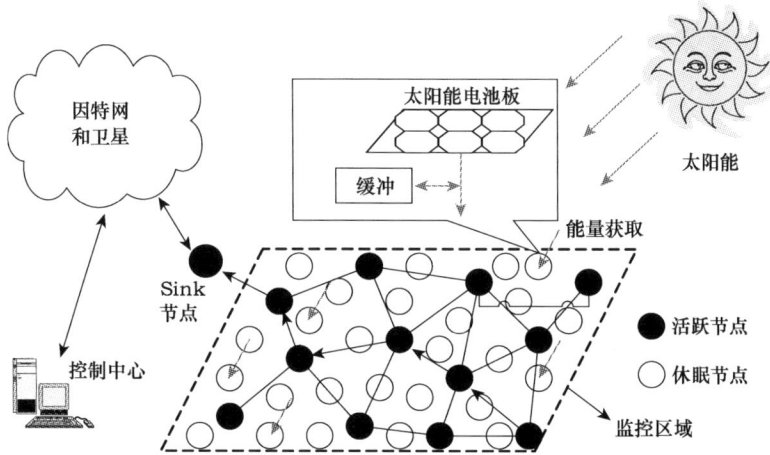

图 12-2　太阳能传感器网络模型

2) 能量管理策略。我们为节点休眠调度设计一个有效的三段式能量管理策略，使得某一区域在任何时候都有备用的节点进行监测任务，保证节点在下一次充电机会到来之前没有过早的死亡，影响到监测质量和网络的生命周期，如图 12-3 所示。

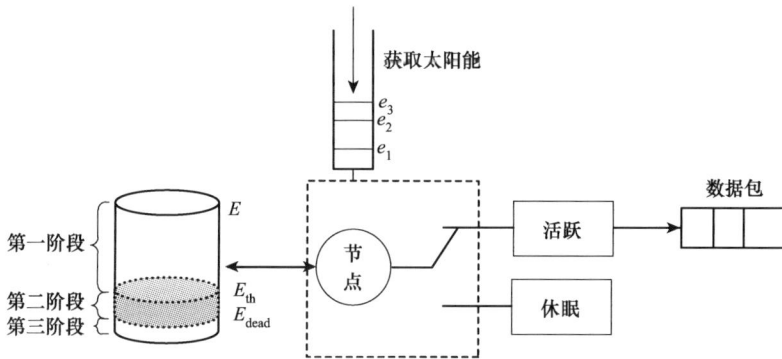

图 12-3　休眠调度算法节点能量管理策略

考虑到太阳能电池的物理特性，假定传感器最多可充电 K 次，当节点的充电次数 k 增大至 K 时，传感器不能再获取能量直至死亡。节点总共分为两种模式：活跃模式和休眠模式。休眠模式节点仅获取能量，而且能量消耗可以看作近似为 0。处于活跃模式的传感器将定期发送和接收数据包。能量管理策略被分为三个阶段，由能量阈值 E_{th} 和濒死阈值 E_{dead} 间隔开来。相应地，节点的能量管理策略如下：

（1） $E_{th} < \varepsilon_{current} \leqslant E$ ：此时传感器能量充足，有资格并有机会被推举为活跃节点；

（2） $E_{dead} < \varepsilon_{current} \leqslant E_{th}$ ：节点仍然有机会被选为活跃节点，但同时节点的能量已经不充裕，必须开始努力尝试着获取能量；

（3） 当节点的能量小于濒死能量阈值 E_{dead} ，即 $\varepsilon_{current} \leqslant E_{dead}$ 时，节点将失去成为活跃

节点的机会，强制性进入休眠状态，如果充电次数还未到达最高次数，则等待下一次能量补充机会的到来。

其中 $\varepsilon_{current}$ 为节点的当前能量。通过这种对节点自身能量的管理而实现休眠调度方式是比较自主和独立的，贯穿整个休眠调度算法，在这个过程中节点强制性休眠，保证节点在下一次充电机会到来之前没有过早死亡。但同时，如果大部分节点都被强制性进入休眠之后，则不可避免会对网络性能造成影响。因此需要在传感器之间进一步休眠调度，以平衡它们之间的能耗，达到延长网络生命周期的目标。

3）节点的能量模型包括能量获取和消耗模型。节点需要补充能量的时间和太阳辐射的时间可能是不重合的。因此，节点只有等到充电机会才能获取能量，设定能量获取的执行时间为 H，由此对太阳能获取过程进行建模，节点从 τ 开始获取的能量建模为

$$E_{harvest}(\tau,H) = \min\left\{E, \eta \int_{\tau}^{\tau+H} p(t)dt\right\} \tag{12-2}$$

其中，η 反映障碍物遮挡和非理想能量转换等因素对节点所获取能量的影响；τ 和 $\tau+H$ 落在一天中太阳出现的时间段内节点才会补充到能量；$p(t)$ 是这段时间内的太阳能获取随机过程概率密度函数，由于太阳能在短时间内不会发生剧烈的跳变，因此可以将 $p(t)$ 在短时间内看作一个常数，即前面的逐时太阳能辐射量。不同的 H 内 $p(t)$ 不同，而能量获取执行时间 H 认为服从泊松分布。

我们采用一个常用的能耗模型，传感器的通信模块将一个 ℓ bit 的信息传送 d 距离，$d \leqslant R$ 所需的能量为：

$$E_T(\ell,d) = E_{elec} \cdot \ell + \xi_{amp} \cdot \ell \cdot d^2 \tag{12-3}$$

其中 E_{elec} 表示每发送和接收单位 bit 电路的能耗；ξ_{amp} 表示将每 bit 传送单位平方米发射放大器的能耗。而接收同样长度信息的能耗为

$$E_R(\ell) = E_{elec} \cdot \ell \tag{12-4}$$

通过对太阳能辐射规律进行分析，设计出传感器三段式能量管理策略，依据策略简单自主地调度自身转入休眠或者活跃模式，保证节点在下一次充电机会到来之前没有过早地死亡。但同时，如果大部分节点都被强制性进入休眠导致可用节点分布不均或者可用节点数目太少。因此，需要对节点之间进一步进行休眠调度。如何设计节点休眠调度算法，同时满足传感器网络性能，并且保证网络长久有效地运行是本章重点研究问题。

12.2.3 区域覆盖时基于距离的休眠调度算法

本小节介绍基于距离的面向区域覆盖的太阳能传感器网络节点休眠调度算法，进一步提出针对节点之间的休眠调度策略，平衡节点间能耗，并且在满足一定覆盖度的要求时延长网络生命周期。算法包括内外限制两个阶段，外限制条件是基于距离的 r_{th} - range 成组覆盖算法，目的是用很小的信令开销，自组织、同步且迅速地调度节点在小区域范围内形成组合，利用分布式拓扑控制实现无线传感器网络节点的自组织，然后根据 r_{th} 距离条件在满足覆盖的要求下让一部分节点休眠，各个组内只有一个活跃节点。这样的话算法只用一组活跃节点就保证了整个区域的覆盖。内限制条件则在该算法的基础上进一

步缩紧限制，提出节点能量评估函数，根据组内节点的当前剩余能量和节点已充电次数两方面，动态自适应地选择最合适的活跃节点以适应不断变化的外界条件，实现节点间的能耗平衡，最后达到延长网络生命周期的目的。首先介绍节点的工作模式。

由于太阳能的间歇性和周期性的特性，传感器节点的工作模式可被建模为循环责任制的时隙工作模式，如图 12-4 所示。为减少能耗且满足同步覆盖，我们采用随机唤醒和排定集合点式混合休眠/唤醒策略，即节点随机自动醒来和在某一既定时间同步唤醒。假设节点的运行时间轴离散成 ΔT 的多个时隙，也就是轮，节点的生命周期为 ΛT，节点的轮流交换工作和能量管理策略都在各个 T 时间窗口内进行。每一轮被分为了两个阶段：调度时间阶段和稳定发送数据阶段。在调度时间里，节点要执行完成内外两个限制的算法，从而从各自的小组中选出一组活跃节点工作在活跃模式，其他节点则进入休眠状态。该组活跃节点能满足所要求的覆盖率，根据可用能量不断地变化动态地进行更新。并且每一组活跃节点都不是不相交的，这是因为太阳能能量获取的时间和数量的随机性。在此过程中，节点不断地充电和耗电，各个节点间也因为充电产生非常大的差异。下面介绍第一阶段的基于距离的节点成组覆盖算法。

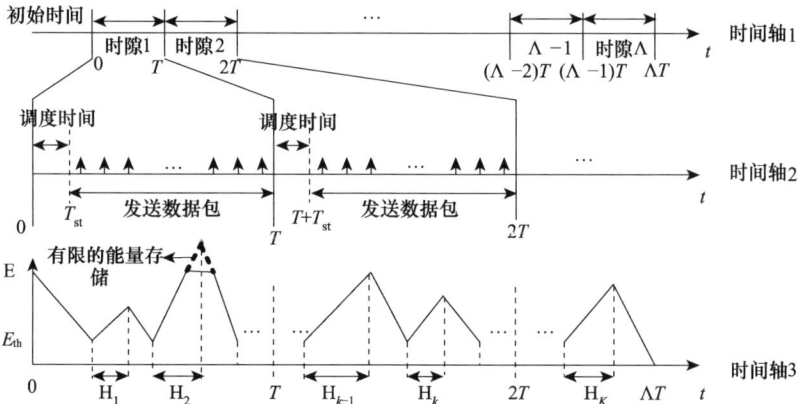

图 12-4　节点运行工作周期

1. 基于距离的节点成组覆盖算法

当两个节点相距非常近的时候，一个节点的部分感应覆盖范围就会被相邻节点所重叠覆盖。设 r_{th} 为 d/r，随着 r_{th} 越来越小，两个传感器之间的重叠面积也变得越来越小，如图 12-5 所示。

当节点有更多的邻居节点的时候，它们之间的重叠区域将会相互交叠，但最后整体区域的覆盖面积将会比两个节点重叠时未覆盖的区域总和要小，因为该未覆盖区域会被其他的邻居传感器的感应范围所覆盖。为方便描述基于距离的节点成组覆盖算法，我们首先提出如下邻居集和 r_{th} - range 邻居集的概念。

定义 12-1：传感器 s_j 的邻居集合指位于它本身的 R 内的传感器所组成的集合，记作 $N(s_j)$。假设有 M 个邻居节点，则 $N(s_j) = \{s_{j,1}, \ldots, s_{j,i}, \ldots, s_{j,M}\}$。

本章中考虑圆盘感应模型，感应覆盖半径 r 小于通信半径 R，均设为通信半径的 1/2，因此处于感应覆盖半径内的节点都属于 s_j 的邻居节点。

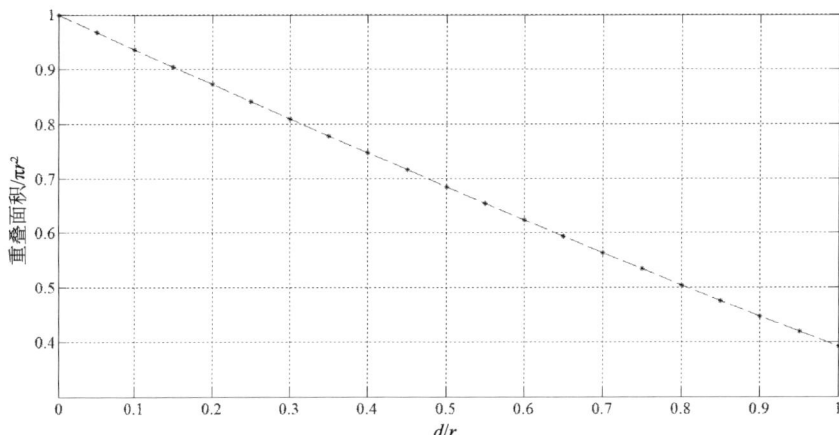

图 12-5　两个节点的重叠区域与 r_{th} 的关系

定义 12-2：节点 s_j 的 r_{th} -range 邻居集合指位于节点 s_j 的 $r_{th} \times r$ 半径内的节点所组成的集合，记为 $N_{rth}(s_j)$ 。假设有 M 个 r_{th} -range 邻居节点，则 $N_{rth}(s_j) = \{s_{j,1}, ..., s_{j,i}, ..., s_{j,M}\}$ 。同时 $N_{rth}(s_j)$ 满足三个特性：

（1）$N_{rth}(s_j) \subset N(s_j)$ ；

（2）对于任意节点 $s_{j,i} \subset N_{rth}(s_j)$ ，有 $d(s_j, s_{j,i}) \leqslant r_{th} \cdot r$ ；

（3）$N_{rth}(s_j)$ 中所有的传感器在 s_j 之前都未曾被其他传感器访问过。

在建立网络拓扑结构前，将所有的传感器标识为未访问过。这些节点都设置有两个超时定时：搜索定时 T_{se} 和稳定定时 T_{st} 。T_{st} 是调度时间阶段的最后期限，即"集合点"。结合图 12-4 来看，T_{se} 被设置为随机的，而 T_{st} 是统一的，并且 $T_{se} < T_{st} < T$ 。T_{se} 是用来避免通信冲突和活跃传感器的重复选择。T_{se} 先超时的传感器首先广播 DISCOVERING 消息，其中包括发送者的信息和编号，来寻找它的 r_{th} -range 邻居集合。在 T_{se} 时间内第一次收到 DISCOVERING 信息的该传感器的 r_{th} -range 邻居将加入该节点，并且标识为已访问过。如果超过 T_{se} ，节点尚未收到来自其他节点的 DISCOVERING 信息，节点将广播 DISCOVERING 消息来寻找自己的 r_{th} -range 邻居集合。此外，如果传感器在 T_{st} 超时后，没有找到一个合格的 r_{th} -range 邻居，节点将直接成为活跃节点。随着发现消息在传感器网络中的传输，每个传感器被依次标记，直到所有的节点都被标识成已被访问。为更加清楚地说明如何成组，我们用局部的网络拓扑来说明，如图 12-6 所示。

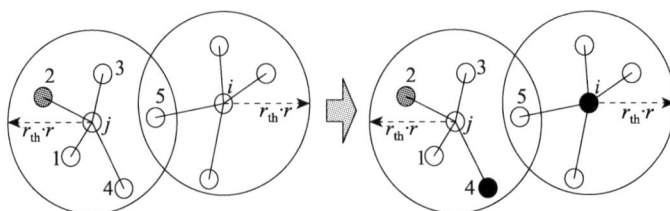

图 12-6　中心节点和它的 r_{th} -range 邻居集合

节点 s_i 和 s_j 分别是两个组合的中心节点。灰色的节点 $s_{j,2}$ 代表它的能量低于死亡能量

阈值 E_{dead}，将进入强制休眠模式。在左半图中，节点 s_i 先超时，然后它以 r_{th}-range 的功率强度广播 DISCOVERING 消息，来寻找自己的 r_{th}-range 邻居集合。对于组内节点来说，当第一次收到发现信息之后就不再回应其他节点，这个方法很容易通过标记自己来实现。因此尽管 s_j 有五个 r_{th}-range 邻居，但是 $s_{j,5}$ 已被节点 s_i 访问，所以 s_j 的 r_{th}-range 邻居集合为 $N_{rth}(s_j) = \{s_{j,1}, s_{j,2}, s_{j,3}, s_{j,4}\}$。右半图中，黑色的点就是被选择的活跃传感器。特别注意的是，中心节点 s_i 同时被选作了活跃节点。依照此方法，每一个组合都有一个组织者，这样的话，任务负载就由传统方法中只由一个节点担任而改由活跃节点和组织者即中心节点共同担任。该搜索方法简单易执行，只要赋予节点一个距离阈值，就可以迅速地在小区域内形成组合，并且不需要节点确切的位置信息。那么如何保证这样成组以后每个组里面选择一个活跃节点组成的活跃节点集合能够满足一定要求的覆盖率呢？对此我们做一个实证性的统计仿真实验来获得 r_{th} 参数的设置以及与覆盖率之间的关系。

从图 12-6 中可以看到，活跃传感器覆盖了大部分中心节点的感应区域，其中没有覆盖的部分将会被其他相邻节点覆盖掉，我们用下面的仿真实验来做说明。本章通过使用前面介绍的网格数值计算方法得到平均覆盖率。假设 N 个节点随机分布在 50m×50m 的区域内，之后所有节点执行基于距离的节点分组算法。然后随机地从每个组中选择一个节点作为活跃节点，以此来获得覆盖面积和 r_{th} 以及节点数目之间的关系。r_{th} 以 0.1 为步长，每一个 r_{th} 都仿真模拟 100 次然后取平均，每一次都是随机部署的不同的拓扑结构。节点的数目分别设置为 30、40、60、80、110 和 150，感应覆盖半径为 10m。节点随机抛洒在一个区域，即使全部节点进行覆盖监测，也会出现原始的覆盖漏洞，因此本章中考虑相对覆盖率，即活跃节点组成的覆盖率与原始覆盖率之比。先不考虑节点的能量等相关因素，只随机地从各个组合中选取一个节点作为活跃节点，但此节点必须满足能量管理策略的要求，然后就可以得出覆盖面积和 r_{th} 以及传感器数目之间的关系，如图 12-7 所示。

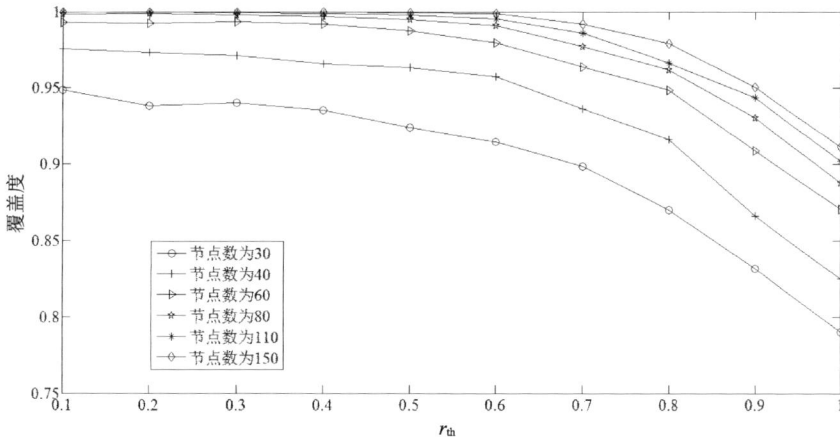

图 12-7 区域覆盖率和 r_{th} 以及节点数目之间的关系

当 $r_{th} = 1$，即节点间距离与感应覆盖半径相等时，覆盖率已经下降到 80% 以下，因此后面的与 r_{th} 的关系不再展出。从图中可以看出不同的节点数目对应不同层次的覆盖率，节点的数目越多覆盖率越高，因为当节点数目多的时候，密度就会增大，活跃传感器也会随之变多，在一定程度上提高了覆盖率。而在相同的节点数目下，覆盖率随着 r_{th} 的增大而下降，因为 r_{th} 的增大会导致分组数目变少，继而导致活跃节点的数目减少。例如当节点数目为 110，$r_{th} \leqslant 0.6$ 时覆盖面积达到 95%，而当 $r_{th} \leqslant 0.4$ 时，覆盖面积达到 99% 以上。这样我们设置一个 r_{th} 阈值来满足一定要求的覆盖率，节点被赋予 r_{th} 阈值以后就开始快速执行基于距离的 r_{th}-range 节点成组算法。为方便起见，我们均设置 r_{th}=0.6。仿真 N=110 时相应的随机部署的传感器原始分布情况，如图 12-8 所示。

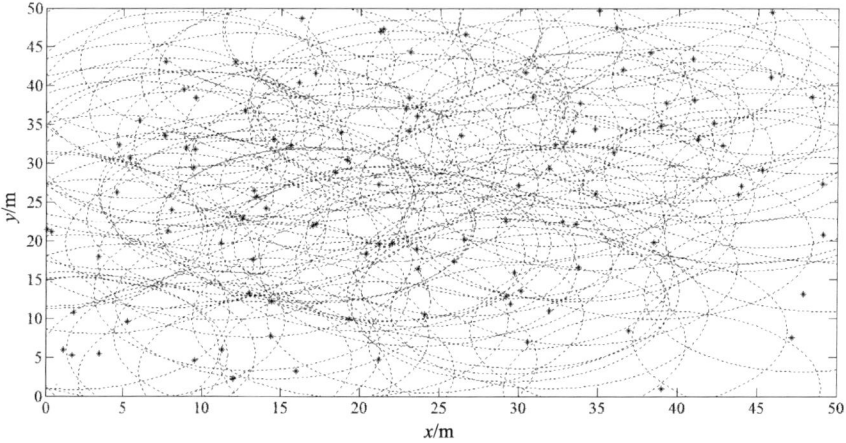

图 12-8　110 个随机部署的节点区域覆盖

在图 12-8 中，红色的点代表传感器的位置，黑色圆形曲线标识传感器节点的感应覆盖范围。从图中可以看出节点随机部署的情况下并不是特别均匀，有些区域覆盖得非常密集，而有些区域则相对来说比较稀疏，同时并不需要所有的节点都来做覆盖监测。在相同的仿真环境下，执行 r_{th}=0.6 的距离阈值节点成组算法，之后随机地选择活跃节点组成活跃集合来完成覆盖监测任务，非活跃传感器节点转为休眠模式。节点休眠调度自适应成组以及覆盖情况如图 12-9 所示。图 12-9 与图 12-8 是相同的节点拓扑结构，蓝色大标记的节点代表从每一个组合当中随机选择出来的活跃节点，而每一个组合由绿色的实线相连接，发出绿色实线的节点就是组织者，即组合的中心节点。从图中可见活跃传感器不但相对来说比较均匀分散，而且同样满足了区域覆盖。

现实中，一旦把节点随机地抛洒在一个区域就很难进行改动，因此，我们首先仿真得出基于距离的节点成组方法的距离阈值，对于大量的传感器自组织成网络是十分明智的。该算法不需要准确位置信息使节点快速成组，用较低的信令开销就能获得高性能的网络区域覆盖率。同时，通过降低活跃传感器的数目，调度各自的休眠和活跃状态轮流工作，延长了网络生命周期。距离阈值的确定首先保证了所需的区域覆盖率，在此基础上我们缩紧限制，提出第二阶段算法，考虑剩余能量和充电次数的能量评估函数，然后依据选择概率来进一步调度传感器的状态。

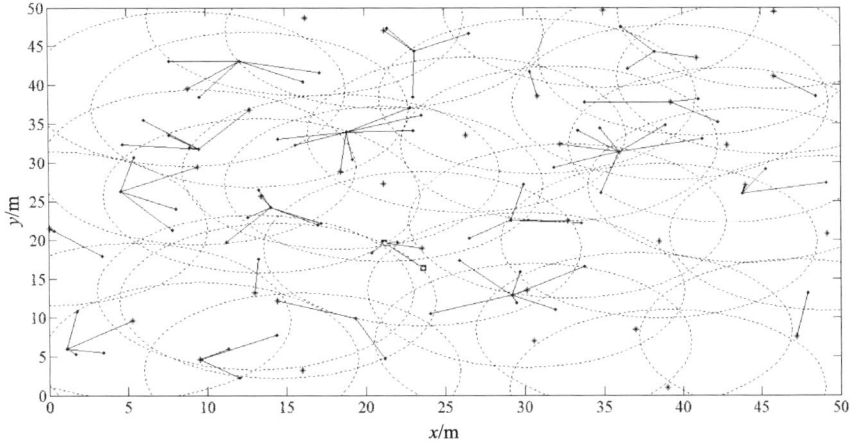

图 12-9　基于 0.6-range 的节点成组及区域覆盖

2. 节点能量评估函数

相比于传统的传感器网络中能耗不平衡的现象，在可能量获取的情况下，节点之间能量不平衡的情况将更加严重。因为节点是通过获取的能量进行工作的，而获取能量的多少和时间都不同，因此我们在进行节点调度的时候需要考虑到节点的当前能量、节点的充电情况，还有节点的充电次数，通过节点能量评估函数来进一步调度节点，让状况最好的节点、能量最优的节点有更多的机会充当活跃节点，以此来平衡节点间的能耗，延长网络生命周期。本小节中把可充电次数作为消耗快慢的一个重要的衡量指标。

考虑到节点有充电次数限制，从某种程度上来说就是节点的充电次数 k 越大就代表节点的使用频率高，能量消耗得越快。由此，定义节点的能量评估函数 E-function 如下：

$$E(\zeta, k, \varepsilon_{\text{current}}) = \zeta^k \cdot \frac{\varepsilon_{\text{current}}}{E} \tag{12-5}$$

其中 $\varepsilon_{\text{current}}$ 是节点的当前能量，$\varepsilon_{\text{current}}$ 越大，则 E-function 越大，充电次数增多，E-function 变小；ζ 是折扣因子，$0 < \zeta < 1$。引入折扣因子对能量式进行限制，凭借折扣因子所具有的变化趋势，综合考虑节点的当前能量和已充电次数，使得节点对自身的能量消耗具有较高的敏感度。

一开始节点的状况都一样，此时根据式(12-5)可知所有传感器此刻的 E-function 都相同，说明第一轮各个组内成员被选为活跃节点的机会均等，此时随机选择一个成员作为活跃节点。而当节点的当前能量不同，已充电次数由于节点使用的频率、每次获取能量的不同和能耗的差异而变得不相同时，每个节点就要重新评估自身的能量评估值，在每一轮的初始时刻与中心节点信息共享，由中心节点发送休眠调度信息，告知组内节点推选出来的活跃节点。这样，通过组内成员的协作，实现了分布式节点休眠调度。

3. 节点休眠调度算法步骤

综合基于距离的节点成组覆盖和能量评估函数，我们得到用于区域覆盖的节点休眠调度算法。算法总体分为两个阶段：节点覆盖成组阶段和能量评估阶段。节点利用一个距离阈值迅速形成组合，满足要求的覆盖率。然后参照能量管理模型，只有 $\varepsilon_{\text{current}}$ 大于预

设的 E_{dead} 时，节点才被列入组内活跃节点的可选的对象，否则将强制性转入休眠模式。之后在每个组内的活跃节点可选集合里，利用节点的能量评估函数，选择出最优活跃节点。

结合节点的能量管理策略，首先给出节点 s_j 的合格候选 r_{th}-range 邻居节点集合的定义如下。

定义 12-3：节点 s_j 的合格候选 r_{th}-range 邻居节点集记为 $N_{rth}(s_j)'$。满足下列特性：（1）$N_{rth}(s_j)' \subset N_{rth}(s_j)$；（2）对于每个 $N_{rth}(s_j)'$ 中的元素 $s_{j,i}$，都有 $\varepsilon_{current}(s_{j,i}) \geqslant E_{dead}$。

接下来我们采用选择概率来调度这些合格候选节点。通过 Boltzmann 方程，为每个合格候选节点赋予一个选择概率，公式如下：

$$p(s_{j,i}/s_j) = \frac{e^{E_{ji}(\zeta, k, \varepsilon_{current})}}{\sum_i e^{E_{ji}(\zeta, k, \varepsilon_{current})}}, \quad \sum_i p(s_{j,i}/s_j) = 1 \tag{12-6}$$

$E_{ji}(\zeta, k, \varepsilon)$ 是成员节点 $s_{j,i}$ 的能量评估函数。对节点的选择概率和当前对它的能量评估函数有关，评价越高，选择几率越大，这样就可以得出活跃节点 $s_{j,*}$，即

$$p(s_{j,*}/s_j) = \max_i p(s_{j,i}/s_j) \tag{12-7}$$

具体地，我们以节点的工作周期 $0-T$ 时间段对太阳能获取传感器网络区域覆盖节点休眠调度，详细描述如下：初始时间段内，节点都被设置一个随机的搜索时间 T_{se} 和统一的 T_{st} 稳定时间，并且都重新感知自身的能量状态。

1）$0-T_{se}$ 阶段。s_j 的搜索时间 T_{se} 未超时，此刻处于休眠模式。如果被其他节点的 DISCOVERING 消息唤醒，则发送中心节点应答信息 ACK，包括自身感知的能量状态，表示节点加入该中心节点所在的组。之后节点将自己标记为已访问，组号为中心节点的编号，根据接收信号相比于发送通信距离半径 $r_{th} \cdot r$ 的强度来判定自身距离中心节点的距离。在下一轮重组到来之前都将用此强度大小跟中心节点交换共享信息。之后被标记过的节点将不再回应别的 DISCOVERING 消息。

2）$T_{se}-T_{st}$ 阶段。s_j 的搜索时间 T_{se} 超时，即它没有被 DISCOVERING 信息唤醒时，节点就自动从休眠转为活跃模式，广播 DISCOVERING 消息来寻找 r_{th}-range 邻居集合，成为中心节点。中心节点根据接收到的组内节点的能量状态评估值，依据选择概率选出活跃节点，然后广播调度信息包括该节点的编号。节点判断编号相同则在 T_{st} 超时后直接进入活跃模式，不同则立刻进入休眠模式。

3）$T_{st}-T$ 阶段。s_j 在 T_{st} 超时时，没有找到一个合格的 r_{th}-range 邻居，将单独成为一组，满足能量管理策略后就直接成为活跃节点。之后同其他推选出的活跃节点同步一起完成稳定感应监测区域的任务，负责数据的发送。

算法步骤用算法 12-1 描述，在算法开始之前，为随机部署的节点建立 $G(S, E, W)$，表述如下：

算法 12-1　面向区域覆盖的太阳能传感器网络基于距离的节点休眠调度算法

循环开始

1　清空活跃节点集合 $S_{AN}(G)$；

2　每轮开始更新 $\varepsilon_{current}$ 和 k；

3　for 每个没有被其他节点访问的 s_j

4　搜索 s_j 的 r_{th}-range 合格候选邻居集 $N_{rth}(s_j)'$，得到选择概率，计算最高选择概率 $p(s_{j,\bullet}/s_j) = \max_i p(s_{j,i}/s_j)$ 以及对应的节点 $s_{j,\bullet}$；

5　　　　if $\varepsilon_{current}(s_j) < E_{dead}$

6　　　　　　将 $s_{j,\bullet}$ 加入 $S_{AN}(G)$；

7　　　　　　if $k(s_j) \geq K$

8　　　　　　　　删除 s_j；

9　　　　　　else s_j 进入强制休眠模式，等待充电机会的到来

10　　　　　　结束 if

11　　　　else 比较 s_j 和 $s_{j,\bullet}$ 的选择概率

12　　　　　　将较大者加入 $S_{AN}(G)$；

13　　　　结束 if

14　　结束 for

15　for 每一个节点 s_j

16　　　if $\varepsilon_{current}(s_j) < E_{th}$

17　　　　　s_j 将感知环境并尝试获取能量；

18　　　结束 if

19　结束 for

20　创建子图 $G(S_{AN}, E_{AN}, W_{AN})$；

循环结束

每一轮结束后，节点将进行重新分组，与不同能耗级别的节点分到一组，然后重新更新能量评估值，重新用休眠调度算法实现节点间的能耗平衡。这样就相当于逐个小范围平衡能耗，直至实现整个网络的能量平衡。接下米详细分析仿真结果。

12.2.4　仿真结果与分析

本章中所有的实验仿真均在 MATLAB 7.11.0（R2010b）平台中得出。本节的仿真参数的设置如表 12-2 所示。

表 12-2　仿真参数设置

参数	符号	值	单位
监测区域面积	A	50×50	m^2
感应覆盖半径	r	10	m
通信覆盖半径	R	20	m
电路能耗	E_{elec}	50	nJ/bit
无线电能耗	ξ_{amp}	10	$pJ/bit/\,m^2$
数据包大小	ℓ	500	B
太阳能电板		5×5	cm^2
初始能量	E	1	J
总充电次数	K	20	
折扣因子	ζ	0.7	
濒死节点能量	E_{dead}	0.1	J
能量阈值	E_{th}	0.3	J
泊松分布参数	λ	60	S

接下来对本节提出的太阳能获取节点休眠调度算法与未进行休眠调度的太阳能获取节点以及传统传感器网络进行对比，包括覆盖率和生命周期等参量的比较，对能量获取传感器网络分析距离阈值的影响。本节仿真中认为生命周期指全网有一半节点死亡时的循环次数。为方便表示，我们把提出的基于距离的节点自适应分组算法且随机选择简记为算法 1，把完整的两阶段休眠调度算法简记为算法 2。当算法 2 应用于传统传感器网络时，认为充电次数为 0。我们为每个节点数目分别做 10 次仿真取平均，每次网络拓扑结构都不相同，一轮时间设定为 20 分钟。首先当算法 1 和算法 2 应用于传统传感器节点的生命周期情况，如图 12-10 所示。

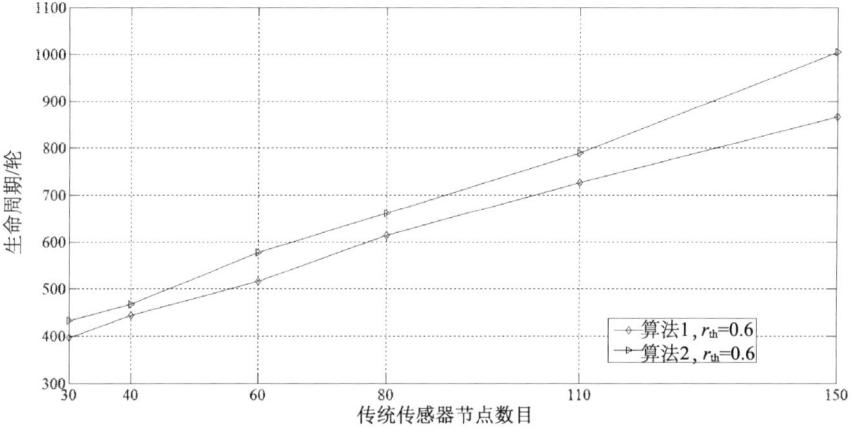

图 12-10　传统传感器节点数目和生命周期对比

两种算法中，距离阈值均设为 0.6。根据覆盖与节点数目之间的关系，配置节点数目分别为 30、40、60、80、110、150。两种算法都是随着节点的数目的增多生命周期延长。算法 2 比 1 的生命周期长，幅度最大部分为 $N=150$ 处，延长了 15% 的生命周期。因为算法 1 随机选择的节点没有对组内节点平衡能耗，导致一半节点过早死亡。

与此同时，对应于每一个节点数目的 10 次不同拓扑，将活跃节点的覆盖取平均，得出传统节点数目和区域覆盖率对比，如图 12-11 所示。可以看出在给定的距离阈值下两种方法都能保持在高水平的覆盖率。而算法 1 比算法 2 的覆盖率更高，因为随机选择且重复数次仿真时，每一次的拓扑结构都不相同，因此随机选择的覆盖率略高一点。总体来看，覆盖率随着节点数目的增大而逐步增高，因为节点密度增大导致活跃节点数目也随之增多。

在能量获取的传感器网络中，节点需要考虑 $\varepsilon_{current}$ 和 k，其他相同的仿真环境下，得出能量获取传感器网络的生命周期情况，如图 12-12 所示。

能量获取节点数目和生命周期趋势与图 12-10 相同，但对每一个节点数目，生命周期均是传统网络的近似 15 倍，即节点每获取一次能量，将生命周期延长至 75%。具体来说，以提出的算法 2，$r_{th}=0.6$ 为例，随着节点数换算成天依次是 91 天、98 天、114 天、141 天、158 天和 208 天，连续用到了三至七个月的太阳能数据信息，说明算法能够在外界环境动态变化下使仅靠太阳能供电的传感器网络达到系统目标并持久运行。同时图中也体现出来距离阈值对于生命周期的影响。当距离阈值降低时，网络生命周期也会随之降低，因为距离阈值降低导致活跃节点数目增多，一定程度上提高了覆盖率。相应地，可能量获取节点数目和区域覆盖率对比，如图 12-13 所示。

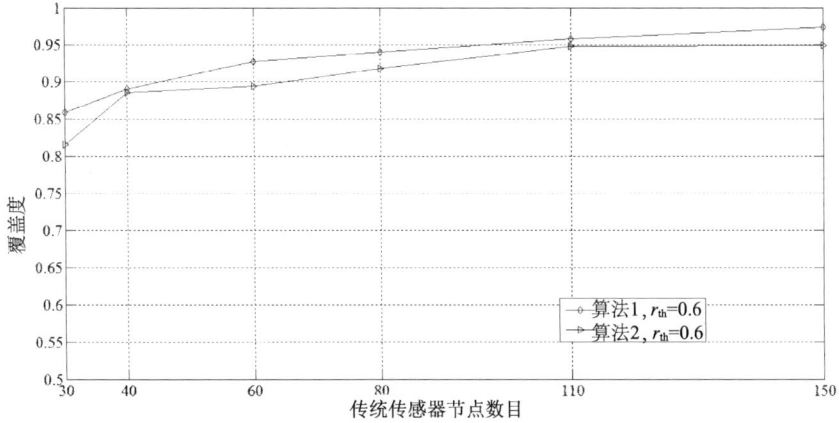

图 12-11   传统传感器节点数目和区域覆盖度对比

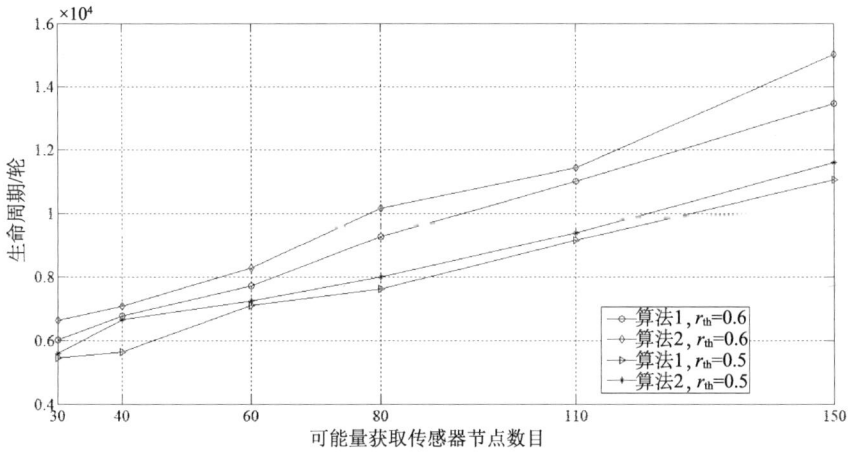

图 12-12   可能量获取传感器节点数目和网络生命周期对比

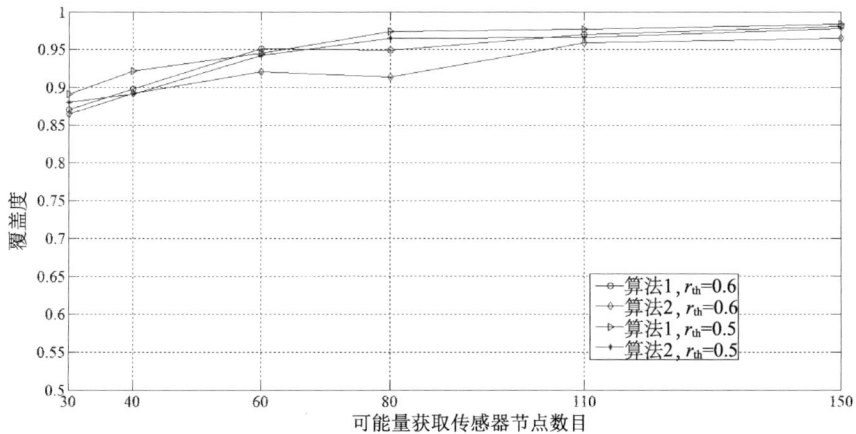

图 12-13   可能量获取传感器节点数目和区域覆盖度对比

图中也体现出距离阈值对于覆盖率的影响。当距离阈值降低时，覆盖率增高。因此对于算法 2，通过增加节点的数目或者根据节点的数目适当地调小距离阈值，就可以提高覆盖率。给出节点的活跃节点数目验证上面所存在的问题，如图 12-14 所示。

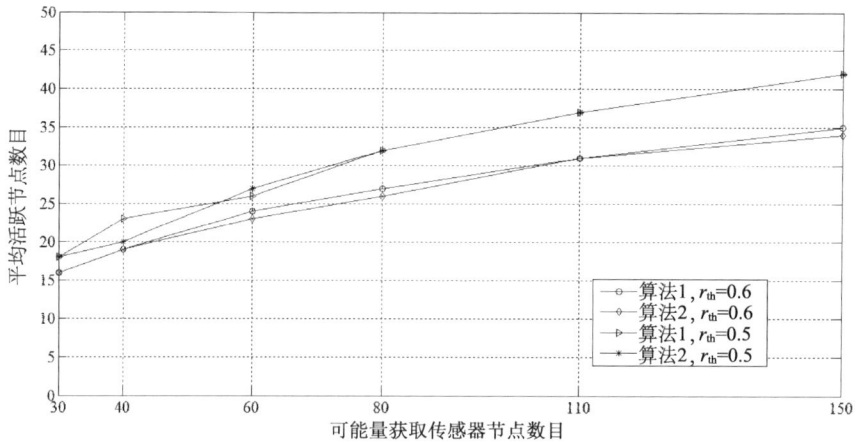

图 12-14　可能量获取传感器节点数目与活跃节点数目的关系

随着节点数目的增加，相应地，活跃节点的数目也增加了，这样就导致对于覆盖率来讲节点数目越多覆盖率越高的问题。同时，距离阈值的下降，活跃节点的数目会稍微增多，因此对应于阈值下降覆盖率增高而生命周期下降的问题。

另外，对于节点的充电次数的分析可以反映出能效平衡情况。在网络生命周期结束时，节点的已充电次数越靠近最高次数限制，节点之间已充电次数越平均，则说明算法越好。对于不同节点数目，我们分析对比节点的已充电次数如图 12-15 所示。

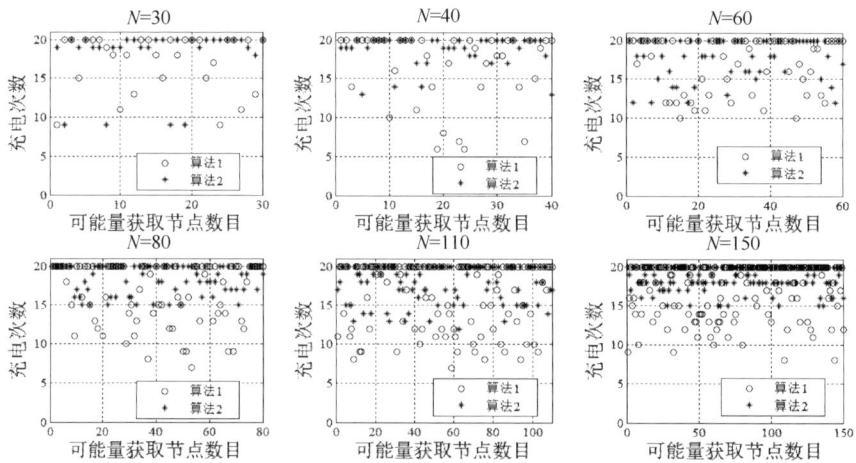

图 12-15　可能量获取传感器节点充电次数和节点数目对比

从图中可以看出，无论节点的数目有多少，算法 2 比算法 1 节点的充电次数更接近最高限制，也更平衡些。

12.3 区域覆盖太阳能传感器网络中基于强化学习的休眠调度

12.3.1 算法提出的背景

可能量获取的传感器，携带的设备所获取的能量都非常有限，因此节能是必须要考虑的重要因素。但节能的概念不再仅仅局限于低功耗节点设计、成簇协议、循环责任制和节点调度等，还应该包括不浪费充电机会和平衡充电次数，这需要节点快速地适应环境，并准确迅速做出对自己和网络有利的决定。

由第 12.2 节可知，节点单靠太阳能供电；保证覆盖率又不能提早死亡；保持系统持续不间断工作；能量曲线不可控；能量获取的持续时间随机；开始获取的时间随机；能量获取多少未知。基于这些不确定因素，为完全适应外界环境，节点需要不断地与环境互动，当环境变化时，节点需要不断学习，然后自适应调整活跃和休眠模式。

强化学习[47]是一种适合环境的机器学习方法，强调与动态环境的交互，不需要给定指导信号就能自主学习，应用越来越广泛，包括机器人足球、交通信号灯控制和能量管理等，还应用于无线传感器网络认知协作以及能量获取传感器网络的研究，但鲜少有研究 Q 学习算法用于面向区域覆盖的能量获取传感器休眠调度。本节考虑将强化学习扩展到太阳能获取无线传感器网络中，通过节点之间不断地与未知的环境交互以及相互协作学习，获得最优选择策略，完成休眠调度算法，在满足系统性能情况下，延长生命周期。

本节的节点休眠调度算法同样分成两阶段。首先在基于距离的节点成组覆盖算法的基础上，进一步考虑到稀疏处节点，利用优先算子的概念，提出基于距离的节点成组优先算子覆盖算法，在同样的距离阈值下，提高传感器网络区域覆盖率。其次考虑当外界环境差异较大，节点需要实时且进一步平衡组合内的节点能效，根据外界环境带来的变化，经过信息共享，利用强化学习算法，协作调整各自节点进入休眠或者活跃模式。算法对环境有超强的适应能力并实时做出调整。其中对于能量管理模型仍沿用三阶段的能量管理策略，并贯穿于算法始终，保证节点在下一次充电机会到来之前不会耗尽能量而死亡。下面分别详细介绍两阶段法，然后总结得出面向区域覆盖太阳能获取基于强化学习的休眠调度算法。

12.3.2 基于距离的节点成组优先算子覆盖算法

随机分布的节点很大程度上并不是非常均匀，相应地在节点分组的过程中，每个组的成员也有多有少。特别地，当密集处的节点先超时，然后寻找自己的 r_{th} -range 邻居集合的时候就会导致稀疏处节点无组员可用，针对此现象，我们提出优先算子的概念。

1. 优先算子

在第 12.2 节基于距离的节点分组覆盖算法中，节点随机地超时来寻找自己的 r_{th} -range 邻居集合，会导致组合大小不一致的现象。一个直接的方法就是判断节点的邻居数，邻居数越多就代表该区域越密集，也即活跃节点的可选择性越多。所以当处于密集处的节点先超时后，它就会最先发布 DISCOVERING 消息来招募自己的组员，这样就会出现密集覆盖处的节点先凑成一团，导致稀疏处节点组员较少甚至没有组员的情况。因此应该首先考虑那些稀疏覆盖的区域，让选择性少的节点最先超时，招募自己的队员。这样组内节点轮流工作，不至于稀疏处节点过早死亡。保证稀疏区域的覆盖，给稀疏处节点更多的机会去选择替代自己的节点，避免稀疏区域的节点被划为不同的集合内，只有一个节点的无限恶化下去。因此，算法为节点超时先后提出优先算子的概念，记为 $\prec$。现定义优先算子如下：

$$s_j \prec s_i \qquad \text{if} \quad N(s_j) < N(s_i) \tag{12-8}$$

也就是表示，对于两个有不同邻居数的传感器节点 s_i 和 s_j，我们赋予邻居数目较少的节点 s_j 一个较短的超时时间，这样的话就优先考虑了稀疏区域和边界区域的节点，减少节点单独为一组的概率。

2. 算法描述与分析

建立网络拓扑结构前，将所有的传感器标识为未访问过。每个节点都设置 T_{se} 和 T_{st}。在上一节中，T_{se} 被设置为随机的，此处优先算子使 T_{se} 不仅仅单纯地随机超时，而是根据优先算子来指导超时过程，使节点分组达到一个优化分布的目的。

依据优先算子，节点的邻居数越少，节点的 T_{se} 就越短。这样的话，T_{se} 先超时的稀疏处传感器首先广播 DISCOVERING 消息，来率先找到它的 r_{th}-range 邻居集合，保证了稀疏处有可用的组员。其次，在 $0-T_{se}$ 阶段、$T_{se}-T_{st}$ 阶段、$T_{st}-T$ 阶段的节点分组的操作不变。如此加入了优先算子的成组算法仍然复杂度低易实现，按照要求的覆盖率，给节点设置一个距离阈值，就可以迅速地在小区域内形成组合，且满足覆盖率，不需要节点确切的位置信息。

利用优先算子设置超时定时，之后所有节点执行分组算法。然后随机地从每个组中选择一个节点作为活跃节点，在其他的设置条件相同的情况下获得覆盖面积和 r_{th} 以及节点数目之间的关系，如图 12-16 所示。图中实线代表节点随机地超时完成节点成组算法，而图 12-16(a) 中的点线代表稀疏处的节点先超时完成节点成组算法，图 12-16(b) 中的点线代表相反的情况，即密集处的节点先超时。与节点随机超时对比，密集处的节点先超时的覆盖率低，而引入优先算子的分组提高了覆盖率。

同样地，我们再分析当距离阈值设置为 0.6 时，执行基于距离的节点成组优先算子覆盖算法，之后先不考虑节点的能量情况，随机地选择节点组成活跃节点集来完成覆盖监测任务，其他节点转入休眠模式。其中 $N=200$，节点休眠调度自适应分组情况如图 12-17 所示。图中节点拓扑结构都相同，图 12-17(a) 中密集处节点凑成一团的现象导致稀疏处节点无组员可选，图 12-17(b) 中则适当地将节点分散组合而且减少了单个节点单独为一组的情况。由此，优先算子指导节点随机地超时，最后趋向于朝着最优覆盖分布，减少了稀疏处或边界处节点单独成为一组的情况，同时把密集处节点分到不同的组合当中，提高了整体的覆盖率。

基于距离的节点成组优先算子覆盖算法对距离阈值的确定首先保证了所需的区域覆盖率，在此基础上我们进一步缩紧限制，提出第二阶段算法，即在强化学习的基础上设计对不断变化的动态外界环境有很强适应能力并实时做出调整的基于 Q 学习的太阳能获取传感器网络。

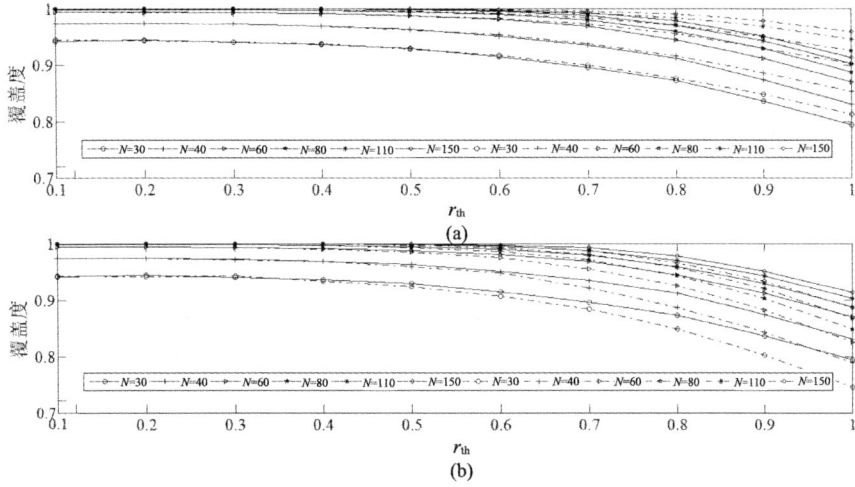

图 12-16　区域覆盖率和 r_{th} 以及节点数目之间的关系

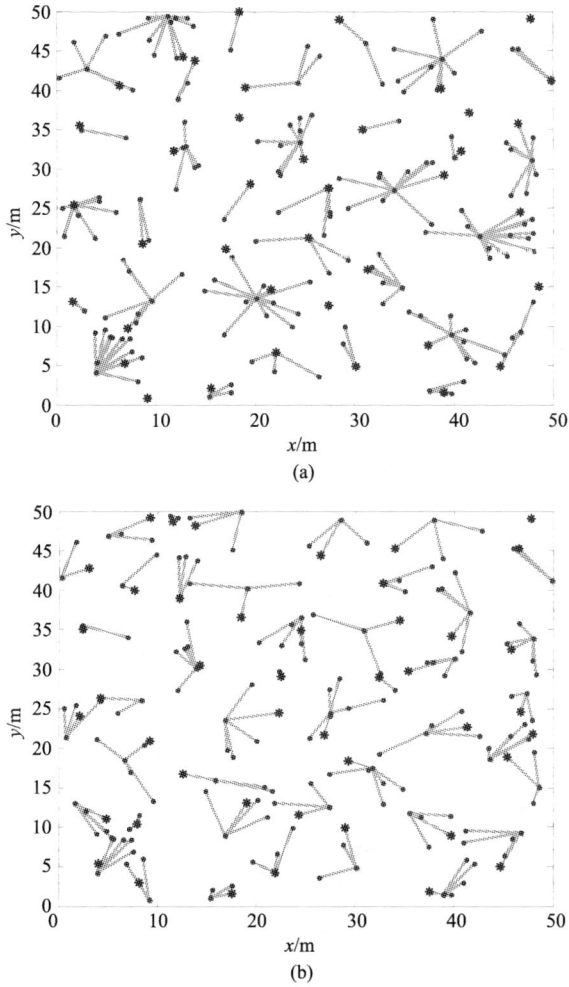

图 12-17　基于 0.6-range 的节点成组及区域覆盖

12.3.3 基于 Q 学习的太阳能传感器网络

根据 agent 所处环境的不同,强化学习被分成两大类:有模型的学习和无模型的学习。其中第一类指已知状态转移概率矩阵等条件下学习最优策略,例如 Dyna-Q、ADTDP 和 DP 算法。而第二类无模型学习指不知道环境模型知识的情况,有 TD、Q 学习、SARSA、MC 算法。如上一节所述,在太阳能传感器网络中,由于能量获取的不确定性,传感器节点面临的是动态复杂的开放环境,是不断动态变化的,也就是说大部分环境模型参量是未知的。智能体不知道环境的正确模型,更不明确动作选择的正确与否,需要在与环境的交互试探中自主学习。因此,我们采用无模型的 Q 学习算法。

1. Q 学习

强化学习的主要思想是和动态的环境交互,通常用下图中的强化学习框架来描述环境和 agent 之间的交互过程。如下图 12-18 框图所示。

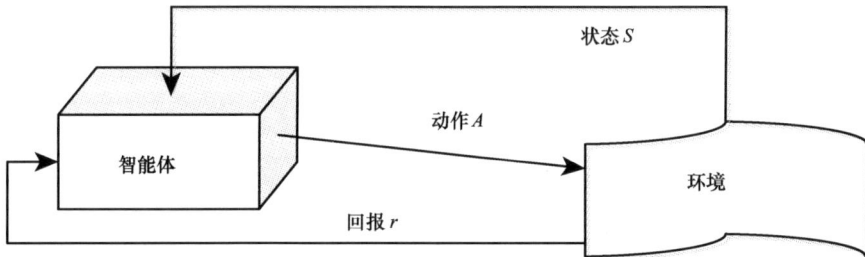

图 12-18　强化学习 agent 与环境交互框图

强化学习的框架刻画了一类问题,只要一个问题能用强化学习框架来描述,那么这个问题就是强化学习问题。环境和 agent 之间的交互接口通常可以表示为状态、行动和回报。当 agent 需要在环境中解决问题时,它就观测环境状态 S,执行动作 A,获得回报 r,感知下一步状态,通过经验修改自身策略,在经过一系列试错步骤之后,agent 学习到最优的策略即动作序列,得到最大的总回报。

Q 学习是一种脱离策略的、没有模型的强化学习算法,由 Watkins 于 1989 年提出,具有在线学习的特点,提供了一种利用经验获得最优动作的能力。Watkins 也证明了其在一定条件下的收敛性。智能体不可能预先知道在任意一个状态 S 时,执行任意动作 A 后产生的收益 r 与后继状态,因此 Q 学习算法是估计 s-a 对的值函数,依赖于评价函数。在最开始的学习阶段,智能体还不能决定最合适的动作,这时一个探索策略用来选择那些为每个状态提供最高回报的动作。智能体学习之后,一个利用策略用来决定在特定状态下提供最高回报和概率的动作。

对于不确定,状态转移模型未知的环境,下一状态的动作无法单纯通过观察当前状态决定,此时通常用 Q 学习算法计算累积回报和决定最优策略,智能体评价 s-a 对来评估学习的值函数 $Q(s,a)$ 学习,从而找到最优行动策略。智能体用下式迭代地更新累积回报 $Q(s,a)$ 的 Q 值:

$$Q(s_t, a_t) = (1 - \alpha)Q(s_t, a_t) + \alpha[r_{t+1} + \gamma \max_{\forall a_{t+1} \in A} Q(s_{t+1}, a_{t+1})] \tag{12-9}$$

其中，$Q(s_t, a_t)$ 是时刻 t 时，状态 s 下采用动作 a 时的累积回报；r_{t+1} 是此时的瞬时回报；$a_{t+1} \in A$ 是状态 s_{t+1} 下动作集中的一个动作；γ 是折扣因子，$\gamma \in [0,1)$，用来表征累积回报与瞬时回报的比例；α 是学习率，$\alpha \in [0,1]$，用来控制反复迭代学习过程的速度，α 越大收敛越快，但 α 过大，如为 1，则等于全部替换以前的数据，会导致算法不能收敛到最优。Q 学习的算法流程大致如算法 12-2 所示。

算法 12-2　Q 学习算法

1　对每一对 $(s,a) \in S \times A$，初始化表项 $Q(s,a)$。

2　观察当前状态 s。

3　循环：

4　　　根据 Q 表按照某种策略采取一个动作 a；

5　　　执行动作 a，观察瞬时回报和下一步状态 s_{t+1}；

6　　　按照下式更新 $Q(s,a)$

　　　　$Q(s_t, a_t) = (1 - \alpha)Q(s_t, a_t) + \alpha[r_{t+1} + \gamma \max_{\forall a_{t+1} \in A} Q(s_{t+1}, a_{t+1})]$

7　　　$s \leftarrow s_{t+1}$；

8　直到 s 到达目标状态。

智能体依据某种策略而选择动作，最直接的就是在当前状态时，选择使得 $Q(s,a)$ 最大化的动作，即贪婪策略。另一种是行动概率法，利用 Boltzmann 方程为每一个行动赋予一个选择概率。在状态 s 下，选择动作 a_i 的概率公式为

$$p(s, a_i) = \frac{e^{Q(s, a_i)/T}}{\sum\limits_{a_k \in A} e^{Q(s, a_k)/T}} \tag{12-10}$$

评价越高的行动被选择的概率就越大。T 是温度参数，主要体现搜索的程度。

2. Q 学习太阳能传感器网络参数模型

无线传感器网络可以看作是多智能体合作的系统，其中每一个传感器节点就可以看作是一个智能体，节点间的通信就是智能体之间的消息传递。每个传感器具备独立自主地感知、交流与决策的能力。节点整个工作过程单靠太阳能供电，而太阳能的能量曲线不可控等，节点面临的是一个不确定因素较多的动态环境，没有确定的状态转移函数的完美知识，同一个状态下选择相同动作不一定会产生一个新的状态，还可能得到一个不同的奖励信号。再加上单个节点自身只能掌握部分信息知识，因此节点所处的太阳能获取无线传感器网络是一种非马尔科夫环境[48]。而 Q 学习并不需要关于状态转移概率的先验知识，我们在 Q 学习应用于多智能体系统的基础上，将 Q 学习扩展应用到太阳能传感器网络节点休眠调度当中。

最开始基于距离的节点成组优先算子覆盖算法按照一定的覆盖率赋予节点一个距离阈值，调度节点形成小分组。之后在环境动态变化下每个组合内推选出当前最合适的节点为活跃节点，调度其他节点进入休眠模式。组内节点共同完成该片区域的覆盖任务，

期间单个节点会受到组内其他节点的环境知识和意图的影响，因此节点之间是相互影响相互协作的。每个组合都是一个团队，我们为一个组合内的所有太阳能获取传感器节点设计多智能体团队的 Q 学习算法模型，来维持组内节点的存活和学习。把一个复杂的网络优化的问题分隔成一个个相对独立的子系统，通过信息共享，学习和协作完成该组合区域覆盖的任务。模型包括状态 S、动作 A 和回报信号 r，详细介绍如下。

太阳能获取传感器节点的状态包括当前节点当前位置当前时刻太阳能辐射强度 $p(t)$、节点已充电次数 $k(t)$ 和节点当前剩余能量 $\varepsilon_{current}(t)$。节点决定转入休眠还是活跃模式记作动作信号。一个回报信号通过评估传感器的行为，用来鼓励或者惩戒节点。Q 学习算法就指导一个组内的节点在动态环境中执行动作，同时平衡节点间能效，且满足系统性能要求。

1）状态信号。我们记节点的状态向量为 S，$S=[s_L,s_K,s_E]$。其中，s_L 表示组内节点感知到的太阳能辐射状态；s_K 表示充电次数平衡的偏差；s_E 表示当前剩余可用能量。s_L 是反映当前节点当前位置当前时刻是否有太阳光照，用符号函数来定义 s_L，$p(t)$ 为 0 时 s_L 为 0，$p(t)$ 不为 0 时 s_L 为 1，即

$$s_L \in \{\operatorname{sgn}(p(t)) | nT \leqslant t \leqslant (n+1)T\} \tag{12-11}$$

s_K 是组内节点间充电次数平衡的偏差。对三个节点的组合，通过信息交互知已充电次数分别为 k_1、k_2 和 k_3，它们的平均充电次数 $E(k)$ 为三者取平均。据此定义组内节点间距离已充电次数平衡的偏差为

$$s_K \in \{E(k(t))-k(t) | nT \leqslant t \leqslant (n+1)T\} \tag{12-12}$$

s_E 是将节点的 $\varepsilon_{current}(t)$ 用最大能量存储 E 来进行归一化，即

$$s_E \in \left\{\frac{\varepsilon_{current}(t)}{E} \times 100\% \middle| nT \leqslant t \leqslant (n+1)T\right\} \tag{12-13}$$

2）动作信号。节点的动作为 $A=\{a_0,a_1\}$，a_0 意味着节点决定进入休眠模式以保存能量，a_1 代表节点进入活跃模式，将完成监测任务并消耗能量。组内节点在学习过程中有共同的任务，就是推选出一个活跃节点，然后负责小组范围内的区域覆盖。因此，组内节点相互影响相互协作。我们定义一个包含 M_g 个组员的节点组合的联合协作动作为 $A_{M_g}=(a^{(1)},\cdots,a^{(M_g)})$。

3）回报信号。回报函数用来完成选择过程的评估，根据不确定的太阳能获取的环境来进行调整。整体来讲，回报鼓励 s_E 和 s_K 高的节点，但后者对回报函数的影响更大。当节点的当前能量低而 s_K 比较高时，如果 $s_L=1$，即当有太阳光照射时，即使节点的当前能量低也给予一个正值奖励，因为节点此时完全可以进行充电操作而转化为可用能量。另一方面，当 s_K 很低时，尽管当前可用能量很高也给予一个负值以避免节点的过度使用。然而，如果 s_E 和 s_K 都是中等水平，那么回报就趋于 0。用 Sigmoid 函数曲线和墨西哥帽子曲线形状来定性地描述回报函数为

$$r_{低}=a\left((1-s_L)\cdot\left(\frac{4}{(1+\exp(-bs_K))(1+\exp(bs_K))}-1\right)+s_L\cdot\left(\frac{2}{1+\exp(-bs_K)}-1\right)\right) \tag{12-14}$$

$$r_{\text{中}} = a\left(\frac{2}{1 + \exp(-bs_K)} - 1\right) \tag{12-15}$$

$$r_{\text{高}} = a\left(\frac{2}{1 + \exp(-b(s_K + \xi))} - 1\right) \tag{12-16}$$

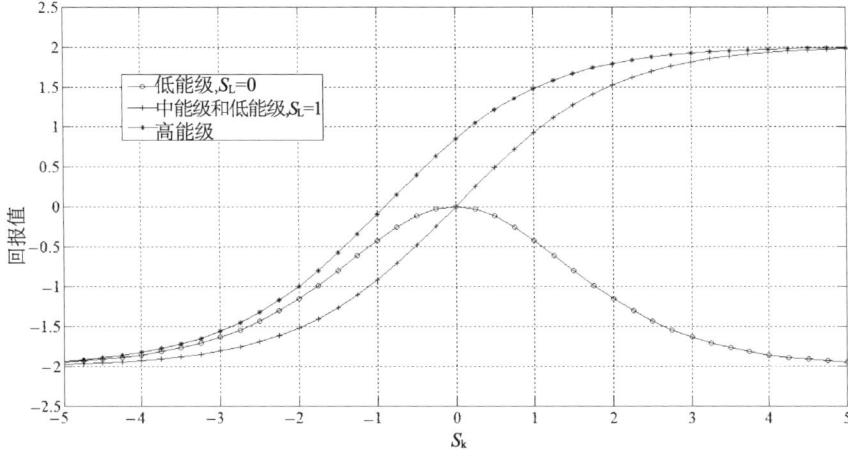

图 12-19　回报函数

$r_{\text{低}}$、$r_{\text{中}}$ 和 $r_{\text{高}}$ 分别代表当前能量为低、中和高时候的回报。ξ 用来表示当 s_E 很高而 s_K 中等的时候对回报的调整，代表对原点的距离。a 和 b 分别代表对函数幅度和斜率的控制。当 a 和 b 分别取 2 和 1，ξ 取 0.8 的时候，回报函数如图 12-19 所示。s_K 将会分成三段，以 -1 和 1 作为分割点。ξ 的范围为 $0 < \xi < 1$，因为当 s_E 很高时，它满足 $r(-1) < 0$ 和 $r(0) > 0$ 的条件，前提是判决门限为 0。

为完成强化学习三元素的建模，我们考虑 Q 学习如何在适应环境的变化下，协调调度组内节点，共同完成一个目标。组内成员有中心节点和其他组员，当完成共同目标后，中心节点发出组内联合动作调度信息。在学习的过程中，节点不仅考虑自身的 Q 值，还要考虑其他节点动作的影响，同时要收到中心节点的调度信息，但它们的影响力是不同的，节点需要优先执行调度信息的策略。对于同一组合内的节点，我们要保证单独的传感器节点的决策能够导致组合的联合最优决策，据此将活跃节点作为执行学习操作的主要节点，然后通过节点之间活跃模式的转换来实现节点的休眠调度，并完成整个组合节点的学习。组内节点强化学习的特点如下：

(1) 尽管组内节点有着共同的目标，但是每一个节点感知到的环境不同，有自己维持的 Q 表，但同时节点收到调度信息的影响，且必须优先执行调度信息。

(2) 节点的调度和学习策略包括两部分：一部分是不需要学习的策略，即当节点的自身休眠判定与组内联合动作调度信息一致时，则说明其他节点已获得活跃的资格，自己处于非学习状态，此时不需要动作也无任何更新，并转入休眠模式。另一部分是需要学习的策略，即当节点的自身休眠判定与组内联合动作调度信息不一致时，则说明自己被推选为活跃节点，执行监测任务并进行学习。

（3）每一轮的活跃节点都会进行变化，或一致或不一致，通过节点轮换着担任活跃节点，执行任务和学习，来完成整个组合的学习过程。

（4）由于环境是不断变化的，节点在不进行任务的时候也可能会发生状态改变，因此每一次学习周期开始前，节点之间都要重新获得各自相应的状态向量。

考虑贪婪动作选择策略来保证学习过程的收敛性。各个节点最先由 Q 值得到建议动作，但是建议动作并不直接用于指导动作，而是经过信息共享，找出活跃动作 Q 值最大的节点来担任活跃节点，即

$$s_{j,*} \big| Q_{s_{j,*}}(s, a_1) = \max_{s_{j,i} \in N_{rth}(s_j)} (Q_{s_{j,i}}(s, a_1)) \tag{12-17}$$

中心节点在它的 r_{th}-range 范围内发布调度信息，活跃节点承担监测任务并进行学习，其他节点则处于非学习状态，进入休眠模式。如此，节点的各自选择即与组合联合动作相匹配，经过不断地学习，达到节点间能效平衡。完成了活跃节点的选择，再加上节点分组优先算子覆盖法，就可以得出面向区域覆盖的太阳能获取基于强化学习的休眠调度算法。

12.3.4 节点休眠调度算法步骤

综合基于距离的节点分组优先算子覆盖算法和基于 Q 学习的太阳能获取活跃节点选择算法，我们得到面向区域覆盖基于 Q 学习的太阳能获取节点休眠调度算法。首先节点利用一个距离阈值迅速形成组合，满足要求的覆盖率。然后参照能量管理策略，选出候选活跃节点对象，之后在每个组的可选对象里，利用基于 Q 学习算法的学习模型选择出最优活跃节点，在与环境的互动中，保持传感器间的能效平衡，延长网络生命周期。

具体地，我们仍以节点的工作周期 $0-T$ 时间段为主线，对太阳能获取传感器网络区域覆盖节点休眠调度进行详细描述如下：初始时间段内，节点都处于活跃状态，在一定范围内互相通信，得到邻居节点信息；然后依照优先算子，邻居数较少的节点设置较短的搜索时间 T_{se}，节点都有统一的 T_{st}，并且都重新感知能量状态，包括 $\varepsilon_{current}(t)$ 和 $k(t)$ 以及当前感知到的太阳能辐射强度 $p(t)$，每一个节点都维持一个 Q 表，初始阶段都设为 0。

1）$0-T_{se}$ 阶段。节点 s_j 的 T_{se} 未超时，此刻处于休眠状态。如果被其他节点发来的 DISCOVERING 消息唤醒，则发送中心节点应答信息 ACK，包括自身感知的能量状态和 Q 评估信息，表示节点加入该中心节点所在的组。之后节点标记为已访问，组号为中心节点的编号，不再回应别的节点发来的 DISCOVERING 消息。

2）$T_{se}-T_{st}$ 阶段。节点 s_j 的 T_{se} 超时，即它没有被 DISCOVERING 信息唤醒时，节点就自动转为活跃状态，以自己为中心，广播 DISCOVERING 消息来寻找 r_{th}-range 邻居集合，成为组合的中心节点。节点通过信息共享，得到各自的状态向量 $S = [s_L, s_K, s_E]$，中心节点根据接收到的 Q 评估信息，依据贪婪策略选择出最合适采取活跃动作的节点作为活跃节点，其他节点被设为休眠模式，然后广播该调度信息，包括节点协作联合动作和活跃节点的编号。节点判断编号相同则在 T_{st} 超时后直接进入活跃模式，不同则立刻进入休眠模式，不进行学习操作。

3）$T_{st}-T$ 阶段。如果 s_j 在 T_{st} 超时后，没有找到一个合格的 r_{th}-range 邻居，节点将单独成为一组，依据能量管理策略，成为活跃节点并进行学习操作。之后，同其他分组的

活跃节点同步完成感应监测区域的任务，负责数据的发送。为了更清楚地表达每一次从网络整体节点中通过休眠调度选出一组活跃节点的算法步骤，我们用算法 12-3 实现。在算法开始之前，为随机部署的节点建立 $G(S,E,W)$，描述如下：

算法 12-3　基于强化学习的太阳能传感器网络区域覆盖节点休眠调度算法

1　根据映射区间初始化状态和动作；

2　初始化迭代次数 $i=0$，$Q(s,a)=0$，动作集 $A=\{a_0,a_1\}$，折扣因子 $\gamma=0.9$，学习率 $\alpha=0.5$，重组前的最大迭代次数为 MIN；

3　清空 $S_{AN}(G)$；

4　为一定要求的覆盖率设置距离阈值 r_{th}，先超时的节点开始基于距离的节点分组优先算子覆盖算法，直至所有节点分组完成；

5　while $i \leqslant MIN$ do

6　　for　每一个组合

7　　　　观察组合大小 M_g；

8　　　　for　每一个组内节点 $s_{j,i}$

9　　　　　　观测更新各自的 $\varepsilon_{current}$ 和 k 以及 $p(t)$；

10　　　　　　if　当前能量小于阈值即 $\varepsilon_{current}(s_{j,i}) \leqslant E_{dead}$

11　　　　　　　　直接进入休眠模式；

12　　　　　　结束 if

13　　　　　　观察计算自身的状态向量 $S(s_{j,i})=[s_L,s_K,s_E]$；

14　　　　　　计算 $Q(s,a)$ 按照公式 12.2；

15　　　　结束 for

16　按照式(12-17)，找出活跃节点，并加入活跃节点集合 $S_{AN}(G)$；

17　　　　中心节点 s_j 广播包含活跃节点信息的联合动作调度信息；

18　　　　for　每一个组内节点成员 $s_{j,i}$

19　　　　　　依据调度信息调整自身活跃或者休眠模式；

20　　　　　　依据学习策略更新 Q 值；

21　　　　结束 for

22　　结束 for

23　　for　所有的节点

24　　　　if 节点的当前能量小于能量阈值 E_{th}

25　　　　　节点感知环境并尝试获取能量；

26　　　　结束 if

27　　结束 for

28　　创建子图 $G(S_{AN},E_{AN},W_{AN})$；

29　　迭代次数 $i=i+1$；

30　结束 while

当有一个节点失效时算法终止，然后重新开始算法，此时将开始新一轮的节点重组，组合内节点随之改变，因此节点需要重新初始化 Q 表，在新的环境中开始能效平衡，也相当于从一个个小范围逐步地实现全局网络的能效平衡。下面我们对算法的有效性进行仿真验证。

12.3.5 仿真结果与分析

当节点的数目比较少时，难以避免会出现一个节点为一组的情况，节点死亡时重新分组，重建 Q 值，这样既保证了学习经验的正确性，同时避免了频繁重新分组带来不必要的通信开销。本节将提出的算法与其他算法进行比较，以验证其有效性。仿真参数设置如表 12-3 所示。本节仿真中认为生命周期指全网有三分之一节点死亡时的循环次数。太阳能获取依然采用上节中的模型，其他参数均与上一节相同，此处不再赘述。

表 12-3　参数设置

参数	符号	值	单位
太阳能电板		2×2	cm²
能量阈值	E_{th}	0.15	J
学习速率	α	0.5	
折扣因子	γ	0.9	

表 12-4　回报函数

回报　　　　　　S_k Se	$\leqslant -1$	$-1 \sim 1$	$\geqslant 1$	
			$S_L = 0$	$S_L = 1$
低（10%～30%）	-2	0	-2	2
中（30%～70%）	-2	0	2	
高（70%～100%）	-2	2	2	

节点的环境状态中，当前能量信号 s_E 包括濒死能量阈值 E_{dead}、低、中和高四种，具体地分类为全部能量的 0～10%、10%～30%、30%～70% 和 70%～100%。将图 12-19 中回报函数曲线用硬限制条件简化后得到回报函数表，如表 12-4 所示。其中当节点的能量小于 10% 时，节点就进入强制休眠模式，此时赋予节点一个非常小的值，如 -1000。在不同的当前能量等级及不同的已充电次数偏差下，结合不同的太阳能辐射赋予不同的回报值。

有两种算法用来对比，第一种是在优先算子分组算法之后随机选择活跃节点的算法，第二种是 LEACH 算法。LEACH 簇头选择的主要思想是本轮已经当选过簇头的节点下一轮不再参与簇头的选择。我们用该选择思想在相同分组算法的条件下记作 LEACH 算法。接下来分别从能量平衡、生命周期、覆盖率、活跃节点数与生命周期的变化关系和已充电次数五个方面对三种算法进行对比。

(1)能效平衡。当节点获取太阳能之后，节点之间的差异会增大，能否快速地适应环境的变化是衡量算法是否优越的重要标准。用四个差异非常大的能量状态初始化四个节点，已充电次数初始为 0、12、4 和 7。剩余可用能量为 0.2、0.6、0.9 和 0.5。仿真结果如图 12-20 所示。

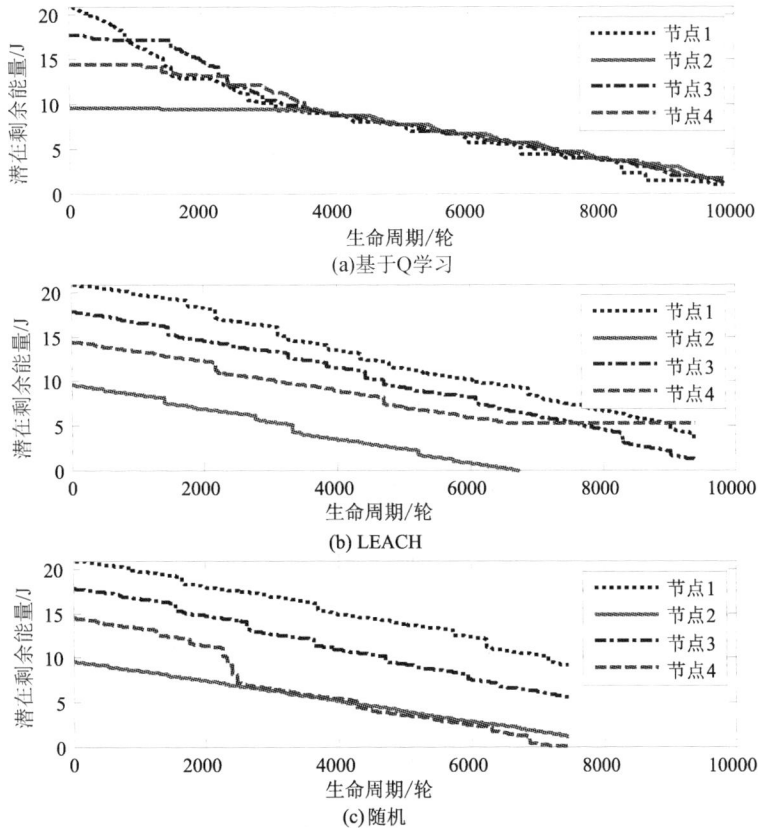

图 12-20   节点间潜在剩余能量与生命周期对比图

图 12-20(a)、(b)和(c)分别代表三种算法的节点剩余潜在能量与生命周期之间的关系。一个已经充电 m 次节点的剩余潜在能量 $E_{\text{potential}}$ 可表示为

$$E_{\text{potential}} = (K-m) \times \frac{1}{m} \sum_m E_{\text{harvest}} + \varepsilon_{\text{current}} \tag{12-18}$$

在外界能量不断变化下，节点的潜在可用能量越平衡就说明算法越有效。仿真结果显示提出的算法具有明显的收敛性，从最开始的有些起伏不平到最后通过逐步地学习将四个不同的差异非常大的初始状态的组内节点潜在可用能量收敛至平衡状态，之后细小的上浮即为能量获取数量。其他两种算法则没有表现出节点间的平衡趋势，对环境没有适应能力。

(2)生命周期。从图 12-20 中可见 Q 学习的周期最长，当放之全网比较时，节点初始状态相同时，其他选取与上节相同节点数，每个节点数运行十次取平均，得到生命周期如图 12-21 所示。

由于 Q 学习对环境的强大适应能力及时调整节点的工作模式，在每一个组合内都进行能效平衡，之后逐步地到全网平衡，所以比其他两种算法生命周期长。

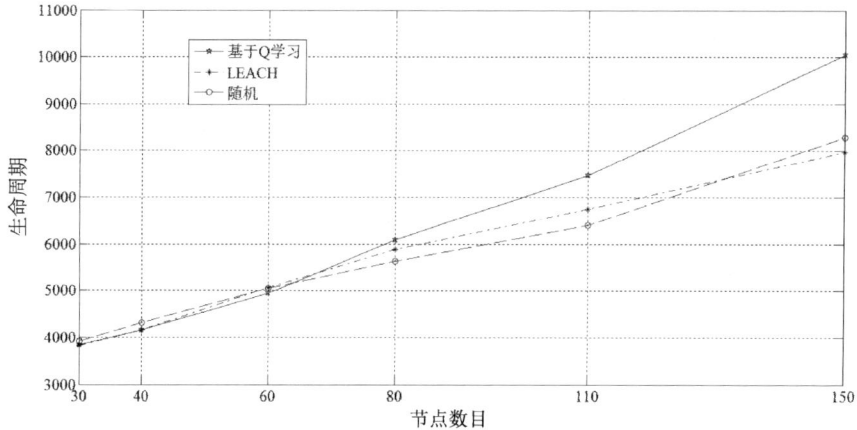

图 12-21　生命周期对比

（3）覆盖率。我们将每个数目的节点的一次运行的所有轮数的覆盖率做一个平均，所有节点数目的十次运行再做一次平均，如图 12-22 所示。

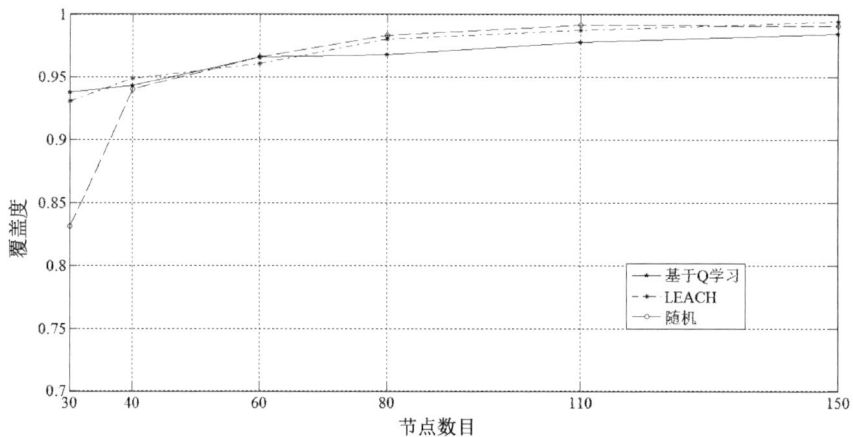

图 12-22　覆盖度对比

从图中可见随着节点数目逐渐增多，三种方法均能达到要求的覆盖率，且都保持在较高覆盖水平，说明了基于距离的节点分组优先算子覆盖的算法的有效性。其中基于 Q 学习算法的覆盖率相对来说比较稳定，与其他 LEACH 算法和随机算法统计之后形成的均匀覆盖率最多的差异出现在节点数目为 80 处，仅有 1%的差异。而随机算法在较少的节点数下覆盖率有明显的降低。对比距离阈值与覆盖率之间的关系，说明了 Q 学习方法满足了要求的覆盖率且延长了网络生命周期。

（4）活跃传感器数与生命周期的变化关系，如图 12-23 所示。

随着生命周期的增长，轮数逐渐增大，最先死亡的传感器数目越多，就越会缩短生命周期。我们选取各个算法的节点数目为 150 的最后一次运行结果作为对比，在三种算法当中，Q 算法最能平衡节点间的能耗，因此减少了单个节点率先死亡的几率，延长了网络生命周期。

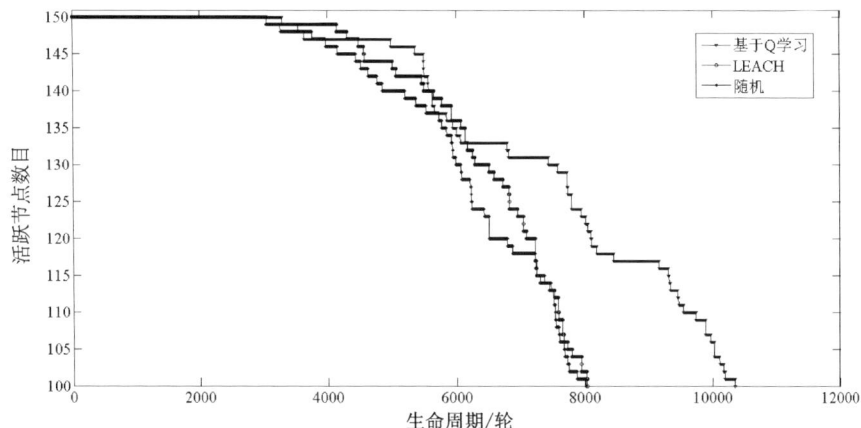

图 12-23　活跃传感器数与生命周期的变化关系

(5)已充电次数。可能量获取的传感器网络如果要最大限度地延长网络生命周期，那么在周期结束之前，所有的节点都尽可能接近最大可充电次数是延长网络生命周期的必要条件。选取传感器数目为 150 的最后一次运行结果作为对比，如图 12-24 所示。可以看出 Q 学习的已充电次数更均衡，也更集体地靠近最大可充电次数。

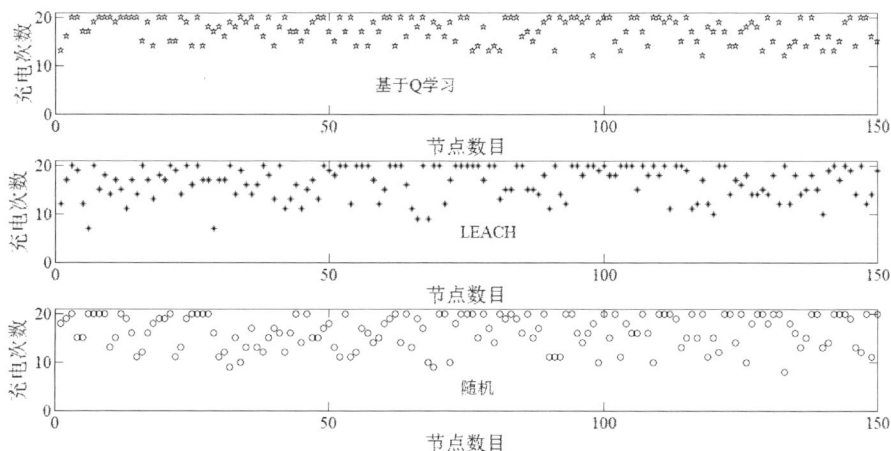

图 12-24　已充电次数对比

实验分别从能量平衡、生命周期、覆盖率、活跃节点数与生命周期的变化关系和已充电次数五个方面对提出的算法与 LEACH 算法和随机算法做对比。其中 LEACH 算法和随机算法均建立在基于距离的优先算子节点分组覆盖算法的基础上，覆盖率均满足要求，说明了节点成组优先算子覆盖算法的有效性。同时从仿真结果可以看出基于 Q 学习的算法能够有效地适应环境并调整组内节点休眠唤醒模式，平衡节点能效，在满足区域覆盖率的要求时延长了网络生命周期。

12.4　本 章 小 结

本章首先对区域覆盖的太阳能传感器网络进行建模，包括太阳能获取数据、网络结构和能量模型等，提出了三段式能量管理策略。其中，算法首次将充电次数进行量化且作为评判节点消耗快慢的衡量指标。之后提出的面向区域覆盖的太阳能传感器网络节点两阶段调度算法，从区域覆盖和能量评估两方面逐步调度节点的工作状态。首先设计基于距离的节点分组覆盖算法，简单有效地实现节点自组织分布式管理，同时满足区域覆盖。其次利用节点的当前能量和已充电次数设计节点能量评估函数从节点组合内挑选出合适的活跃节点担任监测任务，满足节点间能效平衡。最后仿真结果证明了该算法不但有效且降低了复杂度，非常适合大规模传感器网络的长期监测。通过分组分散分布活跃节点满足覆盖率，评估 E-function 平衡能耗，延长了网络生命周期。

本章还介绍了面向区域覆盖的太阳能传感器网络中基于强化学习的休眠调度算法。先利用优先算子更多考虑稀疏处节点，提高了相同距离阈值下的覆盖率，通过优先算子成组算法，将一个复杂的全局优化问题，分解为各个小组。然后提出一个全新的多节点协作的 Q 学习活跃节点选择算法，通过节点协作得出组内最优目标动作集，保证活跃节点集同步且连续地覆盖整个区域，同时满足节点间的能耗平衡。其中算法将多智能体系统 Q 学习扩展，用来描述太阳能获取传感器环境中节点之间的休眠模式转化、角色分配和信息共享，使每一个组合内的节点通过经验知识共享和休眠调度信息分配任务，来进行节点集体的学习，在不知道具体的能量获取的情况下，我们提出的算法综合考虑了距离、节点剩余能量、节点的已充电次数、环境能量状态等，能够通过自主学习观察到的环境能量来调整节点的动作，从维持小范围内节点能量平衡到优化整个网络能耗平衡的同时实现太阳能获取传感器网络的可持续运行。通过与已有算法对比，验证了算法的有效性，可以满足区域要求的覆盖率的同时延长网络生命周期。

参 考 文 献

[1] Zhu C, Yang L T, Shu L, et al. Sleep scheduling for geographic routing in duty-cycled mobile sensor networks[J]. IEEE Transactions on Industrial Electronics, 2014, 61(11): 6346-6355.

[2] Zairi S, Zouari B, Niel E, et al. Nodes self-scheduling approach for maximising wireless sensor network lifetime based on remaining energy[J]. IET wireless sensor systems, 2012, 2(1): 52-62.

[3] Leu J S, Chiang T H, Yu M C, et al. Energy efficient clustering scheme for prolonging the lifetime of wireless sensor network with isolated nodes[J]. IEEE Communications Letters, 2015, 19(2), 259-262.

[4] Wang L, Xiao Y. A survey of energy-efficient scheduling mechanisms in sensor networks[J]. Mobile Networks and Applications, 2006, 11(5): 723-740.

[5] Zhao Y, Wu J, Li F, et al. On maximizing the lifetime of wireless sensor networks using virtual backbone scheduling[J]. IEEE Transactions on Parallel and Distributed Systems, 2012, 23(8): 1528-1535.

[6] Liao Z, Wang J, Zhang S, et al. Minimizing movement for target coverage and network connectivity in mobile sensor networks[J]. IEEE Transactions on Parallel and Distributed Systems, published online, 2015, 26(7): 1971-1983.

[7] Yardibi T, Karasan E. A distributed activity scheduling algorithm for wireless sensor networks with partial coverage[J]. Wireless Networks, 2010, 16(1): 213-225.

[8] Tian D, Georganas N D. Location and calculation-free node-scheduling schemes in large wireless sensor networks[J]. Ad Hoc Networks, 2004, 2(1): 65-85.

[9] Boukerche A, Fei X, Araujo R B. An optimal coverage-preserving scheme for wireless sensor networks based on local information exchange[J]. Computer Communications, 2007, 30(14): 2708-2720.

[10] Bulut E, Korpeoglu I. Sleep scheduling with expected common coverage in wireless sensor networks[J]. Wireless Networks, 2011, 17(1): 19-40.

[11] Kumar D. Performance analysis of energy efficient clustering protocols for maximising lifetime of wireless sensor networks[J]. IET Wireless Sensor Systems, 2014, 4(1): 9-16.

[12] Wang B, Fu C, Lim H B. Layered diffusion-based coverage control in wireless sensor networks[J]. Computer Networks, 2009, 53(7): 1114-1124.

[13] Kumar S, Lai T H, Balogh J. On k-coverage in a mostly sleeping sensor network[J]. Wireless Networks, 2008, 14(3): 277-294.

[14] Yen L, Cheng Y. Range-based sleep scheduling (RBSS) for wireless sensor networks[J]. Wireless Personal Communications, 2009, 48(3): 411-423.

[15] Prabuchandran K J, Meena S K, Bhatnagar S. Q-learning based energy management policies for a single sensor node with finite buffer[J]. IEEE Wireless Communications Letters, 2013, 2(1): 82-85.

[16] Avril F, Bernard T, Bui A, et al. Clustering and communications scheduling in WSNs using mixed integer linear programming[J]. Journal of Communications and Networks, 2014, 16(4): 421-429.

[17] Bhandari B, Poudel S R, Lee K T, et al. Mathematical modeling of hybrid renewable energy system: A review on small hydro-solar-wind power generation[J]. International journal of precision engineering and manufacturing-green technology, 2014, 1(2): 157-173.

[18] Decker A. Solar energy harvesting for autonomous field devices[J]. IET Wireless Sensor Systems, 2014, 4(1): 1-8.

[19] Alexandris K, Sklivanitis G, Bletsas A. Reachback WSN connectivity: non-coherent zero-feedback distributed beamforming or TDMA energy harvesting?[J]. IEEE Transactions on Wireless Communications, 2014, 13(9): 4923-4934.

[20] Zhou F, Chen H, Zhao F. Transmission scheduling for broadcasting with two energy-harvesting switching transmitters[J]. IET Wireless Sensor Systems, 2013, 3(2): 138-144.

[21] Lee P, Eu Z A, Han M, et al. Empirical modeling of a solar-powered energy harvesting wireless sensor node for time-slotted operation[A]. IEEE Conference on Communications and Networking[C], 2011, 179-184.

[22] Shigeta R, Sasaki T, Quan D M, et al. Ambient RF energy harvesting sensor device with capacitor-leakage-aware duty cycle control[J]. IEEE Sensors Journal, 2013, 13(8): 2973-2983.

[23] Zhang S, Seyedi A, Sikdar B. An analytical approach to the design of energy harvesting wireless sensor nodes [J]. IEEE Transactions on Wireless Communications, 2013, 12(8): 4010-4024.

[24] Michelusi N, Stamatiou K, Zorzi M. Transmission policies for energy harvesting sensors with time-correlated energy supply[J]. IEEE Transactions on Communications, 2013, 61(7): 2988-3001.

[25] Lei J, Yates R, Greenstein L. A generic model for optimizing single-hop transmission policy of replenishable sensors[J]. IEEE Transactions on Wireless Communications, 2009, 8(2): 547-551.

[26] Michelusi N, Badia L, Carli R, et al. Energy management policies for harvesting-based wireless sensor devices with battery degradation[J]. IEEE Transactions on Wireless Communications, 2013, 61(12): 4934-4947.

[27] Vanhecke C, Assouere L, et al. Multisource and battery-free energy harvesting architecture for aeronautics applications[J]. IEEE Transactions on Power Electronics, 2015, 30(6): 3215-3227.

[28] Niyato D, Hossain E, Rashid M M, et al. Wireless sensor networks with energy harvesting technologies: a game-theoretic approach to optimal energy management[J]. IEEE Wireless Communications, 2007, 14(4): 90-96.

[29] Pryyma V, Turgut D, Boloni L. Active time scheduling for rechargeable sensor networks[J]. Computer Networks, 2010, 54(4): 631-640.

[30] Yang C, Chin K. Novel algorithms for complete targets coverage in energy harvesting wireless sensor networks[J]. IEEE Communications Letters, 2014, 18(1): 118-121.

[31] Jaggi N, Kar K, Krishnamurthy A. Near-optimal activation policies in rechargeable sensor networks under spatial correlations[J]. ACM Transactions on Sensor Networks, 2008, 4(3): 17.

[32] Jaggi N, Madakasira S, Mereddy S R, et al. Adaptive algorithms for sensor activation in renewable energy based sensor systems[J]. Ad Hoc Networks, 2013, 11(4): 1405-1420.

[33] Gatzianas M, Georgiadis L, Tassiulas L. Control of wireless networks with rechargeable batteries[J]. IEEE Transactions on Wireless Communications, 2010, 9(2): 581-593.

[34] 韩江洪，丁煦，石雷等. 无线传感器网络时变充电和动态数据路由算法研究[J]. 通信学报,2012(12):1-10.

[35] Yoo H, Shim M, Kim D. Dynamic duty-cycle scheduling schemes for energy-harvesting wireless sensor networks[J]. IEEE Communications Letters, 2012, 16(2): 202-204.

[36] Vergados D J, Stassinopoulos G I. Adaptive duty cycle control for optimal stochastic energy harvesting[J]. Wireless Personal Communications, 2013, 68(1): 201-212.

[37] Nintanavongsa P, Muncuk U, Lewis D R, et al. Design optimization and implementation for RF energy harvesting circuits[J]. IEEE Journal on Emerging and Selected Topics in Circuits and Systems, 2012, 2(1): 24-33.

[38] Ahmed I, Ikhlef A, Ng D W K, et al. Power allocation for an energy harvesting transmitter with hybrid energy sources[J]. IEEE Transactions on Wireless Communications, 2013, 12(12): 6255-6267.

[39] Ng D W K, Lo E S, Schober R. Energy-efficient resource allocation in OFDMA systems with hybrid energy harvesting base station[J]. IEEE Transactions on Wireless Communications, 2013, 12(7): 3412-3427.

[40] Ho C K, Zhang R. Optimal energy allocation for wireless communications with energy harvesting constraints[J]. IEEE Transactions on Signal Processing, 2012, 60(9): 4808-4818.

[41] Besbes H, Smart G, Buranapanichkit D, et al. Analytic conditions for energy neutrality in uniformly-formed wireless sensor networks[J]. IEEE Transactions on Wireless Communications, 2013, 12(10): 4916-4931.

[42] Reddy S, Murthy C R. Dual-stage power management algorithms for energy harvesting sensors[J]. IEEE Transactions on Wireless Communications, 2012, 11(4): 1434-1445.

[43] Noh D K, Hur J. Using a dynamic backbone for efficient data delivery in solar-powered WSNs[J]. Journal of Network and Computer Applications, 2012, 35(4): 1277-1284.

[44] Zhang P, Xiao G, Tan H P. Clustering algorithms for maximizing the lifetime of wireless sensor networks with energy-harvesting sensors[J]. Computer Networks, 2013, 57(14): 2689-2704.

[45] Liu C, Wang H. A reinforcement learning-based ToD provisioning dynamic power management for sustainable operation of energy harvesting wireless sensor node[J]. IEEE Transactions on Emerging Topics in Computing, 2014, 2(2): 181-191.

[46] 中国气象科学数据共享服务网. http://www.cdc.cma.gov.cn.

[47] Kaelbling L P, Littman M L, Moore A W. Reinforcement learning: a survey[J]. Journal of Artificial Research, 1996, 4(1): 237-285.

[48] 高阳, 陈世福, 陆鑫. 强化学习研究综述[J]. 自动化学报, 2004, 30(1): 86-100.

第 13 章　目标跟踪能量获取传感器网络休眠调度

13.1　引　　言

如今，由于传感器节点携带的电池能量有限，研究人员都希望可以尽可能地提高无线传感器网络的使用生命周期。现在已经出现了从外界获取能量的无线传感器网络节点，获取的能量以太阳能为主。但是由于太阳能的大小、时间到达的不确定性，我们需要根据太阳能的特点，掌握合理的方法来利用太阳能。

目前已经出现了很多关于能量获取传感器网络的研究。文献[1,2]介绍了无线传感网络的能量需求和使用技术。文献[3]介绍了一个使用超级电容作为存储器的能量获取传感器的节点模型，该模型为无线传感器网络的深入研究奠定了基础。然而，无论是超级电容还是可充电电池，作为存储能量的器件，在实际应用中，它们都不可能存储无限多的能量，也不可能被反复无限次充电。因此，在进行算法研究时，需要考虑节点的剩余能量[4]和最佳采集速率[5]。在节点休眠时，需要尽量避免对事件检测的丢失[6]。在节点的能量使用时，也要保证能量的中性操作[7]。

在无线传感器网络中，目标跟踪是一项重要应用。针对目标跟踪的研究算法有很多。很多研究都考虑到了能量的有效利用[8]对目标跟踪的影响。我们已知，对节点进行休眠调度是有效的节能方法[9]，可以通过中心节点，直接分配目标周围的节点是否进行休眠[10]，或者可以让目标周围的节点根据自身情况，自行决定是否进行休眠[11]。同时，目标的运动是遵循一定运动学规律的，在对目标运动预测的过程中，可以根据目标穿过节点覆盖范围的时间，来安排节点的休眠和唤醒[12]。

目标跟踪领域已经有很多关于休眠调度的研究，但几乎都没有考虑过能量获取技术的应用。由于能量到达的随机性，已有的休眠调度的目标跟踪算法不能直接应用到能量获取传感器网络。

本章首先介绍启发式的面向目标跟踪的能量获取传感器网络的休眠调度算法，然后在该基础上加深对目标跟踪的休眠调度算法的研究。启发式的目标跟踪休眠调度算法是根据目标跟踪的能量获取无线传感器网络的能量分布特点提出的。在进行目标跟踪时，每轮跟踪只考虑目标的最大速度和目标周围节点的能量存储情况，根据以上参数唤醒一定数量的节点，保证参与跟踪的节点对目标运动区域的覆盖。同时能够使休眠的节点有机会获取能量，延长网络生命周期。通过仿真可以验证，比起在没有能量获取的情况下，传感器网络的生命周期在能量获取的情况下比较长。在进行更深入的能量获取传感器网络的目标跟踪休眠调度算法的研究中，本章在上一研究的基础上提出了一种新的算法。首先，采用能量有效性较高的目标跟踪算法作为基础，并针对其跟踪性能较差的缺点，用之前提出的启发式目标跟踪算法来加以改进。同时，采用双存储的能量获取节点，缓解由于传感器节点进行能量获取对目标跟踪产生的影响。通过仿真可以验证新算法能够提高跟踪质量、延长网络生命周期并且保证网络的能量利用高效。

13.2　目标跟踪的能量获取传感器网络启发式休眠调度

13.2.1　系统模型

本节考虑的系统模型如图 13-1 所示。我们考虑一个平面区域内的无线传感器网络，区域内的传感器节点具有获取太阳能的能力。各个节点在区域内静态随机分布。该模型能够应用于在一个区域内的运动目标的监测和跟踪。图 13-1 中的三幅图分别说明了一部分能量获取传感器网络处于三种不同的情况：进行能量获取、等待目标出现和跟踪目标。图中 ○ 代表休眠节点，● 表示正在获取能量的节点，◉ 代表唤醒状态的节点。在本模型中，设定节点休眠的时候才能获取能量，又由于电池的充电次数是有限的，因此规定只有休眠节点的能量小于某个值时，才能进行能量获取。如果电池被充满电，它就不再进行能量获取。因此图中只画出部分节点进行能量获取，如图 13-1(a)所示。所有的节点有相同的初始能量，并有收集能量的能力。

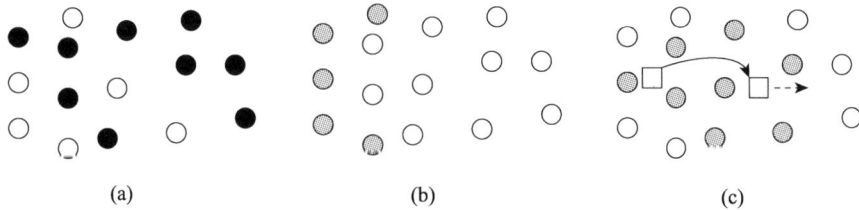

图 13-1　传感器网络能量获取和目标跟踪图

根据文献[1]所提出的太阳能获取公式，定义太阳能电池的输出能量如下：

$$E_n(t_0, T) = \int_{t_0}^{T+t_0} \eta_n f(t) \mathrm{d}t = \eta_n \int_{t_0}^{T+t_0} f(t) \mathrm{d}t \tag{13-1}$$

其中 T_0 为能量获取开始时刻；T 为能量持续到达时间；$f(t)$ 为到达节点的太能能量；η_n 为能量转换效率。

目前，对于整个网络内节点之间的能量获取关系的研究还没有比较显著的成果，并且每个节点的能量到达时间都不一定是一样的。根据文献[13]的研究，假设节点收获能量过程服从泊松分布。又根据泊松分布的特点，可知能量到达的时间间隔服从指数分布。在无线传感器网络中，不同的节点能量到达间隔就有可能不同，因此不同的节点就会有不同的指数分布参数。同时，在能量到达节点后，能量的供给也会持续一段时间，因此每个节点的能量到达持续时间也有可能不尽相同。文献[14]给出每平方厘米的太阳能电池的输出功率 E'，从公式(13-1)得出，能量收获公式可以改为：

$$E_n(t_0, T') = E' \times S \times T' \tag{13-2}$$

其中，S 表示太阳能板面积；T' 为能量到达持续时间。

传感器节点的四个状态：发送、接收、空闲、休眠都会消耗一定的能量。在此模型中，假设处于休眠状态的节点会时常醒来查看是否有信息需要接收，唤醒的时间不确定。

图 13-1(b)表示，在目标没有出现的情况下，就只有边界节点处于唤醒状态。图 13-1(c)表示，只要目标从网络边界进入，唤醒的节点就会检测到目标，并开始进行目标跟踪。在图中，方框代表目标，带有箭头的曲线表示目标的运动轨迹。在进行目标跟踪时，距离目标最近的跟踪节点会保持唤醒，并根据目标的运动状态和周围节点存储能量的状态，通知目标周围的节点进行跟踪。其他的节点会进入休眠状态，若有能量到达，休眠的节点则开始获取并存储能量。整个跟踪目标的过程都是如此反复。

对目标运动的建模如下。根据文献[15]，假设目标会在区域内以小于某个速度随机运动。网络中会出现一个目标，在网络生命周期结束前，目标都不会运动出区域。节点在部署之初通过一定的计算方法，确定自己的位置，并会与周围的节点交换位置信息，了解周围节点的情况。我们研究目标检测技术，并且假设每个节点都有随时检测到目标的能力。同时，我们也不考虑网络中的通信协议和数据融合技术，所有节点的传输范围和协议都一样。在选择下一刻的唤醒节点时，跟踪节点会通知周围节点发送能量存储情况。

13.2.2 启发式休眠调度算法

在本小节，我们提出一种启发式的面向目标跟踪的能量获取传感器网络的休眠调度算法。该算法以目标前一刻所在的位置为中心，根据节点能量的获取情况和目标的运动速度，唤醒周围能量较大和距离目标较近的节点进行目标跟踪。

1. 算法概述

假设每个跟踪周期内目标的最大运动的路程为 l，方向随机。由于目标下一刻出现在任何位置的概率相同，因此系统每次只需要唤醒以目标为中心，半径为 R 的圆内的节点进行跟踪，且 $R \geqslant l$。圆的面积为 S，$S = \pi R^2$。S 区域内的节点密度为 ρ，区域内的节点个数为 $N = S \times \rho$。根据前文介绍可知，将这 N 个节点全部唤醒会产生能量的浪费，所以应该使节点适当休眠。同时，在能量获取传感器网络之内，休眠节点是有机会能获取能量的，但唤醒的节点只会消耗能量。因此在跟踪范围之外的节点能量可能会大于跟踪范围 S 内的。基于此，可以将 N 个节点分为两类，一类能量较大，一类距离目标较近。

2. 算法详细说明

根据以上分析，我们提出一个启发式的算法：即自从网络发现目标后，被唤醒的节点会每隔时间 T 检测目标一次，根据目标出现的位置，分别唤醒能量较大的此刻跟踪范围外的节点，和此刻跟踪范围内能量较小却距离目标较近的节点进行跟踪。

首先在仿真中进行实验，在保证对跟踪区域的覆盖的情况下，改变和这两类唤醒节点的个数，一直到得出最佳的 R 和 N 为止。最终发现，可以根据圆内节点的位置和存储能量的情况，最多通知 n 个节点进行唤醒。即，将 n 个节点由能量从大到小和与目标的距离从近到远排序，根据排序序号，间隔唤醒 $n/2$ 个节点。

同时要注意，若两步唤醒的个数不相等（如唤醒 $n/3$ 个距离较近和 $2/3n$ 个能量较多的节点），要进行排序并间隔选择的节点个数会超出目标周围可用的节点个数。比如：圆内的可用节点为 22 个，n 为 20 个，要唤醒 $0.4n$ 个能量较大和 $0.6n$ 个距离目标较近的节点。这就选择 8 个能量较大的和 12 个较近的节点。然而，会至少需要 23 个节点进行排序，才能选择个较近的，这个数目超过了范围内可用节点。因此，这两步唤醒的节点个数需要相等。

下面介绍如何唤醒 n 个跟踪节点。

首先，根据文献[2]所提出的节点能量公式和公式(13-2)，在 t 时刻，节点存储的能量 $e_n(t)$ 为

$$e_n(t) = e_n(t-1) + k \times E_n(t_0, T) - e_{n\cos t}(t) \tag{13-3}$$

上式说明，若节点前一刻没有收获能量时，k 为 0。节点前一刻收获了能量时，k 为 1。$e_{n\cos t}(t)$ 表示这时刻消耗的能量，$e_n(t-1)$ 表示前一时刻节点存储的能量。

然后，在根据节点的能量大小进行从大到小排序，根据节点与目标的距离从小到大的排序后，按照排好序的节点序号进行间隔唤醒。

图 13-2 表示连续唤醒 n 个和间隔唤醒 $n/2$ 个能量较大的节点的示意图。灰色区域表示唤醒节点所覆盖的跟踪区域，五角星表示目标，虚线的五角星表示下一刻目标可能到达的位置。图 13-2(a) 代表连续唤醒个节点所覆盖的区域，图 13-2(b) 代表间隔唤醒 $n/2$ 个节点所覆盖的区域。根据图 13-2(a) 我们看到，连续唤醒的节点覆盖区域会形成一个很窄的空心圆。当目标跳跃距离太短的时候，它仍然在前一刻节点覆盖的区域内，到达不了下一刻的跟踪区域，系统会找不到目标。要是全部将 n 个节点唤醒，跟踪范围会变大，但效果和间隔唤醒差不多，因此只需要间隔唤醒 $n/2$ 个节点。

图 13-3 说明连续唤醒 n 个和间隔唤醒 $n/2$ 个距离目标较近的节点的情况。如果直接连续选取 $n/2$ 个节点，如图 13-3(a) 所示，若目标可能出现的位置超过了离目标最近的个节点覆盖的区域，目标在下一时刻就不会被发现，导致跟踪丢失。间隔唤醒 $n/2$ 个距离目标较近的节点就不会产生这个问题，如图 13-3(b) 所示。

图 13-2　连续唤醒 n 个和间隔唤醒 $n/2$ 个
能量较大的节点

图 13-3　连续唤醒 n 个和间隔唤醒 $n/2$ 个
距离目标较近的节点

两个步骤的间隔选取需要唤醒的节点可能会造成一个节点同时被选择两次，我们只唤醒第一次的，最后参与跟踪的节点个数可能小于 n，但这不影响跟踪质量。

3. 程序流程图（图 13-4）

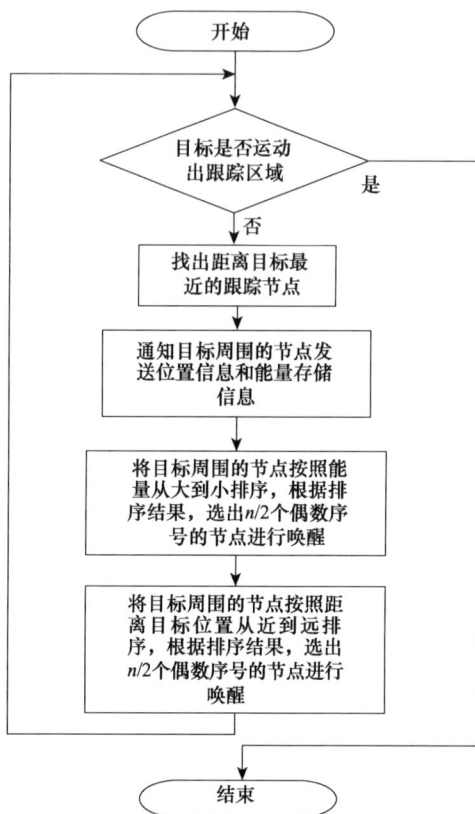

图 13-4　程序流程图

13.2.3　仿真结果与分析

根据之前描述的模型，我们在 MATLAB 中进行仿真，评估算法的性能。

1. 参数设置

跟踪区域是 $100 \times 100 \text{cm}^2$ 的正方形，300 到 900 个节点随机部署。每个节点的初始能量为 1J，电池能够充电 100 次。设定系统在 10%的节点死亡后，就认为生命周期结束。目标跟踪周期 T 为 1s。节点的能量到达过程分为 4 个参数不同的指数分布，参数 λ 分别为 0.5、1、1.5、2，设置为 30000。太阳能板面积为 $5.5 \times 5.5 \text{cm}^2$。根据文献[14]，设置太阳直射下太阳能收获能力为 100mW/cm^2。

假设能量收获的持续时间 T 等于每次目标的跟踪周期，节点收获的能量强度一直是太阳直射下的强度。根据以上的参数设定，节点每次的收获功率为 $30.25 \times 0.1 \text{W}$。为了简化过程，休眠节点会偶尔在唤醒的时候接受信息，并计算为消耗一次能量。能量消耗从文献[14]得出，并且对每个状态的能量消耗取整。在发送状态的能量消耗为 15mW，在接收状态的能量消耗为 13mW，在空闲状态的能量消耗为 12mW，在休眠状态的能量消耗为 0mW。

2. 选择参数仿真

(1)寻找最佳节点能量收获门限

当传感器节点所包含的能量小于某个值时，它才能够获取能量。这个值称为能量获取门限。不同的能量获取门限对应着不同的网络生命周期。为了找到最佳的门限值，首先观察门限从0.2J变化到0.8J时，网络生命周期的变化。此时，目标的四度14m/s，$R=$ 25m，$n=16$。仿真重复100次并取平均值。

图13-5中X轴表示的是不同的能量获取门限。可以看到，曲线并没有呈现明显的比例关系。对于所有曲线来说，生命周期随着节点个数的增加而增加，每条曲线的最大生命周期都对应着不同节点剩余能量值。也就是说，对于每条曲线，它们的最大生命周期都对应着不同的能量门限。大多数曲线在刚开始，随着剩余能量的增加，生命周期缓慢增加。当剩余能量到达一定数值以后生命周期开始随着剩余能量的增加而下降。这说明能量门限太大或者太小都会减少节点的使用生命周期。若节点能量门限比较小，节点可能会遇到没有能量到达导致节点能量耗尽，或者节点很难再次充满电的情况。剩余能量太大也会导致节点频繁充电，以至于很快用尽电池的充电次数。由于不同节点个数对应着不同的最佳充电门限，从0.2J到0.8J不等，在此选择中间值0.5J作为开启能量获取模式的门限。

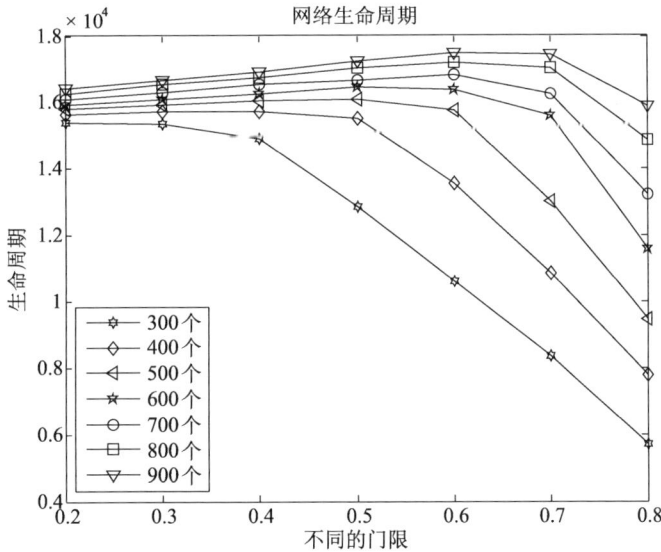

图13-5 不同能量收获门限下的网络生命周期

(2)最佳的n和R

选择好充电门限后，接下来进行更进一步的仿真实验，得出目标速度变化和是否获取能量时，n和R的变化。表13-1总结出唤醒节点的个数n和唤醒跟踪半径R在不同情况下的实验最优值。

表 13-1 n 和 R 的最优值

L(m)	一个目标			
	能量到达		无能量到达	
	R(m)	n(个)	R(m)	n(个)
L1:$\sqrt{(10^2+10^2)}$	25	16	25	16
L2:$\sqrt{(15^2+15^2)}$	35	18	35	18
L3:$\sqrt{(20^2+20^2)}$	45	20	45	20
L4:$\sqrt{(25^2+25^2)}$	55	26	55	36

在程序中，$100 \times 100 \text{cm}^2$ 区域是放在用二维坐标轴表示的区域中，L 是根据目标的横轴和纵轴的最大位移计算得出的。从表 13-1 中可以看出，随着目标速度的增加，R 和 n 增加。R 的数值总比横纵轴的最大位移多 10。在同样的速度下，在无能量到达的时候 n 的个数有可能比有能量到达的时候要多。这说明当节点有获取能量的能力时，跟踪区域内的节点能量存储情况差异要大于没有能量获取时，进行排序、间隔选择节点时，选择较少的节点就能对跟踪区域进行覆盖。

3. 无线传感器网络的生命周期仿真

图 13-6、图 13-7 分别是目标出现时，有能量到达和无能量到达对应的网络生命周期。仿真重复 20 次，结果取平均。从图中可以看出，在有能量到达的时候的网络生命周期要长。在每幅图中，目标速度越小对应越长的网络生命周期。当目标速度不变时，网络节点个数越多，网络生命周期越长。从表 13-1 和图 13-6、图 13-7 可以看出，传感器网络生命周期与能量获取能力、目标速度和总节点个数有着密切的关系。目标速度影响着 n，越少的 n 和越多的总节点个数，导致越多的节点休眠并获取能量，从而能够增加网络总能量，延长网络生命周期。

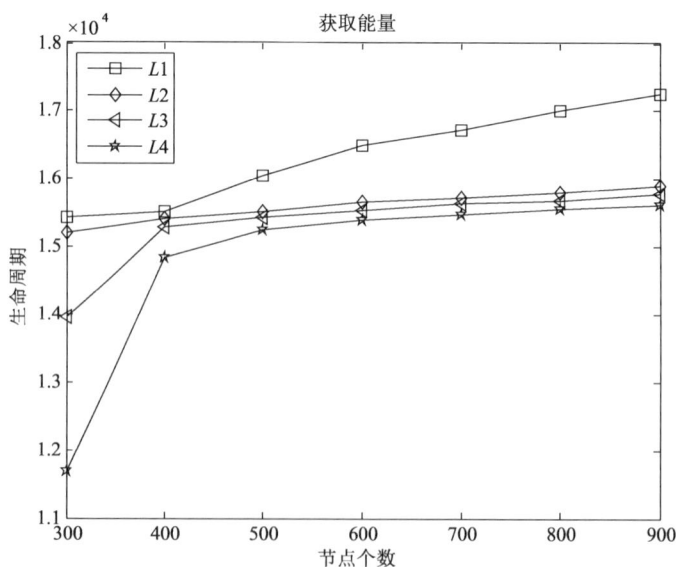

图 13-6　能量获取传感器网络的生命周期

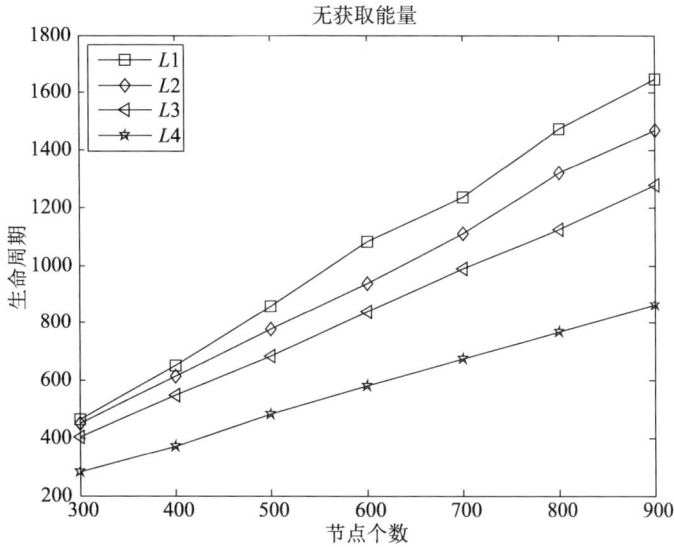

图 13-7 无能量获取传感器网络的生命周期

13.3 改进的目标跟踪能量获取传感器网络休眠调度

13.3.1 系统模型

1. 目标跟踪模型

在此模型中,我们首先考虑一个稳定的传感器网络区域,假设节点从空中随机抛洒到地面,并且随机分布。对于跟踪的周期,是将节点的工作时间分为小段,每一小段都称为一个转换周期(Toggling Periods, TP)。每个周期都由休眠状态(Sleep State)和唤醒状态(Awaking State)组成。唤醒状态在转换周期里所占用的时间的比例称为工作占空比(Duty Cycle, DC)。只有处于唤醒状态的节点才能够发现目标、发送和接收信息。如图13-8 所示,白色节点表示处于默认转换周期内的节点,灰色节点表示唤醒节点。唤醒的节点必须一直出现在目标的周围来保持对目标的跟踪。

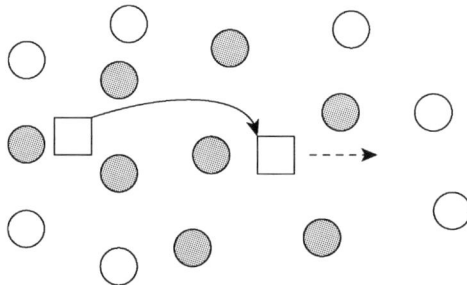

图 13-8 目标跟踪系统模型

在此期间，只有一个目标出现并穿过区域。当没有目标出现的时候，所有的节点都处于默认的工作周期。如果一个目标出现了，处于唤醒状态的节点就会发现目标，网络就开始对目标进行跟踪。

所有的节点都有相同的感知半径 r 和相同的传输距离 R，但 r 和 R 不相同。在网络部署之初，它们通过 GPS 技术或者其他的定位技术知道了自己的位置。同时，节点具有本地时钟同步的功能，并且有发现目标的位置的能力[16]。

对于节点获取能量的过程，假设过程设置为随机分布，能量到达时间无规律。节点具有双存储能量存储结构，即拥有两个存储能量的能量存储器。

2. 能量获取节点模型

双存储的能量获取节点的结构如图 13-9 所示。在图中，节点使用软件程序控制能量缓存器 1 和能量缓存器 2 对节点的供能情况。电池的充电过程将分为深充电和浅充电两种，深充电就是当电池电能都耗光的时候再进行充电，浅充电就是当电池电能只消耗一部分时就进行充电。由于锂电池对深充电次数有限制，我们将对锂电池进行更多浅充电。此时，就是将超级电容作为锂电池和太阳能电池板之间的一个媒介，太阳能电池板先反复给超级电容充电，超级电容再将得到的能量积累到一定程度后再转存给锂电池。

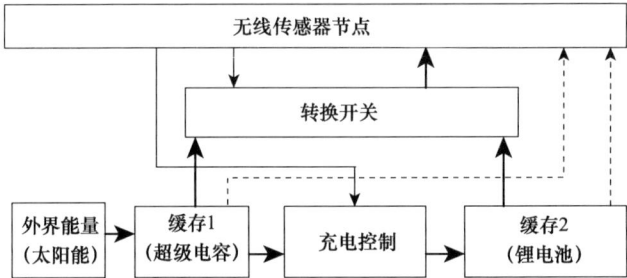

图 13-9 双存储的能量获取节点

超级电容能够比锂电池经历更多次的充放电次数，但超级电容的电池容量小，且漏电电量大，不易长时间存储能量。锂电池却能够长时间存储能量。因此，将两个电池结合使用能够发挥这两个电池的优点，同时避免它们的缺点。同时，使用这种电池，能够随时将到达的阳光转换成电能，不用考虑由于电池充电次数，能够缓解目标跟踪性能和休眠调度之间的矛盾。

13.3.2 改进的休眠调度算法

我们首先介绍 PPSS 算法，再根据 PPSS 算法的缺点进行改进，介绍改进的休眠调度算法。

1. PPSS 算法

在目标运动的过程中，如果目标的运动轨迹能够被预测，且在轨迹旁处于工作循环模式（Duty Cycling Mode）的节点能够主动唤醒并进行跟踪时,目标跟踪的性能就会提高。PPSS 算法——基于概率预测和休眠调度（Probability-Based Prediction and Sleep Scheduling）

的能量有效性目标跟踪算法。在休眠调度方面，它能够在有限的跟踪性能损失条件下预测目标的运动轨迹，并使得目标预测轨迹周围的节点主动唤醒并进行目标跟踪，从而提高无线传感器网络的能量效率。简要来说，PPSS 算法根据了运动学规则和概率理论对目标进行的预测。如图 13-10 所示，从结构上来看，PPSS 算法是在基于概率的目标预测的基础上，使唤醒节点减少和对唤醒时间进行控制。下面详细介绍 PPSS 算法。

1）目标运动预测

首先，要计算出目标的当前运动状态，并根据当前的运动状态和运动学规则，来预测下一时刻的目标运动，最后，根据概率论，计算出目标运动向各个方向运动的概率，并以此减少唤醒节点的个数。

（1）目标状态的计算

我们将时间分为 n 个每一小段，用 1 到 n 来表示。首先，在进行下一刻跟踪前，我们需要根据目标 $n-1$ 时刻的状态 state$(n-1)$ 计算目标 n 时刻的状态 state(n)。state(n) 称为目标的状态向量，它由五个参数组成，分别是采样时间 t_n、目标位置 x_n 和 y_n，目标标速度 $\vec{v_n}$ 和加速度 $\vec{a_n}$。即 state$(n) = (t_n, x_n, y_n, \vec{v_n}, \vec{a_n})$。如图 13-11，此图展示了在三个连续时间点的目标运动，图 13-12 则展示了目标速度和加速度的变化。

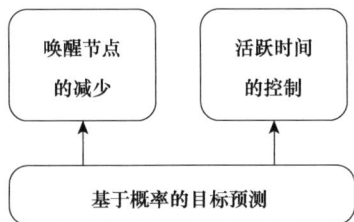

图 13-10　PPSS 算法的三个组成部分　　　　图 13-11　计算目标的状态

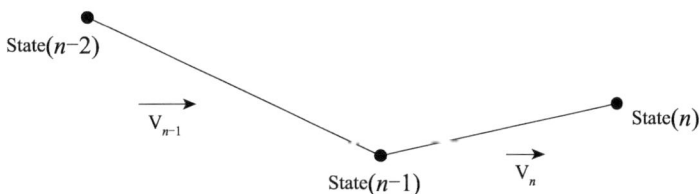

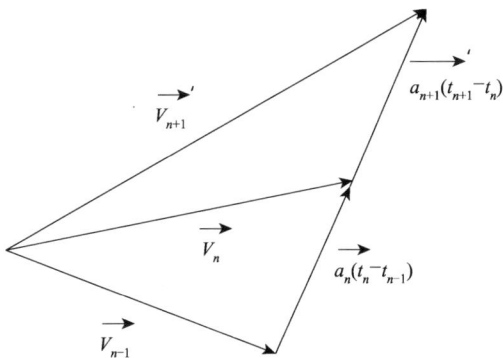

图 13-12　根据目标运动学预测目标运动

同时，在此认为目标的当前位置 (x_n, y_n) 能够通过节点感知和计算得到。因此，$\vec{v_n}$ 和 $\vec{a_n}$ 的计算如下：

$$
\begin{cases}
v_n = \dfrac{\sqrt{(y_n - y_{n-1})^2 + (x_n - x_{n-1})^2}}{t_n - t_{n-1}} \\[3mm]
\theta_n = \begin{cases} ar\tan\dfrac{y_n - y_{n-1}}{x_n - x_{n-1}}, & x_n \neq x_{n-1} \\[2mm] 0, & x_n = x_{n-1} \end{cases} \\[3mm]
\overrightarrow{a_n} = \dfrac{\overrightarrow{v_n} - \overrightarrow{v_{n-1}}}{t_n - t_{n-1}}
\end{cases}
\tag{13-4}
$$

需要注意的是，$t_n - t_{n-1}$ 并不等于转换周期 TP，TP 仅用于预测，而 t_n 依赖于目标的检测时间。

（2）基于运动学的预测

现在，PPSS 算法使用运动学的方法预测目标的 $\overrightarrow{v_{n+1}}'$ 和 $\overrightarrow{S_{n+1}}'$，并且建立下一时刻的预测状态 state$(n)'$。假设目标下一刻的加速度与前一刻相同，预测公式如下：

$$
\begin{cases}
\overrightarrow{a_{n+1}}' = \overrightarrow{a_n} \\[2mm]
\overrightarrow{v_{n+1}}' = \overrightarrow{v_n} + \overrightarrow{a_{n+1}}' \cdot TP \\[2mm]
\overrightarrow{S_{n+1}}' = \overrightarrow{v_{n+1}}' \cdot TP + \dfrac{1}{2}\overrightarrow{a_{v+1}}' \cdot TP^2 \\[2mm]
\overrightarrow{(x_{n+1}, y_{n+1})}' = \overrightarrow{(x_n, y_n)} + \overrightarrow{S_{n+1}}'
\end{cases}
\tag{13-5}
$$

需要注意的是，以上计算出的结果只用于预测，当目标从 t_n 运动到 t_{n+1} 时，计算出来的预测结果将会被目标的实际运动值所取代。

（3）基于概率的预测

计算完目标的运动状态后，现在将进行减少唤醒节点个数和精确节点唤醒时间的计算。首先，将对目标的运动路程这个随机变量 S_{n+1} 建立高斯分布模型，对目标运动的偏移角度 Δ_{n+1} 建立一个线性模型。

假设 S_{n+1} 服从高斯分布，$S_{n+1} \sim N(\mu s_{n+1}, \delta^2 s_{n+1})$。均值 μs_{n+1} 和方差 $\delta^2 s_{n+1}$ 的计算公式如下：

$$
\begin{cases}
\mu s_{n+1} = \left\| \overrightarrow{v_{n+1}}' \cdot TP + \dfrac{1}{2}\overrightarrow{a_{n+1}}' \cdot TP^2 \right\| \\[3mm]
\delta^2 s_{n+1} = \left(\left\| \overrightarrow{v_{n+1}}' \cdot TP + \dfrac{1}{2}\overrightarrow{a_{n+1}}' \cdot TP^2 \right\| - \left\| \overrightarrow{v_{n+1}}' \cdot TP \right\| \right)^2
\end{cases}
\tag{13-6}
$$

对 Δ_{n+1} 建立线性模型时，首先对 Δ_{n+1} 建立了一个线性概率模型函数，如图 13-13 所示。其中，在此设定目标的偏移角度等于其最大的偏移角度，即 $\delta\Delta_{n+1} = \delta_{\max}$。

2）节约能量

为了节省能量，PPSS 算法采用的是计算量较小的分布式的休眠调度的目标跟踪算法。当某个节点感知的目标时，它首先判断节点是否将要离开跟踪区域。若目标将要运动出区域，而且在前方也没有预先唤醒的跟踪区域时，此节点就自动转换为 alarm 节点，进行唤醒下一刻的跟踪节点。alarm 节点周围的节点收到此消息时，它们会根据自身情况，自行决定是否进行唤醒。最后，新的跟踪区域形成，旧的跟踪区域消失。

（1）唤醒节点的减少

要减少跟踪节点，第一步需要约束唤醒区域的大小。首先，设置 d 为被唤醒节点和 alarm 节点的距离。由于在上文中提到，目标在一个 TP 内会移动 S_{n+1} 的距离，因此，以 alarm 位置为中心，被唤醒节点要在 d 的范围内，d 的取值范围是 $\max\{\mu s_{n+1}-\delta s_{n+1},0\}\leqslant d\leqslant R$。

现在，需要在此区域内找出一些节点进行唤醒。根据建立的目标运动预测模型，目标在下一刻随着原方向 $\overline{S_{n+1}'}$ 运动的概率是最大的，将次方向的角度记为 θ。在其他方向 $(\theta+\delta)$ 的唤醒节点个数随着 δ 的增大而减小。因此，可以计算出被

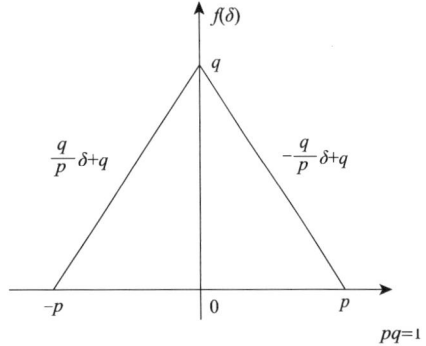

图 13-13　Δ_{n+1} 的概率模型函数

唤醒的节点休眠可能性，结果如下，分母表示沿着目标预测运动方向上的计算结果，分子表示偏移目标预测运动方向上的计算结果。此时，设定 $p=\sqrt{6}\sigma\Delta_{n+1}$。

$$P_{ss}(\delta)=\frac{f_{\Delta_{n+1}}(\delta)}{f_{\Delta_{n+1}}(0)}=\begin{cases}-\dfrac{1}{p}\delta+1 & (\delta\geqslant 0)\\[2mm]\dfrac{1}{p}\delta+1 & (\delta<0)\end{cases}\tag{13-7}$$

（2）节点活跃时间的控制

目标经过每个唤醒节点的时间不同，因此不必要对所有节点设置统一的唤醒休眠时间。根据对目标运动速度的预测，可以对每个节点设置不同的唤醒时间和时长。在此，设置每个节点的唤醒的开始时间 t_{start} 和结束时间 t_{end}。其中，从休眠到唤醒的这段时间延迟为 $t_{alarmed}$。根据上一段的分析，节点需要唤醒的开始时间和结束时间为

$$\begin{cases}t_{start}=t_{alarmed}+\dfrac{\max\{\mu s_{n+1}-\delta s_{n+1},0\}}{TS}\\[3mm]t_{end}=t_{alarmed}+\dfrac{d+r-(\mu s_{n+1}-\delta s_{n+1})}{TS}\\[3mm]TS=\dfrac{\mu s_{n+1}}{TP}\end{cases}\tag{13-8}$$

2. PPSS 算法的缺点

PPSS 算法是基于运动学和概率计算的目标预测。以此预测模型为基础，分别对唤醒节点的数量、节点的唤醒时间进行更精确地控制，以达到保证目标的跟踪和提高能量效率的目的。但也由于只使用了概率模型对目标运动进行预测，没有加入误差学习的方法降低跟踪性能的损失，在提高能量效率的同时，该算法会降低目标跟踪的性能。同计算过程一样，下面将对 PPSS 算法的缺点进行三方面的分析。

1）基于概率的目标预测

在实际场景中，目标的运动是不确定的，但是，它会遵循一些确定的规律。首先，在每一个很小的时间段内，目标的运动状态并不会有很明显的变化，因此，可以认为目标运动是遵循一定运动学规律的。然而，在较长时间的目标运动中，目标突然停止或者快速改变运动方向，导致目标的运动状态不确定并很难预测。当计算完目标当前的状态后，基于运动学的预测会根据目标当前的位置和运动状态，计算出目标在下一休眠时间的位移。基于概率的预测会紧接着计算出目标的标量位移和偏差建立预测模型。

根据模型的建立可以看出，在一个休眠周期 TP 内，目标速度将会被认为在 $\left\| \overrightarrow{v_n} \right\|$ 到 $\left\| \overrightarrow{v_{n+1}}' \right\|$ 内变化，因此，预测的目标位移 S_{n+1} 将会在 $S_A = \left\| \overrightarrow{v_n} \cdot TP \right\|$ 到 $S_B = \left\| \overrightarrow{v_{n+1}}' \cdot TP \right\|$ 内变化。根据 $\overrightarrow{v_{n+1}}'$ 和 $\overrightarrow{a_{n+1}}'$ 的夹角，μs_{n+1} 将会在区间 (S_A, S_B) 或者 (S_B, S_A) 之内变化。S_{n+1} 的标准偏差 δs_{n+1} 将被认为是 $\delta s_{n+1} = |\mu s_{n+1} - S_A|$。根据高斯分布的经验法则[77]，$S_{n+1} \in (S_A, S_B)$ 或者 $S_{n+1} \in (S_B, S_A)$ 的概率约为 68.3%。同时，在设置 $\delta \Delta_{n+1} = \delta_{max}$ 时，根据高斯分布的经验法则[77]，$\Delta_{n+1} \in (-\delta_{max}, \delta_{max})$ 的概率约为 68.3%。

2）唤醒节点的减少

唤醒节点的减少体现在两个方面：唤醒区域被缩小和只选择个唤醒区域中的一组节点进行唤醒。通常，节点的通信距离会远远大于它的感知距离。当一个节点发出通知后，其周围距离内的节点都收到了信息，但收到信息的节点中，有点节点能够感知到目标的概率很小，有的节点根本感知不到目标。在 PPSS 算法中，只将一部分的节点唤醒来节约能量。被唤醒节点和 alarm 节点的距离 d 将不小于 $\mu s_{n+1} - \delta s_{n+1}$，$\max\{\mu s_{n+1} - \delta s_{n+1}, 0\} \leqslant d \leqslant R$。根据高斯分布的经验法则，唤醒的节点能够覆盖目标的概率将大于 $1 - (1 - 68\%) \times 0.5 = 84\%$。

3）活跃时间的控制

根据概率模型建立的目标预测，PPSS 算法对节点进行休眠调度，使得在节点在唤醒时可能发现目标的概率尽可能接近于 1。因此，由于不是所有的节点都需要在从跟踪区域形成到结束都保持唤醒。当 $\mu s_{n+1} \geqslant d - r$，即目标已经出现在唤醒节点需要感知的区域中，被唤醒的节点需要立刻开始对目标进行跟踪。若目标暂时还没出现，即 $\mu s_{n+1} < d - r$，则节点需要在 $t_{alarmed} + (d - r - \mu s_{n+1}) / TS$ 后唤醒。节点需要保持唤醒的时间为 $t_{alarmed} + (d + r - (\mu s_{n+1} - \delta s_{n+1})) / TS$。用于以上计算的变量都是有高斯分布模型计算得来。根据其经验法则，目标在某个唤醒节点停止工作时运动仍留在它的跟踪区域的概率将小于 $1 - (1 - 68\%) \times 0.5 = 84\%$。

PPSS 算法能够有效地提高目标跟踪的能量效率，但也以牺牲了目标跟踪性能为代价。它使用固定的概率模型对目标运动进行估计，当目标运动在短时间内出现较大的变化时，原有的概率模型将不能对目标进行准确跟踪，因此很容易导致目标跟踪的丢失，产生跟踪性能的下降。从以上的分析也可看出，运用高斯分布模型进行目标运动估计时，存在较大的误差，在估计 Δ_{n+1} 时，准确率只有 68%。对于实际情况来说，目标丢失的情况就有可能发生。比如目标突然转变很大的方向，在下一跟踪周期并没有运动到预测的跟踪范围内，目标周围没有唤醒的节点，目标就不能被唤醒节点发现，导致目标跟踪的丢失。又或者虽然目标在下一跟踪周期的运动方向符合预期，但运动速度突然变大或者变小，这也会导致对目标跟踪的丢失。

3. 改进的休眠调度算法

我们在 PPSS 算法的基础上，对其进行改进，以提高其目标跟踪的性能。

由于能量获取无线传感器网络的出现，使得节点能量的使用的分配不再那么紧张，节点在工作时能够消耗更多的能量来保证工作性能。但是，由于能量到达时间是随机的，太阳的能量大小有限，太阳能电池的转换效率也比较低，在目标跟踪时，节点仍然需要进行改进来适应太阳能获取的情况。因此，我们采用双存储的能量获取节点来延长网络的使用生命周期。

1) 算法描述

根据使用 PPSS 算法会对目标跟踪性能产生影响，在此问题上，为了更好地保证目标跟踪性能，我们对 PPSS 算法加以改进。为了称呼方便，在此使用 B 算法来表示上一节中所提出的休眠调度算法。下面将叙述如何进一步改进 PPSS 算法。

在进行目标跟踪时，在运用 PPSS 算法对于目标进行跟踪的基础上，对其中 alarm 节点与周围节点进行通信时的步骤加以改进，并加上 B 算法的内容，从而提高目标跟踪的性能。

当 alarm 节点对其周围的邻居节点发送唤醒信息时，alarm 节点将立即转入接听模式，等待周围节点给它发送回复信息。邻居节点收到 alarm 节点的唤醒信息时，它们会自行决定是否参与下一时刻的目标跟踪，并把决定结果发送回 alarm 节点。如果 alarm 节点收到都是休眠的信息，它将认为下一时刻的跟踪节点并没有被通知好，没有节点对目标进行跟踪，目标很可能跟踪丢失。此时，alarm 节点将会转而使用 B 算法对邻居节点进行再次唤醒。alarm 节点首先发送另外一条信息给距离与它小于等于 D 的邻居节点，告知它们回复自己的位置信息和能量存储信息。alarm 节点收集完这些信息后，它将会选择 n 个剩余能量较多和距离目标较近的节点进行跟踪，并发送跟踪信息给它们。D 的选择如下：

$$\begin{cases} D = \overline{S_n} \\ \overline{S_n} = \overline{v_n} \times TP \\ \overline{v_n} = \left(\overline{v_n} + \overline{v_n} + \cdots + \overline{v_n} \right) / n \end{cases} \tag{13-9}$$

在式中，$\overline{S_n}$ 表示目标的平均位移，$\overline{v_n}$ 表示目标的平均速度。

2) 使用双存储能量获取节点

双存储能量获取节点的描述如下：如果超级电容的电压超过一定值，如 V_{c1}，节点将使用它为节点供电。如果超级电容的电压超过一定值，如 V_{c2}，通知锂电池的电压小于一定值，如 V_{l1}，此时锂电池将会被超级电容充电，直到超级电容电压小于某值 V_{c5}。当然，如果超级电容的电压小于一定值，如 V_{c3}，并且正好有阳光，则节点开始收获能量，并存储在超级电容里。当超级电容的电压小于 V_{c4}，并且没有太阳能到达时，此时节点转而由锂电池供电，节点会保持工作直到锂电池的电压小于 V_{l2} 或者太阳能开始到达。

4. 程序流程图

1）目标的发现和跟踪（图 13-14）

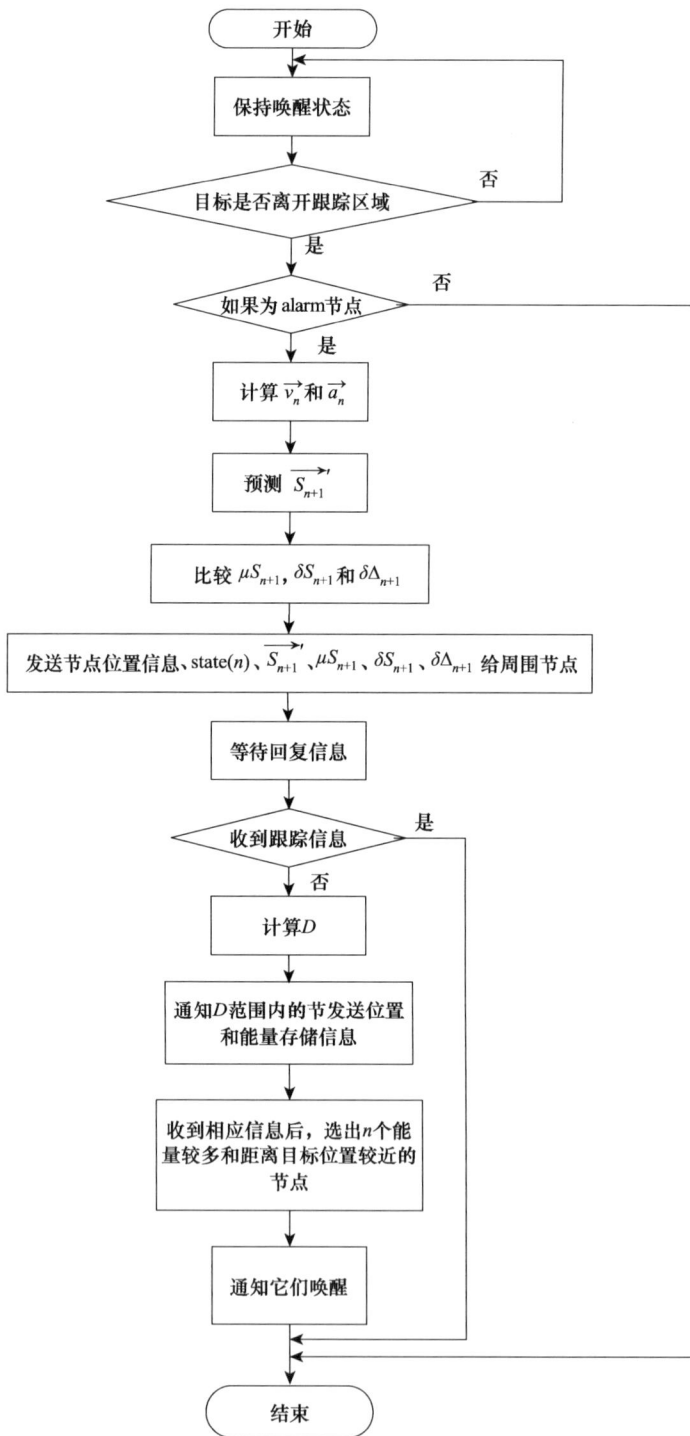

图 13-14　目标的发现

2) 唤醒跟踪节点（图 13-15）

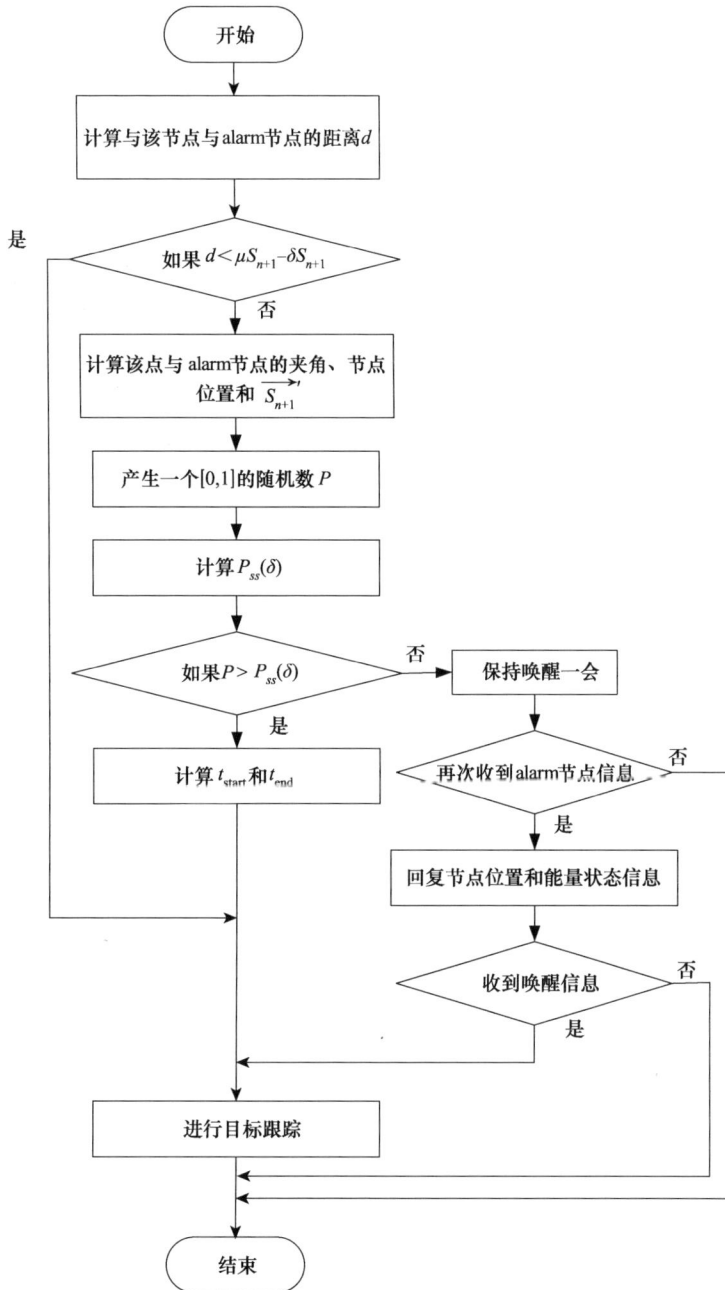

图 13-15　唤醒跟踪节点程序

3) 电池控制程序（图 13-16）

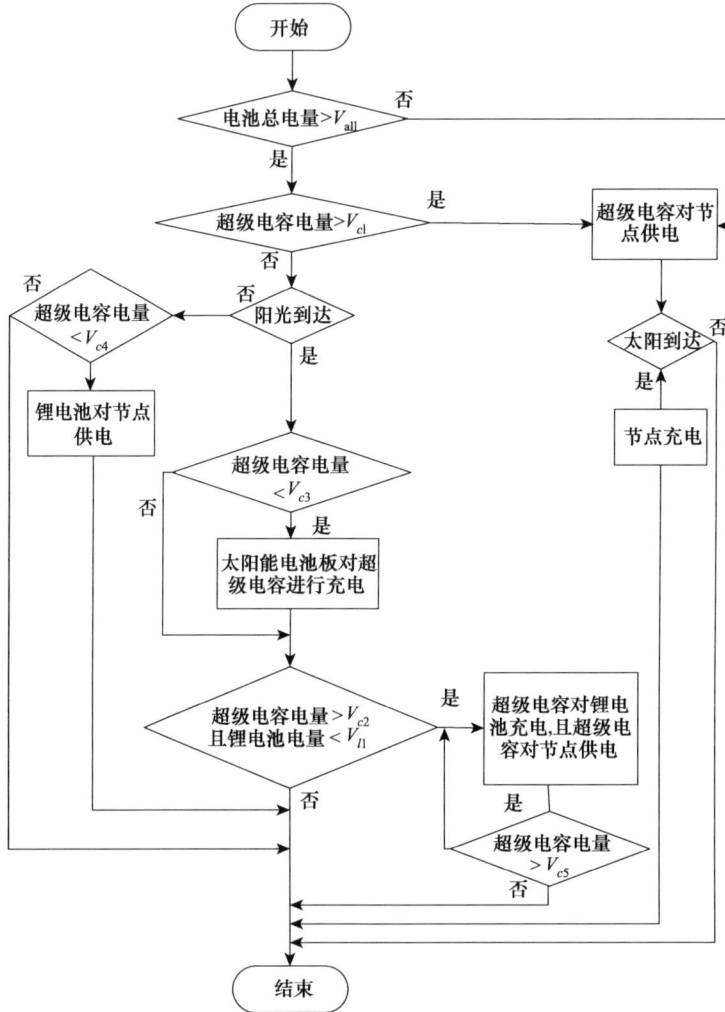

图 13-16　电池控制程序

13.3.3　仿真结果与分析

根据以上的模型叙述，我们通过使用 MATLAB 软件进行仿真，来验证提出的算法。用于比较的性能指标为目标丢失率和网络能量的剩余能量比，其计算公式如下：

$$目标丢失率=\frac{没有检测到目标的次数}{检测到目标的次数} \tag{13-10}$$

$$剩余能量比=\frac{目标运动出区域后网络的总能量}{目标进入区域之前网络的总能量} \tag{13-11}$$

1. 参数设定

首先，要对仿真参数设定。

● 仿真区域节点参数设定如下：

仿真区域面积：150×150 m^2

节点的密度：1.5 个/100 m^2 到 5.5 个/100 m^2

目标的速度：10 m/s 到 30 m/s

R/r: 3

TP = 1s

DC: 10%

目标会在区域形成后的 3600 秒进入区域，在目标进入跟踪区域之前，区域内的节点不会获取能量。仿真进行循环 100 次并将结果取平均。节点每次通信时，假设都需要传输 250 比特字节的信息，并且忽略传输所消耗的时间。节点在不同状态下能量消耗的参数如表 13-2：

● 对于节点能量获取的相关参数，设定如下：

太阳能板面积：5×5 cm^2

太阳能能量强度：0.1 W/cm^2

太阳能板转换效率：15%

节点能够获取能量的概率：50%

锂电池初始能量：2J

锂电池最大容量：2J

超级电容初始能量：0J

超级电容最大容量：1J

超级电容浅/深充电次数：$+\infty$ 次/$+\infty$ 次

锂电池浅/深充电次数：$+\infty$ 次/200 次

表 13-2　节点能量消耗参数

节点状态	能量消耗大小
监听	9.6 (mJ/s)
发送	720 (nJ/bit)
接收	110 (nJ/bit)
休眠	0.33 (mJ/s)

将电池存储能量两种情况分别进行仿真。同时，节省程序运行时间为了简化计算，我们将双存储能量获取电池的电压操作门限改为其电池的容量门限。对应参数如表 13-3：

表 13-3　节点能量门限

节点包含的能量	能量门限	节点包含的能量	能量门限
$E1$ ($Vc3$)	0.8J	$E4$ ($Vl1$)	0.4J
$E2$ ($Vc1$)	0.3J	$E5$ ($Vc2$)	0.8J
$E3$ ($Vc5$)	0.35J	$E6$ ($Vc4$)	0.1J

2. 目标跟踪丢失率的变化

此时，设定此区域的节点密度为 2 个/100 m^2，仿真结果如图 13-17 所示，图 13-17（a）是节点在休眠时才能存储能量的情况，图 13-17（b）是节点在任何时刻都能存储能量的情况。图中的 5 条曲线代表目标的速度变化，单位为 m/s。从两幅图中都可以看出，目标速度越大，目标丢失率越大。但是，在目标速度和 n 的个数之间并没有产生明显的线性关系或者相关性。原因是由于唤醒的节点区域大小并不随着节点密度的增大而增大，因此每次要唤醒下一时刻的跟踪节点时，增加的只是唤醒节点的个数，并没有增加跟踪区域的面积，因此导致跟踪区域的面积是不变的，目标丢失率也就没有减少。同时，节点是否在休眠时刻存储能量对目标的丢失率影响不明显，这说明由于无线传感器网络节点密度较大，用于跟踪的节点能量消耗比例较小，导致节点是否在休眠时刻存储能量对目标的丢失率影响不明显。

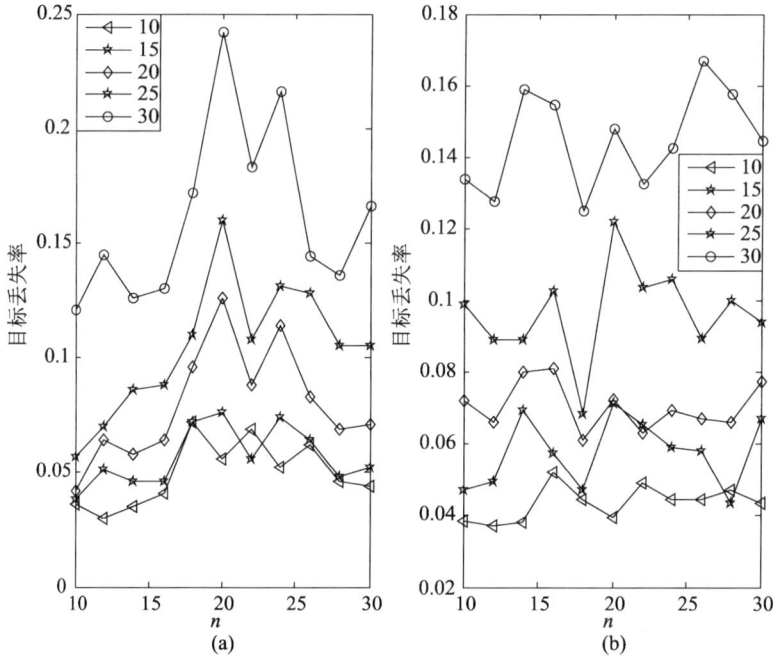

图 13-17　随着 n 变化的目标跟踪丢失率

3. 算法的性能比较

为了减少程序运行的时间，我们就选择 $n=10$ 作为以下仿真的参数。图 13-18 和图 13-19 分别说明了目标速度和节点密度与剩余能量的关系。在图 13-18 中，节点密度设定为 2 个/100 m^2。在图 13-19 中，目标速度设定为 15m/s。

为了方便描述，我们将 PPSS 算法用 A1 算法表示，将没有进行能量获取的改进的面向目标跟踪的休眠调度算法用 A2 算法表示，将进行能量获取的改进的面向目标跟踪的休眠调度算法用 A3 和 A4 算法表示，A3 表示获取能量只有在节点休眠的时候能存储，A4 表示获取的能量在任何时间都能存储。

在目标进入跟踪区域之前，区域节点的能量消耗水平是大致一样的，因此通过观察剩余能量比，可以看出不同的算法对传感器节点剩余能量的影响。从图 13-18 和图 13-19 都能看出，在没有能量获取的情况下，A2 曲线在最下，说明改进算法的消耗的能量最多，它的剩余能量比最小，这也同时说明改进以后的 PPSS 算法需要消耗更多的能量。从 A3 和 A4 曲线可看出，当节点具有能量获取的能力时，剩余能量将翻倍增长，会达到较高的剩余能量比。由于节点每次获取的能量相对较多，消耗的能量相对较少，导致节点是否在休眠的时候也存储能量对剩余能量比影响不算大，因此 A3 和 A4 曲线在图 13-18 和图 13-19 中出现重叠，图 13-18 在目标速度增加到 20m/s 时 A3 才缓慢略微的下降。同样地，从两幅图中可以看出，A3 和 A4 曲线都几乎与 X 轴平行。这说明随着节点密度和目标速度的增加，每次进行跟踪时，消耗的能量比例是相近的，随着节点个数的增加，用于跟踪的节点也增加了，使得目标丢失率也有所减少，增加的能耗也使得目标的丢失率减少。

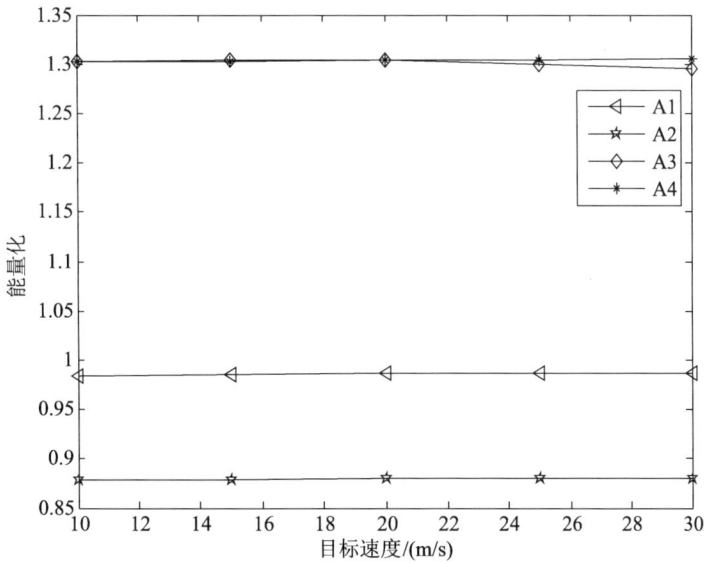

图 13-18　剩余能量比与目标速度的关系

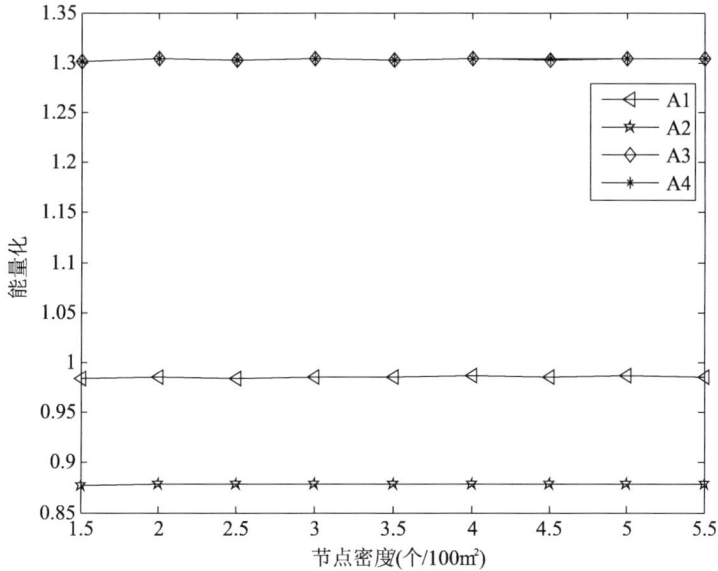

图 13-19　节点密度和剩余能量比的关系

图 13-20 和图 13-21 描述了目标速度和节点密度与目标丢失率的关系。两幅图都说明了提出的算法能够有效减少跟踪目标的丢失。在图 13-20 中，节点密度设定为 2 个/100 m²。A1曲线最高，说明改进算法的目标丢失率要小于原来的 PPSS 算法。随着目标速度的增加，目标丢失率随之增加，目标速度的增高能够导致目标丢失率的增高。然而，A2、A3 和A4 曲线趋势一致，出现交叉的情况，说明无论传感器网络是否进行能量获取，目标丢失

率的变化不是很大。在图 13-20 中，A4 曲线在速度 15m/s 后略低于 A2 和 A3，这说明节点在休眠的时候能够存储能量有利于减少目标的跟踪丢失。在图 13-21 中，目标速度设定为 15m/s。A1 曲线最高，说明 PPSS 算法仍然有最高的目标丢失率。A2、A3 和 A4 曲线趋势一致，出现交叉的情况，说明在改进的算法中，随着节点密度的增加，是否进行了能量获取对目标丢失率影响不大。由于节点密度的增加会导致参与跟踪的节点增加，也就会减少目标的发生丢失的概率，因此曲线从左到右依次下降。

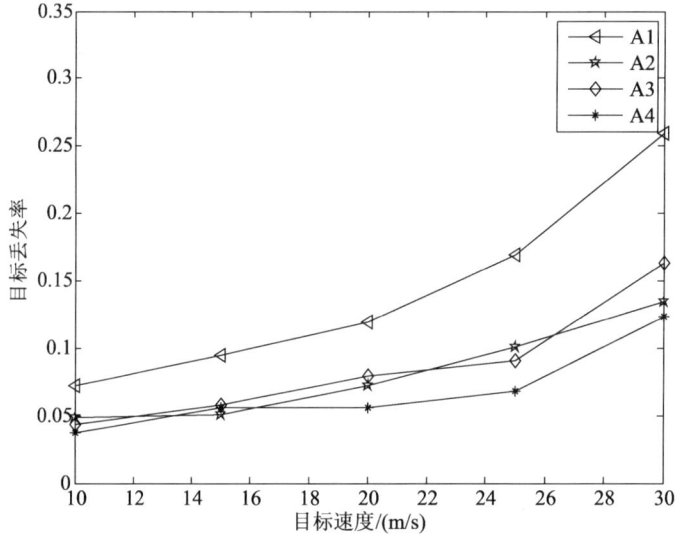

图 13-20　目标速度与目标丢失率的关系

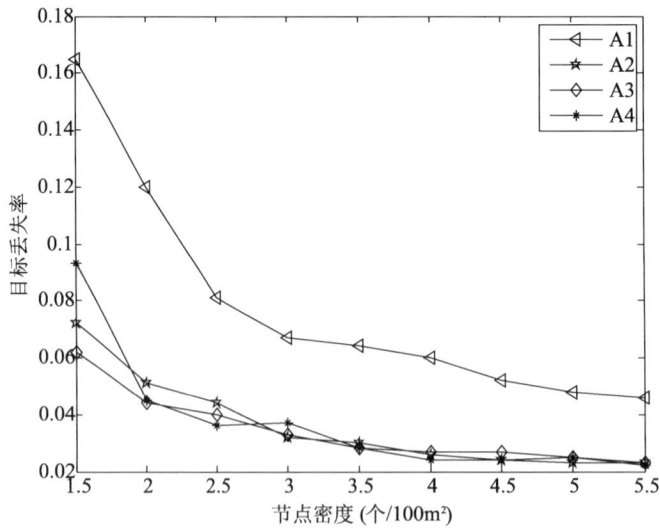

图 13-21　节点密度与目标丢失率的关系

13.4 本章小结

本章根据应用于目标跟踪的能量获取传感器网络的特性，提出了一个启发式的休眠调度算法。该休眠调度算法只考虑目标的最大速度和目标周围节点的能量，在跟踪时尽量使用能量较多的节点，平衡网络的能量消耗，延长网络生命周期。仿真结果说明该休眠调度算法能够有效的延长网络生命周期。然后我们在此基础上提出了一个新的面向目标跟踪的休眠调度算法。首先，将 PPSS 算法与第 13.2 节中的启发式算法结合，尽量提前预知目标可能丢失的情况，在目标将要可能丢失时立即启用另一种休眠调度方法，以减少对目标跟踪的丢失。然后，采用双存储的能量获取节点，同时发挥超级电容和锂电池的优点，避免双方的缺点来延长传感器网络的生命周期。仿真结果表明，提出的新算法不但能够有效减少目标跟踪的丢失，增强传感器网络目标跟踪的性能，还可以延长网络生命周期。

参 考 文 献

[1] Alvarado U, Juanicorena A, Adin I, et al. Energy harvesting technologies for low-power electronics[J]. Transactions on Emerging Telecommunications Technologies, 2012, 23(8): 728-741.

[2] Gorlatova M, Wallwater A, Zussman G. Networking low-power energy harvesting devices: Measurements and algorithms[J]. IEEE Transactions on Mobile Computing, 2013, 12(9): 1853-1865

[3] Climent S, Sanchez A, Blanc S, et al. Wireless sensor network with energy harvesting: modeling and simulation based on a practical architecture using real radiation levels[J]. Concurrency and Computation: Practice and Experience, 2013. doi: 10.1002/cpe. 3151.

[4] Huang L, Neely M J. Utility optimal scheduling in energy-harvesting networks[J]. IEEE/ACM Transactions on Networking, 2013, 21(4): 1117-1130.

[5] Zhang Y, He S, Chen J, et al. Distributed sampling rate control for rechargeable sensor nodes with limited battery capacity[J]. IEEE Transactions on Wireless Communications, 2013, 12(6): 3096-3106.

[6] Zhang S, Seyedi A. Harvesting resource allocation in energy harvesting wireless sensor networks [J]. Networking and Internet Architecture, 2013. arXiv:1306.4997.

[7] Besbes H, Smart G, Buranapanichkit D, et al. Analytic conditions for energy neutrality in uniformly-formed wireless sensor networks[J]. IEEE Transactions on Wireless Communications, 2013, 12(10): 4916-4931.

[8] Demigha O, Hidouci W K, Ahmed T. On energy efficiency in collaborative target tracking in wireless sensor network: a review[J]. IEEE Communications Surveys & Tutorials, 2013, 15(3): 1210-1222.

[9] Sarkar R, Gao J. Differential forms for target tracking and aggregate queries in distributed networks[J]. IEEE/ACM Transactions on Networking, 2013, 21(4): 1159-1172.

[10] Darabkh K A, Ismail S S, Al-Shurman M, et al. Performance evaluation of selective and adaptive heads clustering algorithms over wireless sensor networks[J]. Journal of Network and Computer Applications, 2012, 35(6): 2068-2080.

[11] Juan F, Lian B, Wei Z. Hierarchically coordinated power management for target tracking in wireless sensor networks[J]. International Journal of Advanced Robotic Systems, 2013, 10: 1-14.

[12] Cardei M,J. Wu J. Energy-efficient coverage problems in wireless ad-hoc sensor networks[J]. Computer Communications, 2006, 29(4): 413-420.

[13] Zhang S, Seyedi A, Sikdar B. An analytical approach to the design of energy harvesting wireless sensor nodes[J]. IEEE Transactions on Wireless Communications, 2013, 12(8): 4010-4024.

[14] Paradiso J A, Starner T. Energy scavenging for mobile and wireless electronics[J]. IEEE Pervasive Computing, 2005, 4(1): 18-27.

[15] Jiang B, Ravindran B, Hyeonjoong C. Efficient sleep scheduling based on moving directions in target tracking sensor network[A]. Proceedings of the IEEE International Symposium on Parallel and Distributed Processing[C], 2008, 5067: 1-10.

[16] Braca P, Willett P, LePage K D, et al. Bayesian tracking in underwater wireless sensor networks with port-starboard ambiguity[J]. IEEE Transactions on Signal Processing, 2014, 62(7): 1864-1878.

第14章　无线信息和能量传输的最优时间分配

14.1　引　　言

能量获取无线通信系统的研究，始于对无线传感器网络的研究[1,2]。由于应用环境的限制，无线传感器网络通常缺少可靠的电源。因此在传感器上嵌入能量获取设备[3]，以延长节点的工作寿命，从而延长网络的生命周期的能量获取技术引起了人们的注意。而于近些年新兴起的基于射频的能量获取技术更是成为了研究的热点[4,5]。射频能量获取是无线能量传输中的一种，此外，无线能量传输还包括了电感耦合[6]及电磁共振耦合[7]。然而，在以往的研究中，我们发现虽然电感耦合及电磁共振耦合可获得较高的功率和转换效率，但传输距离很短。这是因为，功率传输效率依赖于耦合系数，而耦合系数又取决于两个线圈（或谐振器）之间的距离。此外，电感耦合和电磁共振耦合都需要对发射端和接收端的线圈（或谐振器）进行对齐和校准，因此对接收端的位置要求相对固定。这些限制使得电感耦合和电磁共振耦合不适用于移动的和远程的无线能量传输。相反，射频无线能量传输则没有这些限制，被认为是一种远程能量传输技术，可实现较长距离的传输（通常为几米到几十米）[8]。因此，射频无线能量传输技术可用于分布范围广、规模巨大的无线传感器网络中。

射频能量获取是通过接收电磁波辐射所携带的能量信号，并转换成直流电，从而为无线设备提供可持续的电能，以供其进行信号处理和信息传输。射频能量获取技术因其独特的优势，被广泛应用于无线传感器网络[9-15]，并且通过实验验证了多跳的射频能量传输无线传感器网络[16-18]。在医疗及医学应用领域，射频能量获取被应用于无线身体网络[19-25]。此外，还广泛应用于无线充电系统[26]、射频识别（RFID）系统[27-31]，以及设备的驱动[32,33]。因此，射频能量获取技术被认为是一种有前途、高成本效益的能量解决方案。

基于射频的能量获取技术成功实现了从电磁波辐射的信号中获取能量，人们结合电磁波已被成熟应用于无线信息传输（Wireless Information Transfer，WIT）的现实，设想着，是否可以在传输信息的同时，充分利用宝贵的发射功率传输能量，从而达到接收机在获取信息的同时，又可获取能量。正是在这样的需求下，推动了基于信息和能量同时传输的无线携能通信（Simultaneous Wireless Information and Power Transfer，SWIPT）的发展。无线携能通信系统最大的特点是信号和能量的并行传输。在文献[34]中，Varshney 首次提出并分析了信息与能量同时传输的问题，针对振幅受限的加性高斯白噪声信道的环境下，给出了信道容量和能量传输的权衡。文献[35]研究了基于耦合电感的近距离无线能量传输模型中的无线信息和能量传输的问题，考虑了在平均功率受限的频率选择性加性高斯白噪声信道下，采用注水功率分配的算法实现了最优功率分配，获得了信息传输速率和能量转换效率之间的最优权衡。文献[36]则研究了一个基于窄带平坦衰落信道下的点对点的无线链路模型，并且考虑了信道受到时变共信道的干扰的影响。文中针对接收机为无源节点，需要从接收信号中获取能量这一场景，提出接收机的最优工作模式切换准则，以实现无线信息传输和无线能量传输之间的最优权衡。文献[37]则考虑了在衰落信道中，能量获取发射机的点对点数据传输的优化问题，以实现信息传输速率的最大化和传输时间的最小化为目标，优化了时间序列能量传输的问题。然而，在进一步的研究中，人们考虑到由于实际硬件电路的限制，在现实中无法实现能量收集和信息解调的同时进行，因此在文献[38]中，作者提出了一种动态功率分配的接收方案：将接收机接收到的信号按一定比例进行分配，其中一部分将用于能量收集，而另一部分则用于信息解调；进而提出了功率分配的三种特殊情形：时间切换、静态功率分配、开关功率分配；此外，还对接收机的模型进行分类，即分离式和综合式接收机，并且研究了这两种接收机的耗能对信息传输速率、能效的影响。文献[39]针对时间切换问题进行了进一步的研究，文献[40]则对功率分配问题进行进一步的研究。不同于以上文献研究的点对点的单天线通信系统，文献还分别考虑了 MISO 系统[41-44]、MIMO 多天线广播系统[45-47]、多天线能量接收机的两跳前向放大中继系统[48]、多用户系统[49]中的信息与能量同时传输的问题。此外，文献还分别就 OFDM 系统[50]、蜂窝网[51]、协作网络[52,53]、中继网络[54,55]进行研究。文献[56,57]考虑了非完美信道的情形，此外，文献[58]研究了宽带无线系统的能源分配算法。

近几年基于射频能量获取的无线供能通信网络（Wireless Power Communication Network，WPCN）也成为学者们的研究热点。与侧重于信息和能量并行传输的无线携能通信不同，无线供能通信网络侧重于将获取的能量进行供电，以使接收端获得能量从而得以进行无线信息传输。在文献[59]中提出了一种"先获取后发送"（harvest-then-transmit）的策略，它从利用获取到的能量的角度出发，认为接收机先获取能量，并且通过特定的能量转换装置将其转换成电能，从而能够对接收机进行供电，进而完成其无线信息传输的工作。在无线供能通信网络中，由于接收机既扮演着能量接收机的角色，又扮演着信息发射机的角色。因此，在基于帧传输的能量获取无线供能通信网络中，无线能量传输的时间和无线信息传输的时间存在一个最优时间分配的问题。文献[60,61]考虑了发射机是多天线的情况，并且利用能量波束成形进行无线能量传输。文献[62]则考虑了一个全双工发射机与多用户的系统。文献[63,64]则分别研究了点对点的多天线系统在时分双工（TDD）、频分双工（FDD）模型下的最优时间分配问题。此外，不同于上述文献中所考虑的是在能量接收端采用"先获取后发送"协议，文献[65]研究的是在发射端采用"先存储后发送"的系统模型。在完美信道状态下对无线供能通信网络的研究已经取得了很多的成果，但是由于无线信道的时变性、信道估计误差、量化噪声误差以及反馈误差的影响，在发射端和接收端都很难获得完美的信道状态信息，因此非完美信道下的无线供能通信网络的研究也受到了越来越多的关注[66-69]。

本章以无线供能通信网络为研究背景，分别在完美信道和非完美信道下，讨论了无线供能通信系统中的数据传输和能量获取的调度问题。对于完美信道状态下无线供能通信系统中的数据传输和能量获取调度问题，我们首先提出了一个三点式的系统模型。在该系统模型下，通过优化无线能量传输和无线信息传输的时间分配，在满足因果约束、时间约束及一定服务质量约束的前提下，最大化系统吞吐量。通过分析，将联合约束条件下优化问题的求解转换成在一个可行域中求解，通过一维搜索法可以得到数值的最优解。仿真结果表明，与可行域内的其他时间分配方案相比，我们提出的最优时间分配方案能够获得更大的吞吐量，并且两种不同方案的性能差距随着无线能量发射功率的增大而增大。由于信道的时变性、信道估计误差、量化噪声误差以及信道估计反馈误差等因素的影响，现实中很难得到完美的信道状态信息。因此，我们研究了非完美信道状态下无线供能通信系统的数据传输和能量获取调度问题。为了提高能量的传输效率，我们提出了一个多天线系统模型。通过优化信道估计、无线能量传输及无线信息传输的时间分配，使得在满足一定的时间约束条件下，实现系统吞吐量的最大化。通过分析，我们将二元优化问题简化为一元优化问题。通过交替迭代优化算法求出最优解，仿真结果验证了算法的正确性。

14.2 完美信道下无线信息和能量传输的最优时间分配

14.2.1 系统模型

首先对系统进行建模，如图 14-1 所示，我们考虑的是一个基于帧传输的三点式的无线供能通信系统。系统中由三部分构成：能量发射机、信息接收机以及无源终端(R)。其中，我们把能量发射机和信息接收机集成在一个设备上，即设备 S。假设 S 有固定能源为其供能，而 R 是一个无源终端，即没有其他嵌入式的能源，需要通过无线能量传输的方式获取能量，从而满足其在无线信息传输阶段的能量需求。我们注意到，这个模型中，设备 S 和无源终端 R 均同时扮演着两个角色，即能量接收机的角色及信息发射机的角色。当 S 作为能量发射机时，R 作为能量接收机；而当 R 作为信息发射机时，S 作为信息接收机。因此，在系统工作时，S、R 需要选择适当的时间点，在这两种工作模式之间进行切换，以使得系统性能达到最优。另外假设，该系统中的三个节点都是只装设了一根天线。

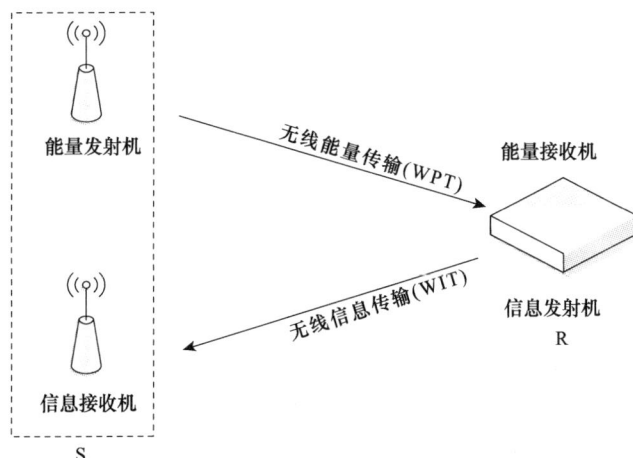

图 14-1　三点式的无线供能通信系统模型

接下来，将对整个系统模型的无线能量传输及无线信息传输的过程进行详细的分析和介绍。

系统的工作流程如下：

第一阶段：在下行链路（DownLink，DL）中，S 首先开启能量发送模式，即 S 中的能量发射机向无源终端 R 发送射频信号，而此时 R 扮演的是能量接收机的角色，接收来自 S 的射频信号，并从中获取能量。这个过程系统执行的是无线能量传输，即 WPT。

第二阶段：在上行链路（UpLink，UL）中，S 切换到信息接收模式，接收来自无源终端 R 发送的信息。由于 R 是一个无源终端，所以它必须利用在 WPT 阶段所获取的能量来为自己供电，从而向 S 发送信息。这个过程系统执行的是无线信息传输，即 WIT。

我们分别用复杂随机变量 h' 和 g' 表示 S 到 R 的下行信道，以及对应的上行信道（即 R 到 S），因此下行信道和上行信道的信道增益分别表示为 $h = |h'|^2$ 和 $g = |g'|^2$。假设上行信道 h' 和下行信道 g' 都是准静态平坦衰落信道，因此在每一帧的传输时间里，信道增益 h 和 g 都是保持不变的，但是帧与帧之间是可以独立改变的。另外，假设在每一帧开始前，对于 R 和 S 来说，h 和 g 都是已知的。

在这个模型中，我们是基于"先获取后传输"协议进行的。所谓的"先获取后传输"协议就是按照顺序，先后执行上面所描述的两个阶段。也就是说，对于该系统模型，先进行无线能量传输后进行无线信息传输。

"先获取后传输"协议的帧结构，如图 14-2 所示，假设每一帧的时间长度为 T，在每一帧开始的 t（$0 < t < T$）时间长度内，系统执行无线能量传输（即进行第一阶段）；而在剩余的 $T-t$ 的时间长度内，系统执行无线信息传输（即进行第二阶段）。

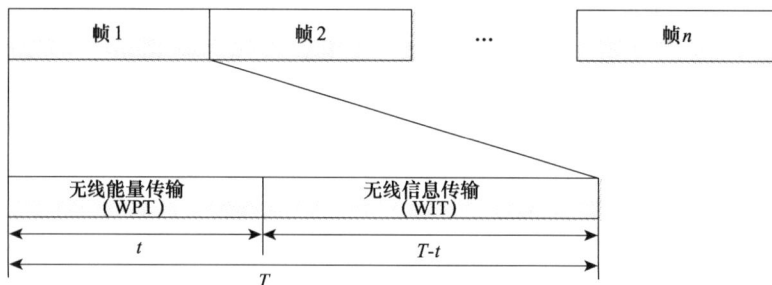

图 14-2　帧结构

14.2.2　各个传输阶段的信号表示

在这一小节，我们将会对各个阶段所传输与接收的信号进行表示，并对其进行具体的分析与介绍，为下一小节优化问题的建立奠定基础。

1. 无线能量传输阶段

在无线能量传输（即第一阶段）的 t 时间段内，S 以广播的形式发送射频信号 x，R 接收到到这个信号，用 y 表示 R 接收到的信号。所以，可以得到

$$y = \sqrt{h}x + n \tag{14-1}$$

式中，h 表示下行信道（S 到 R）的信道增益；n 表示期望为 0，方差为 σ^2 的加性高斯白噪声，即 $n \sim CN(0, \sigma^2)$。假设 x 是一个随机信号，并且满足 $E[|x|^2] = P$，其中 P 表示 S 发送信号时的发射功率。值得注意的是，射频信号在进行能量传输的同时也可以传输信息，但是这种情况是无线携能通信所讨论的，本节中不予考虑这种情况。因此，此阶段仅考虑通过射频信号进行能量的传输。

由能量守恒定律，并根据文献[45]中的能量获取公式，在 t 时间段内 R 获得的能量可以表示为

$$E = \eta h P t + \sigma^2 \tag{14-2}$$

式中，η 表示 R 将所获取的射频信号能量转换成电能的效率，其中 $0 \leqslant \eta \leqslant 1$。$\sigma^2$ 表示周围环境中的噪声功率。由于相较于所获取的射频能量，我们认为环境噪声功率足够小，因此可以忽略不计。所以，R 所获得的能量可以表示为

$$E = \eta h P t \tag{14-3}$$

2. 无线信息传输阶段

在无线信息传输（即第二阶段）的 $T - t$ 时间段内，R 利用在第一阶段所获得的能量进行供电，从而向 S 传输信息。假设 R 将所获取的能量全部用于发送信息，因此，R 发送信息时的平均发射功率可以表示为

$$
\begin{aligned}
P_R &= \frac{E}{T-t} \\
&= \frac{\eta h P t}{T-t}
\end{aligned}
\tag{14-4}
$$

用 x_R 表示 R 向 S 发送的信号，经过上行链路，S 接收到这个信号，用 y_s 表示 S 接收到的信号。所以，可以得到

$$y_s = \sqrt{g} x_R + n_R \tag{14-5}$$

式中，g 表示上行信道（R 到 S）的信道增益；n_R 表示上行信道的加性高斯白噪声，假设 $n = n_R$，即 $n_R \sim CN(0, \sigma^2)$。

这一节考虑的是在完美信道状态下进行能量和信息的传输，也就是说，S 和 R 在发送和接收信息前，都已知了信道的状态信息。根据式(14-3)~式(14-5)，可以得到 R 向 S 发送信息时的信息传输速率为

$$R_0 = B \log_2(1 + r) \tag{14-6}$$

式中，B 表示传输带宽，本章中假设为 B 归一化传输带宽，即 $B = 1$；r 表示在信噪比，其中 r 的具体表达式如下：

$$r = \frac{g P_R}{\sigma^2} = \frac{g E}{(T-t)\sigma^2} = \frac{\eta h g P t}{(T-t)\sigma^2} \tag{14-7}$$

用 $C(t)$ 表示可获得的上行链路吞吐量，根据式(14-6)和式(14-7)，可得到 $C(t)$ 的具体表达式如下：

$$C(t) = (T-t)R_0 = (T-t)\log_2\left[1 + \frac{\eta hgPt}{(T-t)\sigma^2}\right] \qquad (14\text{-}8)$$

另外，我们假设 S 中的信息接收机接收到 R 发送的信息后，先对信息进行正交振幅调制（QAM）后转发。根据文献[70]，可以得到平均误码率的近似值为

$$P_S = 2\left[1 - \sqrt{\frac{3r}{2(M-1)+3r}}\right] = 2\left[1 - \sqrt{\frac{3\eta hgPt}{2(M-1)+3\eta hgPt}}\right] \qquad (14\text{-}9)$$

式中，M 表示调制进制数。

14.2.3 优化问题的建立

在这一小节，我们将建立一个优化问题，通过对优化问题的求解，实现无线能量和信息传输之间的平衡。

我们知道，电磁波既可以携带能量也可以携带信息，因此通过电磁波进行无线能量传输和无线信号传输的原理是一致的，都是依靠电磁波作为载体在发射端和接收端之间进行着能量和信息的传输，但是二者的侧重点不同：无线能量传输关注的电磁波中携带的能量，因而能量的传输效率是无线能量传输过程所追求的。而无线信息传输则侧重于电磁波所携带的信息，因此更侧重于信息传输速率、传输的可靠性以及系统的吞吐量等系统性能。

由于本节所考虑的是基于"先获取后传输"的无线供能通信系统，通过上一小节对系统模型以及系统工作时间的帧结构进行分析，可以知道：当系统在无线能量传输阶段所耗费的时间（t）越长，无源终端 R 获得的能量也就越多，因而系统在第二阶段进行无线信息传输时，R 的发射功率也就越大；但同时这也将会导致剩余给系统进行无线信息传输的时间（$T\text{-}t$）越少，这最终又会导致系统的上行链路吞吐量减少。因此，在给定的一个时间帧长度 T 内，如何对无线能量传输的时间和无线信息传输的时间进行合理的分配，使得系统性能达到最优，这是本节所要建立的优化问题的出发点。换句话说，就是找到一个恰当的时间点，让 S 和 R 由分别在能量发射机和信息接收机、能量接收机和信息发射机之间进行角色转换。

本节将以系统获得最大吞吐量为优化目标，以无线能量传输的时间 t 为优化变量，并在满足一定的约束条件下建立优化问题。下面将优化问题进行数学公式化，得到优化问题（问题 14-1）的数学表达式如下：

$$\max_t \quad C(t) \qquad (14\text{-}10)$$

$$\text{s.t.} \quad P \leqslant P_{\max} \qquad (14\text{-}11)$$

$$P_R \leqslant P_{R,\max} \qquad (14\text{-}12)$$

$$0 < t < T \qquad (14\text{-}13)$$

$$P_S \leqslant P_S^t \qquad (14\text{-}14)$$

其中，式（14-10）中的 $C(t)$ 在式（14-8）中已给出；式（14-11）是 S 的发射功率的约束条件；式（14-12）是 R 的发射功率的约束条件；式（14-13）是时间的约束条件，表示系统进行无

线能量传输的持续时间 t 必须是在 $(0,T)$ 区间内，以保证系统的无线能量传输和无线信息传输都得以进行；式 (14-14) 是误码率的约束条件，表示 S 端的误码率必须小于一个目标值，这个目标值我们用 P_S^t 表示。

14.2.4 优化问题的求解

本小节中将针对在上一小节建立的优化问题进行求解。首先根据凸优化问题 (convex optimization) 的定义判断该优化问题是否属于凸优化问题，通过求式 (14-8) 关于变量 t 的二次偏导数，可以得到

$$\frac{\partial^2 C(t)}{\partial t^2} < 0 \tag{14-15}$$

式 (14-15) 具体的推导过程见本节附录 1，根据式 (14-15)，可知目标函数 $C(t)$ 在区间 $(0,T)$ 内，关于变量 t 是一个凹函数 (concave function) (注明：根据国际上对凹函数和凸函数的定义可知：当二阶偏导数小于 0 的时候，函数是凹函数；反之为凸函数)。理论上，可以通过凸优化的方法可以获得最优解，然而由于 $\mathrm{d}C(t)/\mathrm{d}t$ 和 $\mathrm{d}P_S/\mathrm{d}t$ 是非线性函数，而且非常复杂，因此很难获得最优解的闭合表达式。但是，我们发现优化问题 14-1 中目标函数值含有一个变量，很容易通过一维穷举搜索法获得数值最优解。

另外，为了使得问题变得容易处理，通过约束条件分别找出变量 t 的上界 t_1 和下界 t_2，从而得到变量 t 的一个可行区间 $[t_2,t_1]$。结合目标函数 $C(t)$ 在区间 $(0,T)$ 内是凹函数的性质，可以得知目标函数 $C(t)$ 和变量 t 的关系存在以下三种情形：

情况 1：如果 $\mathrm{d}C(t)/\mathrm{d}t|t_1=t_2 \geqslant 0$，说明目标函数 $C(t)$ 在可行区间 $[t_2,t_1]$ 内是严格单调递增的 (注：$\mathrm{d}C(t)/\mathrm{d}t$ 已在附录 1 中给出)。此时，优化问题的最优解在 $t^*=t_1$ 处取到，即最优解为 $C(t)_{\max}=C(t_1)$；

情况 2：如果 $\mathrm{d}C(t)/\mathrm{d}t|t_1=t_2 \leqslant 0$，说明目标函数 $C(t)$ 在可行区间 $[t_2,t_1]$ 内是严格单调递减的。此时，最优化问题的最优解在 $t^*=t_2$ 处取到，即最优解为 $C(t)_{\max}=C(t_2)$；

情况 3：如果 $\mathrm{d}C(t)/\mathrm{d}t|t=t_2>0$ 以及 $\mathrm{d}C(t)/\mathrm{d}t|t=t_1<0$，说明目标函数 $C(t)$ 在可行区间 (t_2,t_1) 内的单调性是：先严格单调递增，后严格单调递减。此时，优化问题的最优解在 $t^*=t_0$ 处取到最大值，即最优解为 $C(t)_{\max}=C(t_0)$。而 t_0 是理论上目标函数 $C(t)$ 在区间 $(0,T)$ 内，通过求解不等式 $\mathrm{d}C(t)/\mathrm{d}t=0$ 所得到的值。

下面将通过式 (14-11)～式 (14-14) 分别求出变量 t 的上界 t_1 以及下界 t_2。首先，由式 (14-4) 和式 (14-12) 可以推出以下的不等式：

$$P \leqslant \frac{P_{R,\max}(T-t)}{\eta h t} \tag{14-16}$$

根据式 (14-11) 可知 P 小于等于 $P_{\max}$，根据文献 [62] 中所述，根据式 (14-3) 可知，当 S 的发射功率 P 越大，R 获得的能量就会越多，而这最终会导致系统的吞吐量 $C(t)$ 增大。因此，在这里可以直接取 $P=P_{\max}$，再结合式 (14-16) 可以得到下面这样的不等式：

$$P_{\max} \leqslant \frac{P_{R,\max}(T-t)}{\eta h t} \tag{14-17}$$

通过对式 (14-17) 的变换，可以得到

$$t \leqslant \frac{P_{R,\max}T}{\eta h P_{\max} + P_{R,\max}} \tag{14-18}$$

令 $t_1 = \dfrac{P_{R,\max}T}{\eta h P_{\max} + P_{R,\max}}$ ，并且假设 $P_{\max} = P_{R,\max}$ ，因此可以得到

$$t_1 = \frac{T}{\eta h + 1} \tag{14-19}$$

由此，可以得到变量 t 的上界 t_1 。

再由式（14-9）和式（14-14），可以得到

$$t \geqslant \frac{2T(M-1)\left(1 - \dfrac{P_s^t}{2}\right)^2 \sigma^2}{3\eta h g P\left[1 - \left(1 - \dfrac{P_s^t}{2}\right)^2\right] + (M-1)\left(1 - \dfrac{P_s^t}{2}\right)^2 \sigma^2} \tag{14-20}$$

令 $t_2 = \dfrac{2T(M-1)\left(1 - \dfrac{P_s^t}{2}\right)^2 \sigma^2}{3\eta h g P\left[1 - \left(1 - \dfrac{P_s^t}{2}\right)^2\right] + (M-1)\left(1 - \dfrac{P_s^t}{2}\right)^2 \sigma^2}$ ，由此，可以得到变量 t 的下界 t_2 。

因此，优化问题（OP1）可以转化为优化问题（**问题 14-2**）：

$$\max_{t} \quad C(t) \tag{14-21}$$

$$\text{s.t.} \quad t \leqslant t_1 \tag{14-22}$$

$$t \geqslant t_2 \tag{14-23}$$

在区间 $[t_2, t_1]$ 中，通过一维穷举搜索法获得数值最优解，找到使目标函数 $C(t)$ 取得最大值的点 t^* ，而 t^* 所对应的 $C(t^*)$ 就是目标函数的最大值。

14.2.5　仿真结果及分析

在本小节中，将对提出的模型的最优时间分配方案进行 MATLAB 仿真，并且根据仿真结果进行分析。

仿真参数设置如下：为了方便，将系统工作的每一帧的时间长度 T 进行归一化处理，即令 $T = 1$ ；加性高斯白噪声的方差为 $\sigma^2 = 10^{-4}$ ；S 的发射功率 $P = P_{\max}$ ；由于互易性，可知下行信道的信道系数 h 和上行信道的信道系数 g 相等，即 $h = g$ ；在本节中将信道系数模型设为 $h = g = 10^{-1} \rho^2 d^{-\beta}$ ，式中 ρ 表示服从瑞利分布的加性信道快衰落；d 表示 S 与 R 之间的距离；β 表示衰减指数；该信道模型意味着信道系数距离每增大 1m，功率将会减少10dB。假设 R 将获取的能量转换成电能的转换效率 $\eta = 0.6$ ，S 端为二进制 QAM 调制，即 $M = 4$ ，S 端的误码率的目标值设为 $P_s^t = 10^{-2}$ 。

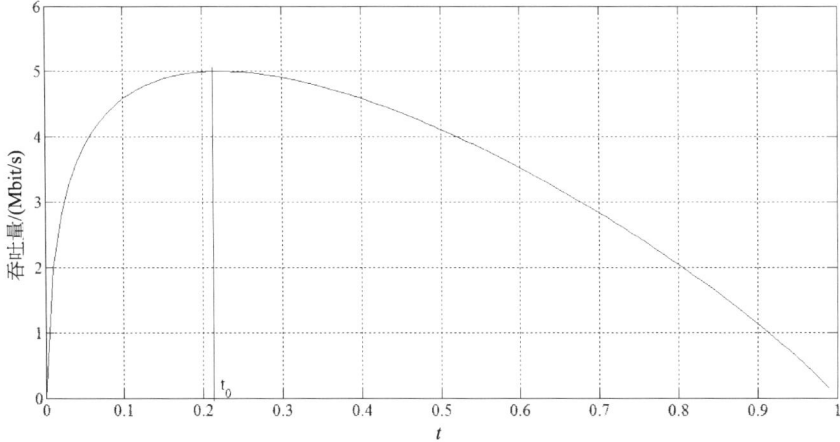

图 14-3　吞吐量 $C(t)$ 与无线能量传输的时间 t 的关系

图 14-3 表示系统吞吐量 $C(t)$ 与无线能量传输持续的时间 t 的关系。从图中可以看出：在 $t=0$ 时，说明 S 没有进行无线能量传输，无源终端 R 因为没有能量供给而无法执行无线信息传输的过程，因此系统的吞吐量 $C(t)=0$；在 $t=t_0$ 时，$C(t)$ 取得最大值，即 $C(t)_{\max}=C(t_0)$，因此变量 t 的最优值为 $t^*=t_0$。

此外，从图 14-3 中可以看出，吞吐量 $C(t)$ 和变量 t 之间有如下的关系：

当 $0<t<t_0$ 时，吞吐量 $C(t)$ 随着 t 的增大呈严格单调递增的趋势；

当 $t_0<t<T$ 时，吞吐量 $C(t)$ 随着 t 的增大呈严格单调递减的趋势；

当 $t=t_0$ 时，吞吐量 $C(t)$ 取得最大值，说明 $t=t_0$ 时刻，是系统由无线能量传输状态切换到无线信息传输的最佳时间点。

这三种情况与我们在第 14.2.4 小节分析的三种情况相吻合，并且关于曲线的变化趋势，解释如下：开始时系统执行的是无线能量传输的过程，随着时间的推移（t 逐渐增大，但 $t<t_0$），R 获得的能量也越多，意味着 R 在无线信息传输阶段的发射功率也越大，因此吞吐量增大；然而，当 $t>t_0$ 时，吞吐量减少了，说明一味地通过增加所获得的能量，进而增大信息传输阶段的发射功率，对系统的吞吐量的提高已经没有明显作用，反而剩余给无线信息传输阶段的时间减少了，而导致吞吐量的下降。因此，有且仅有一个最优的时间分配方案，即 $t=t^*$ 时，使得系统的吞吐量 $C(t)$ 取得最大值。

图 14-4 表示 t 取不同的值时，吞吐量 $C(t)$ 与发射功率 P 的关系曲线的变化趋势；从图中可以看出，在取值区间 $[t_2,t_1]$ 内，当 $t=t_1$ 时取得最优值，即 $t^*=t_1$，并且大于区间内 $[t_2,t_1]$ 的任何其他取值，如大于当 $t=0.7$ 时对应的吞吐量，这与我们在第 14.2.4 小节中所分析的情况 2 相吻合。也说明目标函数 $C(t)$ 在区间 $[t_2,t_1]$ 是严格单调递减的。

图 14-5 表示衰减指数 β 取值不同时，吞吐量 $C(t)$ 与发射功率 P 的关系曲线的变化趋势；从图中可以看出，当衰减指数 β 的取值越大时，在相同的发射功率 P 下，获得的吞吐量 $C(t)$ 越小。这是因为衰减指数 β 越大意味着信道情况越差，即能量发射功率通过信道后衰减的程度越大，因此 R 获得的能量会减少，会直接影响到其在信息传输阶段的发射功率，最终会导致系统获得的吞吐量也会减少。

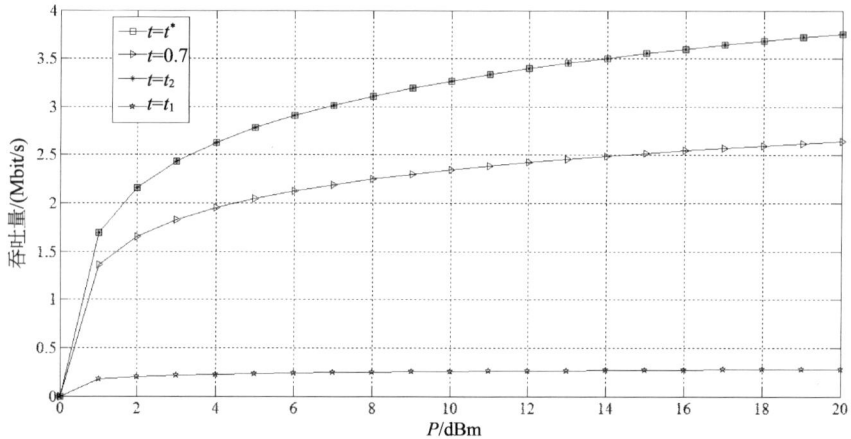

图 14-4 四种不同的时间分配方案下系统性能的比较

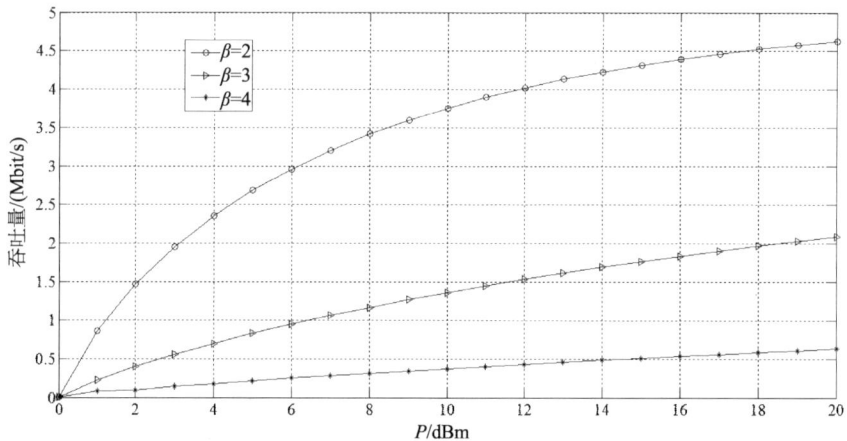

图 14-5 不同的衰减指数对性能的影响

图 14-6 表示当 S 与 R 之间的距离改变时，吞吐量 $C(t)$ 与发射功率 P 的关系曲线的变化趋势；从图中可以看出，距离变大时，在相同的发射功率 P 下，获得的吞吐量 $C(t)$ 越小。这是因为随着通信距离的增大，在能量传输的过程中，功率的衰减得越多，导致 R 获得的能量减少，进而使其在信息传输阶段的发射功率变小，因此导致系统获得的吞吐量也会变小。

另外，由图 14-4 到图 14-6 可以看出，吞吐量 $C(t)$ 与发射功率 P 关系曲线的总体变化趋势是：吞吐量 $C(t)$ 随着发射功率 P 的增大而增大。这是因为，能量传输阶段的发射功率越大，意味着 R 所获得的能量越多，因此其在发送信息时的发射功率功率也越大，这将使得系统的吞吐量增大。

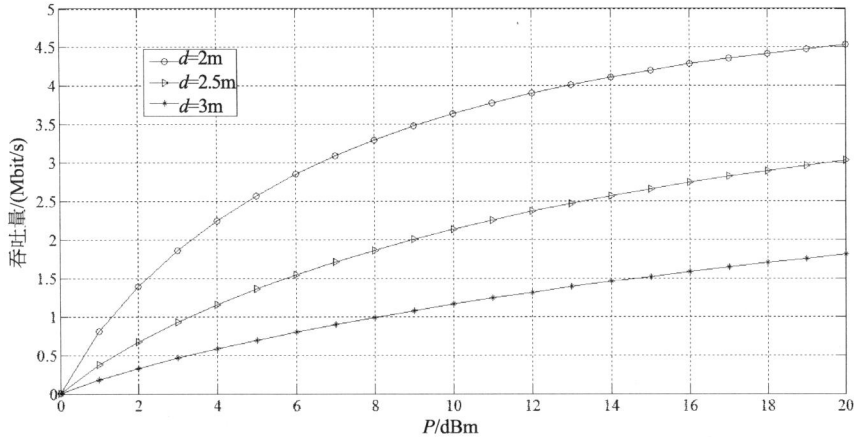

图 14-6 不同的距离对系统性能的影响

14.3 非完美信道下无线信息和能量传输的最优时间分配

14.3.1 系统模型

首先，我们建立一个系统模型。本节考虑的是一个多天线的无线供能通信系统，如图 14-7 所示。系统由三部分构成：一个架设 M 根天线的能量发射机(P)、一个架设单根天线的无源节点(U)以及一个架设 N 根天线的信息接收机(S)。由于无源节点 U 自身并没有固定的能源(U 仅有有限的能量以维持其处于活动状态，并且能够使其进行信道估计和反馈)，因而其需要从外界获取能量来供应其无线信息传输阶段的能量消耗。在该系统中，无源节点 U 首先扮演着能量接收机的角色，而后切换到信息发射机的角色。由于本节所考虑的无线能量传输的信道是非完美信道，因此能量发射机 P 在进行无线能量传输之前，需要通过信道估计的方式获得信道状态信息(CSI)。接下来，就系统具体的工作流程进行详细的介绍和分析。

在本节中，我们研究的是一个基于帧传输的无线供能通信系统。假设系统工作的帧长度为 T，为了方便，将 T 进行归一化处理，即令 $T=1$。从图 14-7 中可以看出，整个系统的工作流程大致可以分为以下四个阶段：

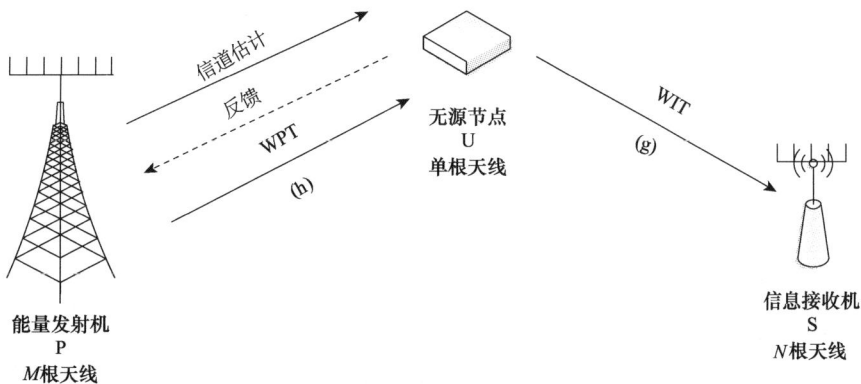

图 14-7 系统模型

第一阶段：信道估计(Channel Estimation, CE)；在这一阶段，能量发射机 P 首先向无源节点 U 发送训练序列，U 在接收到训练序列后执行信道估计，这一阶段称之为信道估计阶段。

第二阶段：CSI 反馈阶段(feedback)；在这一阶段，U 将信道估计所获得的 CSI 反馈给 P，这一阶段称之为 CSI 反馈阶段；假设 CSI 的反馈过程是一个无损反馈，并且反馈的时间很短，因此这部分的时间可以忽略不计。在接下来的分析中，认为 $\tau = 0$。

第三阶段：无线能量传输(WPT)阶段；在这一阶段，P 根据从 U 反馈回来的 CSI 设计出最优的波束成形向量，进而以能量波束成形的方式进行无线能量传输，U 获得能量，这一阶段称之为无线能量传输阶段。

第四阶段：无线信息传输(WIT)阶段；在这一阶段，U 利用所获得的能量对自身进行供电，从而向 S 发送信息，这一阶段称之为无线信息传输阶段。假设 S 在 WIT 开始前，已知了上行链路(U 至 S)的 CSI。

结合以上四个阶段，我们来分析系统的帧结构，如图 14-8 所示：每一帧分为四个部分，分别对应上文所提到的四个阶段。由于在本节的研究中，忽略了 CSI 反馈所需的时间，因此，接下来对系统工作流程进行时间分配时，只考虑对余下的三个阶段进行分配。其中，第一部分对应的是信道估计所耗费的时间 t_1；第二部分对应的是无线能量传输所耗费的时间 t_2；第三部分为无线信息传输所耗费的时间 $T - t_1 - t_2$，也就意味着余下的时间全部用于无线信息传输。

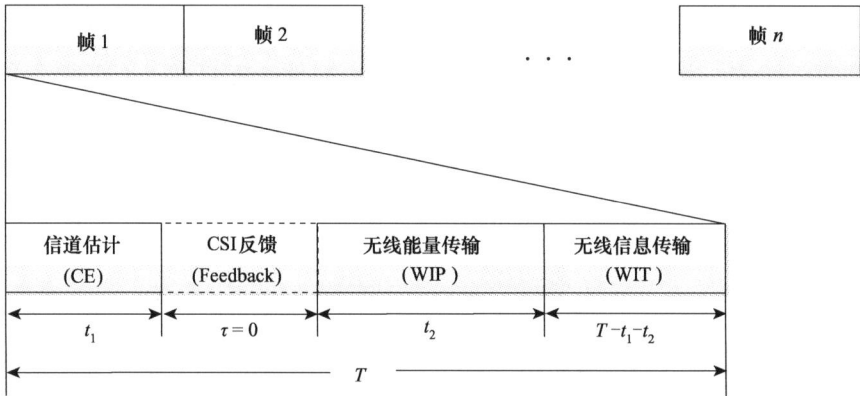

图 14-8　帧结构

14.3.2　各个传输阶段的信号表示

本节对各个阶段的传输信号与接收信号的表示进行具体的分析和介绍，为下一小节优化问题的建立奠定基础。

1. 信道估计阶段

我们采用最小二乘法(least squares, LS)进行信道估计[71]。首先，考虑设计一个最优的训练序列。类似于文献[67]，假设一帧由 k 个时隙组成，每个时隙再分为 M 个连续的符号周期，即 $T = kM$。此外，还假设一个训练序列的由 r 个时隙组成，因此用于信道估计的时间可以表示为 $t_1 = rM\ (r \in (0,k))$。根据文献[72]，可得到最小二乘法的最优训练矩阵为

$$\mathbf{A} = [\mathbf{A}_1\ \ \mathbf{A}_2\ \ ...\mathbf{A}_r]^{\mathrm{T}} \tag{14-24}$$

式中，$\mathbf{A}_i = \dfrac{1}{\sqrt{M}}\mathbf{I}_M, i = 1,2,...,r$。因此，在一个时隙内，U 接收到的训练信号可以表示如下：

$$\mathbf{y}_i = \mathbf{A}_i\mathbf{h} + \mathbf{z}_i \tag{14-25}$$

式中，$\mathbf{h}$ 表示下行链路（P 至 U）的 MISO 信道系数，假设 $\mathbf{h}$ 是一个准静态平坦衰落信道，即 $\mathbf{h} \sim \mathcal{CN}(\mathbf{0},\mathbf{R})$，$\mathbf{R} = \mathrm{E}[\mathbf{h}\mathbf{h}^H]$；向量 $\mathbf{0}$ 表示一个长度为 M 的全 0 列向量；$\mathbf{R}$ 表示信道的协方差矩阵。假设 $\mathbf{R} = \mathbf{I}_M$，$\mathbf{I}_M$ 是一个大小为 M 的单位矩阵。另外，信道在帧与帧之间是可以独立改变的。$\mathbf{z}_i$ 表示加性高斯白噪声向量，且 $\mathbf{z}_i \sim \mathcal{CN}(\mathbf{0},\sigma_z^2\mathbf{I}_M)$。根据文献[73]，可以得到最小二乘的信道估计表达式

$$\hat{\mathbf{h}} = \mathbf{h} + \frac{\sqrt{M}}{r}\sum_{i=1}^{r}\mathbf{z}_i \tag{14-26}$$

用 $\mathbf{e} = \hat{\mathbf{h}} - \mathbf{h}$ 表示信道估计误差，并且 $\mathbf{e} \sim \mathcal{CN}(\mathbf{0},\sigma_e^2\mathbf{I}_M)$，其中 $\sigma_e^2 = \dfrac{M\sigma_z^2}{r}$。

2. 无线能量传输阶段

P 在获得 U 反馈回来的 CSI 后，以能量波束成形的方式将携带能量的射频信号发送给 U。因此，在第 $j\ (j = 0,1,\cdots,M-1)$ 个符号周期内，P 向 U 发送的能量信号可以表示为

$$\mathbf{x}_j = \sqrt{P_0}\mathbf{W}(\hat{\mathbf{h}})s_j \tag{14-27}$$

式中，$\mathbf{x}_j$ 是一个 $M \times 1$ 的发射信号；P_0 是 P 的发射功率；$\mathbf{W}(\hat{\mathbf{h}})$ 是一个关于信道估计值 $\hat{\mathbf{h}}$ 的函数，表示 $M \times 1$ 的波束成形向量，且满足 $\|\mathbf{W}(\hat{\mathbf{h}})\|_2 = 1$；$s_j$ 是一个 0 均值、单位方差的随机信号，即满足 $E(s_j^H s) = 1$。因此，在第 j 个符号周期内，U 接收到的信号可以表示为

$$y_j = \sqrt{\alpha}\sqrt{P_0}\mathbf{h}^H\mathbf{W}(\hat{\mathbf{h}}) + z_j \tag{14-28}$$

式中，α 表示下行链路的路径损耗；z_j 为加性高斯白噪声，且 $z_j \sim \mathcal{CN}(0,\sigma_z^2)$。

对于 U 来说，从接收到的射频信号中获取能量，并转换成电能。另外，在获取的过程中，忽略周围环境噪声的影响。因此，根据式（14-31），可以得到 U 在一个符号周期内获得的能量的具体表达式如下：

$$Q_0 = \xi E\left[\left|\sqrt{\alpha}\sqrt{P_0}\mathbf{h}^H\mathbf{W}(\hat{\mathbf{h}})\right|^2\right] \tag{14-29}$$

式中，ξ 表示 U 将获得的能量转换电能的效率；由式（14-32）可以得到获得的总能量为

$$Q = t_2 Q_0 = t_2\xi E\left[\alpha P_0\left|\mathbf{h}^H\mathbf{W}(\hat{\mathbf{h}})\right|^2\right] \tag{14-30}$$

根据文献[65]的引理 2，在已知信道估计值 $\hat{\mathbf{h}}$ 的条件下，最优的波束成形向量（指使

得 U 获得的能量最大时，所对应的波束成形向量）的表达式为

$$\mathbf{W}(\hat{\mathbf{h}}) = \frac{\hat{\mathbf{h}}}{\left\| \hat{\mathbf{h}} \right\|_2} \tag{14-31}$$

结合式（14-33）与式（14-34），可以将总能量表达式转换成如下的表达式：

$$Q = t_2 \xi \alpha P_0 \frac{Mt_1 + M^2 \sigma_z^2}{t_1 + M^2 \sigma_z^2} \tag{14-32}$$

式（14-35）具体的推导过程在本节附录 2。

3. 无线信息传输阶段

在无线信息传输阶段，U 利用获得的能量为其自身进行供电，并向 S 发送信息。在 S 端接收到的信号表示为

$$\mathbf{y} = \sqrt{\frac{Q}{T - t_1 - t_2}} \beta \mathbf{g} s + \mathbf{z} \tag{14-33}$$

式中，$\mathbf{y}$ 为 N 维接收到的信号；$\sqrt{\dfrac{Q}{T - t_1 - t_2}}$ 是 U 的发射功率；$\sqrt{\beta}\mathbf{g}$ 表示上行链路（U 至 S）的信道，其中 $\sqrt{\beta}$ 表示与距离相关的路径损耗，$\mathbf{g}$ 表示上行链路的信道系数（$\mathbf{g}$ 与 $\mathbf{h}$ 是相互独立的），$\mathbf{g} \sim \mathcal{CN}(\mathbf{0}, \mathbf{I}_N)$；$s$ 为归一化的发射信号，是一个标量；$\mathbf{z}$ 是 N 维的加性高斯白噪声，$\mathbf{z} \sim \mathcal{CN}(\mathbf{0}, \sigma_z^2 \mathbf{I}_N)$。假设 S 端已知 CSI，通过采用 MRC 方式来提高信息传输效率。因此，总的信息吞吐量可以表示为

$$R_s = (T - t_1 - t_2) \log_2 \left[1 + \frac{Q\beta \left\| \mathbf{g} \right\|^2}{(T - t_1 - t_2)\sigma_z^2} \right] \tag{14-34}$$

$$= (T - t_1 - t_2) \log_2 \left[1 + \xi \alpha \beta P_0 \left\| \mathbf{g} \right\|^2 \frac{Mt_1 + M^2 \sigma_z^2}{t_1 + M^2 \sigma_z^2} \cdot \frac{t_2}{(T - t_1 - t_2)\sigma_z^2} \right] \tag{14-35}$$

14.3.3 优化问题的建立

在本小节中，我们将建立一个优化问题，通过对优化问题的求解，从而实现对系统性能的优化。

通过上一小节的分析，我们知道如果更多的时间花费在信道估计阶段，将会获得更为精确的 CSI；而更为精确的 CSI 意味着，系统在无线能量传输阶段将获得更高的能量传输效率，从而在无线信息传输阶段也将获得更高的信息传输速率。然而，由于总的时间是一个固定值，虽然更多的时间分配给信道估计阶段将获得更精确的 CSI，这在一定程度上会对第二阶段的能量获取以及第三阶段的信息传输产生积极的影响，但同时也会减少无线能量传输和无线信息传输的时间，这又将会导致获得的能量减少，系统的吞吐量也会减少。因此，存在一个最优的设计：通过合理分配信道估计的时间、无线能量传输的时间，以及无线信息传输的时间，使得三者达到一个最佳的平衡状态，从而使系统获得的吞吐量最大，达到优化系统性能的目的。

因此，我们以系统吞吐量最大化为优化目标，以信道估计的时间以及无线能量传输的时间为优化变量，并在满足一定的约束条件下，建立一个优化问题。下面将优化问题进行数学公式化，得到优化问题(问题 14-3)的数学表达式如下：

$$\max_{t_2} \quad R_s \tag{14-36}$$

$$\text{s.t.} \quad 0 < t_1 + t_2 < T \tag{14-37}$$

$$0 < t_1 < T \tag{14-38}$$

$$0 < t_2 < T \tag{14-39}$$

其中，式(14-38)中的 R_s 的表达式在式(14-37)中已经给出；式(14-39)～式(14-42)是时间的约束条件，通过时间约束条件，可以保证系统给每个工作阶段都分配了一定的时间，从而使得每一阶段都得以进行。

14.3.4 优化问题的求解

在本小节，我们将针对上一小节所提出的优化问题进行求解。

由于本章所要求解的优化问题包含了两个优化变量，并且这目标函数 R_s 对于变量 t_1 及变量 t_2 来说都是非线性函数，而且非常复杂，因此在同时优化两个变量的条件下很难获得最优解的闭合表达式。为了解决这个难题，我们提出先固定一个变量，而优化另一个变量的优化方法。也就是说，分别做如下工作：固定变量 t_1，而优化变量 t_2；固定变量 t_2，而优化变量 t_1。这样分别得到的最优变量 t_1^*、t_2^*，就认为是联合的最优变量。

当固定变量 t_1，而优化变量 t_2 时，优化问题就转化成(问题 14-4)

$$\max_{t_2} \quad R_s \tag{14-40}$$

$$\text{s.t.} \quad 0 < t_2 < T - t_1 \tag{14-41}$$

进而得到 t_2 的最优解为

$$t_2^* = \arg\max R_s(t_2) \tag{14-42}$$

同样地，当固定变量 t_2，而优化变量 t_1 时，优化问题就转化成(问题 14-5)

$$\max_{t_1} \quad R_s \tag{14-43}$$

$$\text{s.t.} \quad 0 < t_1 < T - t_2 \tag{14-44}$$

得到 t_1 的最优解为

$$t_1^* = \arg\max R_s(t_1) \tag{14-45}$$

理论上，可以分别通过求吞吐量 R_s 相对于变量 t_1、变量 t_2 的导数 $\mathrm{d}R_s / \mathrm{d}t_1$ 和 $\mathrm{d}R_s / \mathrm{d}t_2$，然后令 $\mathrm{d}R_s / \mathrm{d}t_1 = 0$，$\mathrm{d}R_s / \mathrm{d}t_2 = 0$，最后求解导数等于 0 的方程，以获得问题 14-4、问题 14-5 的最优解。然而，由于 R_s 相对于变量 t_1、变量 t_2 的导数 $\mathrm{d}R_s / \mathrm{d}t_1$ 和 $\mathrm{d}R_s / \mathrm{d}t_2$ 是非线性函数，并且表达式很复杂，因此很难获得问题 14-4、问题 14-5 的闭合解表达式。为了解决这个难题，我们提出一种交替迭代优化算法，通过仿真，求出优化问题的最优解。

具体的交替迭代优化算法如下：

<table>
<tr><td colspan="2" align="center">表 14-1　交替迭代优化算法</td></tr>
</table>

1. 设定参数，对信道估计的时间 $t_1^{(0)}$，无线能量传输的时间 $t_2^{(0)}$ 进行初始化，迭代指数 $\mu = 0$，以及误差 $\varepsilon > 0$；

2. 令 $t_1^* = t_1^{(0)}$，$t_2^* = t_2^{(0)}$，通过 (Q1) 算出 $R_s^{*(0)}$；

3. 重复以下的指令

 a) 固定变量 $t_1 = t_1^{*(\mu)}$，优化变量 t_2，通过 (Q2) 算出最优值对应的变量 $t_2^{*(\mu+1)}$；

 b) 固定变量 $t_2 = t_2^{*(\mu+1)}$，优化变量 t_1，通过 (Q3) 算出最优值对应的变量 $t_1^{*(\mu+1)}$；

 c) 更新迭代指数 $\mu = \mu + 1$；

 d) 将 $t_1^{*(\mu+1)}$、$t_2^{*(\mu+1)}$ 代入 (Q1)，算出 $R_s^{*(\mu)}$，直到 $\left| R_s^{*(\mu)} - R_s^{*(\mu-1)} \right| < \varepsilon$。

4. 输出的当前变量值 $t_1^{*(\mu)}$、$t_2^{*(\mu)}$ 和目标函数值 $R_s^{*(\mu)}$，就是我们所认为的最优值 t_1^*、t_2^*、R_s^*。

14.3.5　仿真结果及分析

在本小节中，我们将对本节提出的系统模型的最优时间分配方案进行 MATLAB 仿真，并且根据仿真结果进行分析。

仿真参数设置如下：为了方便，将系统工作的每一帧的时间长度 T 进行归一化处理，即令 $T = 1$；加性高斯白噪声的方差为 $\sigma^2 = 10^{-4}$；路径衰减指数的模型设为：$\alpha = \beta = 10^{-2} d^{-\nu}$，其中 ν 表示衰减指数，d 表示通信链路中两个节点之间的距离，而 d_1 表示下行链路能量发射机 P 与无源节点 U 之间的距离，d_2 表示上行链路无源节点 U 与信息接收机 S 之间的距离；也就是说，在该路径损耗模型中，在参考距离为 1m 时，将会损耗 20dB。为了简便，假设能量转换效率为 1，即 $\xi = 1$；另外设 $\|\mathbf{g}\|^2 = 1$。

首先设置 $d_1 = 1\text{m}$，$d_2 = 2\text{m}$；能量发射机的功率 $P_0 = 1\text{dBm}$；天线数目 $M = 20$。通过仿真，得到图 14-9，如下所示：

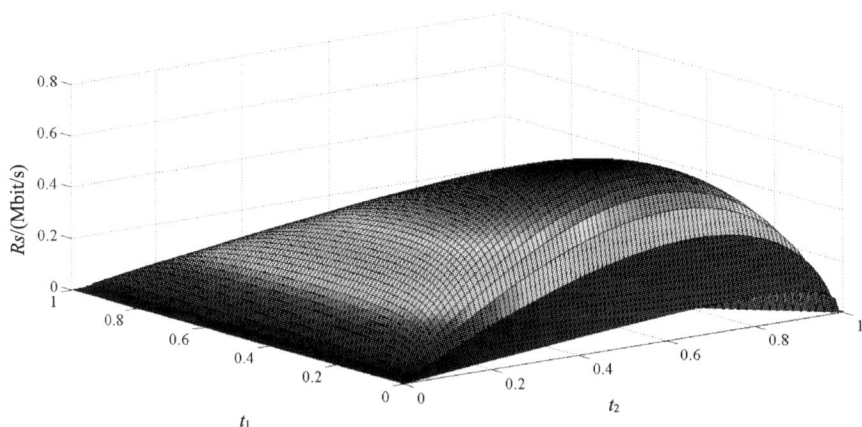

图 14-9　R_s 与时间分配

图 14-9 是信道估计的时间 t_1、无线能量传输的时间 t_2 和系统吞吐量 R_s 之间的三维关系图，从仿真所绘制的能量图中，可以很直观地看出，颜色由冷色变成暖色的过程，表示吞吐量由小变大的过程。其中，在暗红色部分，表示目标函数的吞吐量 R_s 到达了峰值，

其所对应的分别是变量 t_1、t_2 取得的最优值 t_1^* 和 t_2^*。

通过交替迭代优化算法的仿真，我们获得 t_1、t_2 及 R_s 的最优值分别为(0.1144, 0.5172, 0.6875)，与图中所对应的点相一致。为了更直观地观测图形，将图 14-9 所示的三维图形，以 t_1-t_2 二维图形的形式呈现出来，如图 14-10 所示：

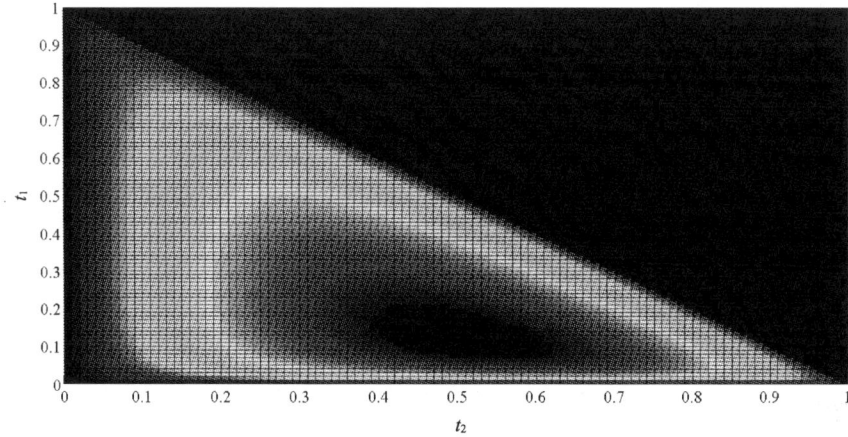

图 14-10 t_1、t_2 与吞吐量 R_s 的关系

图 14-10 表示信道估计的时间 t_1、无线能量传输的时间 t_2 与系统吞吐量 R_s 的二维关系图，从图中很容易可以看出，在暗红色的区域为吞吐量 R_s 取得最大值的区域，其对应以 t_1、t_2 为变量的最优值 t_1^* 和 t_2^*。从图中可以看出 t_1^* 和 t_2^* 对应的值与通过交替迭代优化算法求出的最优值(0.1144, 0.5172)相符。

此外，图中对角线表示 $t_1+t_2=T$，由于约束条件中要求 $0<t_1+t_2<T$，因此 t_1、t_2 只能在图像中的左下区域取值。

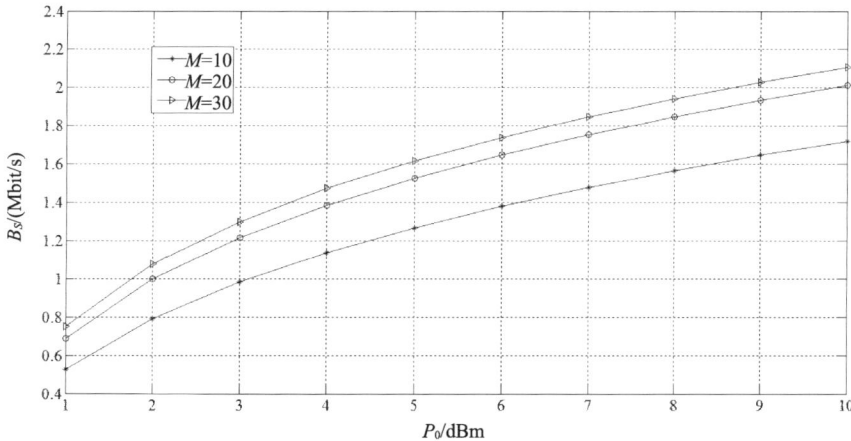

图 14-11 天线数目对系统性能的影响

图 14-11 表示在天线数目不同的情况下，能量发射机 P 的发射功率 P_0 与系统吞吐量 R_s 的关系曲线的变化趋势；从图中可以看出，在相同的发射功率 P_0 下，当天线数目增大

时，系统的吞吐量呈增大的趋势。这表明当能量发射机 P 的发射天线数目越多，则 P 通过波束成形向 U 传输的能量也越大，也就是说，U 会获得更多的能量，这使得 U 在无线信息传输阶段获得的发射功率也越大，最终会使系统的吞吐量增大。

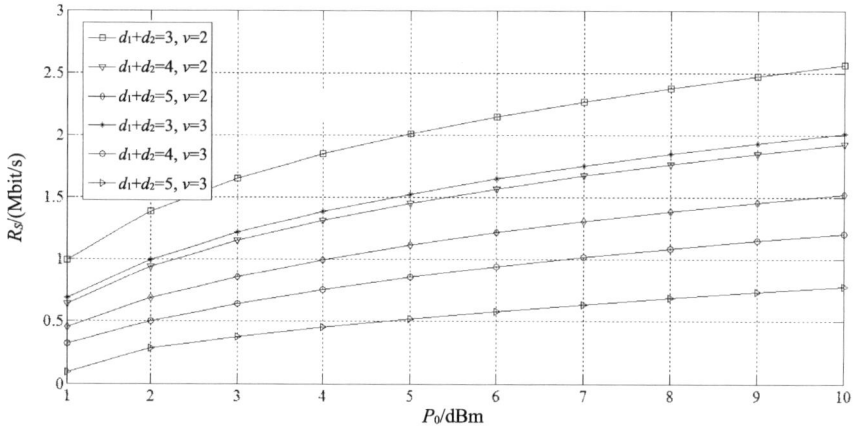

图 14-12   节点距离及衰减指数对系统性能的影响

图 14-12 表示节点距离与衰减指数变化时，能量发射机 P 的发射功率 P_0 与系统吞吐量 R_s 的关系曲线的变化趋势；图中固定 $d_1 = 1\text{m}$，而改变 d_2 的值，使得 $d_1 + d_2 \in [3,5]$；其中，图中颜色相同的两条曲线表示距离相等（即 $d_1 + d_2$ 的值不变），而改变路径损耗的衰减指数。从图中可以看出：首先，在距离保持不变的情况下，单独改变衰减指数 v，在相同的发射功率 P_0 的条件下，随着衰减指数 v 的增大，系统获得的吞吐量减少；这是因为，路径衰减指数的增大，意味着在传输的过程中，信号衰减变大，从而最终导致系统吞吐量减少。其次，在衰减指数 v 保持不变的情况下，单独改变距离，可以看出，在相同的发射功率 P_0 的条件下，随着衰减指数 v 的增大，系统获得的吞吐量减少；这是因为，距离的变大，意味着信号将通过更长的路径到达接收端，而路径越长，信号衰减也会越多，因此会导致系统吞吐量变小。在最后，对两者综合考虑的时候，可以看出，开始时距离对系统吞吐量的影响占主导，而后来衰减指数对系统吞吐量的影响占主导。

14.4   本 章 小 结

在本章中，我们针对无线供能通信网络，提出了一个三点式的系统模型，并对该模型进行了分析。我们建立了一个以系统吞吐量最大化为优化目标，以无线能量传输的时间长度为优化变量的优化问题，并通过分析，得出了最优的时间分配策略，实现了系统无线能量传输和无线信息传输之间的平衡。通过 MATLAB 仿真求出最优解，并且通过分析得知仿真效果与之前的理论分析相一致。此外，通过仿真，系统的相关性能也得到了研究和验证。

在本章中，我们还考虑在非完美信道的情况下，提出一个多天线的能量获取无线通信系统模型，首先对该系统模型的工作流程做了详细的描述，并对优化问题的建立和求解做了详尽的分析，提出了最优的时间分配方案。通过对系统三个阶段的工作时间进行最优权衡，从而找到三者的最佳平衡状态，实现了系统吞吐量的最大化。通过 MATLAB 仿真，实现了交替迭代优化算法的仿真运算，求出了最优解。此外，通过仿真，系统的相关性能也得到了研究和分析。

本章附录 A

关于式(14-15)的具体推导过程如下：

$$C(t) = (T-t)\log_2\left[1 + = \frac{\eta hgPt}{(T-t)\sigma^2}\right]$$

令

$$\overset{\frac{\eta hgP}{\sigma^2}=a}{=}\ (T-t)\log_2\left[1 + a\frac{t}{(T-t)}\right] \tag{14-46}$$

$$\frac{\partial C(t)}{\partial t} = -\log_2\left[1 + a\frac{t}{(T-t)}\right] + (T-t)\frac{1}{\left[1 + a\frac{t}{(T-t)}\right]\ln 2}\left[1 + a\frac{t}{(T-t)}\right]'$$

$$= -\log_2\left[1 + a\frac{t}{(T-t)}\right] + (T-t)\frac{1}{\left[1 + a\frac{t}{(T-t)}\right]\ln 2}a\frac{T}{(T-t)^2} \tag{14-47}$$

$$= -\log_2\left[1 + a\frac{t}{(T-t)}\right] + \frac{aT}{[(T-t)+at]\ln 2}$$

$$\frac{\partial^2 C(t)}{\partial t^2} = -\frac{1}{\left[1 + a\frac{t}{(T-t)}\right]\ln 2}\left[1 + a\frac{t}{(T-t)}\right]' + \frac{aT}{\ln 2}\left[\frac{1}{(T-t)+at}\right]'$$

$$= -\frac{1}{\left[1 + a\frac{t}{(T-t)}\right]\ln 2}a\frac{T}{(T-t)^2} - \frac{aT}{\ln 2}\cdot\frac{-1+a}{\left[(T-t)+at\right]^2}$$

$$= -\frac{1}{\left[1 + a\frac{t}{(T-t)}\right]\ln 2}a\frac{T}{(T-t)^2} - \frac{aT}{\ln 2}\cdot\frac{-1+a}{\left[(T-t)+at\right]^2}$$

$$= -\frac{1}{[(T-t)+at]\ln 2}a\frac{T}{(T-t)} - \frac{aT}{\ln 2}\cdot\frac{-1+a}{\left[(T-t)+at\right]^2}$$

$$= -\frac{aT}{\ln 2}\cdot\frac{1}{\left[(T-t)+at\right]^2}\left[\frac{[(T-t)+at]}{(T-t)} + (-1+a)\right]$$

$$= -\frac{aT}{\ln 2}\cdot\frac{1}{\left[(T-t)+at\right]^2}\left[\frac{[(T-t)+at]}{(T-t)} + (-1+a)\right] \tag{14-48}$$

$$= -\frac{aT}{\ln 2}\cdot\frac{1}{\left[(T-t)+at\right]^2}\cdot\frac{aT}{(T-t)}$$

$$= -\frac{(aT)^2}{\ln 2}\cdot\frac{1}{\left[(T-t)+at\right]^2(T-t)}$$

又 $\because t \in (0, T)$

$\therefore \dfrac{\partial^2 C(t)}{\partial t^2} < 0$

本章附录 B

因为 $\hat{\mathbf{h}} = \mathbf{h} + \mathbf{e}$，且已知：$\mathbf{h} \sim CN(\mathbf{0}, \mathbf{I}_M)$，$\mathbf{e} \sim CN(\mathbf{0}, \sigma_e^2 \mathbf{I}_M)$，根据文献[66]中的引理 1，可以得到基于信道估计 $\hat{\mathbf{h}}$ 的 $\mathbf{h}$ 的分布为

$$\mathbf{h} \mid \hat{\mathbf{h}} \sim CN(\dfrac{1}{1 + \sigma_e^2} \hat{\mathbf{h}}, \dfrac{\sigma_e^2}{1 + \sigma_e^2} \mathbf{I}_M) \tag{14-49}$$

因此，可以得到协方差矩阵为

$$\mathbf{R}_{\mathbf{h}|\hat{\mathbf{h}}} = E_{\mathbf{h}|\hat{\mathbf{h}}}(\mathbf{h}\mathbf{h}^H) = \dfrac{\sigma_e^2}{1 + \sigma_e^2} \mathbf{I}_M + \dfrac{\hat{\mathbf{h}}\hat{\mathbf{h}}^H}{(1 + \sigma_e^2)^2} \tag{14-50}$$

由式 (14-34) 中 $\mathbf{W}(\hat{\mathbf{h}}) = \dfrac{\hat{\mathbf{h}}}{\left\| \hat{\mathbf{h}} \right\|_2}$，因此，式 (14-33) 可以改写如下：

$$
\begin{aligned}
Q &= t_2 \xi \alpha P_0 E_{\hat{\mathbf{h}}}\left[E_{\mathbf{h}|\hat{\mathbf{h}}}\left(\left| \dfrac{\mathbf{h}^H \hat{\mathbf{h}}}{\left\| \hat{\mathbf{h}} \right\|_2} \right|^2 \right) \right] = t_2 \xi \alpha P_0 E_{\hat{\mathbf{h}}}\left[E_{\mathbf{h}|\hat{\mathbf{h}}}\left(\dfrac{\left| \mathbf{h}^H \hat{\mathbf{h}} \right|^2}{\left\| \hat{\mathbf{h}} \right\|_2^2} \right) \right] \\
&= t_2 \xi \alpha P_0 E_{\hat{\mathbf{h}}}\left[\dfrac{E_{\mathbf{h}|\hat{\mathbf{h}}}\left[(\mathbf{h}^H \hat{\mathbf{h}})^H (\mathbf{h}^H \hat{\mathbf{h}}) \right]}{\left\| \hat{\mathbf{h}} \right\|_2^2} \right] = t_2 \xi \alpha P_0 E_{\hat{\mathbf{h}}}\left[\dfrac{E_{\mathbf{h}|\hat{\mathbf{h}}}(\hat{\mathbf{h}}^H \mathbf{h}\mathbf{h}^H \hat{\mathbf{h}})}{\left\| \hat{\mathbf{h}} \right\|_2^2} \right] \\
&= t_2 \xi \alpha P_0 E_{\hat{\mathbf{h}}}\left[\dfrac{\hat{\mathbf{h}}^H E_{\mathbf{h}|\hat{\mathbf{h}}}(\mathbf{h}\mathbf{h}^H) \hat{\mathbf{h}}}{\left\| \hat{\mathbf{h}} \right\|_2^2} \right] = t_2 \xi \alpha P_0 E_{\hat{\mathbf{h}}}\left[\dfrac{\hat{\mathbf{h}}^H \left(\dfrac{\sigma_e^2}{1 + \sigma_e^2} \mathbf{I}_M + \dfrac{\hat{\mathbf{h}}\hat{\mathbf{h}}^H}{(1 + \sigma_e^2)^2} \right) \hat{\mathbf{h}}}{\left\| \hat{\mathbf{h}} \right\|_2^2} \right] \\
&= t_2 \xi \alpha P_0 E_{\hat{\mathbf{h}}}\left(\dfrac{\sigma_e^2}{1 + \sigma_e^2} + \dfrac{\hat{\mathbf{h}}^H \hat{\mathbf{h}}}{(1 + \sigma_e^2)^2} \right) \\
&= t_2 \xi \alpha P_0 \left[\dfrac{\sigma_e^2}{1 + \sigma_e^2} + \dfrac{1}{(1 + \sigma_e^2)^2} E_{\hat{\mathbf{h}}}(\hat{\mathbf{h}}^H \hat{\mathbf{h}}) \right] \left[P_0 \left| \mathbf{h}^H \mathbf{W}(\hat{\mathbf{h}}) \right|^2 \right]
\end{aligned}
\tag{14-51}
$$

又因为 $\hat{\mathbf{h}}$ 是一个复杂的随机变量，并且均值为 0，方差为 $(1 + \sigma_e^2)$，因此可以得到

$$E_{\hat{\mathbf{h}}}(\hat{\mathbf{h}}^H \hat{\mathbf{h}}) = M(1 + \sigma_e^2) \tag{14-52}$$

将式 (14-41) 代入式 (14-40)，将得到如下的表达式：

$$Q = t_2\xi\alpha P_0\left[\frac{\sigma_e^2}{1+\sigma_e^2} + \frac{M}{(1+\sigma_e^2)^2}\right] = t_2\xi\alpha P_0\frac{\sigma_e^2+M}{1+\sigma_e^2}$$

$$= t_2\xi\alpha P_0\frac{\dfrac{M\sigma_z^2}{r}+M}{1+\dfrac{M\sigma_z^2}{r}} = t_2\xi\alpha P_0\frac{M\sigma_z^2+Mr}{r+M\sigma_z^2} \tag{14-53}$$

$$= t_2\xi\alpha P_0\frac{M\sigma_z^2+M\dfrac{t_1}{M}}{\dfrac{t_1}{M}+M\sigma_z^2} = t_2\xi\alpha P_0\frac{Mt_1+M^2\sigma_z^2}{t_1+M^2\sigma_z^2}$$

参 考 文 献

[1] Vullers R J, Schaijk R V, Visser H J, et al. Energy harvesting for autonomous wireless sensor networks[J]. IEEE Solid-State Circuits Magazine, 2010, 2(2): 29-38.

[2] Niyato D, Hossain E, Rashid M M, et al. Wireless sensor networks with energy harvesting technologies: a game-theoretic approach to optimal energy management[J]. IEEE Wireless Communications, 2007, 14(4): 90-96.

[3] Raghunathan V, Kansal A, Hsu J, et al. Design considerations for solar energy harvesting wireless embedded systems[A]. Proceedings of IEEE International Symposium on Information Processing in Sensor Networks[C], 2005: 457-462.

[4] Kim S, Vyas R, Bito J, et al. Ambient RF energy-harvesting technologies for self-sustainable standalone wireless sensor platforms[J]. Proceedings of the IEEE, 2014, 102(11): 1649-1666.

[5] Shigeta R, Sasaki T, Quan D M, et al. Ambient RF energy harvesting sensor device with capacitor-leakage-aware duty cycle control[J]. IEEE Sensors Journal, 2013, 13(8): 2973-2983.

[6] Cannon B L, J F, Stancil D D, et al. Magnetic resonant coupling as a potential means for wireless power transfer to multiple small receivers[J]. IEEE Transactions on Power Electronics, 2009, 24(7): 1819-1825.

[7] Kurs A, Karalis A, Moffatt R, et al. Wireless power transfer via strongly coupled magnetic resonances[J]. Science, 2007, 317(5834): 83-86.

[8] Shinohara N. Wireless power transfer via radio waves[M]. John Wiley & Sons, 2014.

[9] Nishimoto H, Kawahara Y, Asami T. Prototype implementation of ambient RF energy harvesting wireless sensor networks[A]. Proceedings of IEEE Sensors [C], 2010, 1282-1287.

[10] Popovic Z, Falkenstein E A, Costinett D, et al. Low-power far-field wireless powering for wireless sensors[J]. Proceedings of the IEEE, 2013, 101(6): 1397-1409.

[11] Papotto G, Carrara F, Finocchiaro A, et al. A 90-nm CMOS 5-Mbps crystal-less RF-powered transceiver for wireless sensor network nodes[J]. IEEE Journal of Solid-State Circuits, 2014, 49(2): 335-346.

[12] Pavone D, Buonanno A, D'Urso M, et al. Design considerations for radio frequency energy harvesting devices[J]. Progress In Electromagnetics Research B, 2012, 45: 19-35.

[13] Al-Khayari A, Al-Khayari H, Al-Nabhani S, et al. Design of an enhanced RF energy harvesting system for wireless sensors[A]. Proceedings of IEEE GCC Conference and Exhibition[C], 2013, 479-482.

[14] Visser H J, Vullers R J. RF energy harvesting and transport for wireless sensor network applications: principles and requirements[J]. Proceedings of the IEEE, 2013, 101 (6): 1410-1423.

[15] Farinholt K M, Park G, Farrar C R. RF energy transmission for a low-power wireless impedance sensor node[J]. IEEE Sensors Journal, 2009, 9 (7): 793-800.

[16] Kaushik K, Mishra D, De S, et al. Experimental demonstration of multi-hop RF energy transfer[A]. Proceedings of IEEE International Symposium on Personal Indoor and Mobile Radio Communications[C], 2013, 538-542.

[17] Olds J P, Seah W K G. Design of an active radio frequency powered multi-hop wireless sensor network[A]. Proceedings of IEEE Conference on Industrial Electronics and Applications[C], 2012, 1721-1726.

[18] Seah W K G, Olds J P. Data delivery scheme for wireless sensor network powered by RF energy harvesting[A]. Proceedings of IEEE Wireless Communications and Networking Conference[C], 2013, 1498-1503.

[19] Zhang X, Jiang H, Zhang L, et al. An energy-efficient ASIC for wireless body sensor networks in medical applications[J]. IEEE Transactions on Biomedical Circuits and Systems, 2010, 4 (1): 11-18.

[20] FZhang F, Zhang Y, Silver J, et al. A batteryless 19μW MICS/ISM-band energy harvesting body area sensor node SoC[A]. Proceedings of IEEE International Solid-State Circuits Conference[C], 2012, 298-300.

[21] Zhang Y, Zhang F, Shakhsheer Y, et al. A batteryless 19 W MICS/ISM-band energy harvesting body sensor node SoC for ExG applications[J]. IEEE Journal of Solid-State Circuits, 2013, 48 (1): 199-213.

[22] Barroca N, Saraiva H M, Gouveia P T, et al. Antennas and circuits for ambient RF energy harvesting in wireless body area networks[A]. Proceedings of IEEE International Symposium on Personal Indoor and Mobile Radio Communications[C], 2013, 532-537.

[23] Xia L, Cheng J, Glover N E, et al. 0.56 V,–20 dBm RF-powered, multi-node wireless body area network system-on-a-chip with harvesting-efficiency tracking loop[J]. IEEE Journal of Solid-State Circuits, 2014, 49 (6): 1345-1365.

[24] Kuhn V, Seguin F, Lahuec C, et al. A multi-tone RF energy harvester in body sensor area network context[A]. Proceedings of IEEE Antennas and Propagation Conference[C], 2013, 238-241.

[25] Mandal S, Turicchia L, Sarpeshkar R. A battery-free tag for wireless monitoring of heart sounds[A]. Proceedings of IEEE International Workshop on Wearable and Implantable Body Sensor Networks[C], 2009, 201-206.

[26] Lu X, Niyato D, Wang P, et al. Wireless charger networking for mobile devices: fundamentals, standards, and applications[J]. arXiv:1410.8635, 2014.

[27] Zuo Y. Survivable RFID systems: Issues, challenges, and techniques[J]. IEEE Transactions on Systems, Man, and Cybernetics, Part C: Applications and Reviews, 2010, 40 (4): 406-418.

[28] Donno D D, Catarinucci L, Tarricone L. An UHF RFID energy-harvesting system enhanced by a DC-DC charge pump in silicon-on-insulator technology[J]. IEEE Microwave and Wireless Components Letters, 2013, 23(6): 315-317.

[29] Hong S S B, Ibrahim R, Khir M H M, et al. Rectenna architecture based energy harvester for low power RFID application[A]. Proceedings of IEEE International Conference on Intelligent and Advanced Systems[C], 2012, 382-387.

[30] Cook B S, Vyas R, Kim S, et al. RFID-based sensors for zero-power autonomous wireless sensor networks[J]. IEEE Sensors Journal, 2014, 14(8): 2419-2431.

[31] Shameli A, Safarian A, Rofougaran A, et al. Power harvester design for passive UHF RFID tag using a voltage boosting technique[J]. IEEE Transactions on Microwave Theory and Techniques, 2007, 55(6): 1089-1097.

[32] Olgun U, Chen C C, Volakis J L. Design of an efficient ambient WiFi energy harvesting system[J]. IET Microwaves, Antennas & Propagation, 2012, 6(11): 1200-1206.

[33] Pinuela M, Mitcheson P D, Lucyszyn S. Ambient RF energy harvesting in urban and semi-urban environments[J]. IEEE Transactions on Microwave Theory and Techniques, 2013, 61(7): 2715-2726.

[34] Varshney L R. Transporting information and energy simultaneously[A]. Proceedings of IEEE International Symposium on Information Theory[C], 2008, 1612-1616.

[35] Grover P, Sahai A. Shannon meets Tesla: wireless information and power transfer[A]. Proceedings of IEEE International Symposium on Information Theory[C]. 2010, 2363-2367.

[36] Liu L, Zhang R, Chua K C. Wireless information transfer with opportunistic energy harvesting[J]. IEEE Transactions on Wireless Communications, 2013, 12(1): 288-300.

[37] Ozel O, Tutuncuoglu K, Yang J. Transmission with energy harvesting nodes in fading wireless channels: optimal policies[J]. IEEE Journal on Selected Areas in Communications, 2011, 29(8): 1732-1743.

[38] Zhou X, Zhang R, Ho C K. Wireless information and power transfer: architecture design and rate-energy tradeoff[J]. IEEE Transactions on Communications, 2013, 61(11): 4754-4767.

[39] Ju H, Zhang R. A novel mode switching scheme utilizing random beamforming for opportunistic energy harvesting[J]. IEEE Transactions on Wireless Communications, 2014, 13(4): 2150-2162.

[40] Liu L, Zhang R, Chua K C. Wireless information and power transfer: a dynamic power splitting approach[J]. IEEE Transactions on Communications, 2013, 61(9): 3990-4001.

[41] Shi Q, Liu L, Xu W. Joint transmit beamforming and receive power splitting for MISO SWIPT systems[J]. IEEE Transactions on Wireless Communications, 2014, 13(6): 3269-3280.

[42] Zhang H, Song K, Huang Y, et al. Energy harvesting balancing technique for robust beamforming in multiuser MISO SWIPT system[A]. Proceedings of IEEE International Conference on Wireless Communications & Signal Processing[C], 2013: 1-5.

[43] Xu J, Liu L, Zhang R. Multiuser MISO beamforming for simultaneous wireless information and power transfer[J]. IEEE Transactions on Signal Processing, 2014, 62(18): 4798-4810.

[44] Khandaker M, Wong K. SWIPT in MISO multicasting systems[J]. IEEE Wireless Communications Letters, 2014, 3(3): 277-280.

[45] Zhang R, Ho C K. MIMO broadcasting for simultaneous wireless information and power transfer[J]. IEEE Transactions on Wireless Communications, 2013, 12(5): 1989-2001.

[46] Zhao S, Li Q, Zhang Q, et al. Antenna selection for simultaneous wireless information and power transfer in MIMO systems[J]. IEEE Communications Letters, 2014, 18(5): 789-792.

[47] Sun Q, Li L, Mao J. Simultaneous information and power transfer scheme for energy efficient MIMO systems[J]. IEEE Communications Letters, 2014, 18(4): 600-603.

[48] Chalise B K, Ma W K, Zhang Y D, et al. Optimum performance boundaries of OSTBC based AF-MIMO relay system with energy harvesting receiver[J]. IEEE Transactions on Signal Processing, 2013, 61(17): 4199-4213.

[49] Fouladgar A M, Simeone O. On the transfer of information and energy in multi-user systems[J]. IEEE Communications Letters, 2012, 16(11): 1733-1736.

[50] Ng D W K, Lo E S, Schober R. Wireless information and power transfer: energy efficiency optimization in OFDMA systems[J]. IEEE Transactions on Wireless Communications, 2013, 12(12): 6352-6370.

[51] Huang K, Lau V K. Enabling wireless power transfer in cellular networks: architecture, modeling and deployment[J]. IEEE Transactions on Wireless Communications, 2014, 13(2): 902-912. S.

[52] Lee S, Liu L, Zhang R. Collaborative wireless energy and information transfer in interference channel[J]. IEEE Transactions on Wireless Communications, 2015, 14(1): 545-557.

[53] Ding Z, Perlaza S M, Esnaola I, et al. Power allocation strategies in energy harvesting wireless cooperative networks[J]. IEEE Transactions on Wireless Communications, 2014, 13(2): 846-860.

[54] Michalopoulos D, Suraweera H, Schober R. Relay selection for simultaneous information transmission and wireless energy transfer: A tradeoff perspective[J]. IEEE Journal on Selected Areas in Communications, published online.

[55] Krikidis I. Simultaneous information and energy transfer in large-scale networks with/without relaying[J]. IEEE Transactions on Communications, 2014, 62(3): 900-912.

[56] Xiang Z, Tao M. Robust beamforming for wireless information and power transmission[J]. IEEE Wireless Communications Letters, 2012, 1(4): 372-375.

[57] Zhou X. Training-Based SWIPT: optimal power splitting at the receiver[J]. IEEE Transactions on Vehicular Technology, published online.

[58] Huang K, Larsson E. Simultaneous information and power transfer for broadband wireless systems[J]. IEEE Transactions on Signal Processing, 2013, 61(23): 5972-5986.

[59] Ju H, Zhang R. Throughput maximization in wireless powered communication networks[J]. IEEE Transactions on Wireless Communications, 2014, 13(1): 418-428.

[60] Liu L, Zhang R, Chua K. Multi-antenna wireless powered communication with energy beamforming[J]. IEEE Transactions on Communications, 2013, 62(12):4349-4361.

[61] Sun Q, Zhu G, Li X, et al. Joint beamforming design and time allocation for wireless powered communication networks[J]. IEEE Communications Letters, 2014, 18(10): 1783-1786.

[62] Kang X, Ho C K, Sun S. Full-duplex wireless-powered communication network with energy causality[J]. arXiv:1404.0471, 2014.

[63] Chen X, Wang X, Chen X. Energy-efficient optimization for wireless information and power transfer in large-scale MIMO systems employing energy beamforming[J]. IEEE Wireless Communications Letters, 2013, 2(6): 667-670.

[64] Chen X, Yuen C, Zhang Z. Wireless energy and information transfer tradeoff for limited-feedback multiantenna systems with energy beamforming[J]. IEEE Transactions on Vehicular Technology, 2014, 63(1): 407-412.

[65] Luo S, Zhang R, Lim T J. Optimal save-then-transmit protocol for energy harvesting wireless transmitters[J]. IEEE Transactions on Wireless Communications, 2013, 12(3): 1196-1207.

[66] Yang G, Ho C K, Guan Y. Dynamic channel estimation and power allocation for wireless power beamforming[A]. Proceedings of IEEE International Conference on Communications[C], 2014: 4650-4655.

[67] Yang G, Ho C K, Guan Y. Dynamic resource allocation for multiple-antenna wireless power transfer[J]. IEEE Transactions on Signal Processing, 2014, 62(14): 3565-3577.

[68] Yang G, Ho C K, Zhang R, et al. Throughput optimization for massive MIMO systems powered by wireless energy transfer[J]. IEEE Journal on Selected Areas in Communications, published online.

[69] Zeng Y, Zhang R. Optimized training design for wireless energy transfer[J]. IEEE Transactions on Communications, 2015, 63(2): 536-550.

[70] Goldsmith A. Wireless communications [M]. Cambridge University Press, 2005.

[71] Sengijpta S K. Fundamentals of statistical signal processing: Estimation theory[J]. Technometrics, 1995, 37(4): 465-466.

[72] Hassibi B, Hochwald B M. How much training is needed in multiple-antenna wireless links[J]. IEEE Transactions on Information Theory, 2003, 49(4): 951-963.

[73] Biguesh M, Gershman A B. Training-based MIMO channel estimation: a study of estimator tradeoffs and optimal training signals[J]. IEEE Transactions on Signal Processing, 2006, 54(3): 884-893.